非线性系统的智能自适应事件触发控制

李元新 隋 帅 佟绍成 著

科学出版社

北 京

内 容 简 介

本书系统介绍了不确定非线性系统的智能自适应事件触发控制的基本理论和方法，力求概括国内外相关研究的最新成果，主要内容包括非线性系统的智能自适应事件触发状态反馈控制、非线性系统的智能自适应事件触发输出反馈控制、互联非线性系统的智能自适应事件触发分散控制、非线性系统的鲁棒自适应事件触发控制、非线性约束系统的智能自适应事件触发控制、非线性系统的智能自适应事件触发固定时间控制、非线性系统的智能自适应事件触发优化控制，以及分数阶非线性系统的智能自适应事件触发控制。

本书系统性强，覆盖面广，可作为高等院校控制理论与控制工程及相关专业的研究生教材，也可供智能控制相关领域的科研人员使用和参考。

图书在版编目(CIP)数据

非线性系统的智能自适应事件触发控制 / 李元新，隋帅，佟绍成著. 北京 : 科学出版社, 2024. 11. -- ISBN 978-7-03-079468-0

Ⅰ. TP271

中国国家版本馆 CIP 数据核字第 2024M4S598 号

责任编辑：朱英彪　纪四稳 / 责任校对：任苗苗
责任印制：肖　兴 / 封面设计：陈　敬

科学出版社 出版
北京东黄城根北街 16 号
邮政编码: 100717
http://www.sciencep.com
保定市中画美凯印刷有限公司印刷
科学出版社发行　各地新华书店经销
*
2024 年 11 月第　一　版　开本: 720×1000　1/16
2024 年 11 月第一次印刷　印张: 17
字数: 343 000

定价: 138.00 元

前　言

自从 Kanellakopoulos 和 Kokotovic 等学者针对一类参数化严格反馈系统提出自适应反步递推 (backstepping) 设计方法以来，经过几十年的发展，非线性系统的自适应控制问题的研究已经取得了丰硕的成果，并成功应用到生产和生活的各个方面。特别是模糊和神经元自适应非线性控制方法的提出，有效将反步递推设计技术、自适应模糊控制 (自适应神经元网络控制) 和非线性鲁棒控制理论相结合，给出了许多重要的智能自适应控制方法。但是大部分控制方法是基于时间触发的控制方法，即在等间隔的离散时刻点上 (即周期地) 更新控制信号或传感器信号。显然，这种周期性的传输机制通常会发送一些“多余”的信号，造成网络资源的浪费。

事件触发策略 (event-triggered mechanism) 提供了一种减少控制能量消耗和对传输带宽占用的有效方法，其基本思想是：在保证系统性能的前提下，只有在当前信号满足预先设计的触发条件时，该采样信号才会被传输，从而可以最大限度地节省带宽资源，因此比时间触发方式更适合网络控制系统。事件触发控制自提出至今已有 40 余年，其理论日趋完善，特别是近年来，在不确定非线性系统的智能自适应事件触发控制理论方面，对事件触发机制设计准则、智能自适应事件触发控制器设计、闭环控制系统的稳定性与鲁棒性等关键性理论问题的研究取得了长足的进步。鉴于国内外尚无这方面的专著出版，众多成果散见于期刊文献之中，为满足广大科技工作者的迫切需要，特撰写本书，期望为自适应事件触发控制理论的研究人员进入该领域提供捷径。

本书系统介绍不确定非线性系统的智能自适应事件触发控制的基本理论和设计方法，着重反映该领域最新的研究成果和发展动态。本书取材于作者的研究成果，也借鉴了国际期刊上公开发表的其他学者的学术论文，在此表示感谢。感谢国家自然科学基金面上项目 (61973146) 和国家自然科学基金青年科学基金项目 (61603166) 对本书相关研究工作的支持。

由于作者水平有限，书中难免存在不足或疏漏之处，希望广大读者批评指正。

作　者

2024 年 4 月

目　录

第 0 章 预备知识

本章主要介绍模糊逻辑系统、径向基函数神经网络、非线性系统的稳定性及判别定理等一些基本知识，这些知识是后面各章节的基础。

0.1 模糊逻辑系统

模糊逻辑系统 (fuzzy logic system, FLS) 包含模糊规则库、模糊化、模糊推理机、解模糊化四个部分。

模糊推理机使用模糊 IF-THEN 规则实现从输入语言向量 $x=[x_1,x_2,\cdots,x_n]^{\mathrm{T}}$ 到输出语言变量 $y\in V$ 的映射，第 l 条模糊 IF-THEN 规则可以写为

$$R^l:\text{若 } x_1 \text{ 是 } F_1^l,\ x_2 \text{ 是 } F_2^l,\cdots,x_n \text{ 是 } F_n^l$$

$$\text{则 } y \text{ 是 } G^l,\quad l=1,2,\cdots,N$$

其中，F_i^l 和 G^l 为对应于模糊隶属度函数 $\mu_{F_i^l}(x_i)$ 和 $\mu_{G^l}(y)$ 的模糊集合；N 为模糊规则数。

若采用单点模糊化、乘积推理和中心加权解模糊化方法，则模糊逻辑系统可表示为

$$y(x)=\frac{\sum\limits_{l=1}^{N}\bar{y}_l\prod\limits_{i=1}^{n}\mu_{F_i^l}(x_i)}{\sum\limits_{l=1}^{N}\prod\limits_{i=1}^{n}\mu_{F_i^l}(x_i)} \tag{0.1.1}$$

其中，$\bar{y}_l=\max\limits_{y\in V}\mu_{G^l}(y)$。

定义如下模糊基函数：

$$\varphi_l=\frac{\prod\limits_{i=1}^{n}\mu_{F_i^l}(x_i)}{\sum\limits_{l=1}^{N}\prod\limits_{i=1}^{n}\mu_{F_i^l}(x_i)} \tag{0.1.2}$$

令 $\theta = [\bar{y}_1, \bar{y}_2, \cdots, \bar{y}_N]^{\mathrm{T}} = [\theta_1, \theta_2, \cdots, \theta_N]^{\mathrm{T}}$，$\varphi^{\mathrm{T}}(x) = [\varphi_1(x), \varphi_2(x), \cdots, \varphi_N(x)]$，则模糊逻辑系统 (0.1.1) 可表示为

$$y(x) = \theta^{\mathrm{T}}\varphi(x) \tag{0.1.3}$$

引理 0.1.1 $f(x)$ 是定义在闭集 Ω 的连续函数，对任意给定的常数 $\varepsilon > 0$，存在模糊逻辑系统 (0.1.3)，使得如下不等式成立：

$$\sup_{x\in\Omega} \left|f(x) - \theta^{\mathrm{T}}\varphi(x)\right| \leqslant \varepsilon \tag{0.1.4}$$

定义最优参数向量 θ^*：

$$\theta^* = \arg\min_{\theta\in\mathbf{R}^N}\{\sup_{x\in\Omega}|f(x) - \theta^{\mathrm{T}}\varphi(x)|\} \tag{0.1.5}$$

最小模糊逼近误差 ε 由式 (0.1.6) 给出：

$$f(x) = \theta^{*\mathrm{T}}\varphi(x) + \varepsilon \tag{0.1.6}$$

0.2 径向基函数神经网络

径向基函数神经网络由隐含层和输出层两层网络组成。隐含层实现不可调参数的非线性转化，即隐含层将输入空间映射到一个新的空间。输出层则在该新的空间实现线性组合。

因此，径向基函数神经网络是一个线性参数化的神经网络，可以表述为

$$f_{nn}(W, x) = W^{\mathrm{T}}S(x) \tag{0.2.1}$$

其中，$x = [x_1, x_2, \cdots, x_n]^{\mathrm{T}} \in \mathbf{R}^n$ 为输入向量，n 为神经网络的输入维数；$W = [w_1, w_2, \cdots, w_l]^{\mathrm{T}} \in \mathbf{R}^l$ 为神经网络权重向量，$l > 1$ 为神经网络节点数；$S(x) = [s_1(x), s_2(x), \cdots, s_l(x)]^{\mathrm{T}} \in \mathbf{R}^l$ 为径向基函数向量，$s_i(x)$ 为基函数。

径向基函数向量 $S(x)$ 中的 $s_i(x)$ 通常选取为高斯函数：

$$s_i(x) = \exp\left[\frac{-(x-\mu_i)^{\mathrm{T}}(x-\mu_i)}{\gamma_i^2}\right], \quad i = 1, 2, \cdots, l \tag{0.2.2}$$

其中，$\mu_i = [\mu_{i1}, \mu_{i2}, \cdots, \mu_{in}]^{\mathrm{T}}$ 为基函数的中心；γ_i 为高斯函数的宽度。

引理 0.2.1 $f(x)$ 是定义在紧集 $\Omega \in \mathbf{R}^n$ 的连续函数，对任意给定的常数 $\varepsilon > 0$，存在常数向量 W，使得如下等式成立：

$$f(x) = W^{\mathrm{T}}S(x) + \varepsilon \tag{0.2.3}$$

定义最优权重 W^*：

$$W^* = \arg\min_{W\in\mathbf{R}^l}\{\sup_{x\in\Omega}|f(x) - W^{\mathrm{T}}S(x)|\} \tag{0.2.4}$$

0.3 非线性系统的稳定性及判别定理

0.3.1 半全局一致最终有界

定义 0.3.1 考虑如下非线性系统：

$$\begin{aligned} &\dot{x} = f(x), \quad x \in \mathbf{R}^n \\ &t \geqslant t_0 \end{aligned} \tag{0.3.1}$$

对于任何紧集 $\Omega \subset \mathbf{R}^n$ 和 $\forall x(t_0) = x_0 \in \Omega$，如果存在常数 $\delta > 0$ 和时间常数 $T(\delta, x_0)$，对于 $\forall t \geqslant t_0 + T(\delta, x_0)$，使得 $\|x(t)\| < \delta$，那么非线性系统 (0.3.1) 的解是半全局一致最终有界的。

引理 0.3.1 对于任何有界初始条件，如果存在一个连续可微且正定的函数 $V(x,t)$，满足：

$$\gamma_1(|x|) \leqslant V(x,t) \leqslant \gamma_2(|x|)$$

且该函数沿着系统 (0.3.1) 的轨迹满足：

$$\dot{V} \leqslant -CV + D \tag{0.3.2}$$

$$0 \leqslant V(t) \leqslant V(0)\mathrm{e}^{-Ct} + \frac{D}{C} \tag{0.3.3}$$

那么系统的解 $x(t)$ 是半全局一致最终有界的。

引理 0.3.2 对于任何有界初始条件，存在一个连续正定的函数 $V(x(k))$，满足：

$$\gamma_1(\|x(k)\|) \leqslant V(x(k)) \leqslant \gamma_2(\|x(k)\|) \tag{0.3.4}$$

$$\begin{aligned} V(x(k+1)) - V(x(k)) &= \Delta V(x(k)) \\ &\leqslant -\gamma_3(\|x(k)\|) + \gamma_3(\eta) \end{aligned} \tag{0.3.5}$$

其中，η 为正常数；$\gamma_1(\cdot)$ 和 $\gamma_2(\cdot)$ 为严格递增的函数，$\gamma_3(\cdot)$ 为连续的非减函数。如果 $\|x(k)\| > \eta$，$\Delta V(x(k)) < 0$，那么 $x(k)$ 是半全局一致最终有界的。

0.3.2 非线性随机系统的稳定性

考虑如下随机微分系统：

$$\mathrm{d}x = f(x)\mathrm{d}t + h(x)\mathrm{d}w, \quad \forall x \in \mathbf{R}^n \tag{0.3.6}$$

其中，$x \in \mathbf{R}^n$ 为状态向量；w 为定义在完全概率空间 (Ω, F, P) 的一个 r 维独立的标准维纳过程，Ω 为样本空间，F 为 σ 代数族，P 为概率测度；$f(\cdot)$ 和 $h(\cdot)$ 为局部利普希茨函数，且分别满足 $f(0) = 0$ 和 $h(0) = 0$。

定义 0.3.2 对任意给定的李雅普诺夫函数 $V(x) \in \mathbf{C}^2$，结合系统 (0.3.6)，定义无穷微分算子 $\mathcal{L}$ 为

$$\mathcal{L}V(x) = \frac{\partial V(x)}{\partial x} f + \frac{1}{2}\mathrm{tr}\left(h^{\mathrm{T}} \frac{\partial^2 V(x)}{\partial x^2} h\right) \tag{0.3.7}$$

定义 0.3.3 若 $\lim\limits_{c\to\infty} \sup\limits_{0\leqslant t<\infty} P\{\|x(t)\| > c\} = 0$，则随机微分系统 (0.3.6) 的解 $\{x(t), t \geqslant 0\}$ 为依概率稳定的。

引理 0.3.3 考虑随机微分系统 (0.3.6)，若存在连续且正定的函数 $V: \mathbf{R}^n \to \mathbf{R}$，两个常数 $C > 0$ 和 $D \geqslant 0$，满足：

$$\mathcal{L}V(x) \leqslant -CV(x) + D \tag{0.3.8}$$

则系统 (0.3.6) 是依概率有界的。

0.3.3 非线性约束系统的稳定性

定义 0.3.4 对于定义在包含原点的开集合 U 的系统 $\dot{x} = f(x)$，若存在一个正定连续的标量函数 $V(x)$，在 U 的每一个点都是连续的一阶偏微分，当 x 趋近于 U 的边界时，对于某个常数 $b \geqslant 0$，沿着系统 $\dot{x} = f(x)$ 的解及初始条件 $x_0 \in U$，有 $V(x) \to \infty$，以及对于 $\forall t \geqslant 0$，满足 $V(x(t)) \leqslant b$，则 $V(x)$ 称为障碍李雅普诺夫函数。

引理 0.3.4 对于任何正常数 $k_{c_i} (i = 1, 2, \cdots, n)$，令 $\chi := \{x \in \mathbf{R} : |x_i(t)| < k_{c_i}, t \geqslant 0\}$，以及 $\mathcal{N} := \mathbf{R}^l \times \chi \subset \mathbf{R}^{l+1}$ 为开区间。考虑系统

$$\dot{\eta} = h(t, \eta) \tag{0.3.9}$$

其中，$\eta := (w, x)^{\mathrm{T}} \in \mathcal{N}$；$h: \mathbf{R}_+ \times \mathcal{N} \to \mathbf{R}^{l+1}$ 对于时间变量 t 为间断连续的且 h 满足局部利普希茨连续条件，并在定义域 $\mathbf{R}_+ \times \mathcal{N}$ 上时间变量 t 一致。

令 $\chi_i := \{x_i \in \mathbf{R} : |x_i(t)| < k_{c_i}, t \geqslant 0\}$，假设存在连续可微的正定函数 $U: \mathbf{R}^l \to \mathbf{R}_+$ 以及 $V_i: \chi_i \to \mathbf{R}_+$，满足如下条件：

$$V_i(x_i) \to \infty, \quad |x_i| < k_{c_i} \tag{0.3.10}$$

$$\gamma_1(\|w\|) \leqslant U(w) \leqslant \gamma_2(\|w\|) \tag{0.3.11}$$

其中，γ_1 和 γ_2 为 K_∞ 类函数。

令 $V(\eta) := \sum\limits_{i=1}^{n} V_i(x_i) + U(w)$，以及 $x_i(0)$ 选取于集合 χ。若下述不等式成立：

$$\dot{V}(x) = \frac{\partial V(x)}{\partial \eta} h \leqslant 0 \tag{0.3.12}$$

则 $\dot{\eta} = h(t, \eta)$ 是稳定的，且 $x(t) \in \chi$，$\forall t \in [0, \infty)$。

通常使用的障碍李雅普诺夫函数主要包括如下三种类型。

(1) log 型障碍李雅普诺夫函数：

$$V(x) = \frac{1}{2}\log\frac{k_c^2}{k_c^2 - x^2} \tag{0.3.13}$$

(2) tan 型障碍李雅普诺夫函数：

$$V(x) = \frac{k_c}{\pi}\tan^2\left(\frac{\pi x}{2k_c}\right) \tag{0.3.14}$$

(3) 积分型障碍李雅普诺夫函数：

$$V(x) = \int_0^x \frac{\sigma k_c^2}{k_c^2 - (\sigma + x)^2}\mathrm{d}\sigma \tag{0.3.15}$$

0.4　常用的引理

引理 0.4.1　对于 $\forall \varepsilon > 0$ 和 $\forall \kappa \in \mathbf{R}$，以下不等式成立：

$$0 < |\kappa| - \kappa \tanh\left(\frac{\kappa}{\varepsilon}\right) < \mu\varepsilon \tag{0.4.1}$$

其中，μ 为一个满足 $\mu = \mathrm{e}^{-(\mu+1)}$ 的常数，即 $\mu = 0.2785$。

引理 0.4.2　对于任意给定的正常数 b_1、b_2 和 b_3，有

$$|x|^{b_1}|y|^{b_2} \leqslant \frac{b_1}{b_1 + b_2}b_3|x|^{b_1+b_2} + \frac{b_2}{b_1 + b_2}b_3^{-b_1/b_2}|y|^{b_1+b_2} \tag{0.4.2}$$

其中，x 和 y 为任意实变量。

引理 0.4.3　对于 $|z| < k_c$，以下不等式成立：

$$\log\frac{k_c^2}{k_c^2 - z^2} < \frac{z^2}{k_c^2 - z^2} \tag{0.4.3}$$

其中，k_c 为一个常数。

第 1 章 非线性系统的智能自适应事件触发状态反馈控制

本章针对非线性严格反馈系统，基于事件触发机制和自适应反步递推控制设计原理，介绍智能自适应事件触发跟踪控制设计方法，并给出闭环系统的稳定性和收敛性分析。本章主要内容基于文献 [1] 和 [2]。

1.1 非线性系统模糊自适应事件触发渐近跟踪控制

本节针对非线性严格反馈系统，首先采用模糊逻辑系统对被控系统中的未知非线性函数进行逼近，即对不确定非线性系统进行建模，然后基于事件触发机制和自适应反步递推设计方法，给出一种模糊自适应事件触发控制设计方法，并证明闭环系统的稳定性和收敛性。类似的自适应事件触发控制设计方法可参见文献 [3]~[7]。

1.1.1 系统模型及控制问题描述

考虑如下非线性严格反馈系统：

$$\begin{aligned}
\dot{x}_i &= g_i\left(\bar{x}_i\right) x_{i+1} + f_i\left(\bar{x}_i\right) + d_i\left(t\right), \quad i = 1, 2, \cdots, n-1 \\
\dot{x}_n &= g_n\left(\bar{x}_n\right) u\left(t\right) + f_n\left(\bar{x}_n\right) + d_n\left(t\right) \\
y &= x_1
\end{aligned} \tag{1.1.1}$$

其中，$\bar{x}_i = \left[x_1, x_2, \cdots, x_i\right]^{\mathrm{T}} \in \mathbf{R}^i$ $(i = 1, 2, \cdots, n)$ 为状态向量；$u(t) \in \mathbf{R}$ 和 $y \in \mathbf{R}$ 分别为系统的输入和输出；$f_i\left(\bar{x}_i\right) \in \mathbf{R}$ 和 $g_i\left(\bar{x}_i\right) \in \mathbf{R}$ 为未知非线性函数；$d_i\left(t\right)$ 为外部扰动。

定义一个递增序列 $\{t_k\}_{k=0}^{\infty}$ $(t_0 = 0，k \in \mathbf{Z}^+)$ 表示由事件生成器生成的事件的触发时刻，事件触发误差为

$$e\left(t\right) = w\left(t\right) - u\left(t\right), \quad t \in [t_k, t_{k+1}) \tag{1.1.2}$$

其中，$w\left(t\right)$ 为连续控制输入；$u\left(t\right) \overset{\text{def}}{=\!=} w\left(t_k\right)$ 为 $t = t_k$ 时的采样控制。一个触发间隔 $[t_k, t_{k+1})$ 可以被当成一个周期，误差信号 $e\left(t\right)$ 是时变的，并在每个 t_k 处重置为 0。

假设 1.1.1　参考信号 y_d 及其一阶导数 $\dot{y}_d$ 是连续且有界的。

假设 1.1.2　对于 $i=1,2,\cdots,n$，外部扰动 $d_i(t)$ 有界，即 $|d_i(t)|\leqslant\bar{d}_i$，其中 $\bar{d}_i$ 为未知正常数。

假设 1.1.3　$g_i(\bar{x}_i)$ 的符号是已知的，即 $g_i(\bar{x}_i)$ 对所有的 $\bar{x}_i$ 取值都是正或负的。不失一般性，假设 $0<\bar{g}_i\leqslant g_i(\bar{x}_i)$，$\bar{g}_i$ 为未知常数。

控制目标　针对非线性严格反馈系统 (1.1.1)，基于模糊逻辑系统设计一种模糊自适应控制器，使得：

(1) 闭环系统的所有信号有界；

(2) 系统的输出 y 能很好地跟踪给定的参考信号 y_d。

引理 1.1.1　对于 $\forall\epsilon\in\mathbf{R}$ 和 $\forall\varrho\in\mathbf{R}$，下述不等式成立：

$$0\leqslant|\varrho|-\varrho\tanh\left(\frac{\varrho}{\epsilon}\right)\leqslant\kappa\epsilon \tag{1.1.3}$$

其中，κ 为一个常数且满足 $\kappa=\mathrm{e}^{-(\kappa+1)}$，即 $\kappa=0.2785$。

引理 1.1.2 (杨氏不等式)　对于 $\forall x_1,x_2\in\mathbf{R}^+$，有不等式 $x_1x_2\leqslant\dfrac{1}{p}|x_1|^p+\dfrac{1}{q}|x_2|^q$ 成立，其中 $\dfrac{1}{p}+\dfrac{1}{q}=1$，$p>0$，$q>0$。

1.1.2　模糊自适应反步递推事件触发控制设计

定义如下坐标变换：

$$z_1=y-y_d \tag{1.1.4}$$

$$z_i=x_i-\alpha_{i-1},\quad i=2,3,\cdots,n \tag{1.1.5}$$

其中，z_i 为误差变量；α_{i-1} 为虚拟控制器。

基于上面的坐标变换，n 步模糊自适应反步递推控制设计过程如下。

第 1 步　求 z_1 的导数，可得

$$\dot{z}_1=f_1+g_1x_2+d_1-\dot{y}_d \tag{1.1.6}$$

由于 x_2 只被视为一个虚拟控制输入，而不是作为 z_1 子系统的真实控制输入，通过在式 (1.1.6) 的右侧加减 $g_1\alpha_1$，可得

$$\dot{z}_1=f_1+g_1\alpha_1+g_1z_2+d_1-\dot{y}_d \tag{1.1.7}$$

选择如下李雅普诺夫函数：

$$V_1=\frac{1}{2\bar{g}_1}z_1^2+\frac{1}{2\gamma_1}\tilde{\theta}_1^2+\frac{1}{2r_1}\tilde{\rho}_1^2 \tag{1.1.8}$$

其中，$\gamma_1 > 0$、$r_1 > 0$ 为设计参数；$\tilde{\theta}_1 = \theta_1 - \hat{\theta}_1$、$\tilde{\rho}_1 = \rho_1 - \hat{\rho}_1$ 为参数估计误差，$\hat{\theta}_1$、$\hat{\rho}_1$ 分别为 θ_1、ρ_1 的估计值。

根据式 (1.1.7) 和式 (1.1.8)，求 V_1 的导数，可得

$$\dot{V}_1 = \frac{z_1}{\bar{g}_1}\left(g_1 z_2 + g_1\alpha_1 + h_1 + d_1\right) - \frac{1}{\gamma_1}\tilde{\theta}_1\dot{\hat{\theta}}_1 - \frac{1}{r_1}\tilde{\rho}_1\dot{\hat{\rho}}_1 \tag{1.1.9}$$

由于 $h_1(Z_1)$ 是未知连续函数，利用模糊逻辑系统 $\hat{h}_1\left(Z_1|\hat{W}_1\right) = \hat{W}_1^{\mathrm{T}}\varphi_1(Z_1)$ 逼近 $h_1(Z_1)$，并假设

$$h_1(Z_1) = W_1^{\mathrm{T}}\varphi_1(Z_1) + \delta_1(Z_1) \tag{1.1.10}$$

其中，$Z_1 = [x_1, y_r, \dot{y}_r]^{\mathrm{T}}$；$W_1$ 为理想权重；$\delta_1(Z_1)$ 为最小逼近误差。假设 $\delta_1(Z_1)$ 满足 $|\delta_1(Z_1)| \leqslant \varepsilon_1$，$\varepsilon_1$ 为正常数。

将式 (1.1.10) 代入式 (1.1.9)，可得

$$\begin{aligned}\dot{V}_1 &\leqslant \frac{g_1}{\bar{g}_1}z_1 z_2 + \frac{g_1}{\bar{g}_1}z_1\alpha_1 + \frac{\|W_1\|}{\bar{g}_1}|z_1|\,\|\varphi_1(Z_1)\| + |z_1|\frac{\varepsilon_1 + \bar{d}_1}{\bar{g}_1} - \frac{1}{\gamma_1}\tilde{\theta}_1\dot{\hat{\theta}}_1 - \frac{1}{r_1}\tilde{\rho}_1\dot{\hat{\rho}}_1 \\ &\leqslant \frac{g_1}{\bar{g}_1}z_1 z_2 + \frac{g_1}{\bar{g}_1}z_1\alpha_1 + \frac{\theta_1 z_1^2\varphi_1^{\mathrm{T}}\varphi_1}{\sqrt{z_1^2\varphi_1^{\mathrm{T}}\varphi_1 + \sigma_1^2}} + \theta_1\sigma_1 + |z_1|\rho_1 - \frac{1}{\gamma_1}\tilde{\theta}_1\dot{\hat{\theta}}_1 - \frac{1}{r_1}\tilde{\rho}_1\dot{\hat{\rho}}_1\end{aligned} \tag{1.1.11}$$

其中，$\theta_1 = |z_1|\dfrac{\|W_1\|}{\bar{g}_1}$，$\rho_1 = \dfrac{\varepsilon_1 + \bar{d}_1}{\bar{g}_1}$。

设计虚拟控制器和参数自适应律分别如下：

$$\begin{aligned}\alpha_1 &= -k_1 z_1 - \frac{\hat{\theta}_1 z_1\varphi_1^{\mathrm{T}}\varphi_1}{\sqrt{z_1^2\varphi_1^{\mathrm{T}}\varphi_1 + \sigma_1^2}} - \frac{z_1\hat{\rho}_1}{\sqrt{z_1^2 + \sigma_1^2}} \\ \dot{\hat{\theta}}_1 &= \gamma_1\frac{z_1^2\varphi_1^{\mathrm{T}}\varphi_1}{\sqrt{z_1^2\varphi_1^{\mathrm{T}}\varphi_1 + \sigma_1^2}} - \gamma_1\sigma_1\hat{\theta}_1 \\ \dot{\hat{\rho}}_1 &= r_1\frac{z_1^2}{\sqrt{z_1^2 + \sigma_1^2}} - r_1\sigma_1\hat{\rho}_1\end{aligned} \tag{1.1.12}$$

其中，$k_1 > 0$ 为设计参数。

将式 (1.1.12) 代入式 (1.1.11)，结合假设 1.1.3，可得

$$\dot{V}_1 \leqslant -k_1 z_1^2 + \frac{g_1}{\bar{g}_1}z_1 z_2 + \theta_1\sigma_1 + |z_1|\rho_1 - \frac{z_1^2\rho_1}{\sqrt{z_1^2 + \sigma_1^2}}$$

$$
\begin{aligned}
&+\frac{1}{\gamma_1}\tilde{\theta}_1\left(\gamma_1\frac{z_1^2\varphi_1^{\mathrm{T}}\varphi_1}{\sqrt{z_1^2\varphi_1^{\mathrm{T}}\varphi_1+\sigma_1^2}}-\dot{\hat{\theta}}_1\right)+\frac{1}{r_1}\tilde{\rho}_1\left(r_1\frac{z_1^2}{\sqrt{z_1^2+\sigma_1^2}}-\dot{\hat{\rho}}_1\right)\\
\leqslant& -k_1z_1^2+\frac{g_1}{\bar{g}_1}z_1z_2+\sigma_1(\rho_1+\theta_1)+\sigma_1\hat{\theta}_1\tilde{\theta}_1+\sigma_1\hat{\rho}_1\tilde{\rho}_1
\end{aligned}\tag{1.1.13}
$$

第 $i\,(2\leqslant i\leqslant n-1)$ 步　求 z_i 的导数，可得

$$
\dot{z}_i=g_iz_{i+1}+g_i\alpha_i+f_i+d_i-\dot{\alpha}_{i-1}\tag{1.1.14}
$$

选择如下李雅普诺夫函数：

$$
V_i=V_{i-1}+\frac{1}{2\bar{g}_i}z_i^2+\frac{1}{2\gamma_i}\tilde{\theta}_i^2+\frac{1}{2r_i}\tilde{\rho}_i^2\tag{1.1.15}
$$

其中，$\gamma_i>0$、$r_i>0$ 为设计参数；$\tilde{\theta}_i=\theta_i-\hat{\theta}_i$、$\tilde{\rho}_i=\rho_i-\hat{\rho}_i$ 为参数估计误差，$\hat{\theta}_i$、$\hat{\rho}_i$ 分别为 θ_i、ρ_i 的估计值。

根据式 (1.1.14) 和式 (1.1.15)，求 V_i 的导数，可得

$$
\begin{aligned}
\dot{V}_i\leqslant& -\sum_{j=1}^{i-1}k_jz_j^2+\sum_{j=1}^{i-1}\sigma_j(\rho_j+\theta_j)+\sum_{j=1}^{i-1}\sigma_j\hat{\theta}_j\tilde{\theta}_j+\sum_{j=1}^{i-1}\sigma_j\hat{\rho}_j\tilde{\rho}_j+\frac{g_i}{\bar{g}_i}z_iz_{i+1}\\
&+\frac{g_i}{\bar{g}_i}z_i\alpha_i+\frac{1}{\bar{g}_i}z_ih_i+\frac{z_i}{\bar{g}_i}\left(d_i+\sum_{j=1}^{i-1}\frac{\partial\alpha_{i-1}}{\partial x_j}d_j\right)-\frac{1}{\gamma_i}\tilde{\theta}_i\dot{\hat{\theta}}_i-\frac{1}{r_i}\tilde{\rho}_i\dot{\hat{\rho}}_i
\end{aligned}\tag{1.1.16}
$$

其中

$$
\begin{aligned}
\phi_{i-1}=&\sum_{j=1}^{i-1}\frac{\partial\alpha_{i-1}}{\partial x_j}\left(g_jx_{j+1}+f_j(\bar{x}_j)\right)+\sum_{j=1}^{i-1}\frac{\partial\alpha_{i-1}}{\partial\hat{\theta}_j}\dot{\hat{\theta}}_j\\
&+\sum_{j=1}^{i-1}\frac{\partial\alpha_{i-1}}{\partial\hat{\rho}_j}\dot{\hat{\rho}}_j+\sum_{j=0}^{i-1}\frac{\partial\alpha_{i-1}}{\partial y_d^{(j)}}y_d^{(j+1)}\\
h_i=&f_i-\phi_{i-1}+\frac{g_{i-1}\bar{g}_i}{\bar{g}_{i-1}}z_{i-1}
\end{aligned}
$$

由于 $h_i(Z_1)$ 是未知连续函数,所以利用模糊逻辑系统 $\hat{h}_i\left(Z_i|\hat{W}_i\right)=\hat{W}_i^{\mathrm{T}}\varphi_i(Z_i)$ 逼近 $h_i(Z_i)$，并假设

$$
h_i(Z_i)=W_i^{\mathrm{T}}\varphi_i(Z_i)+\delta_i(Z_i)\tag{1.1.17}
$$

其中，$Z_i=\left[x_i,\hat{\theta}_1,\cdots,\hat{\theta}_{i-1},\hat{\rho}_1,\cdots,\hat{\rho}_{i-1},y_d,\cdots,y_d^{(i)}\right]^{\mathrm{T}}$；$W_i$ 为理想权重；$\delta_i(Z_i)$ 为最小逼近误差。假设 $\delta_i(Z_i)$ 满足 $|\delta_i(Z_i)|\leqslant\varepsilon_i$，$\varepsilon_i$ 为正常数，则对于任意 $\sigma_i>0$，可得

$$
\begin{aligned}
&\frac{1}{\bar{g}_i}z_iW_i^{\mathrm{T}}\varphi_i(Z_i)\leqslant\frac{\theta_iz_i^2\varphi_i^{\mathrm{T}}\varphi_i}{\sqrt{z_i^2\varphi_i^{\mathrm{T}}\varphi_i+\sigma_i^2}}+\sigma_i\theta_i\\
&\frac{1}{\bar{g}_i}\left(d_i+\sum_{j=1}^{i-1}\frac{\partial\alpha_{i-1}}{\partial x_j}d_j+\delta_i\right)\leqslant\|\beta_i\|\,\|D_i\|\leqslant\|\beta_i\|\,\rho_i
\end{aligned}
\tag{1.1.18}
$$

其中，$\theta_i=\dfrac{\|W_i\|}{\underline{g}_i}$；$\rho_i=\sup\limits_{t\geqslant 0}\|D_i\|$；$\beta_i=\left[1,\dfrac{\partial\alpha_{i-1}}{\partial x_1},\cdots,\dfrac{\partial\alpha_{i-1}}{\partial x_{i-1}}\right]^{\mathrm{T}}\in\mathbf{R}^i$；$D_i=\dfrac{1}{\bar{g}_i}\left[d_i+\delta_i,d_1,\cdots,d_{i-1}\right]^{\mathrm{T}}\in\mathbf{R}^i$。

将式 (1.1.18) 代入式 (1.1.16)，可得

$$
\begin{aligned}
\dot{V}_i\leqslant&-\sum_{j=1}^{i-1}k_iz_i^2+\sum_{j=1}^{i-1}\sigma_j(\rho_j+\theta_j)+\sum_{j=1}^{i-1}\sigma_j\hat{\theta}_j\tilde{\theta}_j+\sum_{j=1}^{i-1}\sigma_j\hat{\rho}_j\tilde{\rho}_j+\frac{g_i}{\bar{g}_i}z_iz_{i+1}\\
&+\frac{g_i}{\bar{g}_i}z_i\alpha_i+\frac{\theta_iz_i^2\varphi_i^{\mathrm{T}}\varphi_i}{\sqrt{z_i^2\varphi_i^{\mathrm{T}}\varphi_i+\sigma_i^2}}+\sigma_i\theta_i+|z_i|\,\|\beta_i\|\,\rho_i-\frac{1}{\gamma_i}\tilde{\theta}_i\dot{\hat{\theta}}_i-\frac{1}{r_i}\tilde{\rho}_i\dot{\hat{\rho}}_i
\end{aligned}
\tag{1.1.19}
$$

设计虚拟控制器和参数自适应律分别如下：

$$
\begin{aligned}
\alpha_i&=-k_iz_i-\frac{\hat{\theta}_iz_i\varphi_i^{\mathrm{T}}\varphi_i}{\sqrt{z_i^2\varphi_i^{\mathrm{T}}\varphi_i+\sigma_i^2}}-\frac{z_i\|\beta_i\|^2\hat{\rho}_i}{\sqrt{z_i^2\|\beta_i\|^2+\sigma_i^2}}\\
\dot{\hat{\theta}}_i&=\gamma_i\frac{z_i^2\varphi_i^{\mathrm{T}}\varphi_i}{\sqrt{z_i^2\varphi_i^{\mathrm{T}}\varphi_i+\sigma_i^2}}-\gamma_i\sigma_i\hat{\theta}_i\\
\dot{\hat{\rho}}_i&=r_i\frac{z_i^2\|\beta_i\|^2}{\sqrt{z_i^2\|\beta_i\|^2+\sigma_i^2}}-r_i\sigma_i\hat{\rho}_i
\end{aligned}
\tag{1.1.20}
$$

其中，$k_i>0$ 为设计参数。

将式 (1.1.20) 代入式 (1.1.19)，根据假设 1.1.3，可得

$$
\begin{aligned}
\dot{V}_i\leqslant&-\sum_{j=1}^{i-1}k_jz_j^2+\sum_{j=1}^{i-1}\sigma_j(\rho_j+\theta_j)+\sum_{j=1}^{i-1}\sigma_j\hat{\theta}_j\tilde{\theta}_j\\
&+\sum_{j=1}^{i-1}\sigma_j\hat{\rho}_j\tilde{\rho}_j+\frac{g_i}{\bar{g}_i}z_iz_{i+1}+\sigma_i\theta+|z_i|\,\|\beta_i\|\,\rho_i
\end{aligned}
$$

$$
\begin{aligned}
&-\frac{z_i^2\left\|\beta_i\right\|^2\rho_i}{\sqrt{z_i^2\left\|\beta_i\right\|^2+\sigma_i^2}}+\frac{1}{\gamma_i}\tilde{\theta}_i\left(\gamma_i\frac{z_i^2\varphi_i^{\mathrm{T}}\varphi_i}{\sqrt{z_i^2\varphi_i^{\mathrm{T}}\varphi_i+\sigma_i^2}}-\dot{\hat{\theta}}_i\right)\\
&+\frac{1}{r_i}\tilde{\rho}_i\left(r_i\frac{z_i^2\left\|\beta_i\right\|^2}{\sqrt{z_i^2\left\|\beta_i\right\|^2+\sigma_i^2}}-\dot{\hat{\rho}}_i\right)\\
\leqslant&-\sum_{j=1}^{i}k_jz_j^2+\sum_{j=1}^{i}\sigma_j\left(\rho_j+\theta_j\right)+\sum_{j=1}^{i}\sigma_j\hat{\theta}_j\tilde{\theta}_j+\sum_{j=1}^{i}\sigma_j\hat{\rho}_j\tilde{\rho}_j+\frac{g_i}{\bar{g}_i}z_iz_{i+1}
\end{aligned}
\tag{1.1.21}
$$

第 n 步　同时设计自适应控制器和事件触发机制。求 z_n 的导数，可得

$$
\dot{z}_n=g_nu+f_n+d_n-\dot{\alpha}_{n-1}
\tag{1.1.22}
$$

选择如下李雅普诺夫函数：

$$
V_n=V_{n-1}+\frac{1}{2\bar{g}_n}z_n^2+\frac{1}{2\gamma_n}\tilde{\theta}_n^2+\frac{1}{2r_n}\tilde{\rho}_n^2
\tag{1.1.23}
$$

其中，$\gamma_n>0$、$r_n>0$ 为设计参数；$\tilde{\theta}_n=\theta_n-\hat{\theta}_n$、$\tilde{\rho}_n=\rho_n-\hat{\rho}_n$ 为参数估计误差，$\hat{\theta}_n$、$\hat{\rho}_n$ 分别为 θ_n、ρ_n 的估计值。

根据式 (1.1.22) 和式 (1.1.23)，求 V_n 的导数，可得

$$
\begin{aligned}
\dot{V}_n\leqslant&-\sum_{j=1}^{n-1}k_jz_j^2+\sum_{j=1}^{n-1}\sigma_j\left(\rho_j+\theta_j\right)+\sum_{j=1}^{n-1}\sigma_j\hat{\theta}_j\tilde{\theta}_j+\sum_{j=1}^{n-1}\sigma_j\hat{\rho}_j\tilde{\rho}_j+\frac{g_n}{\bar{g}_n}z_nu\\
&+\frac{1}{\bar{g}_n}z_nh_n+\frac{z_n}{\bar{g}_n}\left(d_n+\sum_{j=1}^{n-1}\frac{\partial\alpha_{n-1}}{\partial x_j}d_j\right)-\frac{1}{\gamma_{ni}}\tilde{\theta}_n\dot{\hat{\theta}}_n-\frac{1}{r_n}\tilde{\rho}_n\dot{\hat{\rho}}_n
\end{aligned}
\tag{1.1.24}
$$

其中

$$
\begin{aligned}
\phi_{n-1}=&\sum_{j=1}^{n-1}\frac{\partial\alpha_{n-1}}{\partial x_j}\left(g_jx_{j+1}+f_j\left(\bar{x}_j\right)\right)+\sum_{j=1}^{n-1}\frac{\partial\alpha_{n-1}}{\partial\hat{\theta}_j}\dot{\hat{\theta}}_j+\sum_{j=1}^{n-1}\frac{\partial\alpha_{n-1}}{\partial\hat{\rho}_j}\dot{\hat{\rho}}_j\\
&+\sum_{j=0}^{n-1}\frac{\partial\alpha_{n-1}}{\partial y_d^{(j)}}y_d^{(j+1)}\\
h_n=&f_n-\phi_{n-1}+\frac{g_{n-1}\bar{g}_n}{\bar{g}_n}z_{n-1}
\end{aligned}
$$

由于 $h_n(Z_n)$ 是未知连续函数,利用模糊逻辑系统 $\hat{h}_n\left(Z_n|\hat{W}_n\right)=\hat{W}_n^{\mathrm{T}}\varphi_n(Z_n)$ 逼近 $h_n(Z_n)$,并假设

$$h_n(Z_n)=W_n^{\mathrm{T}}\varphi_n(Z_n)+\delta_n(Z_n) \tag{1.1.25}$$

其中,$Z_n=\left[x_n,\hat{\theta}_1,\cdots,\hat{\theta}_{n-1},\hat{\rho}_1,\cdots,\hat{\rho}_{n-1},y_d,\cdots,y_d^{(n)}\right]^{\mathrm{T}}$;$W_n$ 为理想权重;$\delta_n(Z_n)$ 是最小逼近误差。假设 $\delta_n(Z_n)$ 满足 $|\delta_n(Z_n)|\leqslant\varepsilon_n$,$\varepsilon_n$ 为正常数。

对于任意的 $\sigma_n>0$,可得

$$\begin{aligned}&\frac{1}{\bar{g}_n}z_nW_n^{\mathrm{T}}\varphi_n(Z_n)\leqslant\theta_nz_n\eta_n+\sigma_n\theta_n\\&\frac{1}{\bar{g}_n}\left(d_n+\sum_{j=1}^{n-1}\frac{\partial\alpha_{n-1}}{\partial x_j}d_j+\delta_n\right)\leqslant\|\beta_n\|\|D_n\|=\|\beta_n\|\rho_n\end{aligned} \tag{1.1.26}$$

其中,$\theta_n=\dfrac{\|W_n\|}{\bar{g}_n}$;$\rho_n=\sup\limits_{t\geqslant0}\|D_n\|$;$\beta_n=\left[1,\dfrac{\partial\alpha_{n-1}}{\partial x_1},\cdots,\dfrac{\partial\alpha_{n-1}}{\partial x_{n-1}}\right]^{\mathrm{T}}\in\mathbf{R}^n$;$D_n=\dfrac{1}{\bar{g}_n}[d_n+\delta_n,d_1,\cdots,d_{n-1}]^{\mathrm{T}}\in\mathbf{R}^n$。

将式 (1.1.26) 代入式 (1.1.25),可得

$$\begin{aligned}\dot{V}_n\leqslant&-\sum_{j=1}^{n-1}k_jz_j^2+\sum_{j=1}^{n-1}\sigma_j(\rho_j+\theta_j)+\sum_{j=1}^{n-1}\sigma_j\hat{\theta}_j\tilde{\theta}_j+\sum_{j=1}^{n-1}\sigma_j\hat{\rho}_j\tilde{\rho}_j+\frac{g_n}{\bar{g}_n}z_nu\\&+\frac{\theta_nz_n^2\varphi_n^{\mathrm{T}}\varphi_n}{\sqrt{z_n^2\varphi_n^{\mathrm{T}}\varphi_n+\sigma_n^2}}+\sigma_n\theta_n+z_n\|\beta_n\|\rho_n-\frac{1}{\gamma_n}\tilde{\theta}_n\dot{\hat{\theta}}_n-\frac{1}{r_n}\tilde{\rho}_n\dot{\hat{\rho}}_n\end{aligned} \tag{1.1.27}$$

基于式 (1.1.2) 中的 $e(t)$,设计事件触发机制为

$$\begin{aligned}&u(t)=\omega(t_k),\quad\forall t\in[t_k,t_{k+1})\\&t_{k+1}=\inf\{t\in\mathbf{R}\,|\,|e(t)|\geqslant\delta|u(t)|+m\}\end{aligned} \tag{1.1.28}$$

其中,$0<\delta<1$,$m>0$。触发误差大于阈值时,都会将此时间标记为 t_{k+1},并将控制值 $u(t_{k+1})$ 应用于系统 (1.1.1)。对于 $t\in[t_k,t_{k+1})$,控制信号保持为常数 $\omega(t_k)$。

根据式 (1.1.28),有两个时变参数 $\lambda_i(t)\ (i=1,2)$,满足 $|\lambda_i(t)|\leqslant1$,使得

$$\omega(t)=(1+\lambda_1(t)\delta)u(t)+\lambda_2(t)m \tag{1.1.29}$$

因此有

$$u(t)=\frac{\omega(t)-\lambda_2(t)m}{1+\lambda_1(t)\delta} \tag{1.1.30}$$

将式 (1.1.30) 代入式 (1.1.27)，可得

$$\begin{aligned}\dot{V}_n\leqslant&-\sum_{j=1}^{n-1}k_jz_j^2+\sum_{j=1}^{n-1}\sigma_j(\rho_j+\theta_j)\\&+\sum_{j=1}^{n-1}\sigma_j\hat{\theta}_j\tilde{\theta}_j+\sum_{j=1}^{n-1}\sigma_j\hat{\rho}_j\tilde{\rho}_j+\frac{g_n}{\bar{g}_n}z_n\frac{\omega(t)-\lambda_2(t)m}{1+\lambda_1(t)\delta}\\&+\frac{\theta_nz_n^2\varphi_n^{\mathrm{T}}\varphi_n}{\sqrt{z_n^2\varphi_n^{\mathrm{T}}\varphi_n+\sigma_n^2}}+\sigma_n\theta_n+z_n\|\beta_n\|\rho_n-\frac{1}{\gamma_n}\tilde{\theta}_n\dot{\hat{\theta}}_n-\frac{1}{r_n}\tilde{\rho}_n\dot{\hat{\rho}}_n\end{aligned} \tag{1.1.31}$$

设计连续控制输入为

$$\omega(t)=-(1+\delta)\left(z_n\alpha_n\tanh\left(\frac{z_n\alpha_n}{\sigma_n}\right)+\bar{m}\tanh\left(\frac{z_n\bar{m}}{\sigma_n}\right)\right) \tag{1.1.32}$$

其中，α_n 为虚拟控制器。

根据 $\lambda_1(t)\in[-1,1]$、$\lambda_2(t)\in[-1,1]$ 以及假设 1.1.3，并结合式 (1.1.32)，可得

$$\begin{aligned}\dot{V}_n\leqslant&-\sum_{j=1}^{n-1}k_jz_j^2+\sum_{j=1}^{n-1}\sigma_j(\rho_j+\theta_j)+\sum_{j=1}^{n-1}\sigma_j\hat{\theta}_j\tilde{\theta}_j+\sum_{j=1}^{n-1}\sigma_j\hat{\rho}_j\tilde{\rho}_j-z_n\alpha_n\tanh\left(\frac{z_n\alpha_n}{\sigma_n}\right)\\&+\frac{g_n}{\bar{g}_n}\left|\frac{z_nm}{1-\delta}\right|+\frac{\theta_nz_n^2\varphi_n^{\mathrm{T}}\varphi_n}{\sqrt{z_n^2\varphi_n^{\mathrm{T}}\varphi_n+\sigma_n^2}}+\sigma_n\theta_n+z_n\|\beta_n\|\rho_n-\frac{1}{\gamma_n}\tilde{\theta}_n\dot{\hat{\theta}}_n-\frac{1}{r_n}\tilde{\rho}_n\dot{\hat{\rho}}_n\end{aligned} \tag{1.1.33}$$

根据引理 1.1.1，可得

$$\begin{aligned}\dot{V}_n\leqslant&-\sum_{j=1}^{n-1}k_jz_j^2+\sum_{j=1}^{n-1}\sigma_j(\rho_j+\theta_j)+\sum_{j=1}^{n-1}\sigma_j\hat{\theta}_j\tilde{\theta}_j\\&+\sum_{j=1}^{n-1}\sigma_j\hat{\rho}_j\tilde{\rho}_j-|z_n\alpha_n|+\kappa\sigma_n+z_n\|\beta_n\|\rho_n\\&+\frac{g_n}{\bar{g}_n}\left(-|z_n\bar{m}|+\left|\frac{z_nm}{1-\delta}\right|\right)+\frac{g_n}{\bar{g}_n}\kappa\sigma_n\frac{\theta_nz_n^2\varphi_n^{\mathrm{T}}\varphi_n}{\sqrt{z_n^2\varphi_n^{\mathrm{T}}\varphi_n+\sigma_n^2}}\end{aligned}$$

$$
+\sigma_n\theta_n-\frac{1}{\gamma_n}\tilde{\theta}_n\dot{\hat{\theta}}_n-\frac{1}{r_n}\tilde{\rho}_n\dot{\hat{\rho}}_n \tag{1.1.34}
$$

设计虚拟控制器和参数自适应律分别如下：

$$
\begin{aligned}
\alpha_n&=-k_nz_n-\frac{\hat{\theta}_nz_n\varphi_n^{\mathrm{T}}\varphi_n}{\sqrt{z_n^2\varphi_n^{\mathrm{T}}\varphi_n+\sigma_n^2}}-\frac{z_n\left\|\beta_n\right\|^2\hat{\rho}_n}{\sqrt{z_n^2\left\|\beta_n\right\|^2+\sigma_n^2}}\\
\dot{\hat{\theta}}_n&=\gamma_n\frac{z_n^2\varphi_n^{\mathrm{T}}\varphi_n}{\sqrt{z_n^2\varphi_n^{\mathrm{T}}\varphi_i+\sigma_n^2}}-\gamma_n\sigma_n\hat{\theta}_n\\
\dot{\hat{\rho}}_n&=r_n\frac{z_n^2\left\|\beta_n\right\|^2}{\sqrt{z_n^2\left\|\beta_n\right\|^2+\sigma_n^2}}-r_n\sigma_n\hat{\rho}_n
\end{aligned} \tag{1.1.35}
$$

其中，$k_n>0$ 为设计参数。

将式 (1.1.35) 代入式 (1.1.34)，可得

$$
\begin{aligned}
\dot{V}_n\leqslant&-\sum_{j=1}^{n}k_jz_j^2+\sum_{j=1}^{n-1}\sigma_j\left(\rho_j+\theta_j\right)+\sum_{j=1}^{n-1}\sigma_j\hat{\theta}_j\tilde{\theta}_j+\sum_{j=1}^{n-1}\sigma_j\hat{\rho}_j\tilde{\rho}_j+\kappa\sigma_n+\frac{\bar{g}_n}{\underline{g}_n}\kappa\sigma_n\\
&+\sigma_n\theta_n+\frac{g_n}{\underline{g}_n}\left(-\left|z_n\bar{m}\right|+\left|\frac{z_nm}{1-\delta}\right|\right)+\left|z_n\right|\left\|\beta_n\right\|\rho_n-\frac{z_n^2\left\|\beta_n\right\|^2\rho_n}{\sqrt{z_n^2\left\|\beta_n\right\|^2+\sigma_n^2}}\\
&+\frac{1}{\gamma_n}\tilde{\theta}_n\left(\gamma_n\frac{z_n^2\varphi_n^{\mathrm{T}}\varphi_n}{\sqrt{z_n^2\varphi_n^{\mathrm{T}}\varphi_n+\sigma_n^2}}-\dot{\hat{\theta}}_n\right)+\frac{1}{r_n}\tilde{\rho}_n\left(r_n\frac{z_n^2\left\|\beta_n\right\|^2}{\sqrt{z_n^2\left\|\beta_n\right\|^2+\sigma_n^2}}-\dot{\hat{\rho}}_n\right)
\end{aligned} \tag{1.1.36}
$$

根据杨氏不等式，可得

$$
\begin{aligned}
\tilde{\theta}_j\hat{\theta}_j&=\tilde{\theta}_j\left(\theta_j-\tilde{\theta}_j\right)=-\tilde{\theta}_j^2+\tilde{\theta}_j\theta_j\leqslant\frac{\theta_j^2}{4}\\
\tilde{\rho}_j\hat{\rho}_j&=\tilde{\rho}_j\left(\rho_j-\tilde{\rho}_j\right)=-\tilde{\rho}_j^2+\tilde{\rho}_j\rho_j\leqslant\frac{\rho_j^2}{4}
\end{aligned} \tag{1.1.37}
$$

将式 (1.1.37) 代入式 (1.1.36)，可得

$$
\dot{V}_n\leqslant-\sum_{j=1}^{n}k_jz_j^2+\sum_{j=1}^{n}\sigma_j\left(\rho_j+\theta_j\right)+\sum_{j=1}^{n}\sigma_j\frac{\theta_j^2+\rho_j^2}{4}+\left(\kappa+\frac{g_n}{\bar{g}_n}\kappa+\theta_n\right)\sigma_n \tag{1.1.38}
$$

定义 $\nu_j=\rho_j+\theta_j+\dfrac{\theta_j^2+\rho_j^2}{4}\ (j=1,2,\cdots,n-1)$ 和 $\nu_n=\rho_n+\theta_n+\dfrac{\theta_n^2+\rho_n^2}{4}+\kappa+\dfrac{g_n}{\bar{g}_n}\kappa+\theta_n$。$\dot{V}_n$ 最终表示为

$$\dot{V}_n\leqslant-\sum_{j=1}^{n}k_jz_j^2+\sum_{j=1}^{n}\sigma_j\nu_j \tag{1.1.39}$$

1.1.3　稳定性与收敛性分析

下面的定理给出了所设计的模糊自适应控制方法具有的性质。

定理 1.1.1　针对非线性系统 (1.1.1)，假设 1.1.1 ~ 假设 1.1.3 成立。如果采用控制器 (1.1.30)，虚拟控制器和参数自适应律 (1.1.12)、(1.1.20) 和 (1.1.35)，则总体控制方案具有如下性能：

(1) 跟踪误差渐近收敛到零；

(2) 闭环系统稳定，同时能够避免 Zeno 行为。

证明　对式 (1.1.39) 求积分，可得

$$V_n(t)\leqslant V_n(t_0)+\sum_{j=1}^{n}\nu_j\bar{\sigma}_j \tag{1.1.40}$$

可得闭环系统中的所有信号一致最终有界。根据 Barbalat 引理，则有 $\lim\limits_{t\to\infty}z_i=0,\ i=1,2,\cdots,n$。因此，实现了渐近跟踪。

由于 $e(t)=\omega(t)-u(t)$，有

$$\frac{\mathrm{d}}{\mathrm{d}t}|e|=\mathrm{sign}(e)\dot{e}\leqslant|\dot{\omega}| \tag{1.1.41}$$

存在一个常数 $\bar{\omega}$ 使得 $|\dot{\omega}|\leqslant\bar{\omega}$。结合 $e(t_k)=0$，$\lim\limits_{t\to t_{k+1}}e(t_{k+1})=m$，则有 $t_{k+1}-t_k\geqslant\dfrac{\delta|u(t)|+m}{\bar{\omega}}$。因此，避免了 Zeno 行为。

1.1.4　仿真

例 1.1.1　考虑如下二阶非线性系统：

$$\begin{aligned}
\dot{x}_1&=(1+0.1\sin(x_1))x_2+x_1^2\sin^4(x_1)+0.1\sin(t)\\
\dot{x}_2&=(1+0.1\sin(x_2))u+x_1^3x_2^3+0.1\sin(t)\\
y&=x_1
\end{aligned} \tag{1.1.42}$$

选取隶属度函数为

$$\mu_{F_i^1}(x_i)=\exp[-(x_i+1)^2],\quad \mu_{F_i^2}(x_i)=\exp[-(x_i+2)^2],\quad \mu_{F_i^3}(x_i)=\exp[-(x_i)^2]$$

$$\mu_{F_i^4}(x_i)=\exp[-(x_i-2)^2],\quad \mu_{F_i^5}(x_i)=\exp[-(x_i-1)^2],\quad i=1,2$$

在仿真中，选取设计参数为 $\delta=0.5$、$\bar{m}=2$、$m=1$、$\sigma_n=10\mathrm{e}^{-0.1t}$、$k_1=45$、$k_2=15$、$\gamma_1=1$、$\gamma_2=1$、$r_1=1$、$r_2=1$、$\sigma_1=4\mathrm{e}^{-0.6t}$、$\sigma_2=10\mathrm{e}^{-0.1t}$。选择状态变量及参数的初始值为 $x(0)=[0.5,-0.5]^{\mathrm{T}}$、$\hat{\theta}(0)=[9,9]^{\mathrm{T}}$、$\hat{\rho}(0)=[9,9]^{\mathrm{T}}$。

仿真结果如图 1.1.1 ~ 图 1.1.5 所示。

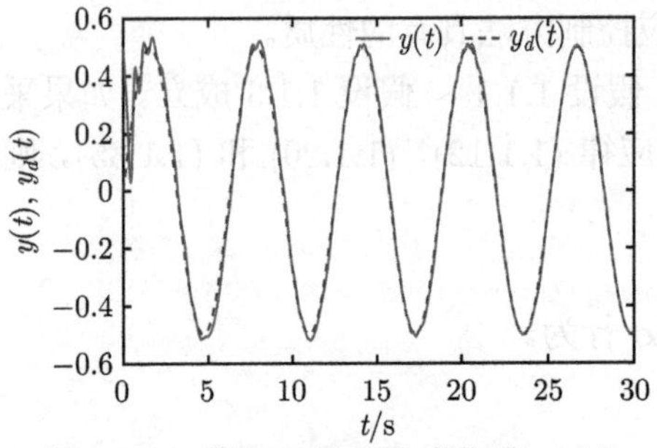

图 1.1.1 输出 $y(t)$ 和参考信号 $y_d(t)$ 的轨迹

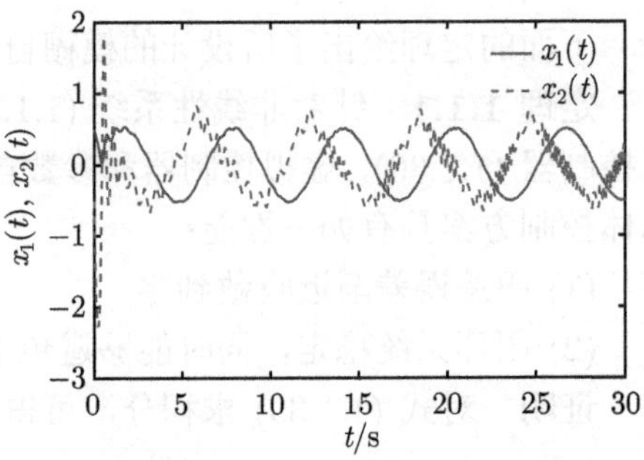

图 1.1.2 状态 $x_1(t)$ 和 $x_2(t)$ 的轨迹

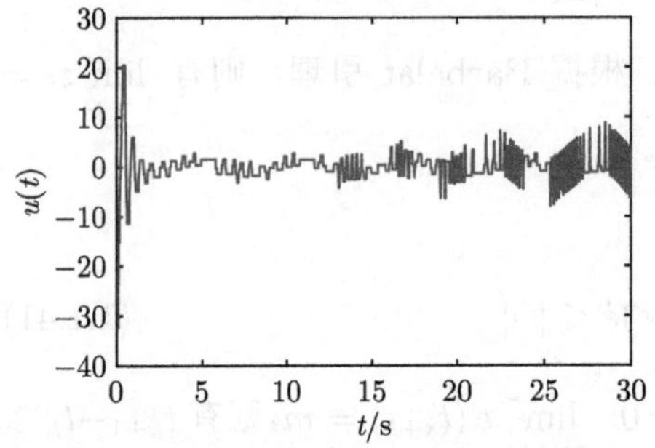

图 1.1.3 控制器 $u(t)$ 的轨迹

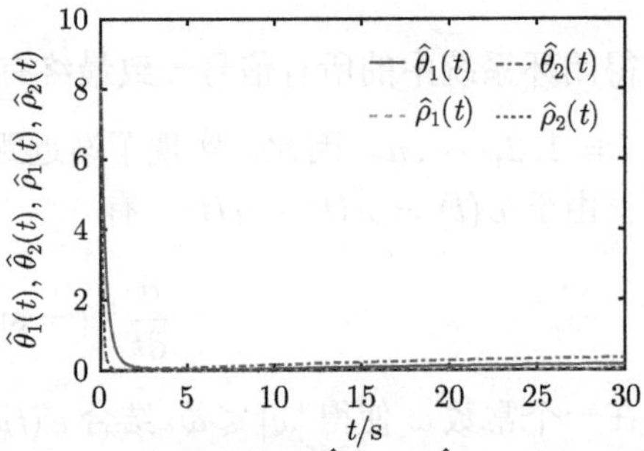

图 1.1.4 自适应参数 $\hat{\theta}_1(t)$、$\hat{\theta}_2(t)$ 和 $\hat{\rho}_1(t)$、$\hat{\rho}_2(t)$ 的轨迹

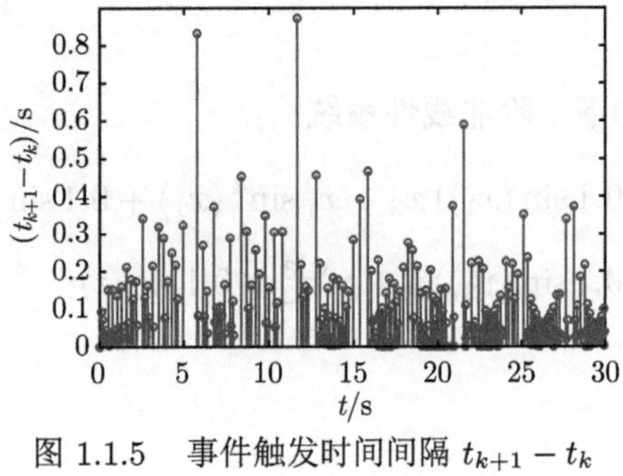

图 1.1.5 事件触发时间间隔 $t_{k+1}-t_k$

1.2　基于模型的非线性严格反馈系统神经网络自适应事件触发控制

1.1 节针对非线性严格反馈系统，设计了一种模糊自适应事件触发控制设计方法。本节针对一类不确定非线性严格反馈系统，基于神经网络和事件触发控制设计原理，介绍一种神经网络自适应事件触发控制方法，并证明闭环系统的稳定性和收敛性。类似的自适应事件触发控制设计方法可参见文献 [8]~[11]。

1.2.1　系统模型及控制问题描述

考虑如下不确定非线性严格反馈系统：

$$\begin{aligned} \dot{x}_i &= x_{i+1} + f_i(\bar{x}_i), \quad i = 1, 2, \cdots, n-1 \\ \dot{x}_n &= u + f_n(\bar{x}_n) \end{aligned} \tag{1.2.1}$$

其中，$\bar{x}_i = [x_1, x_2, \cdots, x_i]^{\mathrm{T}} \in \mathbf{R}^i \ (i = 1, 2, \cdots, n)$ 为状态向量；$u \in \mathbf{R}$ 为系统的输入；$f_i(\bar{x}_i) \ (i = 1, 2, \cdots, n)$ 为未知非线性函数且满足 $f_i(0) = 0$。

利用如下神经网络对未知非线性函数 $f_i(\bar{x}_i)$ 进行逼近：

$$f_i(\bar{x}_i) = W_i^{\mathrm{T}} S_i(\bar{x}_i) + \delta_i(\bar{x}_i) \tag{1.2.2}$$

其中，$W_i \in \mathbf{R}^l$ 为理想神经网络权重向量；$S_i(\bar{x}_i) \in \mathbf{R}^l$ 为径向基函数向量；$\delta_i(\bar{x}_i)$ 为最小逼近误差。假设 $\delta_i(\bar{x}_i)$ 满足 $|\delta_i(\bar{x}_i)| \leqslant \varepsilon_i$，$\varepsilon_i$ 为正常数。

由于式 (1.2.2) 中的神经网络权重向量 W_i 未知，设计一种新的神经网络估计器逼近非线性函数，$f_i(\bar{x}_i)$ 的估计值为

$$\hat{f}_i(\bar{x}_i) = \hat{W}_i^{\mathrm{T}} S_i(\bar{x}_i), \quad i = 1, 2, \cdots, n \tag{1.2.3}$$

其中，$\hat{W}_i$ 为理想神经网络权重向量 W_i 的估计值；$\tilde{W}_i = W_i - \hat{W}_i$ 为神经网络权重估计误差。

假设 1.2.1　目标权重向量 W_i 和激活函数 $S_i(\bar{x}_i)$ 存在上界，即 $\|W_i\| \leqslant W_{i,M}$，$\|S_i\| \leqslant S_{i,M}$，其中 $W_{i,M}$ 和 $S_{i,M}$ 是未知正常数。

假设 1.2.2　激活函数 $S_i(\bar{x}_i)$ 满足局部利普希茨连续条件，使得 $\|S_i(\bar{x}_i) - S_i(\hat{\bar{x}}_i)\| \leqslant L_i \left\|(\bar{x}_i - \hat{\bar{x}}_i)\right\|$，其中 L_i 为已知常数。

控制目标　针对不确定非线性严格反馈系统 (1.2.1)，基于神经网络设计一种自适应事件触发控制器，使得：

(1) 闭环系统的所有信号半全局一致最终有界；

(2) 能够避免 Zeno 行为。

1.2.2 神经网络自适应反步递推事件触发控制设计

针对非线性系统 (1.2.1)，将基于事件的自适应模型设计为

$$\begin{aligned}\dot{\hat{x}}_i &= \hat{x}_{i+1} + \hat{f}_i\left(\hat{\bar{x}}_i\right), \quad i = 1,2,\cdots,n-1 \\ \dot{\hat{x}}_n &= u + \hat{f}_n\left(\hat{\bar{x}}_n\right)\end{aligned} \tag{1.2.4}$$

其中，$\hat{x}_i$ 为状态向量的估计值，$\hat{x}_i(0) = \hat{x}_{i0}$ 为非零初始条件；$\hat{\bar{x}}_i = [\hat{x}_1, \hat{x}_2, \cdots, \hat{x}_i]^{\mathrm{T}}$；$\hat{f}_i\left(\hat{\bar{x}}_i\right)$ 为事件采样下的非线性函数 $f_i\left(\bar{x}_i\right)$ 的估计值。根据式 (1.2.3)，可得 $\hat{f}_i\left(\hat{\bar{x}}_i\right) = \hat{W}_i^{\mathrm{T}} S_i\left(\hat{\bar{x}}_i\right)$，$i = 1, 2, \cdots, n$。

在事件触发控制中，控制器仅在离散的采样时刻 $t_0, t_1, t_2, \cdots, t_k, \cdots (k = 1, 2, \cdots)$ 更新。其中定义 $\{t_k\}_{k=1}^{\infty}$ 为满足 $t_{k+1} > t_k$ 的事件触发时刻，$t_0 = 0$ 为初始采样时刻。

定义事件触发误差 $e_i\ (i = 1, 2, \cdots, n)$ 为当前系统状态与自适应模型状态之差：

$$e_i(t) = x_i(t) - \hat{x}_i(t), \quad t \in (t_k, t_{k+1}] \tag{1.2.5}$$

模型状态向量 $\hat{x}_i(t)$ 在事件采样时刻用系统状态向量重新初始化，$\hat{x}_i^+(t)$ 为重新初始化之后的向量，则有

$$\hat{x}_i^+(t) = x_i(t), \quad t = t_k \tag{1.2.6}$$

定义如下坐标变换：

$$\hat{z}_1 = \hat{x}_1 \tag{1.2.7}$$

$$\hat{z}_i = \hat{x}_i - \alpha_{i-1} \tag{1.2.8}$$

其中，$\hat{z}_i$ 为误差变量；α_{i-1} 为虚拟控制器。

基于上面的坐标变换，n 步自适应反步递推控制设计过程如下。

第 1 步 求 $\hat{z}_1$ 的导数，可得

$$\dot{\hat{z}}_1 = \hat{x}_2 + \hat{f}_1(\hat{x}_1) + \alpha_1 + \hat{W}_1^{\mathrm{T}} S_1(\hat{x}_1) \tag{1.2.9}$$

设计虚拟控制器为

$$\alpha_1 = -k_1\hat{z}_1 = \hat{x}_2 + \hat{f}_1(\hat{x}_1) - \hat{W}_1^{\mathrm{T}} S_1(\hat{x}_1) \tag{1.2.10}$$

其中，$k_1 > 0$ 为设计参数。

根据式 (1.2.9) 和式 (1.2.10)，可得

$$\dot{\hat{z}}_1 = \hat{x}_2 + \hat{f}_1(\hat{x}_1) = \hat{z}_2 - k_1\hat{z}_1 \tag{1.2.11}$$

第 $i\,(2 \leqslant i \leqslant n-1)$ 步　求 $\hat{z}_i$ 的导数，可得

$$\dot{\hat{z}}_i = \hat{z}_{i+1} + \alpha_i + \hat{W}_i^{\mathrm{T}} S_i\left(\hat{\bar{x}}_i\right) - \dot{\alpha}_{i-1} \tag{1.2.12}$$

设计虚拟控制器为

$$\alpha_i = -k_i \hat{z}_i - \hat{W}_i^{\mathrm{T}} S_i\left(\hat{\bar{x}}_i\right) + \dot{\alpha}_{i-1} \tag{1.2.13}$$

其中，$k_i > 0$ 为设计参数。

根据式 (1.2.12) 和式 (1.2.13)，可得

$$\dot{\hat{z}}_i = \hat{z}_{i+1} - k_i \hat{z}_i \tag{1.2.14}$$

第 n 步　求 $\hat{z}_n$ 的导数，可得

$$\dot{\hat{z}}_n = u + \hat{f}_n\left(\hat{\bar{x}}_n\right) - \dot{\alpha}_{n-1} \tag{1.2.15}$$

设计实际控制器为

$$u = -k_n \hat{z}_n - \hat{W}_n^{\mathrm{T}} S_n\left(\hat{\bar{x}}_n\right) + \dot{\alpha}_{n-1} \tag{1.2.16}$$

其中，$k_n > 0$ 为设计参数。

根据式 (1.2.15) 和式 (1.2.16)，可得

$$\dot{\hat{z}}_n = -k_n \hat{z}_n \tag{1.2.17}$$

根据式 (1.2.1)、式 (1.2.4) 和式 (1.2.5)，对于 $t_k < t \leqslant t_{k+1}$，事件触发误差动态为

$$\dot{e}_i = e_{i+1} + \tilde{W}_i^{\mathrm{T}} S_i\left(\bar{x}_i\right) + \hat{W}_i^{\mathrm{T}}\left(S_i\left(\bar{x}_i\right) - S_i\left(\hat{\bar{x}}_i\right)\right) + \delta_i\left(\bar{x}_i\right), \quad i = 1, 2, \cdots, n \tag{1.2.18}$$

其中，$e_{n+1} = 0$。

根据式 (1.2.1)、式 (1.2.4) 和式 (1.2.6)，事件触发误差动态在触发时刻为

$$\dot{e}_i = e_{i+1} + \tilde{W}_i^{\mathrm{T}} S_i\left(\bar{x}_i\right) + \delta_i\left(\bar{x}_i\right), \quad i = 1, 2, \cdots, n \tag{1.2.19}$$

其中，$e_{n+1} = 0$。

由于神经网络权重更新律所需的事件触发误差只能在采样瞬间计算，所以神经网络权重在采样瞬间是跳变的，在连续时间内保持不变。那么，$t_k < t \leqslant t_{k+1}$ 时神经网络权重更新律为

$$\dot{\hat{W}}_i = 0, \quad t_k < t \leqslant t_{k+1}, \quad i = 1, 2, \cdots, n \tag{1.2.20}$$

在事件触发时刻，设计如下更新律：

$$\hat{W}_i^+ = \hat{W}_i - \beta_i \frac{S_i(\bar{x}_i)}{c_i + \|e_i(t)\|^2} e_i^{\mathrm{T}}(t)\, l_i - \sigma_i \hat{W}_i \tag{1.2.21}$$

其中，$\hat{W}_i^+$ 为触发瞬间更新的神经网络权重估计；β_i 为神经网络学习律；$c_i > 0$ 和 $\sigma_i > 0$ 为设计参数；l_i 为匹配维数的设计矩阵。

根据式 (1.2.20) 和式 (1.2.21)，跳变时间和连续时间的神经网络权重估计误差为

$$\dot{\tilde{W}}_i = 0, \quad t_k < t \leqslant t_{k+1}, \quad i = 1, 2, \cdots, n \tag{1.2.22}$$

$$\tilde{W}_i^+ = W_i - W_i^+ = \tilde{W}_i - \beta_i \lambda_i S_i(\bar{x}_i)\, e_i^{\mathrm{T}}(t)\, l_i - \sigma_i \hat{W}_i, \quad t = t_k \tag{1.2.23}$$

其中，$\lambda_i = 1\Big/\left(c_i + \|e_i(t)\|^2\right)$。

下面采用非线性脉冲动力系统来建立事件采样闭环系统的模型，设计合适的自适应事件触发条件，并给出系统状态和神经网络权重估计误差的有界性分析。

第 1 步　定义 $z_1 = x_1$，求 z_1 的导数，可得

$$\dot{z}_1 = x_2 + f_1(x_1) \tag{1.2.24}$$

引入误差变量 $z_2 = x_2 - \alpha_1$，将式 (1.2.11) 代入式 (1.2.26)，可得

$$\dot{z}_1 = z_2 - k_1 \hat{z}_1 - \hat{W}_1^{\mathrm{T}} S_1(\hat{x}_1) + f_1(x_1) \tag{1.2.25}$$

由于 $f_1(x_1)$ 是未知连续函数，所以利用神经网络 $\hat{f}_1\left(x_1|\hat{W}_1\right) = \hat{W}_1^{\mathrm{T}} S_1(\hat{x}_1)$ 逼近 $f_1(x_1)$，并假设

$$f_1(x_1) = W_1^{\mathrm{T}} S_1(x_1) + \delta_1(x_1) \tag{1.2.26}$$

其中，W_1 为理想权重；$\delta_1(x_1)$ 为最小逼近误差。假设 $\delta_1(x_1)$ 满足 $|\delta_1(x_1)| \leqslant \varepsilon_1$，$\varepsilon_1$ 为正常数。将式 (1.2.26) 代入式 (1.2.25)，可得

$$\dot{z}_1 = z_2 - k_1 z_1 + k_1 e_1 + \tilde{W}_1^{\mathrm{T}} S_1(x_1) + \hat{W}_1^{\mathrm{T}} \left(S_1(x_1) - S_1(\hat{x}_1)\right) + \delta_1(x_1) \tag{1.2.27}$$

第 $i\,(2 \leqslant i \leqslant n-1)$ 步　定义 $z_i = x_i - \alpha_{i-1}$，求 z_i 的导数，可得

$$\dot{z}_i = x_{i+1} + f_i(\bar{x}_i) - \dot{\alpha}_{i-1} \tag{1.2.28}$$

引入误差变量 $z_{i+1} = x_{i+1} - \alpha_i$，将式 (1.2.13) 代入式 (1.2.28)，可得

$$\dot{z}_i = z_{i+1} - k_i \hat{z}_i - \hat{W}_i^{\mathrm{T}} S_i\left(\hat{\bar{x}}_i\right) + \dot{\alpha}_{i-1} + f_i(\bar{x}_i) - \dot{\alpha}_{i-1} \tag{1.2.29}$$

由于 $f_i(\bar{x}_i)$ 是未知连续函数，所以利用神经网络 $\hat{f}_i\left(\bar{x}_i|\hat{W}_i\right)=\hat{W}_i^{\mathrm{T}}S_i\left(\hat{\bar{x}}_i\right)$ 逼近 $f_i(x_i)$，并假设

$$f_i\left(\bar{x}_i\right)=W_i^{\mathrm{T}}S_i\left(\bar{x}_i\right)+\delta_i\left(\bar{x}_i\right) \tag{1.2.30}$$

其中，W_i 为理想权重；$\delta_i\left(\bar{x}_i\right)$ 为最小逼近误差。假设 $\delta_i\left(\bar{x}_i\right)$ 满足 $\left|\delta_i\left(\bar{x}_i\right)\right|\leqslant\varepsilon_i$，$\varepsilon_i$ 为正常数。

将式 (1.2.30) 代入式 (1.2.29)，可得

$$\dot{z}_i=z_{i+1}-k_iz_i+k_ie_i+\tilde{W}_i^{\mathrm{T}}S_i\left(\bar{x}_i\right)+\hat{W}_i^{\mathrm{T}}\left(S_i\left(\bar{x}_i\right)-S_i\left(\hat{\bar{x}}_i\right)\right)+\delta_i\left(\bar{x}_i\right) \tag{1.2.31}$$

第 n 步　定义 $z_n=u-\alpha_{n-1}$，求 z_n 的导数，可得

$$\dot{z}_n=u+f_n\left(\bar{x}_n\right)-\dot{\alpha}_{n-1} \tag{1.2.32}$$

将式 (1.2.16) 代入式 (1.2.32)，可得

$$\dot{z}_n=-k_n\hat{z}_n-\hat{W}_n^{\mathrm{T}}S_n\left(\hat{\bar{x}}_n\right)+\dot{\alpha}_{n-1}+f_n\left(\bar{x}_n\right)-\dot{\alpha}_{n-1} \tag{1.2.33}$$

由于 $f_n(\bar{x}_n)$ 是未知连续函数，所以利用神经网络 $\hat{f}_n\left(\bar{x}_n|\hat{W}_n\right)=\hat{W}_n^{\mathrm{T}}S_n\left(\hat{\bar{x}}_n\right)$ 逼近 $f_n(\bar{x}_n)$，并假设

$$f_n\left(\bar{x}_n\right)=W_n^{\mathrm{T}}S_n\left(\bar{x}_n\right)+\delta_n\left(\bar{x}_n\right) \tag{1.2.34}$$

其中，W_n 为理想权重；$\delta_n\left(\bar{x}_n\right)$ 为最小逼近误差。假设 $\delta_n\left(\bar{x}_n\right)$ 满足 $\left|\delta_n\left(\bar{x}_n\right)\right|\leqslant\varepsilon_n$，$\varepsilon_n$ 为正常数。

将式 (1.2.34) 代入式 (1.2.33)，可得

$$\dot{z}_n=-k_nz_n+k_ne_n+\tilde{W}_n^{\mathrm{T}}S_n\left(\bar{x}_n\right)+\hat{W}_n^{\mathrm{T}}\left(S_n\left(\bar{x}_n\right)-S_n\left(\hat{\bar{x}}_n\right)\right)+\delta_n\left(\bar{x}_n\right) \tag{1.2.35}$$

因此，对于 $i=1,2,\cdots,n-1$，根据式 (1.2.27)、式 (1.2.31) 和式 (1.2.35)，有

$$F\overset{\text{def}}{=\!=}\begin{cases}\dot{z}_i=z_{i+1}-k_iz_i+k_ie_i+\tilde{W}_i^{\mathrm{T}}S_i\left(\bar{x}_i\right)+\hat{W}_i^{\mathrm{T}}\left(S_i\left(\bar{x}_i\right)-S_i\left(\hat{\bar{x}}_i\right)\right)+\delta_i\left(\bar{x}_i\right)\\ \dot{z}_n=-k_nz_n+k_ne_n+\tilde{W}_n^{\mathrm{T}}S_n\left(\bar{x}_n\right)+\hat{W}_n^{\mathrm{T}}\left(S_n\left(\bar{x}_n\right)-S_n\left(\hat{\bar{x}}_n\right)\right)+\delta_n\left(\bar{x}_n\right)\end{cases} \tag{1.2.36}$$

在式 (1.2.11)、式 (1.2.14) 和式 (1.2.17) 中，自适应模型的闭环动态为

$$\hat{F}\overset{\text{def}}{=\!=}\begin{cases}\dot{\hat{z}}_i=\hat{z}_{i+1}-k_i\hat{z}_i,\quad i=1,2,\cdots,n-1\\ \dot{\hat{z}}_n=-k_n\hat{z}_n\end{cases} \tag{1.2.37}$$

存在如下跳变：

$$x_i^+ = x_i, \quad t = t_k \tag{1.2.38}$$

模型状态 $\hat{x}_i$ 为

$$\hat{x}_i^+ = x_i, \quad t = t_k \tag{1.2.39}$$

根据式 (1.2.13) 中 α_i 的定义，结合 $z_i = x_i - \alpha_{i-1}$ 和 $\hat{z}_i = \hat{x}_i - \alpha_{i-1}$，可得

$$z_i^+ = z_i, \quad t = t_k \tag{1.2.40}$$

$$\hat{z}_i^+ = z_i, \quad t = t_k \tag{1.2.41}$$

根据式 (1.2.23)、式 (1.2.40) 和式 (1.2.41)，系统的复位动态为

$$\Delta z_i = \hat{z}_i^+ - z_i = 0, \quad t = t_k \tag{1.2.42}$$

$$\Delta \hat{z}_i = \hat{z}_i^+ - \hat{z}_i = z_i - \hat{z}_i = e_i, \quad t = t_k \tag{1.2.43}$$

$$\Delta \tilde{W}_i = \tilde{W}_i^+ - \tilde{W}_i = \beta_i \lambda_i S_i(\bar{x}_i) e_i^{\mathrm{T}}(t) l_i + \sigma_i \hat{W}_i \tag{1.2.44}$$

定义增广向量为 $\zeta = \left[z_1^{\mathrm{T}}, \cdots, z_n^{\mathrm{T}}, \hat{z}_1^{\mathrm{T}}, \cdots, \hat{z}_n^{\mathrm{T}}, \tilde{W}_1^{\mathrm{T}}, \cdots, \tilde{W}_n^{\mathrm{T}}\right]^{\mathrm{T}}$，根据式 (1.2.22)、式 (1.2.36) 和式 (1.2.37)，可得如下连续动态系统：

$$\dot{\zeta} = F_C(\zeta), \quad \zeta \in \mathcal{C}, \ \zeta \notin \mathcal{D} \tag{1.2.45}$$

其中，$F_C(\zeta) = \left[F^{\mathrm{T}}, \hat{F}^{\mathrm{T}}, 0^{\mathrm{T}}\right]^{\mathrm{T}}$，0 向量代表具有恰当维数并且所有元素为零的向量。

根据式 (1.2.42)、式 (1.2.43) 和式 (1.2.44)，可得如下跳变系统：

$$\Delta \zeta = F_D(\zeta), \quad \zeta \in D, \ \zeta \notin C \tag{1.2.46}$$

其中，$F_D(\zeta) = \left[0^{\mathrm{T}}, e_1^{\mathrm{T}}, \cdots, e_n^{\mathrm{T}}, \Delta\tilde{W}_1^{\mathrm{T}}, \cdots, \Delta\tilde{W}_n^{\mathrm{T}}\right]^{\mathrm{T}}$，$\Delta\tilde{W}_i$ 在式 (1.2.44) 中已定义。集合 C 是一个开集，其中 $0 \in C$。集合 $C_1 \in C$ 是一个连续的集合，定义为 $C_1 = \min\{\zeta \in C : \|\bar{e}_i\| \leqslant \kappa_i |\bar{z}_i|, i = 1, 2, \cdots, n\}$，其中 $\bar{e}_i = [e_1, e_2, \cdots, e_i]^{\mathrm{T}}$，$\bar{z}_i = [z_1, z_2, \cdots, z_i]^{\mathrm{T}}$。集合 $D_1 \subset D$ 是一个跳变集合，定义为 $D_1 = \min\{\zeta \in D : \|\bar{e}_i\| > \kappa_i |\bar{z}_i|, i = 1, 2, \cdots, n\}$，其中 $\kappa_i |\bar{z}_i|$ 为自适应事件触发阈值。

下面给出神经网络权重误差的稳定性分析结果。

引理 1.2.1 针对非线性系统 (1.2.1) 和自适应模型 (1.2.4)，假设 1.2.1 成立。采用虚拟控制器 (1.2.10)、(1.2.13)，实际控制器 (1.2.16)，神经网络权重更新律 (1.2.20)、(1.2.21)，在有界初始条件下，如果选取合适的参数满足 $0 < \sigma_i < 1/2$、$\beta_i > 0$，则神经网络权重误差 $\tilde{W}_i$ $(i = 1, 2, \cdots, n)$ 在所有的采样时刻 $t_k > \bar{T}$ 或者 $t > T$ 是有界的，其中 $T > \bar{T}$。

证明　分别在以下两种情况下，证明神经网络权重估计误差的有界性。

情况 1　连续时间 ($t_k < t \leqslant t_{k+1}$，$k = 1, 2, \cdots$)

选择如下李雅普诺夫函数：

$$V_{\tilde{W}_i} = \sum_{i=1}^{n} \mathrm{tr}\left(\tilde{W}_i^{\mathrm{T}} \tilde{W}_i\right) \tag{1.2.47}$$

根据式 (1.2.22)，可知 $V_{\tilde{W}_i}$ 的导数满足：

$$\dot{V}_{\tilde{W}_i} = \mathrm{tr}\left(\tilde{W}_i^{\mathrm{T}} \dot{\tilde{W}}_i\right) = 0 \tag{1.2.48}$$

由式 (1.2.48) 可得，$V_{\tilde{W}_i}$ 的一阶导数等于零，即神经网络权重误差在区间 $t_k < t \leqslant t_{k+1}\,(k = 1, 2, \cdots)$ 内恒为常数。由于初始神经网络估计权重 $\hat{W}_i(0) = 0$ 和理想神经网络权重 W_i 是有界的，那么神经网络权重误差 $\tilde{W}_i(0)$ 也是有界的。因此，要证明 $\tilde{W}_i$ 在所有时刻都是有界的，只需证明 $\tilde{W}_i$ 在跳变时刻是有界的。

情况 2　跳变时刻 ($t = t_k$，$k = 1, 2, \cdots$)

考虑式 (1.2.47) 的离散形式，其一阶微分为

$$\Delta V_{\tilde{W}_i} = \sum_{i=1}^{n} \mathrm{tr}\left(\tilde{W}_i^{\mathrm{T}+} \tilde{W}_i^{+}\right) - \sum_{i=1}^{n} \mathrm{tr}\left(\tilde{W}_i^{\mathrm{T}} \tilde{W}_i\right) \tag{1.2.49}$$

由式 (1.2.44)，$V_{\tilde{W}_i}$ 的一阶微分为

$$\begin{aligned}\Delta V_{\tilde{W}_i} = \sum_{i=1}^{n} \Bigg(& 2\beta_i\lambda_i \mathrm{tr}\left(\tilde{W}_i^{\mathrm{T}} S_i(\bar{x}_i)\, e_i^{\mathrm{T}} l_i\right) + 2\sigma_i \mathrm{tr}\left(\tilde{W}_i^{\mathrm{T}} \hat{W}_i\right) \\ & + 2\beta_i\sigma_i\lambda_i \mathrm{tr}\left(\left(S_i(\bar{x}_i)\, e_i^{\mathrm{T}} l_i\right)^{\mathrm{T}} \hat{W}_i\right) \\ & + \beta_i^2\lambda_i^2 \mathrm{tr}\left(\left(S_i(\bar{x}_i)\, e_i^{\mathrm{T}} l_i\right)^{\mathrm{T}} \left(S_i(\bar{x}_i)\, e_i^{\mathrm{T}} l_i\right) + \sigma_i^2 \mathrm{tr}\left(\hat{W}_i^{\mathrm{T}} \hat{W}_i\right)\right)\Bigg)\end{aligned} \tag{1.2.50}$$

利用 $\hat{W}_i = W_i - \tilde{W}_i$，可得

$$\begin{aligned}\Delta V_{\tilde{W}_i} = \sum_{i=1}^{n} \Bigg(& 2\beta_i\lambda_i \mathrm{tr}\left(\tilde{W}_i^{\mathrm{T}} S_i(\bar{x}_i)\, e_i^{\mathrm{T}} l_i\right) + 2\sigma_i \mathrm{tr}\left(\tilde{W}_i^{\mathrm{T}} W_i\right) - 2\sigma_i \mathrm{tr}\left(\tilde{W}_i^{\mathrm{T}} \tilde{W}_i\right) \\ & + \beta_i^2\lambda_i^2 \mathrm{tr}\left(\left(S_i(\bar{x}_i)\, e_i^{\mathrm{T}} l_i\right)^{\mathrm{T}} \left(S_i(\bar{x}_i) e_i^{\mathrm{T}} l_i\right)\right) + 2\beta_i\sigma_i\lambda_i \mathrm{tr}\left(\left(S_i(\bar{x}_i)\, e_i^{\mathrm{T}} l_i\right)^{\mathrm{T}} W_i\right) \\ & - 2\beta_i\sigma_i\lambda_i \mathrm{tr}\left(\left(S_i(\bar{x}_i)\, e_i^{\mathrm{T}} l_i\right)^{\mathrm{T}} \tilde{W}_i\right) + \sigma_i^2 \mathrm{tr}\left(\left(W_i - \tilde{W}_i\right)^{\mathrm{T}} \left(W_i - \tilde{W}_i\right)\right)\Bigg)\end{aligned} \tag{1.2.51}$$

利用 $0 \leqslant \lambda_i \|e_i\| < 1$ 和杨氏不等式，可得

$$
\begin{aligned}
\Delta V_{\tilde{W}_i} \leqslant & \sum_{i=1}^{n}\Bigg(2\beta_i\lambda_i S_{i,M}\left\|\tilde{W}_i\right\||e_i| + 2\sigma_i^2\left\|\tilde{W}\right\|\|W_i\| - 2\sigma_i\left\|\tilde{W}_i\right\|^2 \\
& + 2\sigma_i^2\left\|\tilde{W}_i\right\|^2 + 2\sigma_i^2\|W_i\|^2 \\
& + \beta_i^2\lambda_i^2 S_{i,M}^2|e_i|^2 + 2\beta_i\sigma_i\lambda_i S_{i,M}|e_i|\|W_i\| + 2\beta_i\sigma_i\lambda_i S_{i,M}|e_i|\left\|\tilde{W}_i\right\|\Bigg) \\
\leqslant & \sum_{i=1}^{n}\left[2\beta_i l_i S_{i,M}(1+\sigma_i)\left\|\tilde{W}_i\right\| - \left(\sigma_i - 2\sigma_i^2\right)\left\|\tilde{W}_i\right\|^2 + \xi_i\right]
\end{aligned} \tag{1.2.52}
$$

其中，$\xi_i = 2\beta_i\sigma_i l_i S_{i,M} W_{i,M} + \left(\sigma_i + 2\sigma_i^2\right) W_{i,M}^2 + \beta_i^2 S_{i,M}^2$。定义 $l_{1i} = \sigma_i - 2\sigma_i^2 > 0\ (0 < \sigma_i < 1/2)$ 和 $l_{2i} = 2\beta_i l_i S_{i,M}(1+\sigma_i)$，可得如下不等式：

$$
\Delta V_{\tilde{W}_i} \leqslant \sum_{i=1}^{n}\left(-l_{1i}\left\|\tilde{W}_i\right\|^2 + l_{2i}\left\|\tilde{W}\right\| + \xi_i\right) \tag{1.2.53}
$$

利用完全平方公式，可得

$$
\Delta V_{\tilde{W}_i} \leqslant \sum_{i=1}^{n}\left(-\frac{l_{1i}}{2}\left\|\tilde{W}_i\right\|^2 + \bar{\xi}_i\right) \tag{1.2.54}
$$

其中，$\bar{\xi}_i = \xi_i + l_{2i}^2/(2l_{1i})$。

由式 (1.2.54) 可以看出，只要 $\left\|\tilde{W}_i\right\|^2 > 2\bar{\xi}_i/l_{1i}$，就可得一阶微分 $\Delta V_{\tilde{W}_i} < 0$。因此，神经网络权重误差在跳变时刻是一致有界的。

根据情况 1 和情况 2，神经网络权重在事件触发时间间隔内和跳变时刻一致有界。因此，神经网络权重误差在 $t_k > \bar{T}$ 或者 $t > T$ 是一致有界的，其中 $T > \bar{T}$，且上界为 $2\bar{\xi}_i/l_{1i}$。

给出如下形式的自适应事件触发条件：

$$
\begin{cases}
D\left(\|\bar{e}_i\|\right) \leqslant \kappa_i|z_i|, & 1 \leqslant i \leqslant n-1 \\
D\left(\|\bar{e}_n\|\right) \leqslant \kappa_n|z_n|
\end{cases} \tag{1.2.55}
$$

其中，$\bar{e}_i = [e_1, e_2, \cdots, e_i]^{\mathrm{T}}$；$\bar{e}_n = [e_1, e_2, \cdots, e_n]^{\mathrm{T}}$；$z = [z_1, z_2, \cdots, z_n]^{\mathrm{T}}$；$\kappa_i = \mathit{\Gamma}_i(k_i - 7/4)\Big/\left(k_i + \|\hat{W}_i L_i\|\right)$ 为阈值系数，$0 < \mathit{\Gamma}_i < 1$，$L_i$ 为基函数向量的利普希茨常数；$D(\cdot)$ 为死区算子，定义为

$$
D\left(\|\bar{e}_i\|\right) = \begin{cases}
\bar{e}_i, & |z_i| > D_{1,M}^{z_i} \\
0, & 其他
\end{cases} \tag{1.2.56}
$$

其中，$D_{1,M}^{z_i}$ 为系统误差向量 z_i 的界。

由式 (1.2.56) 可得，当所有条件同时满足时，传输反馈信号，更新神经网络权重和控制器。将式 (1.2.56) 重写为以下形式：

$$D\left(\bar{e}_i\right) \leqslant \sqrt{\kappa_1^2+\kappa_2^2+\cdots+\kappa_i^2}\left\|z_i\right\| \tag{1.2.57}$$

1.2.3　稳定性与收敛性分析

下面定理给出了所设计的自适应控制方法具有的性质。

定理 1.2.1　针对非线性系统 (1.2.1)，假设 1.2.1 成立。如果采用自适应模型 (1.2.4)，虚拟控制器 (1.2.10) 和 (1.2.13)，实际控制器 (1.2.16)，神经网络权重更新律 (1.2.20) 和 (1.2.21)，脉冲动力系统 (1.2.45) 和 (1.2.46)，自适应事件触发条件 (1.2.55)，则总体控制方案具有如下性能：

(1) 在有界初始条件下，若存在正常数 $k_i>7/4$，违反自适应事件触发条件 (1.2.55)，则闭环系统的所有信号半全局一致最终有界。

(2) 事件触发时间间隔 $\delta t_k=t_{k+1}-t_k$ 具有正的下界，即能够避免 Zeno 行为。

证明　类似于引理 1.2.1，考虑如下两种情况。

情况 1　连续时间 ($t_k<t\leqslant t_{k+1}$，$k=1,2,\cdots$)

选择如下李雅普诺夫函数：

$$V(\zeta)=V_z+V_{\hat{z}}+V_{\tilde{W}_i} \tag{1.2.58}$$

其中，$V_z=\sum_{i=1}^{n} z_i^2/2$，$V_{\hat{z}}=\sum_{i=1}^{n} \hat{z}_i^2/2$；$V_{\tilde{W}_i}$ 为引理 1.2.1 中定义的李雅普诺夫函数。考虑到 V_z 的第一项并注意 $x_{n+1}=0$，闭环系统动力学方程 (1.2.36) 的时间导数可以重写 z 为

$$\dot{V}_z=\sum_{i=1}^{n} z_i\left(z_{i+1}-k_i z_i+k_i e_i+\tilde{W}_i^{\mathrm{T}} S_i\left(\bar{x}_i\right)+\hat{W}_i^{\mathrm{T}}\left(S_i\left(\bar{x}_i\right)-S_i\left(\hat{\bar{x}}_i\right)\right)+\delta_i\left(\bar{x}_i\right)\right) \tag{1.2.59}$$

利用杨氏不等式，可得

$$z_i \tilde{W}_i^{\mathrm{T}} S_i\left(x_i\right) \leqslant \frac{1}{4} z_i^2+\left\|\tilde{W}_i\right\|^2\left\|S_{i,M}\right\|^2 \tag{1.2.60}$$

$$z_i \delta_i\left(x_i\right) \leqslant \frac{1}{2} z_i^2+\frac{\varepsilon_i^2}{2} \tag{1.2.61}$$

$$z_i z_{i+1} \leqslant \frac{z_i^2}{2}+\frac{z_{i+1}^2}{2} \tag{1.2.62}$$

将式 (1.2.60)、式 (1.2.61) 和式 (1.2.62) 代入式 (1.2.59)，可得

$$\dot{V}_z \leqslant -\sum_{i=1}^{n}\left(k_i-\frac{7}{4}\right)z_i^2+\sum_{i=1}^{n}\left(\left\|\tilde{W}_i\right\|^2\left\|S_{i,M}\right\|^2+\frac{\varepsilon_i^2}{2}\right)$$
$$+\sum_{i=1}^{n}\left|\chi_i\right|\left(k_i\left|e_i\right|+\left\|\hat{W}_i\right\|\left\|\left(S_i\left(\bar{x}_i\right)-S_i\left(\hat{x}_i\right)\right)\right\|\right) \tag{1.2.63}$$

利用假设 1.2.1 的利普希茨连续条件，可得

$$\dot{V}_z \leqslant -\sum_{i=1}^{n}\left(k_i-\frac{7}{4}\right)z_i^2+\sum_{i=1}^{n}\left|z_i\right|\left(k_i\left\|\bar{e}_i\right\|+\left\|\hat{W}_i\right\|L_i\left\|\bar{e}_i\right\|\right)+\sum_{i=1}^{n}\psi_i \tag{1.2.64}$$

其中，$\psi_i=\left\|\tilde{W}_i\right\|^2\left\|S_{i,M}\right\|^2+\varepsilon_i^2/2$。由于 ψ_i 在连续区间 $t\in(t_k,t_{k+1}]$ 内恒为常数，对于固定的 k，神经网络权重误差 $\tilde{W}_i$ 恒为常数。

根据自适应事件触发条件 (1.2.55)，可得

$$\dot{V}_z \leqslant -\sum_{i=1}^{n}\left(k_i-\frac{7}{4}\right)z_i^2+\sum_{i=1}^{n}\kappa_i\left(k_i+\left\|\hat{W}_i\right\|L_i\right)\left|z_i\right|^2+\sum_{i=1}^{n}\psi_i \tag{1.2.65}$$

将式 (1.2.55) 中的 κ_i 代入式 (1.2.65)，可得

$$\dot{V}_z \leqslant -\sum_{i=1}^{n}\left(1-\Gamma_i\right)\left(k_i-\frac{7}{4}\right)z_i^2+\sum_{i=1}^{n}\psi_i \tag{1.2.66}$$

根据李雅普诺夫函数 $V(\zeta)$ 的第二项 $V_{\hat{z}}=\sum\limits_{i=1}^{n}\hat{z}_i^2/2$ 且 $\hat{z}_{n+1}=0$，求 $V_{\hat{z}}$ 的导数，可得

$$\dot{V}_{\hat{z}}=\sum_{i=1}^{n}\hat{z}_i\dot{\hat{z}}_i=\sum_{i=1}^{n}\hat{z}_i\left(\hat{z}_{i+1}-k_i\hat{z}_i\right) \tag{1.2.67}$$

由杨氏不等式，可得

$$\hat{z}_i\hat{z}_{i+1}\leqslant\frac{\hat{z}_i^2}{2}+\frac{\hat{z}_{i+1}^2}{2} \tag{1.2.68}$$

即

$$\dot{V}_{\hat{z}}\leqslant-\sum_{i=1}^{n}\left(k_i-1\right)\hat{z}_i^2 \tag{1.2.69}$$

考虑李雅普诺夫函数的最后一项 $V_{\tilde{W}_i}$，其导数为

$$\dot{V}_{\tilde{W}_i} = \sum_{i=1}^{n} \operatorname{tr}\left(\tilde{W}_i^{\mathrm{T}} \dot{\tilde{W}}_i\right) = 0 \tag{1.2.70}$$

根据式 (1.2.66) ~ 式 (1.2.70)，可得李雅普诺夫函数的导数为

$$\dot{V}(\zeta) \leqslant -\sum_{i=1}^{n} (1-\varGamma_i)\left(k_i - \frac{7}{4}\right) z_i^2 - \sum_{i=1}^{n} (k_i - 1)\hat{z}_i^2 + \sum_{i=1}^{n} \psi_i \tag{1.2.71}$$

其中，ψ_i 为分段连续函数。因为神经网络权重误差 $\tilde{W}_i$ 在事件触发时间间隔内不更新，所以对于固定的 k，神经网络权重误差 $\tilde{W}_i$ 恒为常数。

由式 (1.2.71) 可得，只要 $|\chi_i| > \left[\psi_i/(1-\varGamma_i)(k_i - 7/4)\right]^{1/2} = D_1^{z_i}$，就有 $\dot{V}(\zeta) < 0$。因此，误差变量 z_i 和 $\hat{z}_i$ 在事件触发时间间隔内有界。因为神经网络权重误差 $\tilde{W}_i$ 在连续时间不更新，所以 $\tilde{W}_i$ 在连续时间有界。因此，可得闭环系统的所有信号 ζ 在连续时间都是有界的。

情况 2 跳变时刻 ($t = t_k$，$k = 1, 2, \cdots$)

选择如下李雅普诺夫函数：

$$V(\zeta) = V_z + V_{\hat{z}} + V_{\tilde{W}_i} \tag{1.2.72}$$

式 (1.2.72) 中第一项的一阶微分为

$$\Delta V_z = \sum_{i=1}^{n} \frac{\left(z_i^{+}\right)^2}{2} - \sum_{i=1}^{n} \frac{z_i^2}{2} = 0, \quad t = t_k \tag{1.2.73}$$

式 (1.2.72) 中第二项的一阶微分为

$$\Delta V_{\hat{z}} = \sum_{i=1}^{n} \frac{\left(\hat{z}_i^{+}\right)^2}{2} - \sum_{i=1}^{n} \frac{\hat{z}_i^2}{2} = \sum_{i=1}^{n} \frac{z_i^2}{2} - \sum_{i=1}^{n} \frac{\hat{z}_i^2}{2} \leqslant -\sum_{i=1}^{n} \frac{\hat{z}_i^2}{2} + D_1, \quad t = t_k \tag{1.2.74}$$

其中，$D_1 = \sum_{i=1}^{n} (D_1^{z_i})^2 \Big/ 2$ 为 z_i 在事件触发时间间隔的上界。

根据引理 1.2.1，可得

$$\Delta V_{\tilde{W}_i} = -\sum_{i=1}^{n} \frac{l_{1i}}{2} \left\|\tilde{W}_i\right\|^2 + D_2, \quad t = t_k \tag{1.2.75}$$

其中，$D_2 = \sum_{i=1}^{n} \left[\xi_i + l_{2i}^2/(2l_{1i})\right] = \sum_{i=1}^{n} \bar{\xi}_i$。

由式 (1.2.73) ~ 式 (1.2.75)，可得

$$\Delta V(\zeta) = -\sum_{i=1}^{n} \frac{\hat{z}_i^2}{2} - \sum_{i=1}^{n} \frac{l_{1i}}{2} \left\| \tilde{W}_i \right\|^2 + D \tag{1.2.76}$$

其中，$D = D_1 + D_2$。

根据式 (1.2.76)，只要 $|\hat{z}_i| > \left[2\left(D_1^{z_i}\right)^2 + \bar{\xi}\right]^{1/2} = D_1^{\hat{z}_i}$ 或 $\left\|\tilde{W}_i\right\| > \left\{\left[2\left(D_1^{\chi_i}\right)^2 + \bar{\xi}\right]\Big/ l_{1i}\right\}^{1/2} = D_2^{\tilde{W}_i}$，就有 $\Delta V(\zeta) < 0$。因此，误差变量 z_i、$\hat{z}_i$ 和 $\tilde{W}_i$ 在跳变时刻是有界的。

根据情况 1 和引理 1.2.1，$t_k > \bar{T}$，$D_1^{\chi_i} \to D_{1,M}^{\chi_i}$，$\bar{\xi}_i \to \bar{\xi}_{i,M}$，对所有的 $t_k > \bar{T}$，可以推出 $D_1^{\hat{\chi}_i} \to D_{1,M}^{\hat{\chi}_i}$、$D_2^{\tilde{W}_i} \to D_{2,M}^{\tilde{W}_i}$，其中 $D_{1,M}^{\hat{z}_i} = \left[2\left(D_{1,M}^{z_i}\right)^2 + \bar{\xi}_{i,M}\right]^{1/2}$，$D_{2,M}^{\tilde{W}_i} = \left\{\left[2\left(D_{1,M}^{z_i}\right)^2 + \bar{\xi}_{i,M}\right]\Big/ l_{1i}\right\}^{1/2}$。对所有的 $t_k > \bar{T}$，ζ 一致有界，上界为 $D_M = \max\left\{D_{1,M}^{z_i}, D_{1,M}^{\hat{z}_i}, D_{2,M}^{\tilde{W}_i}\right\}$。因此，闭环系统所有信号在跳变期间半全局一致最终有界。

根据事件触发误差 (1.2.18)，可得

$$\dot{e} = Ae + h, \quad t_k < t \leqslant t_{k+1} \tag{1.2.77}$$

其中，$A = \begin{bmatrix} 0 & & & \\ 0 & & I_{n-1} & \\ \vdots & & & \\ 0 & 0 & \cdots & 0 \end{bmatrix}$，$I_{n-1}$ 为 $n-1$ 阶单位矩阵；$h = [h_1, \cdots, h_n]^{\mathrm{T}}$，$e = [e_1, e_2, \cdots, e_n]^{\mathrm{T}}$，$h_i = \tilde{W}_i^{\mathrm{T}} S_i(\bar{x}_i) + \hat{W}_i^{\mathrm{T}}\left(S_i(\bar{x}_i) - S_i\left(\hat{\bar{x}}_i\right)\right) + \delta_i(\bar{x}_i)$。根据引理 1.2.1 和神经网络的定义，可得 $|h_i| \leqslant \left\|\tilde{W}_i\right\| \|S_{i,M}\| + 2L_i \left\|\hat{W}_i\right\| \|S_{i,M}\| + \varepsilon_i \xlongequal{\text{def}} M_i$，则有 $\|h\| \leqslant \sqrt{M_1^2 + M_2^2 + \cdots + M_n^2} \xlongequal{\text{def}} M$。

根据式 (1.2.77) 和式 (1.2.21)，可得如下不等式：

$$\|\dot{e}\| \leqslant \|A\| \|e\| + M, \quad t_k < t \leqslant t_{k+1} \tag{1.2.78}$$

因为神经网络权重误差 $\tilde{W}_i$ 和神经网络权重估计 $\hat{W}_i$ 在区间内恒为常数，所以 M_i 在区间内恒为常数。

对于 $t_k < t \leqslant t_{k+1}$，$k = 1, 2, \cdots$，如下不等式成立：

$$\frac{\mathrm{d}}{\mathrm{d}t}\|e\| = \frac{\mathrm{d}}{\mathrm{d}t}\left(e^2\right)^{\frac{1}{2}} = \frac{e\dot{e}}{\|e\|} \leqslant \frac{\|e\|\|\dot{e}\|}{\|e\|} = \|\dot{e}\| \tag{1.2.79}$$

当 $t=t_k$ 时，结合不等式 (1.2.78)、式 (1.2.79) 及初始条件 $e^+=0$，可得

$$\|e\| \leqslant \int_{t_k^+}^{t} \exp\left[\|A\|(t-\tau)\right] M\mathrm{d}\tau \leqslant \frac{M}{\|A\|}\left(\exp\left[\|A\|(t_{k+1}-t_k)\right]-1\right) \tag{1.2.80}$$

根据自适应事件触发条件 (1.2.55)，可得

$$\kappa D_{1,M} \leqslant \frac{M}{\|A\|}\left(\exp\left[\|A\|(t_{k+1}-t_k)\right]-1\right) \tag{1.2.81}$$

根据式 (1.2.81)，可得

$$t_{k+1}-t_k=\delta t_k \geqslant \frac{1}{\|A\|}\ln\left(1+\frac{\|A\|}{M}\kappa D_{1,M}\right)>0 \tag{1.2.82}$$

因此避免了 Zeno 行为。

1.2.4 仿真

例 1.2.1 考虑如下二阶非线性严格反馈系统：

$$\begin{aligned}\dot{x}_1 &= x_1\mathrm{e}^{-0.5x_1}+x_2\\ \dot{x}_2 &= x_1x_2^2+u\end{aligned} \tag{1.2.83}$$

其中，$x=[x_1,x_2]^{\mathrm{T}}$ 和 u 分别为系统的状态和输入。

在仿真中，选择高斯函数作为基函数。基函数含有 25 个节点，节点分布在 $[-2,2]$，宽度 $\eta=0.5$。选取设计参数为 $\beta_1=0.01$、$\beta_2=0.01$、$\sigma_1=0.01$、$\sigma_2=0.01$、$\Gamma_1=0.9$、$\Gamma_2=0.5$、$k_1=5$、$k_2=10$、$l_1=l_2=1$、$c_1=c_2=1$。选择状态变量及参数的初始值为 $x_1(0)=0.1$、$x_2(0)=0.2$、$\hat{x}_1(0)=0.1$、$\hat{x}_2(0)=0.2$。

仿真结果如图 1.2.1 ~ 图 1.2.4 所示。

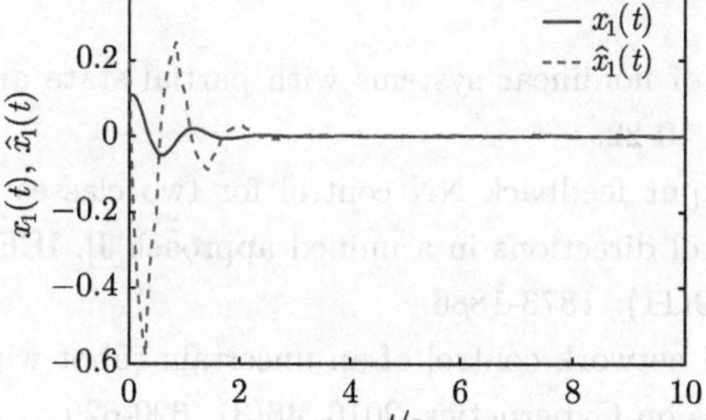

图 1.2.1　状态 $x_1(t)$ 和估计 $\hat{x}_1(t)$ 的轨迹

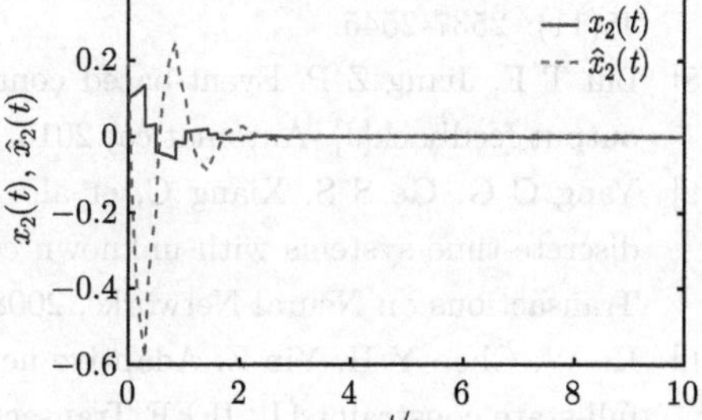

图 1.2.2　状态 $x_2(t)$ 和估计 $\hat{x}_2(t)$ 的轨迹

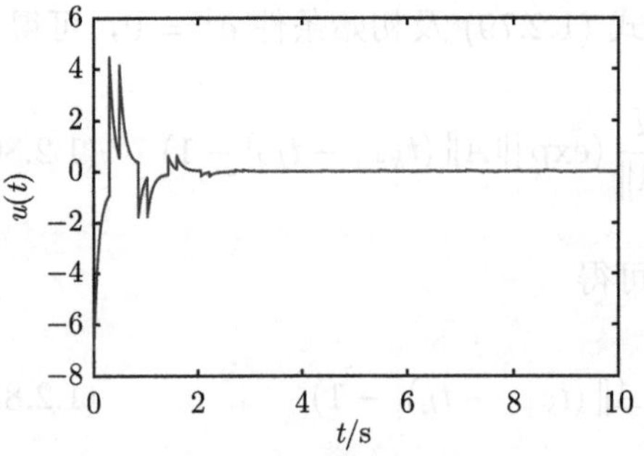

图 1.2.3　控制器 $u(t)$ 的轨迹

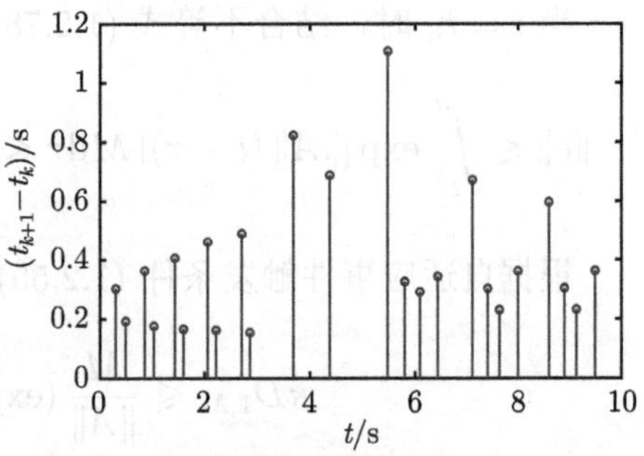

图 1.2.4　事件触发时间间隔 $t_{k+1}-t_k$

参 考 文 献

[1] Li Y X, Hu X Y, Che W W, et al. Event-based adaptive fuzzy asymptotic tracking control of uncertain nonlinear systems[J]. IEEE Transactions on Fuzzy Systems, 2021, 29(10): 3003-3013.

[2] Li Y X, Yang G H. Model-based adaptive event-triggered control of strict-feedback nonlinear systems[J]. IEEE Transactions on Neural Networks and Learning Systems, 2018, 29(4): 1033-1045.

[3] Xing L T, Wen C Y, Liu Z T, et al. Event-triggered adaptive control for a class of uncertain nonlinear systems[J]. IEEE Transactions on Automatic Control, 2017, 62(4): 2071-2076.

[4] Tong S C, Li Y M, Sui S. Adaptive fuzzy tracking control design for SISO uncertain nonstrict feedback nonlinear systems[J]. IEEE Transactions on Fuzzy Systems, 2016, 24(6): 1441-1454.

[5] Tong S C, Li Y M. Robust adaptive fuzzy backstepping output feedback tracking control for nonlinear system with dynamic uncertainties[J]. Science China: Information Sciences, 2010, 53(2): 307-324.

[6] Li Y X. Finite time command filtered adaptive fault tolerant control for a class of uncertain nonlinear systems[J]. Automatica, 2019, 106: 117-123.

[7] Ge S S, Yang C G, Dai S L, et al. Robust adaptive control of a class of nonlinear strict-feedback discrete-time systems with exact output tracking[J]. Automatica, 2009, 45(11): 2537-2545.

[8] Liu T F, Jiang Z P. Event-based control of nonlinear systems with partial state and output feedback[J]. Automatica, 2015, 53: 10-22.

[9] Yang C G, Ge S S, Xiang C, et al. Output feedback NN control for two classes of discrete-time systems with unknown control directions in a unified approach[J]. IEEE Transactions on Neural Networks, 2008, 19(11): 1873-1886.

[10] He W, Chen Y H, Yin Z. Adaptive neural network control of an uncertain robot with full-state constraints[J]. IEEE Transactions on Cybernetics, 2016, 46(3): 620-629.

[11] Chen B, Liu X P, Liu K F, et al. Direct adaptive fuzzy control of nonlinear strict-feedback systems[J]. Automatica, 2009, 45(6): 1530-1535.

第 2 章　非线性系统的智能自适应事件触发输出反馈控制

第 1 章针对一类状态可测的非线性严格反馈系统，介绍了两种智能自适应事件触发跟踪控制设计方法。本章针对状态不可测的非线性严格反馈系统，在第 1 章的基础上介绍两种非线性系统的基于观测器的模糊自适应事件触发输出反馈控制设计方法。本章主要内容基于文献 [1] 和 [2]。

2.1　基于间歇观测的非线性系统模糊自适应动态事件触发输出反馈控制

本节针对一类具有间歇观测的不确定非线性严格反馈系统，设计间歇状态观测器来估计不可测状态，基于自适应反步递推设计方法，给出一种自适应动态事件触发输出反馈控制设计方法，并给出闭环系统的稳定性和收敛性分析。类似的自适应事件触发输出反馈控制方法可参见文献 [3]~[7]。

2.1.1　系统模型及控制问题描述

考虑如下单输入单输出不确定非线性严格反馈系统：

$$\begin{aligned} &\dot{x}_i = x_{i+1} + f_i(\bar{x}_i), \quad i = 1, 2, \cdots, n-1 \\ &\dot{x}_n = u + f_n(\bar{x}_n) \\ &y = x_1 \end{aligned} \tag{2.1.1}$$

其中，$\bar{x}_i = [x_1, x_2, \cdots, x_i]^{\mathrm{T}} \in \mathbf{R}^i$ $(i = 1, 2, \cdots, n)$ 为状态向量；$u \in \mathbf{R}$ 和 $y \in \mathbf{R}$ 分别为系统的输入和输出；$f_i(\bar{x}_i)\,(i = 1, 2, \cdots, n)$ 为未知的连续非线性函数，并且满足 $f_i(0) = 0$。此外，输出 y 是唯一可用的变量。

假设 2.1.1　模糊逻辑系统的隶属度函数 $\xi_i(x_i)$ $(i = 1, 2, \cdots, n)$ 满足全局利普希茨连续条件，即 $\|\xi_i(x_i) - \xi_i(\bar{x}_i)\| \leqslant L_{\xi_i}\|x_i - \bar{x}_i\|$ 。

控制目标　针对非线性系统 (2.1.1)，基于估计的采样状态，设计自适应控制器及事件触发控制策略，使得：

(1) 闭环系统的所有信号都是半全局一致最终有界的；

(2) 在提出的事件触发机制下，能够避免 Zeno 行为。

2.1.2 模糊自适应反步递推事件触发控制设计

为了重构系统状态，建立一个间歇状态观测器。为了便于后续推导，将系统 (2.1.1) 重写为状态空间形式：

$$\dot{x} = A_k x + ky + \sum_{i=1}^{n} B_i f_i\left(\bar{x}_i\right) + Bu \tag{2.1.2}$$

其中

$$A_k = \begin{bmatrix} -k_1 & & \\ \vdots & & I_{n-1} \\ -k_n & 0 & \cdots & 0 \end{bmatrix}, \quad k = \begin{bmatrix} k_1 \\ \vdots \\ k_n \end{bmatrix}$$

$$B = \begin{bmatrix} 0 \\ \vdots \\ 1 \end{bmatrix}, \quad B_i = \begin{bmatrix} 0 & \cdots & 1 & 0 & \cdots & 0 \end{bmatrix}^{\mathrm{T}}$$

由于只有输出信号可用于设计过程，需要建立状态观测器来估计无法测量的状态。构建以下观测器：

$$\begin{cases} \dot{\hat{x}}_i = \hat{x}_{i+1} + \hat{f}_i\left(\hat{\bar{x}}_i|\hat{\theta}_i\right) + k_i\left(\bar{y} - \hat{y}\right), \quad i = 1, 2, \cdots, n-1 \\ \dot{\hat{x}}_n = u + \hat{f}_n\left(\hat{\bar{x}}_n|\hat{\theta}_n\right) + k_n\left(\bar{y} - \hat{y}\right) \\ \hat{y} = \hat{x}_1 \end{cases} \tag{2.1.3}$$

其中，$\hat{x}_i$ 是 x_i 的估计；$\bar{y} = y$ 为触发输出；k_i 为设计参数并且满足 A_k 是赫尔维茨的。这意味着对于任意对称矩阵 $Q > 0$，存在一个正定对称矩阵 P，使得

$$A_k^{\mathrm{T}} P + P A_k = -2Q \tag{2.1.4}$$

由于 $f_i(\bar{x}_i)$ 是未知连续函数，所以利用模糊逻辑系统 $\hat{f}_i\left(\hat{\bar{x}}_i|\hat{\theta}_i\right) = \hat{\theta}_i^{\mathrm{T}}\xi_i(\bar{x}_i)$ 逼近 $f_i(\bar{x}_i)$，并假设

$$f_i\left(\bar{x}_i\right) = \theta_i^{\mathrm{T}}\xi_i\left(\bar{x}_i\right) + \delta_i \tag{2.1.5}$$

其中，θ_i 为理想权重；δ_i 为最小逼近误差。

定义观测误差为 $e_i = x_i - \hat{x}_i$。那么，状态估计误差可以表示为 $e = [x_1 - \hat{x}_1, x_2 - \hat{x}_2, \cdots, x_n - \hat{x}_n]^{\mathrm{T}}$。结合式 (2.1.4) 和式 (2.1.5)，观测误差方程可以表示为

$$\dot{e} = A_k e + \sum_{i=1}^{n} B_i \tilde{\theta}_i^{\mathrm{T}} \xi_i\left(\hat{\bar{x}}_i\right) + k\left(y - \bar{y}\right) + \delta + \vartheta \tag{2.1.6}$$

其中，$\tilde{\theta}_i=\theta_i-\hat{\theta}_i$ 为自适应参数的误差，$\hat{\theta}_i$ 为 θ_i 的估计；$k=[k_1,k_2,\cdots,k_n]^{\mathrm{T}}$；$\delta=[\delta_1,\delta_2,\cdots,\delta_n]^{\mathrm{T}}$；$\vartheta=\left[\theta_1^{\mathrm{T}}\left(\xi_1\left(x_1\right)-\xi_1\left(\hat{x}_1\right)\right),\cdots,\theta_1^{\mathrm{T}}\left(\xi_n\left(\bar{x}_n\right)-\xi_n\left(\hat{\bar{x}}_n\right)\right)\right]^{\mathrm{T}}$。为了简便计算，令 $\Pi=\delta+\vartheta$，存在一个常数 $\bar{\Pi}>0$，使得 $\|\Pi\|^2\leqslant\bar{\Pi}$。定义输出触发误差为 $E_1=y-\bar{y}$。等式 (2.1.6) 可以改写为

$$\dot{e}=A_k e+\sum_{i=1}^{n}B_i\tilde{\theta}_i^{\mathrm{T}}\xi_i\left(\hat{\bar{x}}_i\right)+kE_1+\Pi \tag{2.1.7}$$

选择李雅普诺夫函数为 $V_0=\dfrac{1}{2}e^{\mathrm{T}}Pe$。根据式 (2.1.4) 和式 (2.1.7)，求 V_0 的时间导数，可得

$$\dot{V}_0\leqslant-e^{\mathrm{T}}Qe+e^{\mathrm{T}}P\left(\sum_{i=1}^{n}B_i\tilde{\theta}_i^{\mathrm{T}}\xi_i\left(\hat{\bar{x}}_i\right)+kE_1+\Pi\right) \tag{2.1.8}$$

根据 $0<\xi_i^{\mathrm{T}}\xi_i\leqslant 1$ 以及杨氏不等式，可得

$$e^{\mathrm{T}}P\sum_{i=1}^{n}B_i\tilde{\theta}_i^{\mathrm{T}}\xi_i\left(\hat{\bar{x}}_i\right)\leqslant\frac{1}{2}\|e\|^2+\frac{1}{2}\|P\|^2\sum_{i=1}^{n}\left\|\tilde{\theta}_i\right\|^2 \tag{2.1.9}$$

$$e^{\mathrm{T}}PkE_1\leqslant\frac{1}{2}\|e\|^2+\frac{1}{2}\|k\|^2\|P\|^2|E_1|^2 \tag{2.1.10}$$

$$e^{\mathrm{T}}P\Pi\leqslant\frac{1}{2}\|e\|^2+\frac{1}{2}\|P\|^2\bar{\Pi} \tag{2.1.11}$$

将式 (2.1.9) ~ 式 (2.1.11) 代入式 (2.1.8)，可得

$$\begin{aligned}\dot{V}_0&\leqslant-e^{\mathrm{T}}Qe+\frac{3}{2}\|e\|^2+\frac{1}{2}\|P\|^2\sum_{i=1}^{n}\left\|\tilde{\theta}_i\right\|^2+\frac{1}{2}\|k\|^2\|P\|^2|E_1|^2+\frac{1}{2}\|P\|^2\bar{\Pi}\\&\leqslant-\lambda_0\|e\|^2+\frac{1}{2}\|P\|^2\sum_{i=1}^{n}\left\|\tilde{\theta}_i\right\|^2+\frac{1}{2}\|k\|^2\|P\|^2|E_1|^2+M_0\end{aligned} \tag{2.1.12}$$

其中，$\lambda_0=\left(\lambda_{\min}(Q)-\dfrac{3}{2}\right)>0$，$M_0=\dfrac{1}{2}\|P\|^2\bar{\Pi}$。

定义如下一阶滤波器：

$$\epsilon_i\dot{w}_i+w_i=\alpha_{i-1},\quad w_i\left(0\right)=\alpha_{i-1}\left(0\right) \tag{2.1.13}$$

其中，$\epsilon_i>0\,(i=2,3,\cdots,n)$ 为设计参数。

定义如下坐标变换：

$$
\begin{aligned}
z_1 &= x_1 \\
z_i &= \hat{x}_i - w_i \\
s_i &= w_i - \alpha_{i-1}
\end{aligned} \tag{2.1.14}
$$

其中，$z_i\,(i=1,2,\cdots,n)$ 为误差面；α_{i-1} 为虚拟控制器；s_i 为动态面输出误差。当滤波器输入为 α_{i-1} 时，滤波输出为 w_i。

基于上面的坐标变换，n 步自适应反步递推控制设计过程如下。

第 1 步 由状态观测器 (2.1.3) 和系统 (2.1.1)，根据 $e_2 = x_2 - \hat{x}_2$，可得 z_1 的导数为

$$
\dot{z}_1 = z_2 + s_2 + \alpha_1 + e_2 + f_1(x_1) \tag{2.1.15}
$$

选择如下李雅普诺夫函数：

$$
V_1 = V_0 + \frac{1}{2} z_1^2 + \frac{1}{2r_1} \tilde{\theta}_1^{\mathrm{T}} \tilde{\theta}_1 \tag{2.1.16}
$$

其中，$r_1 > 0$ 为设计参数；$\tilde{\theta}_1 = \theta_1 - \hat{\theta}_1$，$\hat{\theta}_1$ 为 θ_1 的估计。

根据式 (2.1.15) 和式 (2.1.16)，求 V_1 的导数，可得

$$
\begin{aligned}
\dot{V}_1 = \dot{V}_0 + z_1 \dot{z}_1 - \frac{1}{r_1} \tilde{\theta}_1^{\mathrm{T}} \dot{\hat{\theta}}_1 &\leqslant -\lambda_0 \|e\|^2 + \frac{1}{2} \|P\|^2 \sum_{i=1}^{n} \left\| \tilde{\theta}_i \right\|^2 - \frac{1}{r_1} \tilde{\theta}_1^{\mathrm{T}} \dot{\hat{\theta}}_1 \\
&\quad + z_1 \left(z_2 + s_2 + \alpha_1 + \hat{\theta}_1^{\mathrm{T}} \xi_1(x_1) + \tilde{\theta}_1^{\mathrm{T}} \xi_1(x_1) + e_2 + \delta_1 \right) + M_0
\end{aligned} \tag{2.1.17}
$$

设计虚拟控制器和参数自适应律分别如下：

$$
\alpha_1 = -\left(c_1 + \frac{5}{2} \right) z_1 - \hat{\theta}_1^{\mathrm{T}} \xi_1(x_1) \tag{2.1.18}
$$

$$
\dot{\hat{\theta}}_1 = r_1 z_1 \xi_1(x_1) - \sigma_1 \hat{\theta}_1 \tag{2.1.19}
$$

其中，$\sigma_1 > 0$、$c_1 > 0$ 为设计参数。

将式 (2.1.18) 和式 (2.1.19) 代入式 (2.1.17)，可得

$$
\begin{aligned}
\dot{V}_1 \leqslant & -\lambda_1 \|e\|^2 - c_1 z_1^2 + \frac{1}{2} z_2^2 + \frac{1}{2} s_2^2 + \frac{1}{2} \|P\|^2 \sum_{i=1}^{n} \left\| \tilde{\theta}_i \right\|^2 \\
& + \frac{1}{2} \|k\|^2 \|P\|^2 |E_1|^2 + \frac{1}{2} \left\| \tilde{\theta}_1 \right\|^2 + \frac{\sigma_1}{r_1} \tilde{\theta}_1^{\mathrm{T}} \hat{\theta}_1 + M_1
\end{aligned} \tag{2.1.20}
$$

其中，$\lambda_1=\lambda_0-\dfrac{1}{2}$，$M_1=M_0+\dfrac{1}{2}\delta_1^2$。

第 $i(2\leqslant i\leqslant n-1)$ 步　根据式 (2.1.3) 和式 (2.1.14)，求 z_i 的导数，可得

$$\dot{z}_i=z_{i+1}+s_{i+1}+\alpha_i+\hat{\theta}_i^{\mathrm{T}}\xi_i\left(\underline{\hat{x}}_i\right)+k_iE_1-\dot{w}_i \tag{2.1.21}$$

选择如下李雅普诺夫函数：

$$V_i=V_{i-1}+\frac{1}{2}z_i^2+\frac{1}{2r_i}\tilde{\theta}_i^{\mathrm{T}}\tilde{\theta}_i+\frac{1}{2}s_i^2 \tag{2.1.22}$$

其中，$r_i>0$ 为设计参数。根据式 (2.1.21) 和式 (2.1.22)，求 V_i 的导数，可得

$$\begin{aligned}\dot{V}_i\leqslant{}&\dot{V}_{i-1}-\frac{1}{r_i}\tilde{\theta}_i^{\mathrm{T}}\dot{\hat{\theta}}_i+s_i\dot{s}_i+z_i\big(z_{i+1}+s_{i+1}+\alpha_i\\&+k_iE_1+\hat{\theta}_i^{\mathrm{T}}\xi_i\left(\hat{\bar{x}}_i\right)+\tilde{\theta}_i^{\mathrm{T}}\xi_i\left(\hat{\bar{x}}_i\right)-\tilde{\theta}_i^{\mathrm{T}}\xi_i\left(\hat{\bar{x}}_i\right)-\dot{w}_i\big)\end{aligned} \tag{2.1.23}$$

设计虚拟控制器和参数自适应律分别如下：

$$\alpha_i=-\left(c_i+\frac{5}{2}\right)z_i-\hat{\theta}_i^{\mathrm{T}}\xi_i\left(\hat{\bar{x}}_i\right)+\dot{w}_i \tag{2.1.24}$$

$$\dot{\hat{\theta}}_i=r_iz_i\xi_i\left(\hat{\bar{x}}_i\right)-\sigma_i\hat{\theta}_i \tag{2.1.25}$$

其中，$c_i>0$ 和 $\sigma_i>0$ 为设计参数。

由式 (2.1.13) 和式 (2.1.14)，有

$$\dot{s}_i=\dot{w}_i-\dot{\alpha}_{i-1}=-\frac{s_i}{\epsilon_i}-\dot{\alpha}_{i-1} \tag{2.1.26}$$

将式 (2.1.24) ~ 式 (2.1.26) 代入式 (2.1.23)，可得

$$\begin{aligned}\dot{V}_i\leqslant{}&-\lambda_1\|e\|^2+\frac{1}{2}\|P\|^2\sum_{i=1}^{n}\left\|\tilde{\theta}_i\right\|^2-\sum_{j=1}^{i}c_jz_j^2\\&+\sum_{j=2}^{i+1}\frac{1}{2}s_j^2+\sum_{j=1}^{i}\frac{1}{2}\left\|\tilde{\theta}_j\right\|^2+\sum_{j=1}^{i}\frac{\sigma_j}{r_j}\tilde{\theta}_j^{\mathrm{T}}\hat{\theta}_j+\sum_{j=2}^{i}s_j\left(\dot{w}_j-\dot{\alpha}_{j-1}\right)\\&+\sum_{j=2}^{i}\frac{1}{2}k_i^2\left|E_1\right|^2+\frac{1}{2}\|k\|^2\|P\|^2\left|E_1\right|^2+\frac{1}{2}z_{i+1}^2+M_1\end{aligned} \tag{2.1.27}$$

第 n 步　根据式 (2.1.3) 和式 (2.1.14)，求 z_i 的导数，可得

$$\dot{z}_n=u+\hat{\theta}_n^{\mathrm{T}}\xi_n\left(\hat{\bar{x}}_n\right)+k_nE_1-\dot{w}_n \tag{2.1.28}$$

选择如下李雅普诺夫函数：

$$V_n = V_{n-1} + \frac{1}{2}z_n^2 + \frac{1}{2r_n}\tilde{\theta}_n^{\mathrm{T}}\tilde{\theta}_n + \frac{1}{2}s_n^2 \tag{2.1.29}$$

其中，$r_n > 0$ 为设计参数。由式 (2.1.28) 和式 (2.1.29)，可得

$$\begin{aligned}\dot{V}_n \leqslant\ & \dot{V}_{n-1} - \frac{1}{r_n}\tilde{\theta}_n^{\mathrm{T}}\dot{\hat{\theta}}_n + s_n\dot{s}_n + \Big(z_n u + \hat{\theta}_n^{\mathrm{T}}\xi_n\left(\hat{\bar{x}}_n\right) \\ & + \tilde{\theta}_n^{\mathrm{T}}\xi_n\left(\hat{\bar{x}}_n\right) - \tilde{\theta}_n^{\mathrm{T}}\xi_n\left(\hat{\bar{x}}_n\right) + k_n E_1 - \dot{w}_n\Big)\end{aligned} \tag{2.1.30}$$

设计自适应事件触发控制器如下：

$$u = -\left(c_n + \frac{3}{2}\right)z_n^* - \hat{\theta}_n^{\mathrm{T}}\xi_n\left(\hat{\bar{x}}_n^*\right) + \frac{\alpha_{n-1}^* - w_n^*}{\epsilon_n} \tag{2.1.31}$$

其中，$c_n > 0$ 为设计参数。重构辅助虚拟控制器如下：

$$\begin{aligned}&\bar{\alpha}_i(t) = -\left(c_i + \frac{5}{2}\right)z_i^* - \hat{\theta}_i^{\mathrm{T}}\xi_i\left(\hat{\bar{x}}_i^*\right) + \frac{\alpha_{i-1}^* - w_i^*}{\epsilon_i} \\ &z_i^*(t) = \hat{x}_1^*(t) - w_i^*(t) \\ &\hat{x}_i^*(t) = \hat{x}_i(t_k), \quad w_i^*(t) = w_i(t_k), \quad t \in [t_k, t_{k+1})\end{aligned} \tag{2.1.32}$$

其中，$i = 2, 3, \cdots, n$，并且

$$z_1^*(t) = x_1^*(t), \quad x_1^*(t) = x_1(t_k), \quad t \in [t_k, t_{k+1}) \tag{2.1.33}$$

$$\alpha_1^* = -\left(c_1 + \frac{5}{2}\right)z_1^* - \hat{\theta}_1^{\mathrm{T}}\xi_1\left(\hat{x}_1^*\right) \tag{2.1.34}$$

其中，t_k 为系统状态的触发时刻，其在两个连续的触发时间之间保持恒定。假设第一次触发发生在初始时刻，为了确定事件触发的瞬间，定义事件触发误差为

$$\begin{aligned}&E_1(t) = x_1(t) - x_1^*(t) \\ &E_i(t) = \hat{x}_i(t) - \hat{x}_i^*(t), \quad i = 2, 3, \cdots, n\end{aligned} \tag{2.1.35}$$

$$\varDelta_i(t) = w_i(t) - w_i^*(t), \quad i = 2, 3, \cdots, n \tag{2.1.36}$$

2.1.3 事件触发机制设计

状态触发机制如下：

$$\mathrm{ET}: \mathrm{ET}_1 \wedge \mathrm{ET}_2 \wedge \cdots \wedge \mathrm{ET}_n \wedge \mathrm{ET}_{w2} \wedge \cdots \wedge \mathrm{ET}_{wn} \tag{2.1.37}$$

其中，$\wedge$ 为逻辑与运算符，ET_i、ET_{wi} 定义为

$$\begin{cases} \mathrm{ET}_1 : |E_1| \leqslant \mu_1 \\ \mathrm{ET}_2 : \|E_2\| \leqslant \mu_2, \quad \mathrm{ET}_{w2} : |\Delta_2| \leqslant \nu_2 \\ \quad \vdots \\ \mathrm{ET}_n : \|E_n\| \leqslant \mu_n, \quad \mathrm{ET}_{wn} : \|\Delta_n\| \leqslant \nu_n \end{cases} \tag{2.1.38}$$

其中，

$$\begin{cases} \mu_1 = \varGamma_1 \dfrac{\prod\limits_{j=2}^{n} \epsilon_j}{c_1 + \dfrac{5}{2} + L_{\xi_1} \left\|\hat{\theta}_1\right\|} \\ \mu_i = \varGamma_i \dfrac{\prod\limits_{j=i+1}^{n} \epsilon_j}{c_i + \dfrac{5}{2} + L_{\xi_i} \left\|\hat{\theta}_i\right\|}, \quad \nu_i = \varLambda_i \dfrac{\prod\limits_{j=i+1}^{n} \epsilon_j}{c_i + \dfrac{5}{2} - \dfrac{1}{\epsilon_i}} \\ \mu_n = \varGamma_n \dfrac{1}{c_n + \dfrac{3}{2} + L_{\xi_n} \left\|\hat{\theta}_n\right\|}, \quad \nu_n = \varLambda_n \dfrac{1}{c_n + \dfrac{3}{2} - \dfrac{1}{\epsilon_n}} \end{cases} \tag{2.1.39}$$

μ_i、ν_i 为事件触发阈值，并且有 $0 < \varGamma_i < 1$、$0 < \varLambda_i < 1$。L_{ξ_i} 为已知的利普希茨常数。

为了处理事件触发机制的影响，提出引理 2.1.1，以确保 $|\bar{\alpha}_{n-1} - \alpha_{n-1}|$ 在推导的触发机制下有常数下界。

引理 2.1.1　由触发机制引起的附加项 $\bar{\alpha}_{n-1} - \alpha_{n-1}$ 被限定为

$$|\bar{\alpha}_{n-1} - \alpha_{n-1}| \leqslant \epsilon_n \gamma_n \tag{2.1.40}$$

其中，γ_n 依赖于触发阈值 μ_i 和 ν_i。

证明　借助于触发条件 (2.1.38) 和假设 2.1.1，可以得出

$$\begin{aligned} |\bar{\alpha}_1 - \alpha_1| &= \left| -\left(c_1 + \frac{5}{2}\right) z_1^* - \hat{\theta}_1^{\mathrm{T}} \xi_1 \left(\hat{x}_1^*\right) - \left[-\left(c_1 + \frac{5}{2}\right) z_1 - \hat{\theta}_1^{\mathrm{T}} \xi_1 (\hat{x}_1) \right] \right| \\ &\leqslant \left(c_1 + \frac{5}{2} + L_{\xi_1} \left\|\hat{\theta}_1\right\|\right) |E_1| \leqslant \prod_{j=2}^{n} \epsilon_j \varGamma_1 \end{aligned} \tag{2.1.41}$$

利用事件触发条件 (2.1.38) 和假设 2.1.1，有

$$|\bar{\alpha}_i - \alpha_i| = \left| -\left(c_i + \frac{5}{2}\right) z_1^* - \hat{\theta}_i^{\mathrm{T}} \xi_i \left(\hat{\bar{x}}_i^*\right) + \frac{\bar{\alpha}_{i-1} - \bar{w}_i}{\epsilon_i} + \left(c_i + \frac{5}{2}\right) z_i \right.$$

$$
\begin{aligned}
&+\hat{\theta}_i^{\mathrm{T}}\xi_i\left(\hat{\bar{x}}_i^*\right)-\frac{\alpha_{i-1}-w_i}{\epsilon_i}\Bigg|\\
&\leqslant\left(c_i+\frac{5}{2}+L_{\xi_i}\left\|\hat{\theta}_i\right\|\right)\|E_i\|+\left(c_i+\frac{5}{2}+\frac{1}{\epsilon_i}\right)\|\varDelta_i\|+\frac{\left|\alpha_{i-1}^*-\alpha_{i-1}\right|}{\epsilon_i}\\
&\leqslant\prod_{j=i+1}^{n}\epsilon_j\left(\sum_{q=1}^{i}\varGamma_q+\sum_{p=2}^{i}\varLambda_p\right)
\end{aligned}
\tag{2.1.42}
$$

$$
\left|\bar{\alpha}_{i-1}^*-\alpha_{n-1}\right|\leqslant\sum_{q=1}^{n-1}\varGamma_q+\sum_{p=2}^{n-1}\varLambda_p\leqslant\epsilon_n\gamma_n \tag{2.1.43}
$$

其中，γ_n 为设计参数。

2.1.4 稳定性与收敛性分析

定理 2.1.1 针对非线性严格反馈系统 (2.1.1)，假设 2.1.1 成立。如果采用控制器 (2.1.31)，虚拟控制器 (2.1.32) 和 (2.1.34)，状态观测器 (2.1.3)，一阶滤波器 (2.1.13)，参数自适应律 (2.1.25)，事件触发条件 (2.1.38)，则总体控制方案具有如下性能：

(1) 闭环系统中的所有信号是半全局一致最终有界的；

(2) 能够避免 Zeno 行为。

证明 控制器仅在触发时刻更新，这意味着控制器是通过采样状态 $\bar{z}_i(t)$ 来代替当前状态 $z_i(t)$ 的。

将式 (2.1.31) 代入式 (2.1.28) 可得

$$
\begin{aligned}
\dot{z}_n=&-\left(c_n+\frac{3}{2}\right)(z_n-E_n+\varDelta_n)-\hat{\theta}_n^{\mathrm{T}}\xi_n\left(\hat{\bar{x}}_n^*\right)+\hat{\theta}_n^{\mathrm{T}}\xi_n\left(\hat{\bar{x}}_n\right)\\
&+\tilde{\theta}_n^{\mathrm{T}}\xi_n\left(\hat{\bar{x}}_n\right)-\tilde{\theta}_n^{\mathrm{T}}\xi_n\left(\hat{\bar{x}}_n\right)+\frac{\varDelta_n}{\epsilon_n}+k_nE_1+\frac{\bar{\alpha}_{n-1}^*-\alpha_{n-1}}{\epsilon_n}
\end{aligned}
\tag{2.1.44}
$$

根据式 (2.1.44) 和实际控制器 (2.1.31)，求 V_n 的导数，可得

$$
\begin{aligned}
\dot{V}_n\leqslant\dot{V}_{n-1}+z_n\Bigg[&-\left(c_n+\frac{3}{2}\right)z_n-\left(c_n+\frac{3}{2}\right)(-E_n+\varDelta_n)\\
&+\hat{\theta}_n^{\mathrm{T}}\xi_n\left(\hat{\bar{x}}_n\right)-\hat{\theta}_n^{\mathrm{T}}\xi_n\left(\hat{\bar{x}}_n^*\right)+\frac{\varDelta_n}{\epsilon_n}\\
&+k_nE_1+\frac{\bar{\alpha}_{n-1}-\alpha_{n-1}}{\epsilon_n}\Bigg]+s_n\dot{s}_n+\frac{1}{r_n}\left(r_nz_n\xi_n\left(\hat{\bar{x}}_n\right)-\dot{\hat{\theta}}_n\right)
\end{aligned}
\tag{2.1.45}
$$

注意到 $\dot{s}_i=\dot{w}_i-\dot{\alpha}_{i-1}=-\dfrac{s_i}{\epsilon_i}+B_i$，其中 $B_2=\dot{\hat{\theta}}_1^{\mathrm{T}}\xi_1\left(\hat{x}_1\right)+\hat{\theta}_1^{\mathrm{T}}\dfrac{\partial\xi_1}{\partial x_1}\dot{x}_1+$

$\left(c_1+\dfrac{5}{2}\right)\dot{z}_1$。类似地，对于 $i=3,4,\cdots,n$，有 $B_i=\dot{\hat{\theta}}_i^{\mathrm{T}}\xi_i\left(\hat{\bar{x}}_i\right)+\hat{\theta}_i^{\mathrm{T}}\dfrac{\partial\xi_i}{\partial\bar{x}_i}[\dot{x}_1,\dot{x}_2,\cdots,\dot{x}_i]^{\mathrm{T}}+\left(c_i+\dfrac{5}{2}\right)\dot{z}_i+\dfrac{\dot{x}_i}{\epsilon_i}$。定义集合 $\varXi_i=e^{\mathrm{T}}Pe+\sum\limits_{i=1}^{n}z_i^2+\sum\limits_{i=1}^{n}\dfrac{\hat{\theta}_i^{\mathrm{T}}\hat{\theta}_i}{r_i}+\sum\limits_{i=2}^{n}s_i^2\leqslant 2Y$，其中 Y 是一个正常数。由于 $\varXi_i$ 是定义在 $\mathbf{R}^{3i}$ 上的紧集，B_i 在 $\varXi_i$ 上有上界 B_i^*。

采用引理 2.1.1 和事件触发条件 (2.1.38)，式 (2.1.45) 可以进一步重构为

$$\begin{aligned}\dot{V}_n\leqslant&-\lambda_n\|e\|^2+\frac{1}{2}\|P\|^2\sum_{j=1}^{n}\left\|\tilde{\theta}_j\right\|^2-\sum_{j=1}^{n}c_jz_j^2\\&+\sum_{j=2}^{n}\frac{1}{2}s_j^2+\sum_{j=1}^{n}\frac{1}{2}\left\|\tilde{\theta}_j\right\|^2+\sum_{j=1}^{n}\frac{\sigma_j}{r_j}\tilde{\theta}_j^{\mathrm{T}}\hat{\theta}_j\\&+\sum_{j=2}^{n}s_j\left(-\frac{s_j}{\epsilon_j}+B_j\right)+\left(\frac{1}{2}\|k\|^2\|P\|^2+\sum_{j=2}^{n}\frac{1}{2}k_j^2\right)\mu_1^2\\&+z_n\left(\varGamma_n-\varLambda_n+\gamma_n\right)_1+M\end{aligned}\tag{2.1.46}$$

根据杨氏不等式，可得

$$\begin{aligned}\dot{V}_n\leqslant&-\left(\lambda_{\min}(Q)-2\right)\|e\|^2-\sum_{j=1}^{n}c_jz_j^2+\frac{3}{2}z_n^2+\sum_{j=2}^{n}\left(1-\frac{1}{\epsilon_j}+\frac{B_j^{*2}}{2\tau}\right)s_j^2\\&+\left(\sum_{j=1}^{n}\frac{1}{2}+\frac{1}{2}\|P\|^2-\frac{1}{2}\frac{\sigma_j}{r_j}\right)\left\|\tilde{\theta}_j\right\|^2+\sum_{j=1}^{n}\frac{\sigma_j}{2r_j}\left\|\theta_j^*\right\|^2+M_1\\&+\left(\frac{1}{2}\|k\|^2\|P\|^2+\sum_{j=2}^{n}\frac{1}{2}k_j^2\right)\mu_1^2+\frac{\tau}{2}+\frac{\varGamma_n^2}{2}+\frac{\varLambda_n^2}{2}+\frac{\gamma_n^2}{2}\end{aligned}\tag{2.1.47}$$

根据式 (2.1.8)、式 (2.1.16)、式 (2.1.22) 及式 (2.1.29)，有

$$V_n=\frac{1}{2}e^{\mathrm{T}}Pe+\sum_{i=1}^{n}\frac{1}{2}z_i^2+\sum_{i=1}^{n}\frac{1}{2r_i}\tilde{\theta}_i^{\mathrm{T}}\tilde{\theta}_i+\sum_{i=2}^{n}\frac{1}{2}s_i^2\tag{2.1.48}$$

那么可以得到

$$\dot{V}_n\leqslant -CV_n+M\tag{2.1.49}$$

其中

$$C=\min\left\{\frac{2\lambda_{\min}(Q)-4}{\lambda_{\max}(P)};2c_i,\ i=1,2,\cdots,n-1;2c_n-3;\ \sigma_i-r_i\left(\|P\|^2+1\right),\right.$$

$$i=1,2,\cdots,n;-2+\frac{2}{\epsilon_i}-\frac{B_i^{*2}}{\tau},\ i=2,3,\cdots,n\Big\} \tag{2.1.50}$$

$$\begin{aligned}M=&\frac{1}{2}\|P\|^2\sum_{i=1}^{n}\delta_i^{*2}+\|P\|^2\sum_{i=1}^{n}\theta_i^{*2}+\frac{1}{2}\delta_1^2+\sum_{j=1}^{n}\frac{\sigma_j}{2r_j}\theta_j^{*2}\\&+\left(\frac{1}{2}\|k\|^2\|P\|^2+\sum_{j=2}^{n}\frac{1}{2}k_j^2\right)\mu_1^2+\frac{\tau}{2}+\frac{\varGamma_n^2}{2}+\frac{\varLambda_n^2}{2}+\frac{\gamma_n^2}{2}\end{aligned} \tag{2.1.51}$$

不等式 (2.1.49) 表明，对于任意满足 $e^{\mathrm{T}}Pe+\sum_{i=1}^{n}z_i^2+\sum_{i=1}^{n}\frac{\hat{\theta}_i^{\mathrm{T}}\hat{\theta}_i}{r_i}+\sum_{i=2}^{n}s_i^2\leqslant 2Y$ 的初始值，当 $C>\frac{M}{Y}$ 时，$\dot{V}_n<0$，$V_n=Y$，其中 Y 是一个给定的正数。因此，$V_n(t)\leqslant Y$ 是不变集，即如果 $V_n(0)\leqslant Y$，那么对于所有的 $t\geqslant 0$，有 $V_n(t)\leqslant Y$，所有的信号 e、z_i、$\hat{\theta}_i$ 和 s_i 都是有界的。由式 (2.1.14) 推出 x_i 也是有界的，所以 u 也是有界的。因此，系统的所有信号都是有界的。

下面证明能够避免 Zeno 行为。

下面将证明存在一个常数 $t^*>0$，使得 $\forall k\in\mathbf{Z}^+,t_{k+1}-t_k\geqslant t^*$。由式 (2.1.35) 和式 (2.1.36)，可得

$$E_i=\hat{x}_i-\hat{x}_i^*=\hat{x}_i \tag{2.1.52}$$

$$\varDelta_i=w_i-w_i^*=w_i \tag{2.1.53}$$

分别求导数计算如下：

$$\frac{\mathrm{d}}{\mathrm{d}t}\|E_i\|=\frac{\mathrm{d}}{\mathrm{d}t}\left(E_i^{\mathrm{T}}E_i\right)^{1/2}=\operatorname{sign}\left(\hat{x}_i-\hat{x}_i^*\right)\dot{\hat{x}}_i\leqslant\left|\dot{\hat{x}}_i\right| \tag{2.1.54}$$

$$\frac{\mathrm{d}}{\mathrm{d}t}\|\varDelta_i\|=\frac{\mathrm{d}}{\mathrm{d}t}\left(\varDelta_i^{\mathrm{T}}\varDelta_i\right)^{1/2}=\operatorname{sign}\left(w_i-w_i^*\right)\dot{w}_i\leqslant|\dot{w}_i| \tag{2.1.55}$$

由式 (2.1.13) 和式 (2.1.14)，可以推断出 $\dot{\hat{x}}_i$ 和 $\dot{w}_i$ 是有界的，说明存在常数 $\chi_x>0$ 和 $\chi_w>0$ 满足 $\left|\dot{\hat{x}}_i\right|\leqslant\chi_x$ 和 $|\dot{w}_i|\leqslant\chi_w$。注意 $\hat{x}_i(t_k)=0$，$w_i(t_k)=0$。此外，在触发时刻，有

$$\lim_{t\to t_k}E_i(t)\geqslant\kappa_i \tag{2.1.56}$$

$$\lim_{t\to t_k}\varDelta_i(t)\geqslant\kappa_{wi} \tag{2.1.57}$$

其中，$\kappa_i=\min\left\{\frac{\varGamma_1\prod_{j=2}^{n}\epsilon_j}{c_1+\frac{5}{2}},\frac{\varGamma_2\prod_{j=3}^{n}\epsilon_j}{c_2+\frac{5}{2}},\cdots,\frac{\varGamma_n}{c_n+\frac{3}{2}}\right\}$。

因此，可得时间间隔的下界

$$t_{k+1}-t_k \geqslant \frac{\kappa}{\chi} \tag{2.1.58}$$

其中，$\kappa=\max\{\kappa_i,\kappa_{wi}\}$，$\chi=\min\{\chi_x,\chi_w\}$。这意味着避免了 Zeno 行为。

2.1.5 仿真

例 2.1.1 考虑如下带电机的单连杆机械手动力学模型：

$$\begin{aligned} &R\ddot{q}+F\dot{q}+G\sin(q)=I \\ &M\dot{I}+HI=u-K_r\dot{q} \end{aligned} \tag{2.1.59}$$

在仿真中，选取设计参数为 $R=1$、$F=1$、$G=10$、$M=0.1$、$H=1$ 和 $K_r=0.2$。

令 $[x_1,x_2,x_3]^{\mathrm{T}}=[q,\dot{q},I]$，系统 (2.1.59) 的状态空间形式为

$$\begin{aligned} &\dot{x}_1=x_2 \\ &\dot{x}_2=x_3-x_2-10\sin(x_1) \\ &\dot{x}_3=u-2x_2-10x_3 \end{aligned} \tag{2.1.60}$$

设计状态观测器为

$$\begin{aligned} &\dot{\hat{x}}_1=\hat{x}_2+6(y-\bar{y})+\hat{f}_1\left(\hat{x}_1|\hat{\theta}_1\right) \\ &\dot{\hat{x}}_2=\hat{x}_3+24(y-\bar{y})+\hat{f}_2\left(\hat{\bar{x}}_2|\hat{\theta}_2\right) \\ &\dot{\hat{x}}_3=u+12(y-\bar{y})+\hat{f}_3\left(\hat{\bar{x}}_3|\hat{\theta}_3\right) \end{aligned} \tag{2.1.61}$$

选择隶属度函数为

$$\begin{aligned} &\mu_{F_i^1}(x_i)=\exp[-(x_i+2)^2]),\quad \mu_{F_i^2}(x_i)=\exp[-(x_i+1)^2]) \\ &\mu_{F_i^3}(x_i)=\exp[-(x_i)^2],\quad \mu_{F_i^4}(x_i)=\exp[-(x_i-1)^2]) \\ &\mu_{F_i^5}(x_i)=\exp[-(x_i-2)^2]) \\ &i=1,2 \end{aligned} \tag{2.1.62}$$

在仿真中，选取设计参数为 $c_1=1$、$c_2=1$、$c_3=1$、$k_1=2$、$k_2=2$、$k_3=2$、$L_{\xi_1}=1$、$L_{\xi_2}=1$、$L_{\xi_3}=1$、$r_1=1$、$r_2=1$、$r_3=1$、$\sigma_1=10$、$\sigma_2=10$、$\sigma_3=10$、$\epsilon_2=0.5$、$\epsilon_3=0.5$、$\mathit{\Gamma}_1=\mathit{\Gamma}_2=\mathit{\Gamma}_3=0.5$、$\mathit{\Lambda}_2=\mathit{\Lambda}_3=0.5$。选择状态变量及参数的初始值为 $[x_1(0),x_2(0),x_3(0)]^{\mathrm{T}}=[0.5,0.8,1]^{\mathrm{T}}$、$[\hat{x}_1(0),\hat{x}_2(0),\hat{x}_3(0)]^{\mathrm{T}}=[0,0,0]^{\mathrm{T}}$、

$[w_2(0), w_3(0)]^{\mathrm{T}} = [0, 0]^{\mathrm{T}}$、$\hat{\theta}_1^{\mathrm{T}}(0) = [0.1, 0.1, 0.1, 0.1, 0.1]$、$\hat{\theta}_2^{\mathrm{T}}(0) = [0.1, 0.1, 0.1, 0.1, 0.1]$、$\hat{\theta}_3^{\mathrm{T}}(0) = [0.1, 0.1, 0.1, 0.1, 0.1]$。

仿真结果如图 2.1.1 ~ 图 2.1.6 所示。

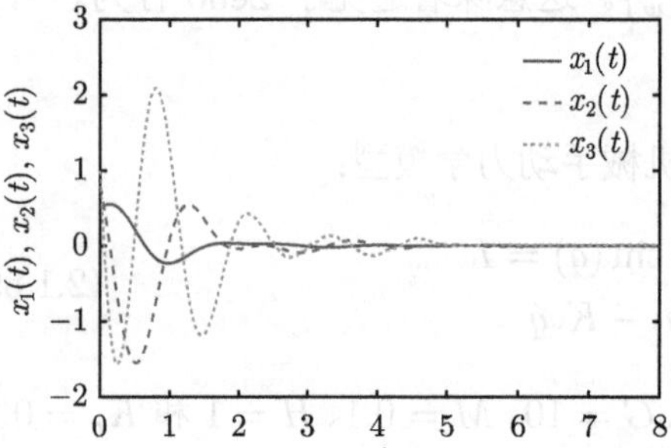

图 2.1.1 状态 $x_1(t)$、$x_2(t)$ 和 $x_3(t)$ 的轨迹

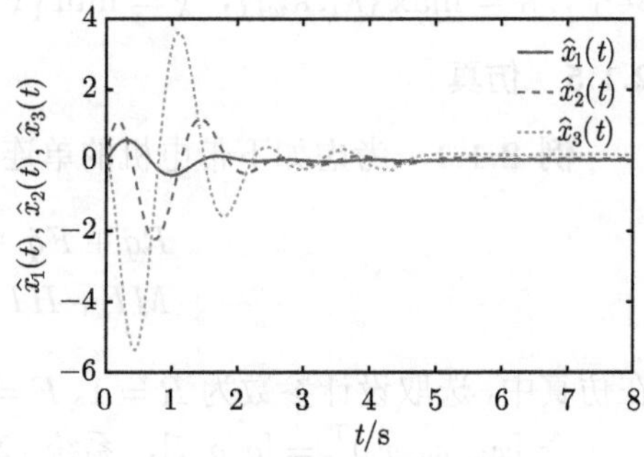

图 2.1.2 状态估计 $\hat{x}_1(t)$、$\hat{x}_2(t)$ 和 $\hat{x}_3(t)$ 的轨迹

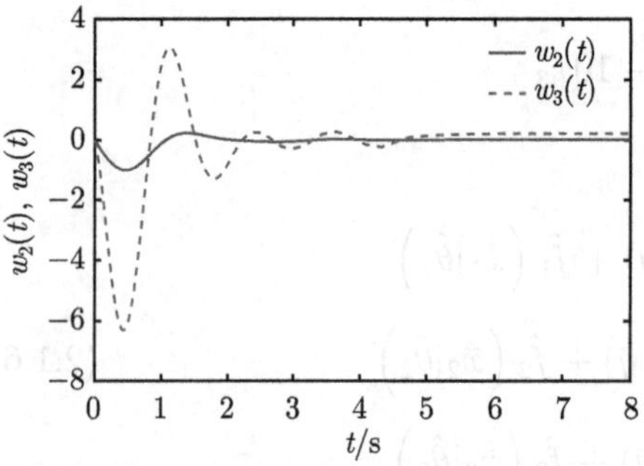

图 2.1.3 滤波输出 $w_2(t)$ 和 $w_3(t)$ 的轨迹

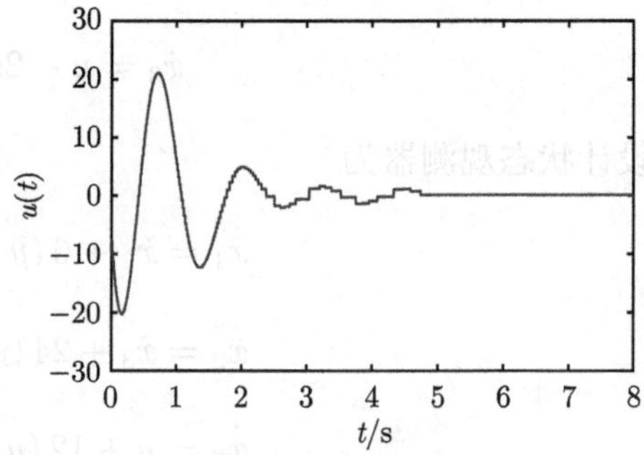

图 2.1.4 控制器 $u(t)$ 的轨迹

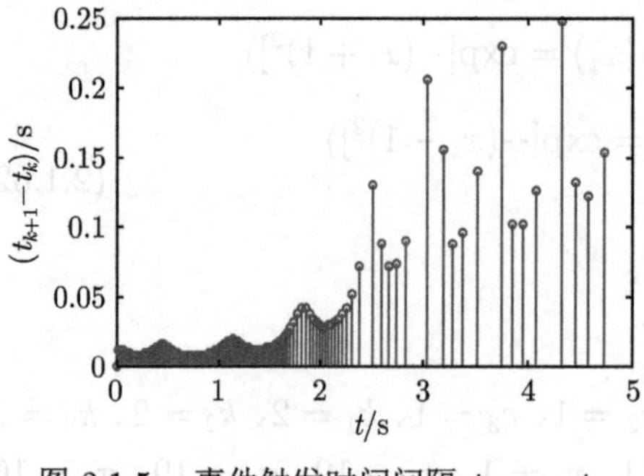

图 2.1.5 事件触发时间间隔 $t_{k+1} - t_k$

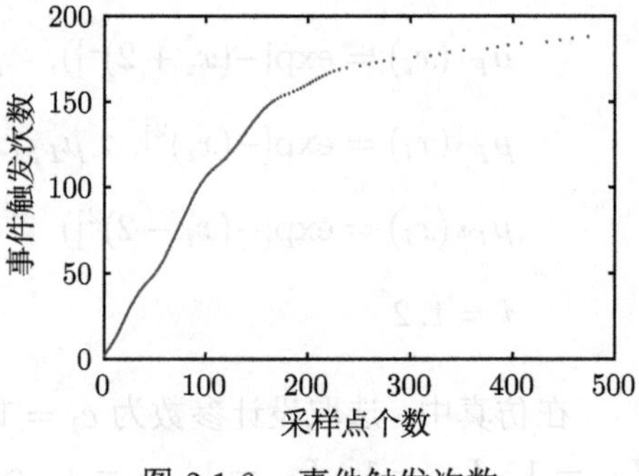

图 2.1.6 事件触发次数

2.2　基于观测器的非线性系统模糊自适应事件触发控制

2.1 节介绍了一类具有间歇观测的不确定非线性严格反馈系统的智能事件触发输出反馈控制方法，本节针对一类单输入单输出非线性系统，介绍一种模糊自适应事件触发控制方法，并给出闭环系统的稳定性和收敛性分析。类似的自适应事件触发控制方法可参见文献 [8]~[12]。

2.2.1　系统模型及控制问题描述

考虑如下单输入单输出不确定非线性严格反馈系统：

$$\begin{aligned} &\dot{x}_i = x_{i+1} + f_i(\bar{x}_i) + d_i(t), \quad 1 \leqslant i \leqslant n-1 \\ &\dot{x}_n = u + f_n(\bar{x}_n) + d_n(t) \\ &y = x_1 \end{aligned} \tag{2.2.1}$$

其中，$\bar{x}_i = [x_1, x_2, \cdots, x_i]^{\mathrm{T}} \in \mathbf{R}^i\ (i = 1, 2, \cdots, n)$ 为状态向量；$u \in \mathbf{R}$ 和 $y \in \mathbf{R}$ 为系统的输入和输出；$f_i(\bar{x}_i)\ (i = 1, 2, \cdots, n)$ 为未知光滑非线性函数，满足 $f_i(0) = 0$；$d_i(t)$ 为外部扰动。

假设 2.2.1　参考信号 y_d 及其一阶导数 $\dot{y}_d$ 均是光滑函数且有界的。因此，存在正常数 $\bar{y}_d$ 和 $\bar{\bar{y}}_d$ 分别使得 $|y_d| \leqslant \bar{y}_d$、$|\dot{y}_d| \leqslant \bar{\bar{y}}_d$。

假设 2.2.2　存在未知正常数 $\bar{d}_i$ 使得 $|d_i(t)| \leqslant \bar{d}_i$，$i = 1, 2, \cdots, n$。

控制目标　针对非线性系统 (2.2.1)，基于事件触发和观测器，设计一个自适应控制器，使得：

(1) 系统输出 y 紧跟参考信号 y_d，并且在闭环系统内所有信号都是有界的；

(2) 两个连续触发时间间隔总是会大于一个正的下确界常数，从而避免 Zeno 行为。

2.2.2　模糊自适应反步递推事件触发控制设计

首先建立一个状态观测器来重建系统的状态。设计模糊状态观测器为

$$\begin{aligned} &\dot{\hat{x}}_i = \hat{x}_{i+1} + \hat{f}_i\left(\hat{\bar{x}}_i|\hat{\theta}_i\right) + l_i(y - \hat{y}), \quad i = 1, 2, \cdots, n-1 \\ &\dot{\hat{x}}_n = u + \hat{f}_n\left(\hat{\bar{x}}_n|\hat{\theta}_n\right) + l_n(y - \hat{y}) \\ &\hat{y} = \hat{x}_1 \end{aligned} \tag{2.2.2}$$

其中，$\hat{\bar{x}}_i = [\hat{x}_1, \hat{x}_2, \cdots, \hat{x}_i]^{\mathrm{T}}\left(\hat{x} = \hat{\bar{x}}_n\right), \hat{x}_i$ 和 $\hat{y}$ 分别为状态 x_i 的估计值和观测器的输出；$\hat{f}_i\left(\hat{\bar{x}}_i|\hat{\theta}_i\right) = \hat{\theta}_i^{\mathrm{T}}\phi_i(\hat{\bar{x}}_i)$；$\hat{\theta}_i$ 为最优权重 θ_i^* 的估计值；$l_i\ (i = 1, 2, \cdots, n)$

为设计参数，使得矩阵

$$A=\begin{bmatrix}-l_1 & & & \\ \vdots & & I_{n-1} & \\ -l_n & 0 & \cdots & 0\end{bmatrix}$$

为赫尔维茨矩阵。对于任意给定的正定对称矩阵 $Q>0$, 存在矩阵 $P>0$ 使得 $A^{\mathrm{T}}P+PA=-Q$。

由引理 0.1.1，可得

$$f_i\left(\bar{x}_i\right)-\hat{f}_i\left(\hat{\bar{x}}_i|\hat{\theta}_i\right)=\theta_i^{*\mathrm{T}}\phi_i\left(\bar{x}_i\right)+\delta_i-\hat{\theta}_i^{\mathrm{T}}\phi_i\left(\hat{\bar{x}}_i\right)=\tilde{\theta}_i^{\mathrm{T}}\phi_i\left(\hat{\bar{x}}_i\right)+\varPi_i+\delta_i \quad (2.2.3)$$

其中，$\tilde{\theta}_i=\theta_i^*-\hat{\theta}_i$ 为估计误差；$\varPi_i=\theta_i^{*\mathrm{T}}\left(\phi_i\left(\bar{x}_i\right)-\phi_i\left(\hat{\bar{x}}_i\right)\right)$。

定义估计误差为 $\tilde{x}=x-\hat{x}=[\tilde{x}_1,\tilde{x}_2,\cdots,\tilde{x}_n]^{\mathrm{T}}$。由式 (2.2.1) ~ 式 (2.2.3)，可得

$$\dot{\tilde{x}}=A\tilde{x}+\sum_{i=1}^{n}B_i\tilde{\theta}_i^{\mathrm{T}}\phi_i\left(\hat{\bar{x}}_i\right)+D \quad (2.2.4)$$

其中，$B_i=[\underbrace{0,\cdots,0,1}_{i},0,\cdots,0]^{\mathrm{T}}$；$D=[\varPi_1+\delta_1+d_1,\cdots,\varPi_n+\delta_n+d_n]^{\mathrm{T}}$。由假设 2.2.2、$\phi_i^{\mathrm{T}}\left(\underline{x}_i\right)\phi_i\left(x_i\right)\leqslant 1$ 和 $|\delta_i|\leqslant\varepsilon_i$ 可知，存在未知正常数 $\bar{D}$ 是 D 的上界。

定义事件触发误差为

$$e_1\left(t\right)=x_1\left(t\right)-\breve{x}_1\left(t\right) \quad (2.2.5)$$

$$e_i\left(t\right)=\hat{x}_i\left(t\right)-\breve{x}_i\left(t\right),\quad i=2,3,\cdots,n \quad (2.2.6)$$

其中，$\breve{x}_i\left(t\right)$ 为在每个 t_k 处更新的最后一个传输状态向量，即

$$\breve{x}_i\left(t^+\right)=\hat{x}_i\left(t_k\right),\quad t=t_k,\ \forall k\in\mathbf{Z}^+,\ i=1,2,\cdots,n \quad (2.2.7)$$

$$\breve{x}_i\left(t\right)=\hat{x}_i\left(t_k\right),\quad t_k\leqslant t<t_{k+1},\ \forall k\in\mathbf{Z}^+,\ i=1,2,\cdots,n \quad (2.2.8)$$

利用上述模糊状态观测器，介绍一种基于反步递推技术的模糊自适应事件触发控制方法。坐标的变化如下：

$$z_1=y-y_d \quad (2.2.9)$$

$$z_i=\hat{x}_i-\alpha_{i-1},\quad i=2,3,\cdots,n \quad (2.2.10)$$

其中，z_i 为误差变量；α_{i-1} 为虚拟控制器。

基于上面的坐标变换，n 步自适应反步递推控制设计过程如下。

第 1 步 考虑系统 (2.2.1)，并结合 $z_1 = y - y_d$，可得

$$\dot{z}_1 = \hat{x}_2 + \tilde{x}_2 + f_1(x_1) + d_1 - \dot{y}_d \tag{2.2.11}$$

结合 $z_2 = \hat{x}_2 - \alpha_1$，可得

$$\dot{z}_1 = z_2 + \tilde{x}_2 + \alpha_1 + \hat{\theta}_1^{\mathrm{T}}\phi_1(x_1) + \tilde{\theta}_1^{\mathrm{T}}\phi_1(x_1) + \omega_1 \tag{2.2.12}$$

其中，$\omega_1 = \delta_1 + d_1 - \dot{y}_d$。

构造虚拟控制器如下：

$$\alpha_1 = -k_1\breve{z}_1 - \hat{\theta}_1^{\mathrm{T}}\phi_1\left(\breve{Z}_1\right) \tag{2.2.13}$$

其中，$k_1 > 0$ 为设计参数；$\breve{Z}_1 = \breve{x}_1$ 为 $Z_1 = x_1$ 的最后传输状态向量。根据事件触发误差 (2.2.5)，可得 $\breve{x}_1 = x_1 - e_1$，$\breve{z}_1 = z_1 - e_1$。那么，由式 (2.2.12) 和式 (2.2.13)，可得

$$\dot{z}_1 = -k_1z_1 + z_2 + \tilde{x}_2 + \tilde{\theta}_1^{\mathrm{T}}\phi_1(x_1) + \omega_1 + k_1e_1 + \hat{\theta}_1^{\mathrm{T}}\left(\phi_1(Z_1) - \phi_1\left(\breve{Z}_1\right)\right) \tag{2.2.14}$$

第 $i\,(2 \leqslant i \leqslant n-1)$ 步 考虑系统 (2.2.1)，令 $z_i = \hat{x}_i - \alpha_{i-1}$，则 z_i 的导数为

$$\dot{z}_i = \hat{x}_{i+1} + \hat{f}_i\left(\hat{\bar{x}}_i|\hat{\theta}_i\right) + l_i\tilde{x}_1 - \dot{\alpha}_{i-1} \tag{2.2.15}$$

结合 $z_{i+1} = \hat{x}_{i+1} - \alpha_i$，可得

$$\dot{z}_i = z_{i+1} + \alpha_i + \hat{\theta}_i^{\mathrm{T}}\phi_i(Z_i) + l_i\tilde{x}_1 - \dot{\alpha}_{i-1} \tag{2.2.16}$$

其中，$Z_i = \hat{\bar{x}}_i$。构造虚拟控制器如下：

$$\alpha_i = -k_i\breve{z}_i - \hat{\theta}_i^{\mathrm{T}}\phi_i(\breve{Z}_i) + \dot{\alpha}_{i-1} \tag{2.2.17}$$

其中，$k_i > 0$ 为设计参数；$\breve{Z}_i = \breve{\bar{x}}_i$ 为 Z_i 最后的传输状态向量。

根据式 (2.2.16) 和式 (2.2.17)，可得

$$\dot{z}_i = -k_iz_i + z_{i+1} + l_i\tilde{x}_1 + k_ie_i + \hat{\theta}_i^{\mathrm{T}}\left(\phi_i(Z_i) - \phi_i\left(\breve{Z}_i\right)\right) \tag{2.2.18}$$

第 n 步 由 $z_n = \hat{x}_n - \alpha_{n-1}$，可得

$$\dot{z}_n = u + \hat{f}_n\left(\hat{\bar{x}}_n|\hat{\theta}_n\right) + l_n\tilde{x}_1 - \dot{\alpha}_{n-1} \tag{2.2.19}$$

构造实际控制器如下：

$$u = -k_n \breve{z}_n - \hat{\theta}_n^{\mathrm{T}} \phi_n\left(\breve{Z}_n\right) + \dot{\alpha}_{n-1} \tag{2.2.20}$$

其中，$k_n > 0$ 为设计参数；$\breve{Z}_n = \breve{\hat{x}}_n$ 为 $Z_n = \hat{x}_n$ 最后的传输状态向量。由式 (2.2.19) 和式 (2.2.20)，可得

$$\dot{z}_n = -k_n z_n + l_n \tilde{x}_1 + k_n e_n + \hat{\theta}_n^{\mathrm{T}}\left(\phi_n\left(Z_n\right) - \phi_n\left(\breve{Z}_n\right)\right) \tag{2.2.21}$$

因为在事件触发控制设计中，控制器仅在触发时更新，所以控制器的设计基于采样状态 $\breve{Z}_i(t)$ 而不是当前状态 $Z_i(t)$。因此，对于 $t_k \leqslant t < t_{k+1}$，设计虚拟控制器和实际控制器分别如下：

$$\alpha_i = -k_i \breve{z}_i - \hat{\theta}_i^{\mathrm{T}} \phi_i\left(\breve{Z}_i\right) + \dot{\alpha}_{i-1}, \quad 1 \leqslant i \leqslant n-1 \tag{2.2.22}$$

$$u = -k_n \breve{z}_n - \hat{\theta}_n^{\mathrm{T}} \phi_n\left(\breve{Z}_n\right) + \dot{\alpha}_{n-1} \tag{2.2.23}$$

其中，$k_i > 0$ 为设计参数；$\hat{\theta}_i$ 为估计模糊中心向量；$\phi_i\left(\breve{Z}_i\right)$ 为基于事件的模糊隶属度函数。给定控制器 (2.2.22) 和 (2.2.23)，目标是最小化下列误差函数：

$$E_i = \frac{1}{2} z_i^2 \tag{2.2.24}$$

在采样期间 $t_k \leqslant t < t_{k+1}$，模糊权重更新律如下：

$$\dot{\hat{\theta}}_i = 0, \quad t_k \leqslant t < t_{k+1},\ i = 1, 2, \cdots, n \tag{2.2.25}$$

此外，在跳变时刻 t_k，采用归一化最速下降算法来调整权重向量，如下：

$$\hat{\theta}_i^{+} = \hat{\theta}_i - \alpha_i \lambda_i \frac{\partial E_i}{\partial \hat{\theta}_i} - \sigma_i \hat{\theta}_i = \hat{\theta}_i - \alpha_i \lambda_i \phi_i\left(Z_i\right) z_i - \sigma_i \hat{\theta}_i, \quad t = t_k \tag{2.2.26}$$

其中，$\hat{\theta}_i^{+}$ 为触发瞬间后更新的模糊权重估计向量；$\lambda_i = 1\Big/\left(c_i + |z_i|^2\right)$ 为归一化参数；$\alpha_i > 0$、$c_i > 0$、$\sigma_i > 0$ 为设计参数。更新控制器使用模糊隶属度函数 $\phi_i(Z_i)$，因此系统状态向量 Z_i 可以在触发时刻瞬间进行更新。

2.2.3 混合事件触发机制设计

定义混合事件触发机制如下：

$$\mathrm{ET}: \mathrm{ET}_1 \wedge \mathrm{ET}_2 \wedge \cdots \wedge \mathrm{ET}_n \tag{2.2.27}$$

其中，“$\wedge$”为逻辑与运算符，ET_i 定义如下：

$$\mathrm{ET}_i : \|\underline{e}_i(t)\| \leqslant \mu_i |z_i(t)|, \quad i = 1, 2, \cdots, n \tag{2.2.28}$$

其中，$\mu_i = \Gamma_i (k_i - l_i/2 - 1) \Big/ \left(k_i + \left\|\hat{\theta}_i\right\|^2 L_i^2\right)$，$\underline{e}_i = \left[e_1^{\mathrm{T}}, e_2^{\mathrm{T}}, \cdots, e_i^{\mathrm{T}}\right]^{\mathrm{T}}$，$0 < \Gamma_i < 1$ 的阈值系数，L_i 为模糊隶属度函数的利普希茨常数。一旦违反了条件 (2.2.27)，就会确定下一个采样瞬间 t_{k+1}。

注释 2.2.1　式 (2.2.27) 和式 (2.2.28) 给出的混合事件触发机制可以重写为以下触发机制：

$$\|e\| \leqslant \mu \|z\| \tag{2.2.29}$$

其中，$\mu = \sqrt{\mu_1^2 + \mu_2^2 + \cdots + \mu_n^2}$；$e = \left[\underline{e}_1^{\mathrm{T}}, \underline{e}_2^{\mathrm{T}}, \cdots, \underline{e}_n^{\mathrm{T}}\right]^{\mathrm{T}}$；$z = [z_1, z_2, \cdots, z_n]^{\mathrm{T}}$。

2.2.4　稳定性与收敛性分析

定义增广状态向量为 $\zeta = \left[z_1^{\mathrm{T}}, z_2^{\mathrm{T}}, \cdots, z_n^{\mathrm{T}}, \breve{z}_1^{\mathrm{T}}, \breve{z}_2^{\mathrm{T}}, \cdots, \breve{z}_n^{\mathrm{T}}, \tilde{\theta}_1^{\mathrm{T}}, \tilde{\theta}_2^{\mathrm{T}}, \cdots, \tilde{\theta}_n^{\mathrm{T}}\right]^{\mathrm{T}}$。那么，连续时间 $t_k \leqslant t < t_{k+1}$ 和跳变时刻 $t = t_k$ 的动态如下。

1) 连续时间 ($t_k \leqslant t < t_{k+1}$，$k = 1, 2, \cdots$)

连续时间 $t \in [t_k, t_{k+1})$ 的闭环系统动态，表示为

$$\begin{aligned}
\dot{z}_1 &= -k_1 z_1 + z_2 + \tilde{x}_2 + \tilde{\theta}_1^{\mathrm{T}} \phi_1(Z_1) + \omega_1 + k_1(z_1 - \breve{z}_1) \\
&\quad + \hat{\theta}_1^{\mathrm{T}} \left(\phi_1(Z_1) - \phi_1\left(\breve{Z}_1\right)\right) \stackrel{\text{def}}{=\!=} f_1 \\
\dot{z}_i &= -k_i z_i + z_{i+1} + l_i \tilde{x}_1 + k_i(z_i - \breve{z}_i) + \hat{\theta}_i^{\mathrm{T}} \left(\phi_i(Z_i) - \phi_i\left(\breve{Z}_i\right)\right) \stackrel{\text{def}}{=\!=} f_i \\
\dot{z}_n &= -k_n z_n + l_n \tilde{x}_1 + k_n(z_n - \breve{z}_n) + \hat{\theta}_n^{\mathrm{T}} \left(\phi_i(Z_i) - \phi_i\left(\breve{Z}_i\right)\right) \stackrel{\text{def}}{=\!=} f_n
\end{aligned} \tag{2.2.30}$$

在连续时间内，最后传输状态向量 $\breve{z}_i$ 由零阶保持器保持，即

$$\dot{\breve{z}}_i = 0, \quad t \in [t_k, t_{k+1}) \tag{2.2.31}$$

在持续时间段对模糊权重估计误差进行动态分析，由式 (2.2.25) 和式 (2.2.26)，可得

$$\dot{\tilde{\theta}}_i = 0, \quad t_k \leqslant t < t_{k+1},\ i = 1, 2, \cdots, n \tag{2.2.32}$$

结合式 (2.2.30) ~ 式 (2.2.32)，脉冲系统事件触发时间间隔动态可以表示为

$$\dot{\zeta} = F_c(\zeta), \quad \zeta \in \mathcal{C},\ \zeta \notin \mathcal{D} \tag{2.2.33}$$

其中，$F_c(\zeta) = \left[F^{\mathrm{T}}, 0^{\mathrm{T}}, 0^{\mathrm{T}}\right]^{\mathrm{T}}$，$F = [f_1, f_2, \cdots, f_n]^{\mathrm{T}}$，0 向量是所有元素为零的向量。

2) 跳变时刻 ($t = t_k$，$k = 1, 2, \cdots$)

系统跳跃时刻的状态可描述成

$$z_i^+ = z_i, \quad t = t_k \tag{2.2.34}$$

最新时刻保持的跳跃时刻的动态为

$$\breve{z}_i^+ = z_i, \quad t = t_k \tag{2.2.35}$$

模糊权重估计误差的跳跃动态方程如下：

$$\tilde{\theta}_i^+ = \theta_i - \theta_i^+ = \tilde{\theta}_i - \alpha_i \lambda_i \phi_i(Z_i) z_i - \sigma_i \hat{\theta}_i, \quad t = t_k \tag{2.2.36}$$

由式 (2.2.34) ∼ 式 (2.2.36)，可得该系统跳跃动态公式为

$$\Delta z_i = z_i^+ - z_i = 0, \quad t = t_k \tag{2.2.37}$$

$$\Delta \breve{z}_i = \breve{z}_i^+ - \breve{z}_i = z_i - \breve{z}_i, \quad t = t_k \tag{2.2.38}$$

$$\Delta \tilde{\theta}_i = \tilde{\theta}_i^+ - \alpha_i \lambda_i \phi_i(Z_i) z_i + \sigma_i \hat{\theta}_i \tag{2.2.39}$$

同样，将式 (2.2.37) ∼ 式 (2.2.39) 结合，可得

$$\Delta \zeta = F_d(\zeta), \quad \zeta \in D, \ \zeta \notin C \tag{2.2.40}$$

其中，$F_d(\zeta) = \left[\Delta z_1^{\mathrm{T}}, \Delta z_2^{\mathrm{T}}, \cdots, \Delta z_n^{\mathrm{T}}, \Delta \breve{z}_1^{\mathrm{T}}, \Delta \breve{z}_2^{\mathrm{T}}, \cdots, \Delta \breve{z}_n^{\mathrm{T}}, \Delta \tilde{\theta}_1^{\mathrm{T}}, \Delta \tilde{\theta}_2^{\mathrm{T}}, \cdots, \Delta \tilde{\theta}_n^{\mathrm{T}}\right]^{\mathrm{T}}$；集合 C 是带有 $0 \in C$ 的开放集合 $C_1 \subset C$ 的流体集合，定义为 $C_1 = \{\zeta \in C : \|e\| \leqslant \mu \|z\|\}$；集合 $D_1 \subset D$ 为跳动集合，定义为 $D_1 = \{\zeta \in D : \|e\| > \mu \|z\|\}$，式 (2.2.28) 中定义的 $\mu \|z\|$ 为自适应事件触发阈值。

下面的定理给出了所设计的自适应输出反馈控制具有的性质。

定理 2.2.1 针对不确定非线性系统 (2.2.1)，假设 2.2.1 和假设 2.2.2 成立。如果采用控制器 (2.2.23)，虚拟控制器 (2.2.22)，模糊权重自适应律 (2.2.25) 和 (2.2.26)，那么对于任意限制约束条件，在满足 $0 < \sigma_i < 1/2$ $(\alpha_i > 0)$ 时，权重估计误差 $\tilde{\theta}_i$ $(i = 1, 2, \cdots, n)$ 是半全局一致最终有界的。

证明 有界性分为以下两种情况证明：

情况 1 连续时间 ($t_k \leqslant t < t_{k+1}$，$k = 1, 2, \cdots$)

选择如下李雅普诺夫函数：

$$V_{\tilde{\theta}_i} = \sum_{i=1}^{n} \operatorname{tr}\left(\tilde{\theta}_i^{\mathrm{T}} \tilde{\theta}_i\right) \tag{2.2.41}$$

及其动态误差导数如下：

$$\dot{V}_{\tilde{\theta}_i} = \sum_{i=1}^{n} \operatorname{tr}\left(\tilde{\theta}_i^{\mathrm{T}} \dot{\tilde{\theta}}_i\right) = 0 \tag{2.2.42}$$

根据式 (2.2.42)，可得 $V_{\tilde{\theta}_i}$ 的导数为零，在 $t_k \leqslant t < t_{k+1}$ $(k = 1, 2, \cdots)$ 期间，模糊权重估计误差是恒定的。由于初始模糊权重 $\hat{\theta}_i(0) = 0\,(i = 1, 2, \cdots, n)$ 和目标模糊权重 θ_i 是有界的，所以初始权重估计误差 $\tilde{\theta}_i(0)$ 也有界。

情况 2　跳变时间 ($t = t_k$，$k = 1, 2, \cdots$)

选择与离散时间相同的李雅普诺夫函数 (2.2.41)，其一阶差分为

$$\Delta V_{\tilde{\theta}_i} = \sum_{i=1}^{n} \operatorname{tr}\left(\tilde{\theta}_i^{\mathrm{T}+} \tilde{\theta}_i^{+}\right) - \sum_{i=1}^{n} \operatorname{tr}\left(\tilde{\theta}_i^{\mathrm{T}} \tilde{\theta}_i\right) \tag{2.2.43}$$

调用权重估计误差 (2.2.39)，求 $V_{\tilde{\theta}_i}$ 的一阶差分，可得

$$\begin{aligned}
\Delta V_{\tilde{\theta}_i} = & \sum_{i=1}^{n} \operatorname{tr}\Bigg(\left(\tilde{\theta}_i + \alpha_i \lambda_i \phi_i(Z_i) z_i + \sigma_i \hat{\theta}_i\right)^{\mathrm{T}} \\
& \times \left(\tilde{\theta}_i + \alpha_i \lambda_i \phi_i(Z_i) z_i + \sigma_i \hat{\theta}_i\right)\Bigg) - \sum_{i=1}^{n} \operatorname{tr}\left(\tilde{\theta}_i^{\mathrm{T}} \tilde{\theta}_i\right) \\
= & \sum_{i=1}^{n} 2\alpha_i \lambda_i \operatorname{tr}\left(\tilde{\theta}_i^{\mathrm{T}} \phi_i(Z_i) z_i\right) + 2\sigma_i \operatorname{tr}\left(\tilde{\theta}_i^{\mathrm{T}} \hat{\theta}_i\right) \\
& + \alpha_i^2 \lambda_i^2 \operatorname{tr}\left((\phi_i(Z_i) z_i)^{\mathrm{T}} (\phi_i(Z_i) z_i) + \sigma_i^2 \operatorname{tr}\left(\hat{\theta}_i^{\mathrm{T}} \hat{\theta}_i\right) + 2\alpha_i \lambda_i \operatorname{tr}\left(\phi_i(Z_i) z_i \hat{\theta}_i\right)\right) \\
= & \sum_{i=1}^{n} 2\alpha_i \lambda_i \operatorname{tr}\left(\tilde{\theta}_i^{\mathrm{T}} \phi_i(Z_i) z_i\right) + 2\sigma_i \operatorname{tr}\left(\tilde{\theta}_i^{\mathrm{T}} \theta_i\right) - 2\sigma_i \operatorname{tr}\left(\tilde{\theta}_i^{\mathrm{T}} \tilde{\theta}_i\right) \\
& + \alpha_i^2 \lambda_i^2 \operatorname{tr}(\phi_i(Z_i) z_i)^{\mathrm{T}} (\phi_i(Z_i) z_i) \\
& + 2\alpha_i \sigma_i \lambda_i \operatorname{tr}(\phi_i(Z_i) z_i)^{\mathrm{T}} \theta_i - 2\alpha_i \sigma_i \lambda_i \operatorname{tr}(\phi_i(Z_i) z_i)^{\mathrm{T}} \tilde{\theta}_i \\
& + \sigma_i^2 \operatorname{tr}\left(\left(\theta_i - \tilde{\theta}_i\right)^{\mathrm{T}} \left(\theta_i - \tilde{\theta}_i\right)\right)
\end{aligned} \tag{2.2.44}$$

使用杨氏不等式、$\gamma \leqslant \|e_i\|$ 和 $\phi_i^{\mathrm{T}}(Z_i) \phi_i(Z_i) \leqslant 1$，可得

$$\Delta V_{\tilde{\theta}_i} \leqslant \sum_{i=1}^{n} \left\{ 2\alpha_i \left[(1 + \sigma_i) \left\|\tilde{\theta}_i\right\| - (\sigma_i - 2\sigma_i^2) \left\|\tilde{\theta}_i\right\|^2 + \xi_i \right] \right\} \tag{2.2.45}$$

其中，$\xi_i = 2\alpha_i\sigma_i + \left(\sigma_i + 2\sigma_i^2\right) + \alpha_i^2$。

定义 $S_{1i} = \sigma_i - 2\sigma_i^2 > 0$、$0 < \sigma_i < \dfrac{1}{2}$ 和 $S_{2i} = 2\alpha_i\left(1 + \sigma_i\right)$，由 $0 < \sigma_i < \dfrac{1}{2}$ 可得

$$\Delta V_{\tilde{\theta}_i} \leqslant \sum_{i=1}^{n}\left(\left\|\tilde{\theta}_i\right\|^2 + s_{2i}\left\|\tilde{\theta}_i\right\| + \xi_i\right) \leqslant \sum_{i=1}^{n}\left(-\frac{l_{1i}}{2}\left\|\tilde{\theta}_i\right\|^2 + \bar{\xi}_i\right) \tag{2.2.46}$$

其中，$\bar{\xi} = \xi_i + s_{2i}^2/(2s_{1i})$。从式 (2.2.46) 开始，一阶差分 $\Delta V_{\tilde{\theta}_i} < 0$ 和 $\left\|\tilde{\theta}_i\right\|^2 > 2\bar{\xi}_i/l_{1i}$ 相同。因此，根据李雅普诺夫定理，模糊权重估计误差最终在跳变时刻有界。

定理 2.2.2 针对非线性系统 (2.2.1)，假设 2.2.1 和假设 2.2.2 成立。如果采用控制器 (2.2.23)，虚拟控制器 (2.2.22)，模糊权重自适应律 (2.2.25) 和 (2.2.26)，事件触发条件 (2.2.27)，则总体控制方案具有如下性能：

(1) 对于任何限制约束条件，在闭环内所有信号是半全局一致最终有界的；

(2) 最小采样时间间隔 $\delta t_k = t_{k+1} - t_k$ 的下界为一个非零正常数。

证明 为了证明闭环稳定性，分别考虑连续和跳跃动力。

情况 1 连续时间 ($t_k \leqslant t < t_{k+1}$，$k = 1, 2, \cdots$)

选择如下李雅普诺夫函数：

$$V(\zeta) = V_0 + V_z + V_{\breve{z}} + V_{\tilde{\theta}_i} \tag{2.2.47}$$

其中，$V_0 = \tilde{x}^{\mathrm{T}}P\tilde{x}$、$V_z = \sum\limits_{i=1}^{n}\tilde{z}_i^2\Big/2$。考虑式 (2.2.47) 的第一项，求 V_0 的导数，可得

$$\begin{aligned}\dot{V}_0 &= -\tilde{x}^{\mathrm{T}}Q\tilde{x} + 2\tilde{x}^{\mathrm{T}}P\left(\sum_{i=1}^{n}B_i\tilde{\theta}_i^{\mathrm{T}}\varphi_i\left(\hat{\underline{x}}_i\right) + D\right)\\ &\leqslant -q\left\|\tilde{x}\right\|^2 + 2\sum_{i=1}^{n}\left\|P\right\|^2\left\|\tilde{\theta}_i\right\|^2 + 2\left\|P\right\|^2\bar{D}\end{aligned} \tag{2.2.48}$$

其中，$q = \lambda_{\min}(Q) - 1$；$\bar{D}$ 为满足 $\left\|D\right\|^2 \leqslant \bar{D}$ 的未知常数。考虑式 (2.2.47) 的第二项，由式 (2.2.30) 可得

$$\begin{aligned}\dot{V}_z = \sum_{i=1}^{n}z_i\dot{z}_i &= \sum_{i=1}^{n}z_i\left\{\left[-k_iz_i + k_i\left(z_i - \breve{z}_i\right) + \hat{\theta}_i^{\mathrm{T}}\left(\phi_i\left(Z_i\right) - \phi_i\left(\breve{Z}_i\right)\right)\right]\right\}\\ &\quad + \sum_{i=1}^{n-1}z_iz_{i+1} + \sum_{i=2}^{n}l_iz_i\tilde{x}_1 + z_1\left(\tilde{\theta}_1^{\mathrm{T}}\phi_1\left(Z_1\right) + \tilde{x}_2 + \omega_1\right)\end{aligned} \tag{2.2.49}$$

其中，$\omega_1 = \delta_1 + d_1 - \dot{y}_d$ 满足 $|\omega_1| \leqslant |\delta_1 + d_1 - \dot{y}_d| \leqslant \bar{\omega}_1$，$\bar{\omega}_1$ 为未知正常数。

由数学计算，有

$$\begin{aligned}\dot{V}_z \leqslant & -\sum_{i=1}^{n}\left(k_i - \frac{l_i}{2} - 1\right) z_i^2 + \left(\sum_{i=2}^{n} \frac{l_i}{2} + 2\right) \tilde{x}^2 \\ & + 2\left\|\tilde{\theta}_1\right\|^2 + \|\bar{\omega}_1\|^2 + \sum_{i=1}^{n} |z_i| \left(k_i \left\|\left(z_i - \breve{z}_i\right)\right\| + \left\|\hat{\theta}_i\right\| \left\|\left(\phi_i\left(Z_i\right) - \phi_i\left(\breve{Z}_i\right)\right)\right\|\right) \\ \leqslant & -\sum_{i=1}^{n}\left(k_i - \frac{l_i}{2} - 1\right)\left(1 - \Gamma_i\right) z_i^2 + \left(\sum_{i=2}^{n} \frac{l_i}{2} + 2\right) \tilde{x}^2 + 2\left\|\tilde{\theta}_1\right\|^2 + \|\bar{\omega}_1\|^2\end{aligned} \tag{2.2.50}$$

考虑式 (2.2.47) 的第三项 $V_{\breve{z}} = \sum_{i=1}^{n} \breve{z}_i^2 \Big/ 2$，并由式 (2.2.31) 可得

$$\dot{V}_{\breve{z}} = \sum_{i=1}^{n} \breve{z}_i \dot{\breve{z}}_i = 0 \tag{2.2.51}$$

考虑最后一项 $V_{\tilde{\theta}_i}$，并由式 (2.2.32) 可得

$$V_{\tilde{\theta}_i} = \mathrm{tr}\left(\tilde{\theta}_i^{\mathrm{T}} \dot{\tilde{\theta}}_i\right) = 0 \tag{2.2.52}$$

最后，李雅普诺夫函数 (2.2.47) 的整体一阶导数变为

$$\dot{V}(\zeta) \leqslant -\sum_{i=1}^{n}\left(k_i - \frac{l_i}{2} - 1\right)\left(1 - \Gamma_i\right) z_i^2 - \left(q - \sum_{i=2}^{n} \frac{l_i}{2} - 2\right) \tilde{x}^2 + \bar{D}_1 \tag{2.2.53}$$

其中，$\bar{D}_1 = 2\left\|\tilde{\theta}_1\right\|^2 + \|\bar{\omega}_1\|^2 + 2\sum_{i=1}^{n} \|P\|^2 \left\|\tilde{\theta}_i\right\|^2 + 2\|P\|^2 \bar{D}$，$\bar{D}_1$ 为分段常函数。由于模糊权重在事件触发时间间隔内不断更新，θ_i 在事件触发时间间隔内能保持常值。因此有

$$k_i - l_i/2 - 1 > 0, \quad q - \sum_{i=2}^{n} l_i/2 - 2 > 0, \quad \|z\| > \sqrt{\bar{D}_1/s}$$

$s = \min\{k_i - l_i/2 - 1, i = 1, 2, \cdots, n\}$，然后 $\dot{V}(\zeta) < 0$。所以脉冲模型流体动力学是一致最终有界的。同时，跟踪误差满足 $|z_1| \leqslant \sqrt{\bar{D}_1/s}$，可以选择减小设计参数 k_i 和 l_i。

下面证明闭环信号在跳变期间是有界的。

情况 2　跳变时刻 ($t = t_k$，$k = 1, 2, \cdots$)

考虑与式 (2.2.50) 相同的李雅普诺夫函数。V_0 和 V_z 在跳跃动态系统 (2.2.37) 的对时间的导数满足：

$$\Delta V_0 + \Delta V_z = \tilde{x}^{+\mathrm{T}} P \tilde{x}^{+} - \tilde{x}^{\mathrm{T}} P \tilde{x} + \sum_{i=1}^{n} \frac{\left(z_i^{+}\right)^2}{2} - \sum_{i=1}^{n} \frac{z_i^2}{2} = 0, \quad t = t_k \tag{2.2.54}$$

$V_{\breve{z}}$ 对时间的导数沿着式 (2.2.28) 跳跃动态满足：

$$\Delta V_{\breve{z}} = \sum_{i=1}^{n} \frac{\left(\breve{z}_i^{+}\right)^2}{2} - \sum_{i=1}^{n} \frac{\breve{z}_i^2}{2} = \sum_{i=1}^{n} \frac{z_i^2}{2} - \sum_{i=1}^{n} \frac{\breve{z}_i^2}{2} \leqslant -\sum_{i=1}^{n} \frac{\breve{z}_i^2}{2} + D_2, \quad t = t_k \tag{2.2.55}$$

其中，$D_2 = \bar{D}_1/(2s)$ 为系统状态 Z_i 的界限。$V_{\tilde{\theta}_i}$ 对式 (2.2.39) 时间的导数和引理 2.2.1 满足：

$$\Delta V_{\tilde{\theta}_i} = -\sum_{i=1}^{n} \frac{l_{1i}}{2} \left\|\tilde{\theta}_i\right\|^2 + \bar{\xi}_i, \quad t = t_k \tag{2.2.56}$$

由式 (2.2.54) ~ 式 (2.2.56)，可得

$$\Delta V(\zeta) = -\sum_{i=1}^{n} \frac{\breve{z}_i^2}{2} - \sum_{i=1}^{n} \frac{l_{1i}}{2} \left\|\tilde{\theta}_i\right\|^2 + D_2 + \sum_{i=1}^{n} \bar{\xi}_i, \quad t = t_k \tag{2.2.57}$$

由式 (2.2.57)，可知 $\Delta V(\zeta) < 0$ 和 $\left\|\breve{z}\right\| > \sqrt{2D_2}$ 或 $\left\|\tilde{\theta}_i\right\| > 2\bar{\xi}_i/l_{1i}$ 相同。可见，z_i、$\breve{z}_i$、$\tilde{\theta}_i$ 均是有界的，并且可以在跳变过程中实现跟踪性能。

因此，对于这两种情况，可得闭环系统的所有信号都是有界的。同时，跟踪误差满足：

$$|z_1| \leqslant \sqrt{\bar{D}_1/s} \tag{2.2.58}$$

下面证明该系统能够避免 Zeno 行为。

根据 $t_k \leqslant t < t_{k+1}$ 事件触发误差 (2.2.5) 的定义，具有以下动态：

$$\dot{\underline{e}}_i = \dot{Z}_i - \dot{\breve{Z}}_i = \dot{Z}_i \tag{2.2.59}$$

根据式 (2.2.2) 和式 (2.2.30)，动态系统 (2.2.59) 为

$$\dot{Z}_i = A_i Z_i + \sum_{j=1}^{i+1} B_j F_j \tag{2.2.60}$$

其中

$$
A_i=\begin{bmatrix} -k_i & 0 & \cdots & 0 \\ 0 & & & \\ \vdots & & I_{i-1} & \\ 0 & 0 & \cdots & 0 \end{bmatrix}
$$

$$
F_1=z_{i+1}+l_i\tilde{x}_1+k_i\left(z_i-\breve{z}_i\right)+\hat{\theta}_i^{\mathrm{T}}\left(\phi_i\left(X_i\right)-\phi_i\left(\breve{X}_i\right)\right)
$$

$$
F_2=\hat{f}_1\left(X_1|\hat{\theta}_1\right),\cdots,F_{i+1}=\hat{f}_i\left(X_i|\hat{\theta}_i\right)
$$

使得

$$
\left\|\dot{Z}_i\right\|\leqslant\|A_i\|\,\|Z_i\|+\sum_{j=1}^{i+1}\|B_j\|\,\|F_j\|\leqslant\|A_i\|\,\|Z_i\|+\rho,\quad t_k\leqslant t<t_{k+1}\tag{2.2.61}
$$

其中，$\rho=\max\limits_{t\in[t_k,t_{k+1})}\sum\limits_{j=1}^{j+1}\|F_j\|$，因为模糊权重 $\hat{\theta}_i$、$\tilde{\theta}_i$、z_i、$\tilde{x}_1$ 和 $\breve{z}_i$ 是第 k 个流体期间的常数，所以 ρ 是分段常数函数。

此外，以下不等式适用于 $t_k\leqslant t<t_{k+1}$ $(k=1,2,\cdots)$ 的情形：

$$
\frac{\mathrm{d}}{\mathrm{d}t}\|\underline{e}_i\|=\frac{\mathrm{d}}{\mathrm{d}t}\left(\underline{e}_i^{\mathrm{T}}\underline{e}_i\right)^{1/2}=\frac{\underline{e}_i^{\mathrm{T}}\dot{\underline{e}}_i}{\|\underline{e}_i\|}\leqslant\frac{\|\underline{e}_i\|\,\|\dot{\underline{e}}_i\|}{\|\underline{e}_i\|}=\|\dot{\underline{e}}_i\|=\|Z_i\|\tag{2.2.62}
$$

由初始条件 $\underline{e}_i^+=0$ $(t=t_k)$ 可得

$$
\|\underline{e}_i\|\leqslant\int_{t_k^+}^{t}\exp\left[\|A_i\|(t-\tau)\right]\rho\mathrm{d}\tau\leqslant\frac{\rho}{\|A_i\|}\left(\exp\left[\|A_i\|\left(t_{k+1}-t_k\right)\right]-1\right)\tag{2.2.63}
$$

由式 (2.2.28) 中事件触发条件的定义，可得

$$
\mu_iD_{z_i}\leqslant\frac{\rho}{\|A_i\|}\left(\exp\left[\|A_i\|\left(t_{k+1}-t_k\right)\right]-1\right)\tag{2.2.64}
$$

由式 (2.2.64)，可得

$$
t_{k+1}-t_k=\delta t_k\geqslant\frac{1}{\|A_i\|}\ln\left(1+\frac{\|A_i\|}{\rho}\mu_iD_{z_i}\right)>0\tag{2.2.65}
$$

D_{z_i} 和 z_i 的界限，因此事件间隔限制为 k $(k=1,2,\cdots)$，从而能够避免 Zeno 行为。

2.2.5 仿真

例 2.2.1 考虑如下非线性严格反馈系统动力模型：

$$
\begin{aligned}
\dot{x}_1 &= x_2 + f_1(x_1) \\
\dot{x}_2 &= u + f_2(\bar{x}_2) \\
y &= x_1
\end{aligned}
\tag{2.2.66}
$$

其中，$f_1(x_1) = x_1 \mathrm{e}^{-0.5x_1}$，$f_2(\bar{x}_2) = x_1 \sin(x_2^2)$，参考信号选择为 $y_d = \sin(t)$。

选择模糊隶属度函数为

$$
\mu_{F_i^l}(\hat{x}_i) = \exp\left[-(\hat{x}_i + 3 - l)^2\right] \Big/ 2, \quad i = 1, 2; l = 1, 2, \cdots, 5
$$

选择模糊基函数为

$$
\phi_i(\hat{x}_i) = \mu_{F_i^l}(\hat{x}_i) \Big/ \sum_{i=1}^{n} \mu_{F_i^l}(\hat{x}_i) \tag{2.2.67}
$$

模糊逻辑系统表示为

$$
\hat{f}_1\left(x_1 | \hat{\theta}_1\right) = \theta_1^{*\mathrm{T}} \phi_1(\hat{x}_1) \tag{2.2.68}
$$

$$
\hat{f}_2\left(\hat{\bar{x}}_2 | \hat{\theta}_2\right) = \theta_2^{*\mathrm{T}} \phi_2(\hat{\bar{x}}_2) \tag{2.2.69}
$$

在仿真中，选取设计参数为 $\alpha_1 = 0.1$、$\alpha_2 = 0.1$、$\sigma_1 = 0.5$、$\sigma_2 = 0.5$、$\varGamma_1 = 0.3$、$\varGamma_2 = 0.6$、$k_1 = 20$、$k_2 = 30$、$l_1 = 20$、$l_2 = 20$、$c_1 = c_2 = 1$、$L_1 = L_2 = 1$。

选择状态变量及参数的初始值为 $[x_1(0), x_2(0), \hat{x}_1(0), \hat{x}_2(0)]^{\mathrm{T}} = [0, 0.2, 0, 0.3]^{\mathrm{T}}$，其他初始条件均选择为零，离散化的采样周期为 0.01s。

仿真结果如图 2.2.1 ~ 图 2.2.6 所示。

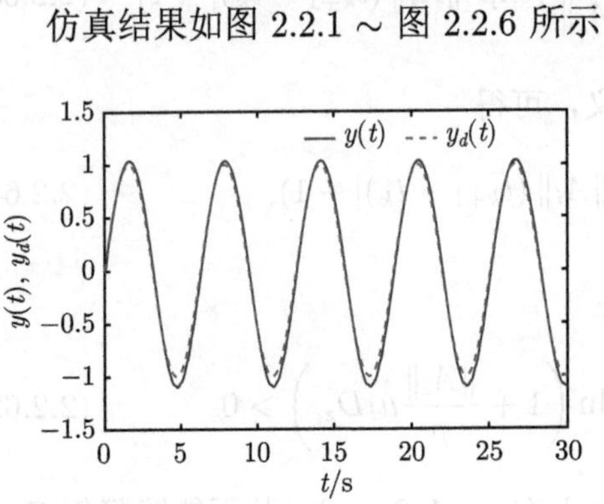

图 2.2.1　输出 $y(t)$ 和参考信号 $y_d(t)$ 的轨迹

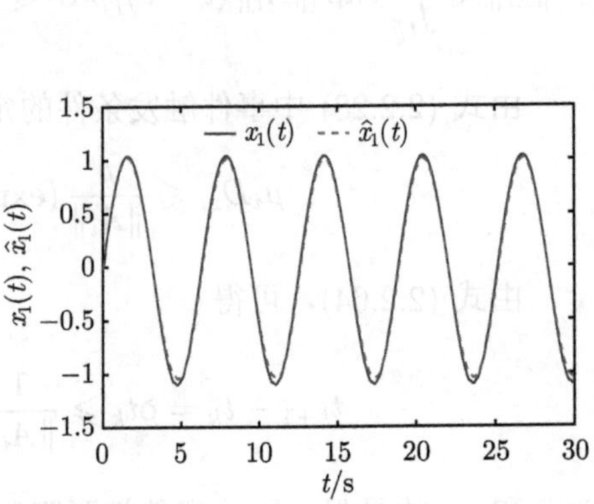

图 2.2.2　状态 $x_1(t)$ 和估计 $\hat{x}_1(t)$ 的轨迹

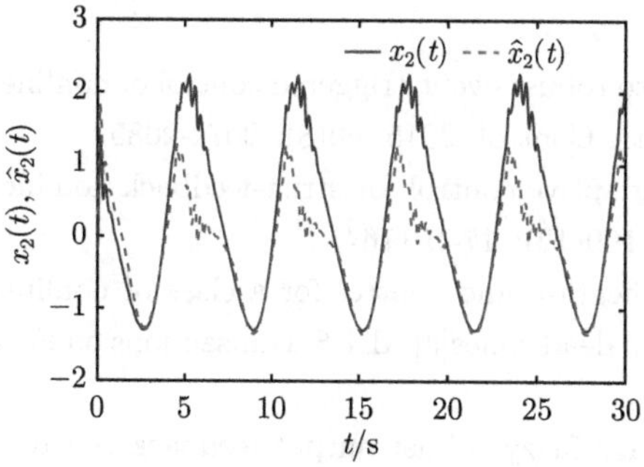

图 2.2.3 状态 $x_2(t)$ 和估计 $\hat{x}_2(t)$ 的轨迹

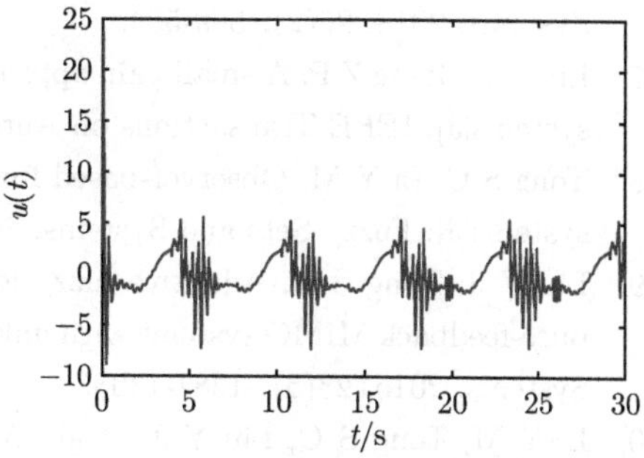

图 2.2.4 控制器 $u(t)$ 的轨迹

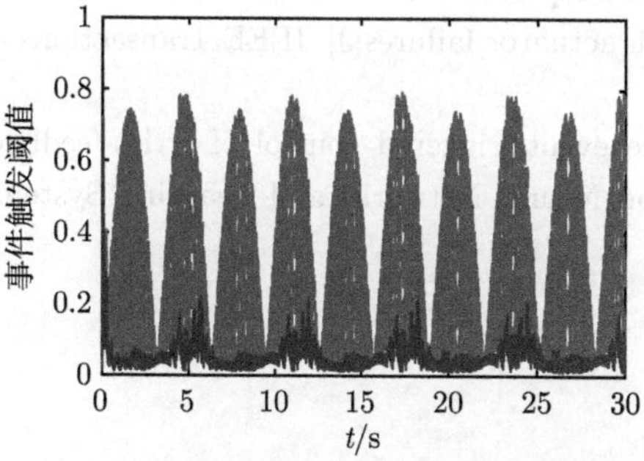

图 2.2.5 事件触发误差和阈值响应曲线

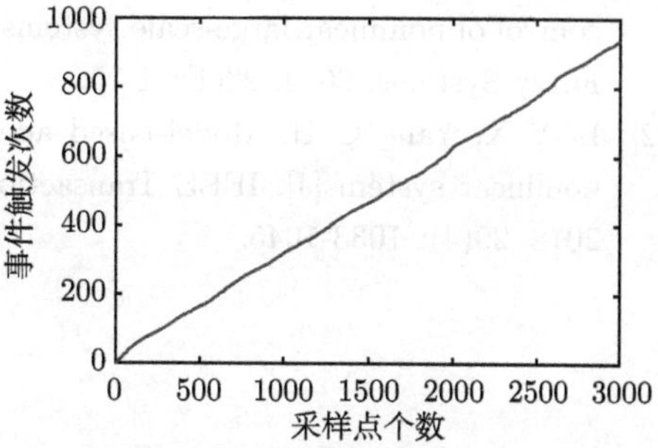

图 2.2.6 事件触发次数

参 考 文 献

[1] Zhu H Y, Li Y X, Tong S C. Dynamic event-triggered adaptive output feedback control of uncertain nonlinear systems with intermittent observations[J]. Journal of the Franklin Institute, 2023, 360(3): 2265-2288.

[2] Li Y X, Yang G H. Observer-based fuzzy adaptive event-triggered control codesign for a class of uncertain nonlinear systems[J]. IEEE Transactions on Fuzzy Systems, 2018, 26(3): 1589-1599.

[3] Li Y X. Finite time command filtered adaptive fault tolerant control for a class of uncertain nonlinear systems[J]. Automatica, 2019, 106: 117-123.

[4] Liu Y J, Lu S M, Li D J, et al. Adaptive controller design-based ABLF for a class of nonlinear time-varying state constraint systems[J]. IEEE Transactions on Systems, Man, and Cybernetics: Systems, 2017, 47(7): 1546-1553.

[5] Li Y M, Tong S C. Adaptive fuzzy output constrained control design for multi-input multioutput stochastic nonstrict-feedback nonlinear systems[J]. IEEE Transactions on Cybernetics, 2017, 47(12): 4086-4095.

[6] Tong S C, Sun K K, Sui S. Observer-based adaptive fuzzy decentralized optimal control design for strict-feedback nonlinear large-scale systems[J]. IEEE Transactions on Fuzzy

Systems, 2018, 26(2): 569-584.
[7] Liu T F, Jiang Z P. A small-gain approach to robust event-triggered control of nonlinear systems[J]. IEEE Transactions on Automatic Control, 2015, 60(8): 2072-2085.
[8] Tong S C, Li Y M. Observer-based fuzzy adaptive control for strict-feedback nonlinear systems[J]. Fuzzy Sets and Systems, 2009, 160(12): 1749-1764.
[9] Liu Y J, Tong S C. Adaptive fuzzy identification and control for a class of nonlinear pure-feedback MIMO systems with unknown dead zones[J]. IEEE Transactions on Fuzzy Systems, 2015, 23(5): 1387-1398.
[10] Li Y M, Tong S C, Liu Y J, et al. Adaptive fuzzy robust output feedback control of nonlinear systems with unknown dead zones based on a small-gain approach[J]. IEEE Transactions on Fuzzy Systems, 2014, 22(1): 164-176.
[11] Tong S C, Huo B Y, Li Y M. Observer-based adaptive decentralized fuzzy fault-tolerant control of nonlinear large-scale systems with actuator failures[J]. IEEE Transactions on Fuzzy Systems, 2014, 22(1): 1-15.
[12] Li Y X, Yang G H. Model-based adaptive event-triggered control of strict-feedback nonlinear systems[J]. IEEE Transactions on Neural Networks and Learning Systems, 2018, 29(4): 1033-1045.

第 3 章　互联非线性系统的智能自适应事件触发分散控制

第 1 章和第 2 章主要针对单输入-单输出的非线性严格反馈系统，分别对于状态可测和不可测的两种情况，介绍了几种智能自适应事件触发控制方法。本章针对互联非线性系统，在前两章的基础上，给出互联大系统的自适应事件触发跟踪控制问题。本章内容主要基于文献 [1] 和 [2]。

3.1　互联非线性时变系统的自适应事件触发分散控制

本节针对一类互联非线性时变系统，基于自适应反步递推控制设计原理，介绍一种基于事件触发的互联非线性时变系统的分散自适应有限时间跟踪控制设计方法，并给出闭环系统的稳定性和收敛性分析。关于互联非线性时变系统的智能自适应反步递推控制设计方法可参见文献 [3]~[5]。

3.1.1　系统模型及控制问题描述

考虑如下互联非线性时变系统：

$$\begin{aligned}\dot{x}_{i,k} &= g_{i,k}(t)\,x_{i,k+1} + \theta_i^{\mathrm{T}}(t)\,f_{i,k}(\bar{x}_{i,k}) + \psi_{i,k}(y_1, y_2, \cdots, y_N, t)\\ \dot{x}_{i,n_i} &= g_{i,n_i}(t)\,u_i + \theta_i^{\mathrm{T}}(t)\,f_{i,n_i}(\bar{x}_{i,n_i}) + \psi_{i,n_i}(y_1, y_2, \cdots, y_N, t)\\ y_i &= x_{i,1}\end{aligned} \tag{3.1.1}$$

其中，$\bar{x}_{i,k} = [x_{i,1}, x_{i,2}, \cdots, x_{i,k}] \in \mathbf{R}^k$ 和 $\bar{x}_{i,n_i} = [x_{i,1}, x_{i,2}, \cdots, x_{i,n_i}]^{\mathrm{T}} \in \mathbf{R}^{n_i}$ $(i = 1, 2, \cdots, N; k = 1, 2, \cdots, n_{i-1})$ 是状态向量；$u_i \in \mathbf{R}$、$y_i \in \mathbf{R}$ 分别为第 i 个子系统的输入和输出；$g_{i,k}(t) \in \mathbf{R}$、$\theta_i(t) \in \mathbf{R}^{\nu_i}$ 为未知、有界和分段连续的参数；$f_{i,k} \in \mathbf{R}^{\nu_i}$ 为已知的光滑函数；$\psi_{i,k} \in \mathbf{R}$ 为第 i 个子系统和其他子系统间的互联项。

假设 3.1.1　参考信号 $y_d(t)$ 及其一阶导数 $\dot{y}_d(t)$ 是已知、有界的；$y_d^{(n_i)}(t)$ 分段连续。

假设 3.1.2　$g_{i,k}(t)$ 的符号已知，并且 $g_{i,k}(t)$ 是有界的，有 $\overline{g}_{i,k} \leqslant |g_{i,k}(t)| \leqslant \underline{g}_{i,k}$，$k = 1, 2, \cdots, n_i$，其中 $\overline{g}_{i,k} > 0$ 和 $\underline{g}_{i,k} > 0$ 为正常数。不失一般性，设 $g_{i,k} > 0$。

假设 3.1.3[6]　对于 $k = 1, 2, \cdots, n_i$，$\psi_{i,k}(y_1, y_2, \cdots, y_N, t)$ 满足：

$$\psi_{i,k}^2(y_1,y_2,\cdots,y_N,t)\leqslant\sum_{j=1}^N\varrho_{i,k,j}\phi_{i,k,j}(y_j)$$

其中，$\varrho_{i,k,j}\geqslant 0$ 和 $\phi_{i,k,j}(y_j)>0$ 分别为未知常数和已知光滑函数。

控制目标 针对互联非线性时变系统 (3.1.1)，设计基于事件触发的分散自适应有限时间跟踪控制方法，使得：

(1) 闭环系统所有信号有界；

(2) 跟踪误差 $z_{i,1}$ 在有限时间内收敛到包含原点的一个小邻域内。

3.1.2 事件触发机制设计

定义事件触发误差 $e_i(t)=\omega_i(t)-u_i(t)$，其中 $\omega_i(t)$ 为 $t=t_{i,l}$ 时的采样控制信号。触发间隔 $t\in[t_{i,l},t_{i,l+1})$ 为一个周期，其中事件触发误差 $e_i(t)$ 为时变的，并在每个 $t_{i,l}$ 时刻重置为零。根据 $e_i(t)$ 的定义，设计事件触发机制为

$$\omega_i(t)=-(1+\delta_i)\left(\alpha_{i,n_i}\tanh\left(\frac{z_{i,n_i}\alpha_{i,n_i}}{\varepsilon_i}\right)+\bar{m}_i\tanh\left(\frac{z_{i,n_i}\bar{m}_i}{\varepsilon_i}\right)\right)\tag{3.1.2}$$

$$\begin{aligned}u_i(t)&=\omega_i(t_{i,l}),\quad\forall t\in[t_{i,l},t_{i,l+1})\\t_{i,l+1}&=\inf\{t>t_{i,l}\mid e_i(t)\geqslant\delta_iu_i(t)+m_i\}\end{aligned}\tag{3.1.3}$$

其中，$m_i>0$、$0<\delta_i<1$、$\varepsilon_i>0$ 和 $\bar{m}_i>m_i/(1-\delta_i)$ 为设计参数。事件触发的时刻即式 (3.1.3) 成立时刻记为 $t_{i,l+1}$，此时控制信号 $u_i(t_{i,l+1})$ 通过网络传输并作用于系统。当 $t\in[t_{i,l},t_{i,l+1})$ 时，控制信号会保持为常数 $\omega_i(t_{i,l})$。

由上述可得，存在两个时变参数 $o_{i1}(t)$ 和 $o_{i2}(t)$ 满足 $|o_{ij}(t)|\leqslant 1\,(j=1,2)$，使得

$$\omega_i(t)=(1+o_{i1}(t)\delta_i)\,u_i(t)+o_{i2}(t)\,m_i\tag{3.1.4}$$

则 $\omega_i(t)$ 可表示为

$$u_i(t)=\frac{\omega_i(t)-o_{i2}(t)\,m_i}{1+o_{i1}(t)\,\delta_i}\tag{3.1.5}$$

令 $e_i(t)=\omega_i(t)-u_i(t)$ 为事件触发误差。此外，$t_{i,l}$ $(l\in\mathbf{Z}^+)$ 为触发时刻，$t_{i,1}=0$。$u_i(t)$ 将在时间间隔 $t\in[t_{i,l},t_{i,l+1})$ 中保持为 $\omega_i(t_{i,l})$。当事件触发误差大于阈值时，$u_i(t)$ 将更新为 $\omega_i(t_{i,l+1})$，并在时间间隔 $[t_{i+1},t_{i+2})$ 中保持为 $\omega_i(t_{i,l+1})$。

3.1.3 自适应反步递推事件触发分散控制设计

定义如下坐标变换：

$$z_{i,1}=y_i-y_d\tag{3.1.6}$$

$$z_{i,k} = x_{i,k} - \beta_{i,k}, \quad k = 2, 3, \cdots, n_i \tag{3.1.7}$$

$$\phi_{i,k} = \beta_{i,k} - \alpha_{i,k-1}, \quad k = 2, 3, \cdots, n_i \tag{3.1.8}$$

其中，y_d 为参考信号；$z_{i,k}$ 为误差变量；$\beta_{i,k}$ 为滤波输出；$\alpha_{i,k-1}$ 为虚拟控制器；$\phi_{i,k}$ 为滤波误差。

为了简化控制器的设计，定义

$$\nu_i = \sup_{t\geqslant 0} \|\Theta_i(t)\| \tag{3.1.9}$$

$$\ell_{i,k} = \frac{1}{\underline{g}_{i,k}} \tag{3.1.10}$$

$$\rho_i = \max_{1\leqslant j\leqslant N, 1\leqslant i\leqslant n_i} \varrho_{j,k,i} \tag{3.1.11}$$

其中，$\Theta_i(t) = \left[\theta_i^{\mathrm{T}}(t), g_{i,1}(t), \cdots, g_{i,n_i-1}(t)\right]^{\mathrm{T}} \in \mathbf{R}^{\nu_i+n_i-1}$。令 $\hat{\nu}_i$、$\hat{\ell}_{i,k}$ 和 $\hat{\rho}_i$ 分别为 ν_i、$\ell_{i,k}$ 和 ρ_i 的估计，定义估计误差 $\tilde{\nu}_i = \hat{\nu}_i - \nu_i$、$\tilde{\ell}_{i,k} = \hat{\ell}_{i,k} - \ell_{i,k}$ ($\ell_{i,k}(0) > 0$) 和 $\tilde{\rho}_i = \hat{\rho}_i - \rho_i$。

基于上面的坐标变换，n 步自适应反步递推控制设计过程如下。

第 1 步　由式 (3.1.6) 求 $z_{i,1}$ 的导数，可得

$$\dot{z}_{i,1} = g_{i,1}(t) z_{i,2} + g_{i,1}(t) \phi_{i,2} + g_{i,1}(t) \alpha_{i,1} + \Theta_i^{\mathrm{T}}(t) \xi_{i,1} + \psi_{i,1} - \dot{y}_d \tag{3.1.12}$$

其中，$\xi_{i,1} = \left[f_{i,1}^{\mathrm{T}}, f_{i,2}^{\mathrm{T}}, \cdots, 0\right]^{\mathrm{T}} \in \mathbf{R}^{\nu_i+n_i-1}$。

选择如下李雅普诺夫函数：

$$V_{i,1} = \frac{1}{2} z_{i,1}^2 + \frac{1}{2\gamma_{\nu_i}} \tilde{\nu}_i^2 + \frac{1}{2\gamma_{\rho_i}} \tilde{\rho}_i^2 + \frac{\underline{g}_{i,1}}{2\gamma_{\ell_{i,1}}} \tilde{\ell}_{i,1}^2 + \frac{1}{2} \phi_{i,2}^2 \tag{3.1.13}$$

求 $V_{i,1}$ 的导数，可得

$$\begin{aligned} \dot{V}_{i,1} = {} & z_{i,1} \left(g_{i,1}(t) z_{i,2} + g_{i,1}(t) \phi_{i,2} + g_{i,1}(t) \alpha_{i,1} + \Theta_i^{\mathrm{T}}(t) \xi_{i,1}(x_{i,1}) + \psi_{i,1} - \dot{y}_d\right) \\ & + \frac{1}{\gamma_{\nu_i}} \tilde{\nu}_i \dot{\hat{\nu}}_i + \frac{1}{\gamma_{\rho_i}} \tilde{\rho}_i \dot{\hat{\rho}}_i + \frac{\underline{g}_{i,1}}{\gamma_{\ell_{i,1}}} \tilde{\ell}_{i,1} \dot{\hat{\ell}}_{i,1} + \phi_{i,2} \dot{\phi}_{i,2} \end{aligned} \tag{3.1.14}$$

又有

$$z_{i,1} \Theta_i^{\mathrm{T}}(t) \xi_{i,1} \leqslant |z_{i,1}| \nu_i \|\xi_{i,1}\| \leqslant \nu_i z_{i,1} \eta_{i,1} + \nu_i \epsilon_{i,1} \tag{3.1.15}$$

其中，$\eta_{i,1} = \dfrac{z_{i,1} \xi_{i,1}^{\mathrm{T}} \xi_{i,1}}{\sqrt{z_{i,1}^2 \xi_{i,1}^{\mathrm{T}} \xi_{i,1} + \epsilon_{i,1}^2}}$。由假设 3.1.3 和杨氏不等式，可得

$$z_{i,1} g_{i,1} \phi_{i,2} \leqslant \frac{1}{2} \bar{g}_{i,1}^2 z_{i,1}^2 + \frac{1}{2} \phi_{i,2}^2 \tag{3.1.16}$$

$$z_{i,1}\psi_{i,1}\leqslant\frac{1}{4}z_{i,1}^2+\sum_{j=1}^{N}\varrho_{i,1,j}\phi_{i,1,j}\left(y_j\right)\tag{3.1.17}$$

为补偿交互项的影响，构造如下光滑函数：

$$\varphi_i=\frac{2z_{i,1}}{z_{i,1}^2+\lambda_i}\sum_{j=1}^{N}\sum_{k=1}^{n_j}\phi_{j,k,i}\left(y_i\right)\tag{3.1.18}$$

其中，λ_i 为正常数。结合式 (3.1.15) $\sim$ 式 (3.1.18)，可得

$$\begin{aligned}\dot{V}_{i,1}\leqslant&-c_{i,1}z_{i,1}^{2\beta}+z_{i,1}g_{i,1}\left(t\right)z_{i,2}+z_{i,1}g_{i,1}\left(t\right)\alpha_{i,1}\\&+z_{i,1}\bar{\alpha}_{i,1}+\nu_i\epsilon_{i,1}+\sum_{j=1}^{N}\varrho_{i,1,j}\phi_{i,1,j}\left(y_j\right)\\&-\rho_iz_{i,1}\varphi_i+\frac{1}{\gamma_{\nu_i}}\tilde{\nu}_i\left(\dot{\hat{\nu}}_i-\gamma_{\nu_i}z_{i,1}\eta_{i,1}\right)+\frac{1}{\gamma_{\rho_i}}\tilde{\rho}_i\left(\dot{\hat{\rho}}_i-\gamma_{\rho_i}z_{i,1}\varphi_i\right)\end{aligned}\tag{3.1.19}$$

其中，$\bar{\alpha}_{i,1}=c_{i,1}z_{i,1}^{2\beta-1}+\hat{\nu}_i\eta_{i,1}+\dfrac{1}{2}\bar{g}_{i,1}^2z_{i,1}+\dfrac{1}{4}z_{i,1}+\hat{\rho}_i\varphi_i-\dot{y}_d$、$\beta=\dfrac{2Z-1}{2Z+1}$ 和 $c_{i,1}>0$ 为设计参数。

根据式 (3.1.19)，关于 $\hat{\nu}_i$ 的调节函数可表示为

$$\tau_{i,1}=\gamma_{\nu_i}z_{i,1}\eta_{i,1}-\gamma_{\nu_i}\sigma_{\nu_i}\hat{\nu}_i\tag{3.1.20}$$

以及

$$\dot{\hat{\rho}}_i=\gamma_{\rho_i}z_{i,1}\varphi_i-\gamma_{\rho_i}\sigma_{\rho_i}\hat{\rho}_i\tag{3.1.21}$$

$$\dot{\hat{\ell}}_{i,1}=\gamma_{\ell_{i,1}}z_{i,1}\bar{\alpha}_{i,1}-\gamma_{\ell_{i,1}}\sigma_{\ell_{i,1}}\hat{\ell}_{i,1}\tag{3.1.22}$$

因此可得

$$\begin{aligned}\dot{V}_{i,1}\leqslant&-c_{i,1}z_{i,1}^{2\beta}+z_{i,1}g_{i,1}\left(t\right)z_{i,2}+\epsilon_{i,1}\left(\underline{g}_{i,1}+\nu_i\right)+\sum_{j=1}^{N}\varrho_{i,1,j}\phi_{i,1,j}\left(y_j\right)-\rho_iz_{i,1}\varphi_i\\&+\frac{1}{\gamma_{\nu_i}}\tilde{\nu}_i\left(\dot{\hat{\nu}}_i-\tau_{i,1}\right)-\sigma_{\nu_i}\tilde{\nu}_i\hat{\nu}_i-\sigma_{\rho_i}\tilde{\rho}_i\hat{\rho}_i-\underline{g}_{i,1}\sigma_{\ell_{i,1}}\tilde{\ell}_{i,1}\hat{\ell}_{i,1}+\phi_{i,2}\dot{\phi}_{i,2}+\frac{1}{2}\phi_{i,2}^2\end{aligned}\tag{3.1.23}$$

定义一阶滤波器如下：

$$\lambda_{i,2}\dot{\beta}_{i,2}+\beta_{i,2}=\alpha_{i,1},\quad\beta_{i,2}\left(0\right)=\alpha_{i,1}\left(0\right)\tag{3.1.24}$$

其中，$\lambda_{i,2} > 0$、$\beta_{i,2}$ 和 $\alpha_{i,1}$ 分别为一阶滤波器的设计参数、输出和输入。根据式 (3.1.8) 和式 (3.1.24)，可得 $\dot{\beta}_{i,2} = -\dfrac{1}{\lambda_{i,2}}\phi_{i,2}$ 以及

$$\dot{\phi}_{i,2} = \dot{\beta}_{i,2} - \dot{\alpha}_{i,1} = -\frac{1}{\lambda_{i,2}}\phi_{i,2} + B_{i,1}(\cdot) \tag{3.1.25}$$

其中，$B_{i,1}(\cdot)$ 为一个连续函数，可表示为

$$B_{i,1}(\cdot) = -\frac{\partial \alpha_{i,1}}{\partial x_{i,1}}\dot{x}_{i,1} - \frac{\partial \alpha_{i,1}}{\partial \hat{\ell}_{i,1}}\dot{\hat{\ell}}_{i,1} - \frac{\partial \alpha_{i,1}}{\partial \hat{\nu}_i}\dot{\hat{\nu}}_i - \frac{\partial \alpha_{i,1}}{\partial \hat{\rho}_i}\dot{\hat{\rho}}_i - \frac{\partial \alpha_{i,1}}{\partial y_d}\dot{y}_d - \frac{\partial \alpha_{i,1}}{\partial \dot{y}_d}\ddot{y}_d$$

因此进一步可得

$$\phi_{i,2}\dot{\phi}_{i,2} \leqslant -\frac{1}{\lambda_{i,2}}\phi_{i,2}^2 + \frac{1}{2}B_{i,1}^2 + \frac{1}{2}\phi_{i,2}^2 \tag{3.1.26}$$

将式 (3.1.26) 代入式 (3.1.23)，可得

$$\begin{aligned}\dot{V}_{i,1} \leqslant & -c_{i,1}z_{i,1}^{2\beta} + z_{i,1}g_{i,1}(t)z_{i,2} + \epsilon_{i,1}\left(\underline{g}_{i,1} + \nu_i\right) + \sum_{j=1}^{N}\varrho_{i,1,j}\phi_{i,1,j}(y_j) \\ & - \rho_i z_{i,1}\varphi_i + \frac{1}{\gamma_{\nu_i}}\tilde{\nu}_i\left(\dot{\hat{\nu}}_i - \tau_{i,1}\right) - \sigma_{\nu_i}\tilde{\nu}_i\hat{\nu}_i - \sigma_{\rho_i}\tilde{\rho}_i\hat{\rho}_i \\ & - \underline{g}_{i,1}\sigma_{\ell_{i,1}}\tilde{\ell}_{i,1}\hat{\ell}_{i,1} - \left(\frac{1}{\lambda_{i,2}} - 1\right)\phi_{i,2}^2 + \frac{1}{2}B_{i,1}^2\end{aligned} \tag{3.1.27}$$

第 $\boldsymbol{k\,(2 \leqslant k \leqslant n_i - 1)}$ 步　求 $z_{i,k}$ 的导数，可得

$$\dot{z}_{i,k} = g_{i,k}(t)\,z_{i,k+1} + g_{i,k}(t)\,\phi_{i,k+1} + g_{i,k}(t)\,\alpha_{i,k} + \theta_i^{\mathrm{T}}(t)\,f_{i,k} + \psi_{i,k} - \dot{\beta}_{i,k} \tag{3.1.28}$$

选择如下李雅普诺夫函数：

$$V_{i,k} = V_{i,k-1} + \frac{1}{2}z_{i,k}^2 + \frac{\underline{g}_{i,k}}{2\gamma_{\ell_{i,k}}}\tilde{\ell}_{i,k}^2 + \frac{1}{2}\phi_{i,k+1}^2 \tag{3.1.29}$$

其中，$\hat{\ell}_{i,k}(0) > 0$。

求 $V_{i,k}$ 的导数，并由式 (3.1.28) 可得

$$\dot{V}_{i,k} \leqslant -\sum_{q=1}^{k-1}c_{i,q}z_{i,q}^{2\beta} + \sum_{q=1}^{k-1}\epsilon_{i,q}\left(\mu_{i,q} + \nu_i\right)$$

$$
\begin{aligned}
&+\sum_{q=1}^{k-1}\sum_{j=1}^{N}\varrho_{i,q,j}\phi_{i,q,j}\left(y_j\right)+\frac{1}{\gamma_{\nu_i}}\tilde{\nu}_i\left(\dot{\hat{\nu}}_i-\tau_{i,k-1}\right)-\rho_i z_{i,1}\varphi_i \\
&-\sigma_{\nu_i}\tilde{\nu}_i\hat{\nu}_i-\sigma_{\rho_i}\tilde{\rho}_i\hat{\rho}_i-\sum_{q=1}^{k-1}\underline{g}_{i,q}\sigma_{\ell_{i,q}}\tilde{\ell}_{i,q}\hat{\ell}_{i,q} \\
&-\sum_{q=2}^{k}\left(\frac{1}{\lambda_{i,q}}-1\right)\phi_{i,q}^2+\sum_{q=1}^{k-1}\frac{1}{2}B_{i,q}^2+\phi_{i,k+1}\dot{\phi}_{i,k+1} \\
&+z_{i,k}\left(g_{i,k}\left(t\right)z_{i,k+1}+g_{i,k}\phi_{i,k+1}+g_{i,k}\left(t\right)\alpha_{i,k}+\Theta_i^{\mathrm{T}}\left(t\right)\xi_{i,k}+\psi_{i,k}-\dot{\beta}_{i,k}\right) \\
&+\frac{\underline{g}_{i,k}}{\gamma_{\ell_{i,k}}}\tilde{\ell}\dot{\hat{\ell}}_{i,k}
\end{aligned}
\tag{3.1.30}
$$

其中，$\xi_{i,k}=\left[f_{i,k}^{\mathrm{T}},0,\cdots,0,z_{i,k-1},0,\cdots,0\right]^{\mathrm{T}}\in\mathbf{R}^{\nu_i+n_i-1}$。

类似于第 1 步，根据杨氏不等式，可得

$$
\begin{aligned}
\dot{V}_{i,k}\leqslant&-\sum_{q=1}^{k}c_{i,q}z_{i,q}^{2\beta}+\sum_{q=1}^{k-1}\epsilon_{i,q}\left(\underline{g}_{i,q}+\nu_i\right)+\nu_i\epsilon_{i,k} \\
&+\sum_{q=1}^{k}\sum_{j=1}^{N}\varrho_{i,q,j}\phi_{i,q,j}\left(y_j\right)+\frac{1}{\gamma_{\nu_i}}\tilde{\nu}_i\left(\dot{\hat{\nu}}_i-\tau_{i,k}\right) \\
&-\rho_i z_{i,1}\varphi_i-\sigma_{\nu_i}\tilde{\nu}_i\hat{\nu}_i-\sigma_{\rho_i}\tilde{\rho}_i\hat{\rho}_i-\sum_{q=1}^{k-1}\underline{g}_{i,q}\sigma_{\ell_{i,q}}\tilde{\ell}_{i,q}\hat{\ell}_{i,q}+z_{i,k}\bar{\alpha}_{i,k} \\
&+\frac{\underline{g}_{i,k}}{\gamma_{\ell_{i,k}}}\tilde{\ell}_{i,k}\dot{\hat{\ell}}_{i,k}+\phi_{i,k+1}\dot{\phi}_{i,k+1}-\sum_{q=2}^{k}\left(\frac{1}{\lambda_{i,q}}-1\right)\phi_{i,q}^2 \\
&+\sum_{q=1}^{k-1}\frac{1}{2}B_{i,q}^2+z_{i,k}g_{i,k}\left(t\right)z_{i,k+1}+z_{i,k}g_{i,k}\left(t\right)\alpha_{i,k}
\end{aligned}
\tag{3.1.31}
$$

其中，$\bar{\alpha}_{i,k}=c_{i,k}z_{i,k}^{2\beta-1}+\hat{\nu}_i\eta_{i,k}+\frac{1}{2}\bar{g}_{i,k}^2+\frac{1}{4}z_{i,k}+\dot{\beta}_{i,k}$，$\eta_{i,k}=\dfrac{z_{i,k}\xi_{i,k}^{\mathrm{T}}\xi_{i,k}}{\sqrt{z_{i,k}^2\xi_{i,k}^{\mathrm{T}}\xi_{i,k}+\epsilon_{i,k}^2}}$；$\tau_{i,k}=\tau_{i,k-1}+\gamma_{\nu_i}z_{i,k}\eta_{i,k}$。

设计虚拟控制器和参数自适应律如下：

$$
\alpha_{i,k}=-\frac{z_{i,k}\hat{\ell}_{i,k}^2\bar{\alpha}_{i,k}^2}{\sqrt{z_{i,k}^2\hat{\ell}_{i,k}^2\bar{\alpha}_{i,k}^2+\epsilon_{i,k}^2}}
\tag{3.1.32}
$$

$$\dot{\hat{\ell}}_{i,k}=\gamma_{\ell_{i,k}}z_{i,k}\bar{\alpha}_{i,k}-\gamma_{\ell_{i,k}}\sigma_{\ell_{i,k}}\hat{\ell}_{i,k} \tag{3.1.33}$$

将式 (3.1.32) 和式 (3.1.33) 代入式 (3.1.31)，可得

$$\begin{aligned}\dot{V}_{i,k}\leqslant&-\sum_{q=1}^{k}c_{i,q}z_{i,q}^{2\beta}+\sum_{q=1}^{k}\epsilon_{i,q}\left(\underline{g}_{i,q}+\nu_i\right)\\&+\sum_{q=1}^{k}\sum_{j=1}^{N}\varrho_{i,q,j}\phi_{i,q,j}\left(y_j\right)+\frac{1}{\gamma_{\nu_i}}\tilde{\nu}_i\left(\dot{\hat{\nu}}_i-\tau_{i,k}\right)-\rho_i z_{i,1}\varphi_i\\&-\sigma_{\nu_i}\tilde{\nu}_i\hat{\nu}_i-\sigma_{\rho_i}\tilde{\rho}_i\hat{\rho}_i-\sum_{q=1}^{k}\underline{g}_{i,q}\sigma_{\ell_{i,q}}\tilde{\ell}_{i,q}\hat{\ell}_{i,q}-\sum_{q=2}^{k+1}\left(\frac{1}{\lambda_{i,q}}-1\right)\phi_{i,q}^2\\&+\sum_{q=1}^{k}\frac{1}{2}B_{i,q}^2+z_{i,k}g_{i,k}\left(t\right)z_{i,k+1}+\phi_{i,k+1}\dot{\phi}_{i,k+1}\end{aligned} \tag{3.1.34}$$

定义一阶滤波器如下：

$$\lambda_{i,k+1}\dot{\beta}_{i,k+1}+\beta_{i,k+1}=\alpha_{i,k},\quad \beta_{i,k+1}\left(0\right)=\alpha_{i,k}\left(0\right) \tag{3.1.35}$$

其中，$\lambda_{i,k+1}>0$、$\beta_{i,k+1}$ 和 $\alpha_{i,k}$ 分别为一阶滤波器的设计参数、输出和输入。根据式 (3.1.25) 和式 (3.1.8)，可得 $\dot{\beta}_{i,k+1}=-\dfrac{1}{\lambda_{i,k+1}}\phi_{i,k+1}$ 以及

$$\dot{\phi}_{i,k+1}=\dot{\beta}_{i,k+1}-\dot{\alpha}_{i,k}=-\frac{1}{\lambda_{i,k+1}}\phi_{i,k+1}+B_{i,k}\left(\cdot\right) \tag{3.1.36}$$

其中，$B_{i,k}\left(\cdot\right)$ 为一个连续函数，其可表示为

$$\begin{aligned}B_{i,k}\left(\cdot\right)=&-\sum_{q=1}^{k}\frac{\partial\alpha_{i,q}}{\partial x_{i,q}}\dot{x}_{i,q}-\frac{\partial\alpha_{i,k}}{\partial\hat{\ell}_{i,k}}\dot{\hat{\ell}}_{i,k}-\frac{\partial\alpha_{i,k}}{\partial\hat{\nu}_i}\dot{\hat{\nu}}_i\\&-\frac{\partial\alpha_{i,k}}{\partial\hat{\rho}_i}\dot{\hat{\rho}}_i-\frac{\partial\alpha_{i,k}}{\partial\phi_{i,k}}\dot{\phi}_{i,k}-\frac{\partial\alpha_{i,k}}{\partial y_{di}}\dot{y}_d-\frac{\partial\alpha_{i,k}}{\partial\dot{y}_{di}}\ddot{y}_d\end{aligned}$$

因此，进一步可得

$$\begin{aligned}\dot{V}_{i,k}\leqslant&-\sum_{q=1}^{k}c_{i,q}z_{i,q}^{2\beta}+\sum_{q=1}^{k}\epsilon_{i,q}\left(\underline{g}_{i,q}+\nu_i\right)\\&+\sum_{q=1}^{k}\sum_{j=1}^{N}\varrho_{i,q,j}\phi_{i,q,j}\left(y_j\right)+\frac{1}{\gamma_{\nu_i}}\tilde{\nu}_i\left(\dot{\hat{\nu}}_i-\tau_{i,k}\right)-\sigma_{\nu_i}\tilde{\nu}_i\hat{\nu}_i\end{aligned}$$

$$
\begin{aligned}
&-\sigma_{\rho_i}\tilde{\rho}_i\hat{\rho}_i-\sum_{q=1}^{k}\underline{g}_{i,q}\sigma_{\ell_{i,q}}\tilde{\ell}_{i,q}\hat{\ell}_{i,q}-\rho_i z_{i,1}\varphi_i \\
&-\sum_{q=2}^{k+1}\left(\frac{1}{\lambda_{i,q}}-1\right)\phi_{i,q}^2+\sum_{q=1}^{k}\frac{1}{2}B_{i,q}^2+z_{i,k}g_{i,k}(t)\,z_{i,k+1}
\end{aligned}
\tag{3.1.37}
$$

第 n_i 步 由式 (3.1.7)，求 z_{i,n_i} 的导数，可得

$$
\dot{z}_{i,n_i}=g_{i,n_i}(t)\,u_i+\theta_i^{\mathrm{T}}(t)\,f_{i,n_i}+\psi_{i,n_i}-\dot{\beta}_{i,n_i}
\tag{3.1.38}
$$

选择如下李雅普诺夫函数：

$$
V_{i,n_i}=V_{i,n_i-1}+\frac{1}{2}z_{i,n_i}^2+\frac{\underline{g}_{i,n_i}}{2\gamma_{\ell_{i,n_i}}}\tilde{\ell}_{i,n_i}^2
\tag{3.1.39}
$$

其中，$\hat{\ell}_{i,n_i}(0)>0$。求 V_{i,n_i} 的导数，可得

$$
\begin{aligned}
\dot{V}_{i,n_i}\leqslant&-\sum_{q=1}^{n_i-1}c_{i,q}z_{i,q}^{2\beta}+\sum_{q=1}^{n_i-1}\epsilon_{i,q}\left(\underline{g}_{i,q}+\nu_i\right)\\
&+\sum_{q=1}^{n_i-1}\sum_{j=1}^{N}\varrho_{i,q,j}\phi_{i,q,j}(y_j)+\frac{1}{\gamma_{\nu_i}}\tilde{\nu}_i\left(\dot{\hat{\nu}}_i-\tau_{i,n_i-1}\right)\\
&-\rho_i z_{i,1}\varphi_i-\sigma_{\nu_i}\tilde{\nu}_i\hat{\nu}_i-\sigma_{\rho_i}\tilde{\rho}_i\hat{\rho}_i-\sum_{q=2}^{n_i}\left(\frac{1}{\lambda_{i,q}}-1\right)\phi_{i,q}^2\\
&+\sum_{q=1}^{n_i-1}\frac{1}{2}B_{i,q}^2+\frac{\underline{g}_{i,n_i}}{\gamma_{\ell_{i,n_i}}}\tilde{\ell}_{i,n_i}\dot{\hat{\ell}}_{i,n_i}-\sum_{q=1}^{n_i-1}\underline{g}_{i,q}\sigma_{\ell_{i,q}}\tilde{\ell}_{i,q}\hat{\ell}_{i,q}\\
&+z_{i,n_i}\left(g_{i,n_i}(t)u_i+\Theta_i^{\mathrm{T}}(t)\xi_{i,n_i}+\psi_{i,n_i}-\dot{\beta}_{i,n_i}\right)
\end{aligned}
\tag{3.1.40}
$$

其中，$\xi_{i,n_i}=\left[f_{i,n_i}^{\mathrm{T}},0,\cdots,0,z_{i,n_i-1}\right]^{\mathrm{T}}\in\mathbf{R}^{\nu_i+n_i-1}$。

类似于第 1 步，根据杨氏不等式，可得

$$
\begin{aligned}
\dot{V}_{i,n_i}\leqslant&-\sum_{q=1}^{n_i}c_{i,q}z_{i,q}^{2\beta}+\sum_{q=1}^{n_i-1}\epsilon_{i,q}\left(\underline{g}_{i,q}+\nu_i\right)+\nu_i\epsilon_{i,n_i}+\sum_{q=1}^{n_i}\sum_{j=1}^{N}\varrho_{i,q,j}\phi_{i,q,j}(y_j)\\
&-\rho_i z_{i,1}\varphi_i+\frac{1}{\gamma_{\nu_i}}\tilde{\nu}_i\left(\dot{\hat{\nu}}_i-\tau_{i,n_i}\right)-\sigma_{\nu_i}\tilde{\nu}_i\hat{\nu}_i-\sigma_{\rho_i}\tilde{\rho}_i\hat{\rho}_i-\sum_{q=1}^{n_i-1}\underline{g}_{i,q}\sigma_{\ell_{i,q}}\tilde{\ell}_{i,q}\hat{\ell}_{i,q}
\end{aligned}
$$

$$-\sum_{q=2}^{n_i}\left(\frac{1}{\lambda_{i,q}}-1\right)\phi_{i,q}^2+\sum_{q=1}^{n_i-1}\frac{1}{2}B_{i,q}^2+z_{i,n_i}g_{i,n_i}(t)\,u_i$$
$$+z_{i,n_i}\bar{\alpha}_{i,n_i}+\frac{g_{i,n_i}}{\gamma_{\ell_{i,n_i}}}\tilde{\ell}_{i,n_i}\dot{\hat{\ell}}_{i,n_i} \tag{3.1.41}$$

其中，$\bar{\alpha}_{i,n_i}=c_{i,n_i}z_{i,n_i}^{2\beta-1}+\hat{\nu}_i\eta_{i,n_i}+\dfrac{1}{4}z_{i,n_i}+\dot{\beta}_{i,n_i}$，$\eta_{i,n_i}=\dfrac{z_{i,n_i}\xi_{i,n_i}^{\mathrm{T}}\xi_{i,n_i}}{\sqrt{z_{i,n_i}\xi_{i,n_i}^{\mathrm{T}}\xi_{i,n_i}+\epsilon_{i,n_i}^2}}$，$\tau_{i,n_i}=\tau_{i,n_i-1}+\gamma_{\nu_i}z_{i,n_i}\eta_{i,n_i}$。

设计参数自适应律如下：

$$\dot{\hat{\nu}}_i=\tau_{i,n_i} \tag{3.1.42}$$

$$\dot{\hat{\ell}}_{i,n_i}=\gamma_{\ell_{i,n_i}}z_{i,n_i}\bar{\alpha}_{i,n_i}-\gamma_{\ell_{i,n_i}}\sigma_{\ell_{i,n_i}}\hat{\ell}_{i,n_i} \tag{3.1.43}$$

将式 (3.1.42) 和式 (3.1.43) 代入式 (3.1.41)，可得

$$\dot{V}_{i,n_i}\leqslant-\sum_{q=1}^{n_i}c_{i,q}z_{i,q}^{2\beta}+\sum_{q=1}^{n_i-1}\epsilon_{i,q}\left(\underline{g}_{i,q}+\nu_i\right)+\nu_i\epsilon_{i,n_i}+\sum_{q=1}^{n_i}\sum_{j=1}^{N}\varrho_{i,q,j}\phi_{i,q,j}(y_j)$$
$$-\rho_i z_{i,1}\varphi_i-\sigma_{\nu_i}\tilde{\nu}_i\hat{\nu}_i-\sigma_{\rho_i}\tilde{\rho}_i\hat{\rho}_i-\sum_{q=1}^{n_i}\underline{g}_{i,q}\sigma_{\ell_{i,q}}\tilde{\ell}_{i,q}\hat{\ell}_{i,q}-\sum_{q=2}^{n_i}\left(\frac{1}{\lambda_{i,q}}-1\right)\phi_{i,q}^2$$
$$+\sum_{q=1}^{n_i-1}\frac{1}{2}B_{i,q}^2+z_{i,n_i}g_{i,n_i}(t)\,u_i+\underline{g}_{i,n_i}\tilde{\ell}_{i,n_i}z_{i,n_i}\bar{\alpha}_{i,n_i}+z_{i,n_i}\bar{\alpha}_{i,n_i} \tag{3.1.44}$$

由式 (3.1.5)，可得

$$u_i(t)=\frac{\omega_i(t)}{1+o_{i1}(t)\,\delta_i}-\frac{o_{i2}(t)\,m_i}{1+o_{i1}(t)\,\delta_i} \tag{3.1.45}$$

以及

$$\frac{z_{i,ni}\omega_i(t)}{1+o_{i1}(t)\,\delta_i}\leqslant\frac{z_{i,ni}\omega_i(t)}{1+\delta_i},\quad\left|\frac{o_{i2}(t)\,m_i}{1+o_{i1}(t)\,\delta_i}\right|\leqslant\frac{m_i}{1-\delta_i} \tag{3.1.46}$$

根据引理 0.4.1，可得

$$z_{i,n_i}g_{i,n_i}(t)\,u_i(t)$$
$$\leqslant-g_{i,n_i}(t)\left|z_{i,n_i}\alpha_{i,n_i}\right|+0.557\bar{g}_{i,n_i}\varepsilon_i-g_{i,n_i}(t)\left|z_{i,n_i}\bar{m}\right|+g_{i,n_i}(t)\left|\frac{z_{i,n_i}m_i}{1-\delta_i}\right| \tag{3.1.47}$$

令 $\alpha_{i,n_i} = -\dfrac{z_{i,n_i}\hat{\ell}_{i,n_i}^2\bar{\alpha}_{i,n_i}^2}{\sqrt{z_{i,n_i}^2\hat{\ell}_{i,n_i}^2\bar{\alpha}_{i,n_i}^2+\epsilon_{i,n_i}^2}}$，可得

$$z_{i,n_i}g_{i,n_i}(t)\,u_i(t) \leqslant \underline{g}_{i,n_i}\left(\epsilon_{i,n_i}-\hat{\ell}_{i,n_i}z_{i,n_i}\bar{\alpha}_{i,n_i}\right)+0.557\bar{g}_{i,n_i}\varepsilon_i \tag{3.1.48}$$

将式 (3.1.48) 代入式 (3.1.44)，可得

$$\begin{aligned}\dot{V}_{i,n_i} \leqslant & -\sum_{q=1}^{n_i}c_{i,q}z_{i,q}^{2\beta}+\sum_{q=1}^{n_i}\epsilon_{i,q}\left(\underline{g}_{i,q}+\nu_i\right)\\ &+\sum_{q=1}^{n_i}\sum_{j=1}^{N}\varrho_{i,q,j}\phi_{i,q,j}(y_j)-\rho_i z_{i,1}\varphi_i-\sigma_{\nu_i}\tilde{\nu}_i\hat{\nu}_i\\ &-\sigma_{\rho_i}\tilde{\rho}_i\hat{\rho}_i-\sum_{q=1}^{n_i}\underline{g}_{i,q}\sigma_{\ell_{i,q}}\tilde{\ell}_{i,q}\hat{\ell}_{i,q}-\sum_{q=2}^{n_i}\left(\frac{1}{\lambda_{i,q}}-1\right)\phi_{i,q}^2\\ &+\sum_{q=1}^{n_i-1}\frac{1}{2}B_{i,q}^2+0.557\bar{g}_{i,n_i}\varepsilon_i\end{aligned} \tag{3.1.49}$$

构造整个闭环系统的李雅普诺夫函数为 $V=\sum_{i=1}^{N}V_{i,n_i}$，其导数为

$$\dot{V}=\sum_{i=1}^{N}\dot{V}_{i,n_i}\leqslant\sum_{i=1}^{N}\left(-c_iV_{i,n_i}^{\beta}+\sigma_i\right) \tag{3.1.50}$$

其中，$\sigma_i=\sum_{q=1}^{n_i}\epsilon_{i,q}\left(\underline{g}_{i,q}+\nu_i\right)+\frac{\sigma_{\nu_i}\nu_i^2}{2}+\frac{\sigma_{\rho_i}\rho_i^2}{2}+\sum_{q=1}^{n_i}\sigma_{\ell_{i,q}}\underline{g}_{i,q}\frac{\ell_{i,q}^2}{2}+\sum_{q=1}^{n_i-1}\frac{1}{2}M_{i,q+1}^2+4(1-\beta)\beta^{\frac{\beta}{1-\beta}}+0.557\bar{g}_{i,n_i}\varepsilon_i+H_i$。

结合引理 0.3.1 可得

$$\dot{V}\leqslant -CV^{\beta}+\bar{\sigma} \tag{3.1.51}$$

其中，$C=\min\{c_i, i=1,2,\cdots,N\}$，$\bar{\sigma}=\sum_{i=1}^{N}\sigma_i$。

3.1.4 稳定性与收敛性分析

下面的定理给出了所设计的自适应事件触发分散控制方法具有的性质。

定理 3.1.1 针对互联非线性时变系统 (3.1.1)，假设 3.1.1 ~ 假设 3.1.3 成立。如果采用控制器 (3.1.45)，虚拟控制器 (3.1.32)，参数自适应律 (3.1.21)、(3.1.22)、(3.1.33)、(3.1.42) 和 (3.1.43)，则总体控制方案具有如下性能：

(1) 闭环系统是半全局实际有限时间稳定的；

(2) 跟踪误差在有限的时间内收敛于包含原点的一个小邻域内；

(3) 该闭环系统的所有信号都是有界的。

证明　给定 $T^{*}=\dfrac{1}{(1-\beta)\eta C}\left[V^{1-\beta}(0)-\dfrac{\bar{\sigma}}{(1-\eta)C}^{(1-\beta)/\beta}\right]$、$0<\eta\leqslant 1$，其中初始值 $z_i(0)=[z_{i,1}(0),z_{i,2}(0),\cdots,z_{i,n_i}(0)]^{\mathrm{T}}$，$\rho_i(0)=[0,0,\cdots,\rho_i(0)]^{\mathrm{T}}$，$\nu_i(0)=[\nu_{i,1}(0),\nu_{i,2}(0),\cdots,\nu_{i,n_i}(0)]^{\mathrm{T}}$，$\phi_i(0)=[0,\phi_{i,2}(0),\cdots,\varphi_{i,n_i}(0)]^{\mathrm{T}}$，$\ell_i(0)=[\ell_{i,1}(0),\ell_{i,2}(0),\cdots,\ell_{i,n_i}(0)]^{\mathrm{T}}$，$i=1,2,\cdots,N$。那么，根据引理 0.3.1，对于 $\forall t\geqslant T^{*}$，可得 $V^{\beta}(z_i,\rho_i,\nu_i,\ell_i,\phi_i)\leqslant\dfrac{\bar{\sigma}}{(1-\eta)C}$，即闭环系统是半全局实际有限时间稳定的。

此外，对于 $\forall t\geqslant T^{*}$，结合 V 的定义，可得

$$\sum_{i=1}^{N}\sum_{k=1}^{n_i}\frac{1}{2}z_{i,k}^{2}\leqslant V\leqslant\left(\frac{\bar{\sigma}}{(1-\eta)C}\right)^{1/\beta} \tag{3.1.52}$$

则 $\forall t\geqslant T^{*}$ 是有界的，并且 $\forall t\geqslant T^{*}$ 可以收敛到如下集合：

$$\Omega_{z_{i,k}}=\left\{z_{i,k}\left|z_{i,k}\leqslant\sqrt{2}\left[\frac{\bar{\sigma}}{(1-\eta)C}\right]^{1/(2\beta)},\forall t\geqslant T^{*}\right.\right\} \tag{3.1.53}$$

通过推导可得以下不等式：

$$\Omega_{\tilde{\nu}_i}=\left\{\tilde{\nu}_i\left|\tilde{\nu}_i\leqslant\sqrt{2\gamma_{\nu_i}}\left[\frac{\bar{\sigma}}{(1-\eta)C}\right]^{1/(2\beta)},\forall t\geqslant T^{*}\right.\right\} \tag{3.1.54}$$

$$\Omega_{\tilde{\rho}_i}=\left\{\tilde{\rho}_i\left|\tilde{\rho}_i\leqslant\sqrt{2\gamma_{\rho_i}}\left[\frac{\bar{\sigma}}{(1-\eta)C}\right]^{1/(2\beta)},\forall t\geqslant T^{*}\right.\right\} \tag{3.1.55}$$

$$\Omega_{\tilde{\ell}_{i,k}}=\left\{\tilde{\ell}_{i,k}\left|\tilde{\ell}_{i,k}\leqslant\sqrt{2\gamma_{\ell_{i,k}}}\left[\frac{\bar{\sigma}}{(1-\eta)C}\right]^{1/(2\beta)},\forall t\geqslant T^{*}\right.\right\} \tag{3.1.56}$$

$$\Omega_{\phi_{i,q}}=\left\{\phi_{i,q}\left|\phi_{i,q}\leqslant\sqrt{2}\left[\frac{\bar{\sigma}}{(1-\eta)C}\right]^{1/(2\beta)},\forall t\geqslant T^{*}\right.\right\} \tag{3.1.57}$$

基于 $z_{i,k}$、$\tilde{\nu}_i$、$\tilde{\rho}_i$、$\tilde{\ell}_{i,k}$、$\phi_{i,q}$ $(i=1,2,\cdots,N;\ q=2,3,\cdots,n_i)$，可得误差 $z_{i,k}$、$\tilde{\nu}_i$、$\tilde{\rho}_i$、$\tilde{\ell}_{i,k}$、$\phi_{i,q}$ 能够在有限时间 T^{*} 内收敛到一个小的残差集。因此，闭环系统所有信号有界。

假设存在 t^*，使得对于 $\forall t \in [t_{i,l}, t_{i,l+1})$ 都有 $t_{l+1} - t_l > t^*$。由于 $e_i(t) = \omega_i(t) - u_i(t)$，则下列不等式成立：$\dot{e}_i(t) = \dot{\omega} \leqslant |\dot{\omega}|$。由定理 3.1.1 可得闭环内所有信号有界，因此可保证 $\dot{\omega} < \omega_0$，其中 $\omega_0 > 0$。由此可得

$$\int_{t_{i,l}}^{t_{i,l+1}} \dot{e}_i(t)\mathrm{d}t \leqslant \int_{t_{i,l}}^{t_{i,l+1}} \omega_0 \mathrm{d}t \tag{3.1.58}$$

即事件触发时间间隔 $t_{k+1} - t_k$ 存在下界，避免了 Zeno 行为。

3.1.5 仿真

例 3.1.1 考虑如下钟摆的动力学方程：

$$\begin{cases} \ddot{y}_1 = \dfrac{1}{v(t)\,m_1 l_0^2} u_1 + \dfrac{\bar{g}}{v(t)\,l_0} y_1 - \dfrac{m_1}{m_2(t)} \dot{y}_1^2 \sin(y_1) \\ \qquad + \dfrac{k(\delta(t) - v(t)\,l_0)}{v(t)\,m_1 l_0^2} [(\delta(t)\,y_2 - \delta(t)\,y_1 + l_2(t)) - l_1(t)] + \Delta_1(t) \\ \ddot{y}_2 = \dfrac{1}{v(t)\,m_1 l_0^2} u_2 + \dfrac{\bar{g}}{v(t)\,l_0} y_2 - \dfrac{m_1}{m_2(t)} \dot{y}_2^2 \sin(y_2) \\ \qquad + \dfrac{k(\delta(t) - v(t)\,l_0)}{v(t)\,m_1 l_0^2} [(\delta(t)\,y_1 - \delta(t)\,y_2 + l_1(t)) - l_2(t)] + \Delta_2(t) \end{cases} \tag{3.1.59}$$

其中，y_i、u_i 和 $\Delta_i\,(i = 1, 2)$ 分别为摆角、控制力矩和有界扰动。

定义 $x_{i,1} = y_i$，$x_{i,2} = \dot{y}_i$，$i = 1, 2$，$\zeta_1(t) = \dfrac{\bar{g}}{v(t)\,l_0} - \dfrac{k(\delta(t) - v(t)\,l_0)\,\delta(t)}{v(t)\,m_1 l_0^2} + \dfrac{k(\delta(t) - v(t)\,l_0)(l_1(t) - l_2(t))}{v(t)\,m_1 l_0^2} + \Delta_i(t)$ 和 $\zeta_4(t) = \dfrac{k(\delta(t) - v(t)\,l_0)\,\delta(t)}{v(t)\,m_1 l_0^2}$，那么系统 (3.1.59) 可以改写为

$$\begin{cases} \dot{x}_{i,1} = x_{i,2} \\ \dot{x}_{i,2} = g_{i,2}(t)\,u_i + \theta_i^{\mathrm{T}}(t)\,f_{i,2}(x_i) + \psi_{i,2} \end{cases} \tag{3.1.60}$$

其中，$g_{i,2}(t) = \dfrac{1}{v(t)\,m_1 l_0^2}$，$\theta_i(t) = [\zeta_1(t), \zeta_2(t), \zeta_3(t)]^{\mathrm{T}}$，$f_{i,2}(x_i) = [y_i, -\dot{y}_i \sin(y_i), 1]^{\mathrm{T}}$，以及非线性项 $\psi_{1,2} = \zeta_4(t)\,y_2$，$\psi_{2,2} = \zeta_4(t)\,y_1$。此外，参考信号设为 $y_d = 0.5\sin(t)$。

在仿真中，选取设计参数为 $c_{11} = c_{12} = c_{21} = c_{22} = 2$，$\lambda_1 = \lambda_2 = 2$，$\sigma_{\nu_1} = \sigma_{\nu_2} = 0.02$，$\sigma_{\rho_1} = \sigma_{\rho_2} = 0.035$，$\sigma_{\ell_{12}} = \sigma_{\ell_{22}} = 0.055$，$\epsilon_{11} = \epsilon_{12} = \epsilon_{21} =$

$\epsilon_{22}=0.005$，$\gamma_{\nu_1}=\gamma_{\nu_2}=5$，$\gamma_{\rho_1}=\gamma_{\rho_2}=10$，$\gamma_{\ell_{12}}=\gamma_{\ell_{22}}=3$，$\beta=13/15$，$\lambda_{12}=\lambda_{22}=0.1$，$\delta_1=\delta_2=0.01$，$m_1=m_2=4$。选择状态变量及参数的初始值为 $[x_{11},x_{12},x_{21},x_{22}]=[0.5,0.4,0.5,0.4]^{\mathrm{T}}$，$[\hat{\nu}_1(0),\hat{\nu}_2(0)]=[1,1]^{\mathrm{T}}$，$[\hat{\rho}_1(0),\hat{\rho}_2(0)]=[9,9]^{\mathrm{T}}$，$\left[\hat{\ell}_{12}(0),\hat{\ell}_{22}(0)\right]=[12,12]^{\mathrm{T}}$，$[\beta_{12}(0),\beta_{22}(0)]=[0.01,0.01]^{\mathrm{T}}$。此外，$\varrho_{1,2,1}=\varrho_{2,2,2}=0$，$\varrho_{1,2,2}=\varrho_{2,2,1}=\sup\limits_{t\geqslant 0}\zeta_4^2(t)$，$\phi_{1,2,1}(y_1)=\phi_{2,2,2}(y_2)=0$，$\phi_{1,2,2}(y_2)=y_2^2$，$\phi_{2,2,1}(y_1)=y_1^2$。

仿真结果如图 3.1.1 和图 3.1.2 所示。

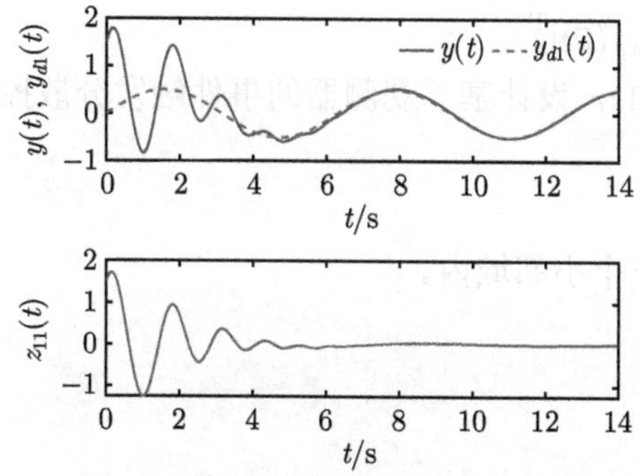

图 3.1.1　输出 $y(t)$、参考信号 $y_{d1}(t)$ 和跟踪误差 $z_{11}(t)$ 的轨迹

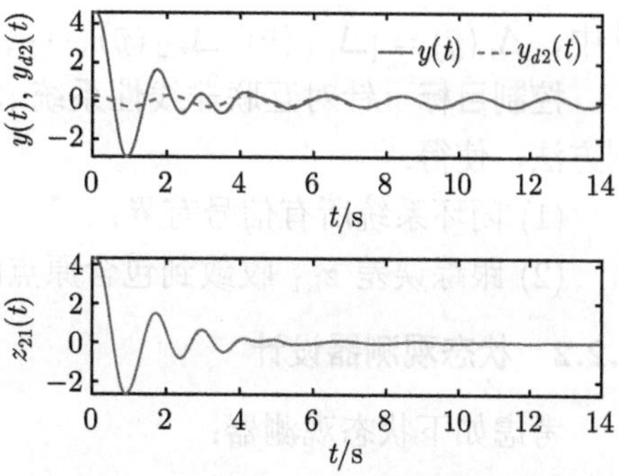

图 3.1.2　输出 $y(t)$、参考信号 $y_{d2}(t)$ 和跟踪误差 $z_{21}(t)$ 的轨迹

3.2　基于观测器的互联非线性系统模糊自适应事件触发分散控制

本节针对不确定互联非线性系统，基于自适应反步递推控制设计原理，介绍一种基于观测器的模糊自适应分散事件触发控制设计方法，并给出闭环系统的稳定性和收敛性分析。关于互联非线性系统的智能自适应反步递推控制设计方法可参见文献 [7]~[9]。

3.2.1　系统模型及控制问题描述

考虑如下由 N 个互联子系统组成的非线性系统：

$$\begin{aligned}
\dot{x}_{i,1}&=x_{i,2}+f_{i,1}(\underline{x}_{i,1})+\Delta_{i,1}(\bar{y})\\
\dot{x}_{i,2}&=x_{i,3}+f_{i,2}(\underline{x}_{i,2})+\Delta_{i,2}(\bar{y})\\
&\ \ \vdots\\
\dot{x}_{i,n_i}&=u_i+f_{i,n_i}(\underline{x}_{i,n_i})+\Delta_{i,n_i}(\bar{y})\\
y_i&=x_{i,1}
\end{aligned}\tag{3.2.1}$$

其中，$\underline{x}_{i,j} = [x_{i,1}, x_{i,2}, \cdots, x_{i,j}]^{\mathrm{T}} \in \mathbf{R}^j$ $(i = 1, 2, \cdots, N; j = 1, 2, \cdots, n_i)$ 为状态向量；$u_i \in \mathbf{R}$ 和 $y_i \in \mathbf{R}$ 为第 i 个子系统的输入和输出；$f_{i,j}(\cdot)$、$\Delta_{i,j}(\bar{y})$ 分别为未知非线性光滑函数和第 i 个子系统与其他子系统的互联项，所考虑的非线性系统是完全可控和可测的。

假设 3.2.1[10] 存在未知常数 $l_{i,j} \geqslant 0$ 和已知滑模函数 $\alpha_{i,j}(y_j) \geqslant 0$ 使得

$$\|\Delta_i(\bar{y})\|^2 \leqslant \sum_{j=1}^{N} l_{i,j}\alpha_{i,j}(y_j) \tag{3.2.2}$$

其中，$\Delta_i(\bar{y}) = [\Delta_{i,1}(\bar{y}), \Delta_{i,2}(\bar{y}), \cdots, \Delta_{i,n_i}(\bar{y})]^{\mathrm{T}}$。

控制目标 针对互联非线性系统 (3.2.1)，设计基于观测器的事件触发分散控制方法，使得：

(1) 闭环系统所有信号有界；

(2) 跟踪误差 $z_{i,1}$ 收敛到包含原点的一个小邻域内。

3.2.2 状态观测器设计

考虑如下状态观测器：

$$\begin{aligned}
\dot{\hat{x}}_{i,1} &= \hat{x}_{i,2} + l_{i,1}(y_i - \hat{y}_i) \\
\dot{\hat{x}}_{i,2} &= \hat{x}_{i,3} + l_{i,2}(y_i - \hat{y}_i) \\
&\vdots \\
\dot{\hat{x}}_{i,n_i} &= u_i + l_{i,n_i}(y_i - \hat{y}_i) \\
\hat{y}_i &= \hat{x}_{i,1}
\end{aligned} \tag{3.2.3}$$

其中，$\hat{x}_{i,j}$ 和 $\hat{x}_{i,1}$ 为状态的估计。选择 $l_{i,j}$ 使得矩阵

$$A_i = \begin{bmatrix} -l_{i,1} & & I_{n_i-1} & \\ \vdots & & & \\ -l_{i,n_i} & 0 & \cdots & 0 \end{bmatrix}$$

为赫尔维茨矩阵，存在矩阵 $P_i > 0$ 使得 $A_i^{\mathrm{T}} P_i + P_i A_i = -Q_i$，其中 $Q_i > 0$ 为给定的正定对称矩阵。

设 $\tilde{x}_i = x_i - \hat{x}_i = [\tilde{x}_{i,1}, \tilde{x}_{i,2}, \cdots, \tilde{x}_{i,n_i}]^{\mathrm{T}}$ 为估计误差，则满足以下关系：

$$\dot{\tilde{x}}_i = A_i\tilde{x}_i + f_i(x) + \Delta_i(\bar{y}) \tag{3.2.4}$$

其中，$f_i(x) = [f_{i,1}(x_{i,1}), f_{i,2}(x_{i,2}), \cdots, f_{i,n_i}(x_{i,n_i})]^{\mathrm{T}}$。

引理 3.2.1 选择如下李雅普诺夫函数：

$$V_{i,0}=\tilde{x}_i^{\mathrm{T}}P_i\tilde{x}_i \tag{3.2.5}$$

对 $V_{i,0}$ 求导，可得

$$\dot{V}_{i,0}\leqslant-\left(\lambda_{\min}\left(Q_i\right)-2\right)\tilde{x}_i^{\mathrm{T}}\tilde{x}_i+\left\|P_i\right\|^2\theta_0+\left\|P_i\right\|^2\varepsilon_{i0}+\left\|P_i\right\|^2\left\|\varDelta_i\right\|^2 \tag{3.2.6}$$

其中，$\lambda_{\min}(Q_i)$ 为 Q_i 的最小特征值。

证明 求 $V_{i,0}$ 的导数，可得

$$\dot{V}_{i,0}=2\tilde{x}_i^{\mathrm{T}}P_i\dot{\tilde{x}}_i=\tilde{x}_i^{\mathrm{T}}\left(P_iA_i+A_i^{\mathrm{T}}P_i\right)\tilde{x}_i+2\tilde{x}_i^{\mathrm{T}}P_i\left(f_i\left(x\right)+\varDelta_i\left(\bar{y}\right)\right) \tag{3.2.7}$$

由于 $f_{i,j}(x)$ 为未知连续函数，所以利用模糊逻辑系统 $\hat{f}_{i,j}(x|\hat{\theta}_{ij0})=\hat{\theta}_{ij0}^{\mathrm{T}}\phi_{i0}(x)$ 逼近 $f_{i,j}(x)$，并假设

$$f_{i,j}\left(x\right)=\theta_{ij0}^{\mathrm{T}}\phi_{i,0}\left(x\right)+\delta_{ij0}\left(x\right) \tag{3.2.8}$$

其中，θ_{ij0} 为理想权重；$\delta_{ij0}\left(x\right)$ 为最小逼近误差。假设 $\delta_{ij0}\left(x\right)$ 满足 $\left|\delta_{ij0}\left(x\right)\right|\leqslant\varepsilon_{ij0}$，$\varepsilon_{ij0}$ 为正常数，有

$$\theta_{ij0}=\arg\min_{\hat{\theta}_{ij0}\in\varOmega}\left[\sup_{x\in U}\left|\hat{\theta}_{ij0}^{\mathrm{T}}\phi_{i,0}\left(x\right)-f_{ij}\left(x\right)\right|\right] \tag{3.2.9}$$

其中，U 和 $\varOmega$ 为紧集。

因此，可得

$$f_i(x)=\theta_{i0}^{\mathrm{T}}\phi_{i,0}\left(x\right)+\delta_{i0}\left(x\right),\quad\left\|\delta_{i0}\left(x\right)\right\|\leqslant\varepsilon_{i0} \tag{3.2.10}$$

其中，$\theta_{i0}=\left[\theta_{i10}^{\mathrm{T}},\theta_{i20}^{\mathrm{T}},\cdots,\theta_{in_i0}^{\mathrm{T}}\right]$、$\delta_{i0}\left(x\right)=\left[\delta_{i10}\left(x\right),\delta_{i20}\left(x\right),\cdots,\delta_{in_i0}\left(x\right)\right]^{\mathrm{T}}$ 和 $\varepsilon_{i0}>0$ 为常数。

根据杨氏不等式，可得

$$\begin{aligned}2\tilde{x}_i^{\mathrm{T}}P_if_i\left(x\right)&=2\tilde{x}_i^{\mathrm{T}}P_i\left(\theta_{i0}^{*\mathrm{T}}\phi_{i,0}\left(x\right)+\delta_{i0}\left(x\right)\right)\\&\leqslant\left\|\tilde{x}_i\right\|^2+\left\|P_i\right\|^2\theta_0+\left\|P_i\right\|^2\varepsilon_{i0}\\2\tilde{x}_i^{\mathrm{T}}P_i\varDelta_i\left(\bar{y}\right)&\leqslant\left\|\tilde{x}_i\right\|^2+\left\|P_i\right\|^2\left\|\varDelta_i\right\|^2\end{aligned} \tag{3.2.11}$$

将式 (3.2.11) 代入式 (3.2.7)，可得

$$V_{i,0}\leqslant-\left(\lambda_{\min}\left(Q_i\right)-2\right)\tilde{x}_i^{\mathrm{T}}\tilde{x}_i+\left\|P_i\right\|^2\theta_0+\left\|P_i\right\|^2\varepsilon_{i0}+\left\|P_i\right\|^2\left\|\varDelta_i\right\|^2 \tag{3.2.12}$$

3.2.3 事件触发机制设计

采用系统 (3.2.1) 的事件触发控制机制，作为提出的控制设计的第一步，通过引入事件触发机制重新构造系统。建立一个新的自适应事件触发机制来确定每个传感器的数据在无线网络中传输的频率。第 i 个子系统的当前信号传输瞬间定义为 $t_{i,k}$，下一个信号传输瞬间 $t_{i,k+1}$ 可以定义为

$$|e_{i,j}| \leqslant \nu_{i,j} |z_{i,m}|, \quad m=1,2,\cdots,n_i \tag{3.2.13}$$

其中，$z_{i,m}$ 在式 (3.2.13)、式 (3.2.15) 和式 (3.2.16) 中为误差变量；$e_{i,1}(t) = x_{i,1}(t) - \breve{x}_{i,1}(t)$；$m=2,3,\cdots,n_i$ 为事件触发误差。设 $\breve{x}_{i,m}(t)$ 为最后的测量状态，$\breve{x}_{i,m}(t^+) = \hat{x}_{i,m}(t_{i,k})$，$t=t_{i,k}$；$\nu_{i,j} = \mu_{i,j}\big/\left[\left|c_{i,j} + \hat{\varpi}_i/(2a_{i,j}^2)\right| + 1\right]$ 为常数阈值，$\mu_{i,j}$、$c_{i,j}$ 和 $a_{i,j}$ 为常数。带有 $t_{i,k+1} > t_{i,k}$ 的 $\{t_{i,k}\}_{k=1}^{\infty}$ 为事件触发时刻序列。零阶保持器将保留最新的数据包，并保持输出测量值不变，直到新的数据包到达，其中

$$\breve{x}_{i,m}(t) = \hat{x}_{i,m}(t_{i,k}), \quad t_{i,k} \leqslant t < t_{i,k+1} \tag{3.2.14}$$

3.2.4 模糊自适应反步递推事件触发分散控制设计

定义如下坐标变换：

$$z_{i,1} = y_i - y_d \tag{3.2.15}$$

$$z_{i,m} = \hat{x}_{i,m} - \alpha_{i,m-1}, \quad m=2,3,\cdots,n_i \tag{3.2.16}$$

其中，$z_{i,m}$ 为误差变量；$\alpha_{i,m-1}$ 为虚拟控制器。

基于上面的坐标变换，n_i 步自适应反步递推控制设计过程如下。

第 1 步 结合式 (3.2.1)，求 $z_{i,1}$ 的导数，可得

$$\dot{z}_{i,1} = z_{i,2} + \alpha_{i,1} + \tilde{x}_{i,2} + f_{i,1}(\underline{x}_{i,1}) + \Delta_{i,1}(\bar{y}) - \dot{y}_d \tag{3.2.17}$$

选择如下李雅普诺夫函数：

$$V_{i,1} = V_{i,0} + \frac{1}{2}z_{i,1}^2 + \frac{1}{2\Gamma_i}\tilde{\varpi}_i^2 \tag{3.2.18}$$

将式 (3.2.12) 和式 (3.2.17) 代入式 (3.2.18)，求 $V_{i,1}$ 的导数，可得

$$\begin{aligned}\dot{V}_{i,1} \leqslant & -(\lambda_{\min}(Q_i) - 2)\|\tilde{x}_i\|^2 + \|P_i\|^2\theta_0 + \|P_i\|^2\varepsilon_{i0} + \|P_i\|^2\|\Delta_i\|^2 \\ & + z_{i,1}\left(z_{i,2} + \alpha_{i,1} + \tilde{x}_{i,2} + f_{i,1}(\underline{x}_{i,1}) + \Delta_{i,1}(\bar{y}) - \dot{y}_d\right) + \frac{1}{\Gamma_i}\tilde{\varpi}_i\dot{\hat{\varpi}}_i\end{aligned} \tag{3.2.19}$$

根据杨氏不等式，可得

$$
\begin{aligned}
z_{i,1}\Delta_{i,1} &\leqslant \frac{1}{2}z_{i,1}^2+\frac{1}{2}\left\|\Delta_i\right\|^2 \\
z_{i,1}\tilde{x}_{i,2} &\leqslant \frac{1}{4}z_{i,1}^2+\left\|\tilde{x}_i\right\|^2
\end{aligned} \tag{3.2.20}
$$

将式 (3.2.20) 代入式 (3.2.19)，可得

$$
\begin{aligned}
\dot{V}_{i,1} \leqslant & -\left(\lambda_{\min}(Q_i)-3\right)\left\|\tilde{x}_i\right\|^2+\left\|P_i\right\|^2\theta_0+\left\|P_i\right\|^2\varepsilon_{i0}+\left(\left\|P_i\right\|^2+\frac{1}{2}\right)\left\|\Delta_i\right\|^2 \\
& +z_{i,1}\left(z_{i,2}+\alpha_{i,1}+\bar{f}_{i,1}\right)-\frac{1}{2}z_{i,1}^2-\lambda_{i,1}z_{i,1}\psi_i+\frac{1}{\Gamma_i}\tilde{\varpi}_i\dot{\hat{\varpi}}_i
\end{aligned} \tag{3.2.21}
$$

其中

$$
\bar{f}_{i,1}\left(X_{i,1}\right)=f_{i,1}\left(\underline{x}_{i,1}\right)+\frac{3}{4}z_{i,1}-\dot{y}_d+\lambda_{i,1}\psi_i \tag{3.2.22}
$$

$$
\lambda_{i,1}=\max_{j=1,2,\cdots,N}\left(\left\|p_j\right\|^2+\frac{1}{2}l_{j,i}\right) \tag{3.2.23}
$$

$$
\psi_i=\frac{2z_{i,1}}{z_{i,1}^2+\sigma_{i,1}}\sum_{j=1}^{N}\alpha_{j,i}\left(y_i\right) \tag{3.2.24}
$$

在第 i 个子系统引入光滑函数 ψ_i 是为了抵消子系统之间未知互联项的影响。

由于 $\bar{f}_{i,1}\left(X_{i,1}\right)$ 是未知连续函数，所以利用模糊逻辑系统 $\hat{\bar{f}}_{i,1}(X_{i,1}|\hat{\theta}_{i,1})=\hat{\theta}_{i,1}^{\mathrm{T}}\phi_{i,1}(X_{i,1})$ 逼近 $\bar{f}_{i,1}\left(X_{i,1}\right)$，并假设

$$
\bar{f}_{i,1}\left(X_{i,1}\right)=\theta_{i,1}^{\mathrm{T}}\phi_{i,1}\left(X_{i,1}\right)+\delta_{i,1}\left(X_{i,1}\right) \tag{3.2.25}
$$

其中，$\theta_{i,1}$ 为理想权重；$\delta_{i,1}(X_{i,1})$ 为最小逼近误差。假设 $\delta_{i,1}(X_{i,1})$ 满足 $|\delta_{i,1}(X_{i,1})|\leqslant\bar{\delta}_{i,1}$，$\bar{\delta}_{i,1}$ 为正常数。

根据杨氏不等式，可得

$$
z_{i,1}\bar{f}_{i,1}=z_{i,1}\left(\theta_{i,1}^{\mathrm{T}}\phi_{i,1}\left(X_{i,1}\right)+\delta_{i,1}\right)\leqslant\frac{1}{2a_{i,1}^2}z_{i,1}^2\varpi_i+\frac{1}{2}a_{i,1}^2+\frac{1}{2}z_{i,1}^2+\frac{\bar{\delta}_{i,1}^2}{2} \tag{3.2.26}
$$

其中，当 $\theta_{i,m}\ (m=1,2,\cdots,n_i)$ 未知时，$\varpi_i=\max\left\{\left\|\theta_{i,1}\right\|^2,\left\|\theta_{i,2}\right\|^2,\cdots,\left\|\theta_{i,n_i}\right\|^2,\ i=1,2,\cdots,N\right\}$ 为未知常数。将参数向量 ϖ 的估计表示为 $\hat{\varpi}$，相应的估计误差为 $\tilde{\varpi}=\hat{\varpi}-\varpi$。

为了稳定子系统，设计虚拟控制器如下：

$$\alpha_{i,1}=-c_{i,1}\breve{z}_{i,1}-\frac{1}{2a_{i,1}^2}\breve{z}_{i,1}\hat{\varpi}_i \tag{3.2.27}$$

其中，$c_{i,1}$ 为设计参数；$\breve{z}_{i,1}=z_{i,1}(t_{i,k})$ $(t\in[t_{i,k},t_{i,k+1}))$ 为事件触发状态变量。此外，基于事件触发误差 $\breve{x}_{i,1}=\hat{x}_{i,1}+e_{i,1}$，可以检验 $z_{i,1}$。

将式 (3.2.26) 和式 (3.2.27) 代入式 (3.2.21)，可得

$$\begin{aligned}\dot{V}_{i,1}\leqslant&-(\lambda_{\min}(Q_i)-3)\|\tilde{x}_i\|^2-c_{i,1}z_{i,1}^2+z_{i,1}z_{i,2}-\left(c_{i,1}+\frac{\hat{\varpi}_i}{2a_{i,1}^2}\right)z_{i,1}e_{i,1}\\&+\varGamma_i^{-1}\tilde{\varpi}_i\left(\dot{\hat{\varpi}}_i-\frac{\varGamma_i}{2a_{i,1}^2}z_{i,1}^2\right)+H_i+D_{i,1}\end{aligned} \tag{3.2.28}$$

$$H_i=\left(\|P_i\|^2+\frac{1}{2}\right)\|\varDelta_i\|^2-\lambda_{i,1}z_{i,1}\psi_i \tag{3.2.29}$$

$$D_{i,1}=\|P_i\|^2\theta_0+\|P_i\|^2\varepsilon_{i0}+\left(\frac{a_{i,1}^2}{2}+\frac{\bar{\delta}_{i,1}^2}{2}\right) \tag{3.2.30}$$

第 $m\,(2\leqslant m\leqslant n_i-1)$ 步 根据式 (3.2.16)，求 $z_{i,m}$ 的导数，可得

$$\dot{z}_{i,m}=z_{i,m+1}+\alpha_{i,m}+l_{i,m}\tilde{x}_{i,1}-\dot{\alpha}_{i,m-1} \tag{3.2.31}$$

选择如下李雅普诺夫函数：

$$V_{i,m}=V_{i,m-1}+\frac{1}{2}z_{i,m}^2 \tag{3.2.32}$$

求 $V_{i,m}$ 的导数，可得

$$\begin{aligned}\dot{V}_{i,m}\leqslant&-(\lambda_{\min}(Q_i)-3)\|\tilde{x}_i\|^2-\sum_{j=1}^{m-1}c_{i,j}z_{i,j}^2+z_{i,m-1}z_{i,m}\\&-\sum_{j=1}^{m-1}\left(c_{i,j}+\frac{\hat{\varpi}_i}{2a_{i,j}^2}\right)z_{i,j}e_{i,j}+\frac{1}{\varGamma_i}\tilde{\varpi}_i\left(\dot{\hat{\varpi}}_i-\sum_{j=1}^{m-1}\frac{\varGamma_i}{2a_{i,j}^2}z_{i,j}^2\right)\\&+H_i+D_{i,m-1}+z_{i,m}\left(z_{i,m+1}+\alpha_{i,m}+\bar{f}_{i,m}\right)\\&+\sum_{i=2}^{m}z_{i,m}\left(\beta_{i,m}-\frac{\partial\alpha_{i,m-1}}{\partial\hat{\varpi}_i}\dot{\hat{\varpi}}_i\right)-\frac{1}{2}z_{i,m}^2\end{aligned} \tag{3.2.33}$$

其中

$$\bar{f}_{i,m} = l_{i,m}\tilde{x}_{i,1} - \sum_{j=1}^{m} \frac{\partial \alpha_{i,m-1}}{\partial y_d^{(j-1)}} y_d^{(j)} - \beta_{i,m} + z_{i,m-1} + \frac{1}{2} z_{i,m} \tag{3.2.34}$$

$$\beta_{i,m} = -k_0 \hat{\varpi}_i \frac{\partial \alpha_{i,m-1}}{\partial \hat{\varpi}_i} - \sum_{j=2}^{m} z_{i,m} \frac{\Gamma_i}{2a_{i,j}^2} \left| z_{i,j} \frac{\partial \alpha_{i,j-1}}{\partial \hat{\varpi}_i} \right| + \sum_{j=1}^{m-1} \frac{\partial \alpha_{i,m-1}}{\partial \hat{\varpi}_i} \frac{\Gamma_i}{2a_{i,j}^2} z_{i,j}^2 \tag{3.2.35}$$

由于 $\bar{f}_{i,m}$ 为未知连续函数，所以利用模糊逻辑系统 $\hat{\bar{f}}_{i,m}(X_{i,m}|\hat{\theta}_{i,m}) = \hat{\theta}_{i,m}^{\mathrm{T}} \phi_{i,m}(X_{i,m})$ 逼近 $\bar{f}_{i,m}(X_{i,m})$，并假设

$$\bar{f}_{i,m}(X_{i,m}) = \theta_{i,m}^{\mathrm{T}} \phi_{i,m}(X_{i,m}) + \delta_{i,m}(X_{i,m}) \tag{3.2.36}$$

其中，$\theta_{i,m}$ 为理想权重；$\delta_{i,m}(X_{i,m})$ 为最小逼近误差。假设 $\delta_{i,m}(X_{i,m})$ 满足 $\left|\delta_{i,m}(X_{i,m})\right| \leqslant \bar{\delta}_{i,m}$，$\bar{\delta}_{i,m}$ 为正常数。

根据杨氏不等式，可得

$$z_{i,m}\bar{f}_{i,m} = z_{i,m}\left(\theta_{i,m}^{\mathrm{T}} \phi_{i,m} + \delta_{i,m}\right) \leqslant \frac{1}{2a_{i,m}^2} z_{i,m}^2 \varpi_i + \frac{1}{2} a_{i,m}^2 + \frac{1}{2} z_{i,m}^2 + \frac{\bar{\delta}_{i,m}^2}{2} \tag{3.2.37}$$

设计虚拟控制器如下：

$$\alpha_{i,m} = -c_{i,m} \breve{z}_{i,m} - \frac{1}{2a_{i,m}^2} \breve{z}_{i,m} \hat{\varpi}_i \tag{3.2.38}$$

其中，$c_{i,m} > 0$、$a_{i,m} > 0$ 为设计参数；$\breve{z}_{i,m} = z_{i,m}(t_{i,k})$ 表示事件触发信号。

将式 (3.2.37) 和式 (3.2.38) 代入式 (3.2.33)，可得

$$\begin{aligned} \dot{V}_{i,m} \leqslant\; & n - (\lambda_{\min}(Q_i) - 3)\|\tilde{x}_i\|^2 - \sum_{j=1}^{m} c_{i,j} z_{i,j}^2 + z_{i,m} z_{i,m+1} \\ & - \sum_{j=1}^{m} \left(c_{i,j} + \frac{\hat{\varpi}_i}{2a_{i,j}^2} \right) z_{i,j} e_{i,j} + \frac{1}{\Gamma_i} \tilde{\varpi}_i \left(\dot{\hat{\varpi}}_i - \sum_{j=1}^{m} \frac{\Gamma_i}{2a_{i,j}^2} z_{i,j}^2 \right) \\ & + H_i + D_{i,m-1} + \sum_{j=2}^{m} z_{i,j} \left(\beta_{i,j} - \frac{\partial \alpha_{i,j}}{\partial \hat{\varpi}_i} \dot{\hat{\varpi}}_i \right) \end{aligned} \tag{3.2.39}$$

其中，$D_{i,m} = \|P_i\|^2 \theta_0 + \|P_i\|^2 \varepsilon_{i0} + \sum_{j=1}^{m} \left(\dfrac{a_{i,j}^2}{2} + \dfrac{\bar{\delta}_{i,j}^2}{2} \right)$。

第 n_i 步 根据式 (3.2.16)，求 z_{i,n_i} 的导数，可得

$$\dot{z}_{i,n_i} = u_i + l_{i,n_i}\tilde{x}_{i,1} - \dot{\alpha}_{i,n_i-1} \tag{3.2.40}$$

选择如下李雅普诺夫函数：

$$V_{i,n_i} = V_{i,n_i-1} + \frac{1}{2}z_{i,n_i}^2 \tag{3.2.41}$$

求 V_{i,n_i} 的导数，可得

$$\begin{aligned}\dot{V}_{i,n_i} \leqslant & -\left(\lambda_{\min}(Q)_i - 3\right)\|\tilde{x}_i\|^2 - \sum_{j=1}^{n_i-1} c_{i,j}z_{i,j}^2 + z_{i,n_i-1}z_{i,n_i} \\ & - \sum_{j=1}^{n_i-1}\left(c_{i,j} + \frac{\hat{\varpi}_i}{2a_{i,j}^2}\right)z_{i,j}e_{i,j} + \frac{1}{\varGamma_i}\tilde{\varpi}_i\left(\dot{\hat{\varpi}}_i - \sum_{j=1}^{n_i-1}\frac{\varGamma_i}{2a_{i,j}^2}z_{i,j}^2\right) + D_{i,n_i-1} + H_i \\ & + z_{i,n_i}\left(u_i + l_{i,n_i}\tilde{x}_{i,1} - \dot{\alpha}_{i,n_i-1} + \bar{f}_{i,n_i}\right) + \sum_{j=2}^{n_i} z_{i,j}\left(\beta_{i,j} - \frac{\partial \alpha_{i,j}}{\partial \hat{\varpi}_i}\dot{\hat{\varpi}}_i\right) - \frac{1}{2}z_{i,n_i}^2\end{aligned} \tag{3.2.42}$$

其中

$$\bar{f}_{i,n_i} = l_{i,n_i}\tilde{x}_{i,1} - \sum_{j=1}^{n_i}\frac{\partial \alpha_{i,n_i-1}}{\partial y_d^{(j-1)}}y_d^{(j)} - \beta_{i,n_i}(X_{i,n_i}) + z_{i,n_i-1} + \frac{1}{2}z_{i,n_i} \tag{3.2.43}$$

$$\beta_{i,n_i}(X_{i,n_i}) = -k_0\hat{\varpi}_i\frac{\partial \alpha_{i,n_i-1}}{\partial \hat{\varpi}_i} - \sum_{j=2}^{n_i} z_{i,n_i}\frac{\varGamma_i}{2a_{i,j}^2}\left|z_{i,j}\frac{\partial \alpha_{i,j-1}}{\partial \hat{\varpi}_i}\right| + \sum_{j=1}^{n_i-1}\frac{\partial \alpha_{i,n_i-1}}{\partial \hat{\varpi}_i}\frac{\varGamma_i}{2a_{i,j}^2}z_{i,j}^2 \tag{3.2.44}$$

$X_{i,n_i} = \{x_{i,n_i}, \bar{y}_d^{n_i}\}$。

根据杨氏不等式，可得

$$z_{i,n_i}\bar{f}_{i,n_i} = z_{i,n_i}\left(\theta_{i,n_i}^{\mathrm{T}}\phi_{i,n_i}(X_{i,n_i}) + \delta_{i,n_i}\right) \leqslant \frac{1}{2a_{i,n_i}^2}z_{i,n_i}^2\varpi_i + \frac{1}{2}a_{i,n_i}^2 + \frac{1}{2}z_{i,n_i}^2 + \frac{\bar{\delta}_{i,n_i}^2}{2} \tag{3.2.45}$$

设计实际控制器和参数自适应律分别如下：

$$u_i = -c_{i,n_i}\breve{z}_{i,n_i} - \frac{1}{2a_{i,n_i}^2}\breve{z}_{i,n_i}\hat{\varpi}_i \tag{3.2.46}$$

$$\dot{\hat{\varpi}}_i = \sum_{j=1}^{n_i} \frac{\Gamma_i}{2a_{i,j}^2} z_{i,j}^2 - \Gamma_i \sigma_i \hat{\varpi}_i \tag{3.2.47}$$

其中，$c_{i,n_i} > 0$、$a_{i,n_i} > 0$ 为设计参数；$\breve{z}_{i,n_i} = z_{i,n_i}(t_{i,k})$ 表示事件触发信号。

将式 (3.2.45) ~ 式 (3.2.47) 代入式 (3.2.42)，可得

$$\begin{aligned} \dot{V}_{i,n_i} \leqslant & -(\lambda_{\min}(Q)_i - 3)\|\tilde{x}_i\|^2 - \sum_{j=1}^{n_i} c_{i,j} z_{i,j}^2 \\ & - \sum_{j=1}^{n_i} \left(c_{i,j} + \frac{\hat{\varpi}_i}{2a_{i,j}^2} \right) z_{i,j} e_{i,j} - \sum_{i=1}^{N} \sigma_i \tilde{\varpi}_i \hat{\varpi}_i \\ & + H_i + D_{i,n_i} + \sum_{j=2}^{n_i} z_{i,j} \left(\beta_{i,j} - \frac{\partial \alpha_{i,j}}{\partial \hat{\varpi}_i} \dot{\hat{\varpi}}_i \right) \end{aligned} \tag{3.2.48}$$

其中，$D_{i,n_i} = \|P_i\|^2 \theta_0 + \|P_i\|^2 \varepsilon_{i0} + \sum_{j=1}^{n_i} \left(\frac{a_{i,j}^2}{2} + \frac{\bar{\delta}_{i,j}^2}{2} \right)$。

3.2.5　稳定性与收敛性分析

下面的定理给出了所设计的模糊自适应事件触发分散控制方法具有的性质。

定理 3.2.1　针对互联非线性系统 (3.2.1)，假设 3.2.1 成立。如果采用控制器 (3.2.46)，虚拟控制器 (3.2.27) 和 (3.2.38)，参数自适应律 (3.2.47) 和事件触发条件 (3.2.13)，则总体控制方案具有如下性能：

(1) 保持闭环系统稳定；

(2) 跟踪误差收敛于包含原点的一个小邻域内；

(3) 事件触发时间间隔 $t_{i,k+1} - t_{i,k}$ 下界为非零正常数。

证明　对 $V = \sum_{i=1}^{N} V_{i,n_i}$ 求导，可得

$$\begin{aligned} \dot{V} \leqslant & -\sum_{i=1}^{N} (\lambda_{\min}(Q_i) - 3)\|\tilde{x}_i\|^2 - \sum_{i=1}^{N}\sum_{j=1}^{n_i} c_{i,j} z_{i,j}^2 + \sum_{i=1}^{N}\sum_{j=1}^{n_i} \left| c_{i,j} + \frac{\hat{\varpi}_i}{2a_{i,j}^2} \|z_{i,j}\| e_{i,j} \right| \\ & - \sum_{i=1}^{N} \sigma_i \tilde{\varpi}_i \hat{\varpi}_i + \sum_{i=1}^{N}\sum_{j=2}^{n_i} z_{i,j} \left(\beta_{i,j} - \frac{\partial \alpha_{i,j}}{\partial \hat{\varpi}_i} \dot{\hat{\varpi}}_i \right) + \sum_{i=1}^{N} H_i + \sum_{i=1}^{N} D_{i,n_i} \end{aligned} \tag{3.2.49}$$

由式 (3.2.35) 和式 (3.2.47)，可得

$$\sum_{i=1}^{N}\sum_{j=2}^{n_i} z_{i,j} \left(\beta_{i,j} - \frac{\partial \alpha_{i,n_i-1}}{\partial \hat{\varpi}_i} \dot{\hat{\varpi}}_i \right) < 0 \tag{3.2.50}$$

根据式 (3.2.13)，选取一个可调整计算值 $\nu_{i,j}$ 为

$$\nu_{i,j} = \frac{1}{\left|c_{i,j} + \hat{\varpi}_i/(2a_{i,j}^2)\right| + 1} \tag{3.2.51}$$

式 (3.2.49) 可表示为

$$\dot{V} \leqslant -\sum_{i=1}^{N} \left(\lambda_{\min}\left(Q_i\right) - 3\right) \|\tilde{x}_i\|^2 - \sum_{i=1}^{N}\sum_{j=1}^{n_i} \bar{c}_{i,j} z_{i,j}^2 - \sum_{i=1}^{N} \sigma_i \tilde{\varpi}_i \hat{\varpi}_i + \sum_{i=1}^{N} H_i + \sum_{i=1}^{N} D_{i,n_i} \tag{3.2.52}$$

其中，$\bar{c}_{i,j} = c_{i,j} - \mu_{i,j}$。对于式 (3.2.52) 中的互联项，根据式 (3.2.2)、式 (3.2.23) 和式 (3.2.29)，可得

$$\begin{aligned} \sum_{i=1}^{N} H_i &= \sum_{i=1}^{N} \left(\|P_i\|^2 + \frac{1}{2}\right) \|\varDelta_i\|^2 \leqslant \sum_{i=1}^{N}\sum_{j=1}^{N} \left(\|P_i\|^2 + \frac{1}{2}\right) \|P_i\|^2 + \frac{1}{2} l_{i,j} \alpha_{i,j}\left(y_j\right) \\ &= \sum_{i=1}^{N}\sum_{j=1}^{N} \left(\|P_j\|^2 + \frac{1}{2}\right) \|P_j\|^2 + \frac{1}{2} l_{j,i} \alpha_{j,i}\left(y_i\right) \leqslant \sum_{i=1}^{N}\sum_{j=1}^{N} \lambda_{i,1} \alpha_{j,i}\left(y_i\right) \end{aligned} \tag{3.2.53}$$

由式 (3.2.24)，可得

$$\sum_{i=1}^{N} H_i = \sum_{i=1}^{N} \left(\|P_i\|^2 + \frac{1}{2}\|\varDelta_i\|^2\right) - \lambda_{i,1} z_{i,1} \psi_i \leqslant \sum_{i=1}^{N} \varsigma_i \tag{3.2.54}$$

其中

$$\varsigma_i = \lambda_{i,1} \frac{\sigma_{i,1} - z_{i,1}^2}{z_{i,1}^2 + \sigma_{i,1}} \sum_{j=1}^{N} \alpha_{j,i}\left(y_i\right) \tag{3.2.55}$$

若 $|z_{i,1}| > \sqrt{\sigma_{i,1}}$，则 $\varsigma_i < 0$，$i = 1, 2, \cdots, N$。另外，若式 (3.2.15) 中 $|z_{i,1}| < \sqrt{\sigma_{i,1}}$，则可知 y_i 有界。因此，ς_i 的上界为 $\bar{\varsigma}_i \geqslant 0$。

此外，可得

$$-\tilde{\varpi}_i \hat{\varpi}_i \leqslant -\frac{1}{2}\tilde{\varpi}_i^2 + \frac{1}{2}\varpi_i^2 \tag{3.2.56}$$

将式 (3.2.54) ~ 式 (3.2.56) 代入式 (3.2.49)，可得

$$\dot{V} \leqslant -\sum_{i=1}^{N} \left(\lambda_{\min}\left(Q_i\right) - 3\right) \|\tilde{x}_i\|^2 - \sum_{i=1}^{N}\sum_{j=1}^{n_i} c_{i,j} z_{i,j}^2 + \sum_{i=1}^{N}\sum_{j=1}^{n_i} \left| c_{i,j} + \frac{\hat{\varpi}_i}{2a_{i,j}^2} \|z_{i,j}\| e_{i,j} \right|$$

$$-\sum_{i=1}^{N}\frac{\sigma_i}{2}\tilde{\varpi}_i^2+\sum_{i=1}^{N}\frac{\sigma_i}{2}\varpi_i^2+\sum_{i=1}^{N}\sum_{j=2}^{n_i}z_{i,j}\left(\beta_{i,j}-\frac{\partial\alpha_{i,j}}{\partial\hat{\varpi}_i}\dot{\hat{\varpi}}_i\right)+\sum_{i=1}^{N}\bar{\varsigma}_i+\sum_{i=1}^{N}D_{i,n_i} \tag{3.2.57}$$

其中，$d=\sum_{i=1}^{N}D_{i,n_i}+\sum_{i=1}^{N}\frac{\sigma_i}{2}\varpi_i^2+\sum_{i=1}^{N}\bar{\varsigma}_i$。

定义

$$c=\min\left\{\frac{\lambda_{\min}(Q_i)-3}{\lambda_{\max}(P_i)},2\bar{c}_{i,j},\mathit{\Gamma}_i\sigma_i\right\} \tag{3.2.58}$$

可得

$$\dot{V}\leqslant -cV+d \tag{3.2.59}$$

由式 (3.2.59) 可得

$$V\leqslant\left(V(0)-\frac{d}{c}\right)\mathrm{e}^{-ct}+\frac{d}{c} \tag{3.2.60}$$

因此有

$$z_1^2\leqslant 2\left(V(0)-\frac{d}{c}\right)\mathrm{e}^{-ct}+\frac{2d}{c} \tag{3.2.61}$$

所以可得

$$\lim_{t\to\infty}z_1\leqslant\sqrt{\frac{2d}{c}} \tag{3.2.62}$$

通过适当地选择参数，可以将式 (3.2.62) 中的跟踪误差 z_1 调整收敛到较小区域。

模糊状态观测器 (3.2.3) 为

$$\dot{\hat{x}}_i=A_i\hat{x}_i+L_iy_i \tag{3.2.63}$$

可得

$$\hat{x}_i\leqslant\|A_i\|\|\hat{x}_i\|+\nu_i,\quad i=1,2,\cdots,n \tag{3.2.64}$$

其中，$\nu_i=\max\{\|L_iy_i\|\}$ 为有界信号。

考虑 $t_{i,k}<t\leqslant t_{i,k+1}$，$k=1,2,\cdots$，对 $\|e_i\|$ 求导可得

$$\frac{\mathrm{d}}{\mathrm{d}t}\|e_i\|=\frac{\mathrm{d}}{\mathrm{d}t}\left(e_i^{\mathrm{T}}e_i\right)^{\frac{1}{2}}=\frac{e_i^{\mathrm{T}}\dot{e}_i}{\|e_i\|}\leqslant\frac{\|e_i\|\|\dot{e}_i\|}{\|e_i\|}=\|\dot{e}_i\|=\left\|\dot{\hat{x}}_i\right\| \tag{3.2.65}$$

其中，$e_i=[e_{i,1},e_{i,2},\cdots,e_{i,n_i}]^{\mathrm{T}}$。

对于初始条件 $e_i^+=0$ 和式 (3.2.65)，可得

$$\|e_i\|\leqslant\int_{t_{i,k}^+}^{t}\mathrm{e}^{\|A_i\|(t-\tau)}\nu_i\mathrm{d}\tau\leqslant\frac{\nu_i}{\|A_i\|}\mathrm{e}^{\|A_i\|(t-t_{i,k})-1}\leqslant\frac{\nu_i}{\|A_i\|}\mathrm{e}^{\|A_i\|(t_{i,k+1}-t_{i,k})-1}\tag{3.2.66}$$

由式 (3.2.13)，可得

$$\varsigma\leqslant\frac{\nu_i}{\|A_i\|}\mathrm{e}^{\|A_i\|(t_{i,k+1}-t_{i,k})-1}\tag{3.2.67}$$

则式 (3.2.67) 可表示为

$$t_{i,k+1}-t_{i,k}=\delta t_k\geqslant\frac{1}{\|A_i\|}\ln\left(1+\frac{\|A_i\|}{\nu_i}\zeta\right)>0\tag{3.2.68}$$

因此，事件触发时间间隔存在下界，能够避免 Zeno 行为。

3.2.6 仿真

例 3.2.1 考虑如下用弹簧连接的两个倒立摆模型：

$$\begin{cases}\dot{x}_{1,1}=x_{1,2}\\ \dot{x}_{1,2}=\left(\dfrac{m_1gr}{J_1}-\dfrac{kr^2}{4J_1}\right)\sin(x_{11})+\dfrac{hr(l-b)}{2J_1}+\dfrac{u_1}{J_1}+\dfrac{kr^2\sin(x_{21})}{4J_1}\\ y_1=x_{1,1}\\ \dot{x}_{2,1}=x_{2,2}\\ \dot{x}_{2,2}=\left(\dfrac{m_2gr}{J_2}-\dfrac{kr^2}{4J_2}\right)\sin(x_{21})+\dfrac{hr(l-b)}{2J_2}+\dfrac{u_2}{J_2}+\dfrac{kr^2\sin(x_{11})}{4J_2}\\ y_2=x_{2,1}\end{cases}\tag{3.2.69}$$

其中，$l=0.5\mathrm{m}$，$g=9.81\mathrm{m/s^2}$，$J_1=5\mathrm{kg}$，$J_2=6.25\mathrm{kg}$，$m_1=2\mathrm{kg}$，$m_2=2.5\mathrm{kg}$，$k=100\mathrm{N/m}$，$r=0.5\mathrm{m}$，$b=0.5\mathrm{m}$；参考信号为 $y_{1,d}=y_{2,d}=y_d=0.5\sin(t)$。

选择隶属度函数为

$$\mu_{F_i^1}(x_i)=\exp\left[-\frac{(x_i+2)^2}{4}\right],\quad \mu_{F_i^2}(x_i)=\exp\left[-\frac{(x_i+1)^2}{4}\right]$$

$$\mu_{F_i^3}(x_i)=\exp\left[-\frac{x_i^2}{4}\right],\quad \mu_{F_i^4}(x_i)=\exp\left[-\frac{(x_i-1)^2}{4}\right]$$

$$\mu_{F_i^5}(x_i)=\exp\left[-\frac{(x_i-2)^2}{4}\right]$$

$$i=1,2$$

在仿真中，选取设计参数为 $\Gamma_1 = 10$，$\Gamma_2 = 10$，$\sigma_1 = 1$，$\sigma_2 = 1$，$c_{1,1} = 100$，$c_{1,2} = 100$，$c_{2,1} = 100$，$c_{2,2} = 100$，$a_{1,1} = 1$，$a_{1,2} = 1$，$a_{2,1} = 1$，$a_{2,2} = 1$，$l_{1,1} = 20$，$l_{1,2} = 20$，$l_{2,1} = 20$，$l_{2,2} = 20$，$\mu_{1,1} = 40$，$\mu_{1,2} = 40$，$\mu_{2,1} = 40$，$\mu_{2,2} = 40$。选择状态变量的初始值为 $x_1(0) = [-\pi/3.6, 0]^{\mathrm{T}}$，$x_2(0) = [\pi/4, 0]^{\mathrm{T}}$。采样区间设置为 0.001。

仿真结果如图 3.2.1 ~ 图 3.2.9 所示。

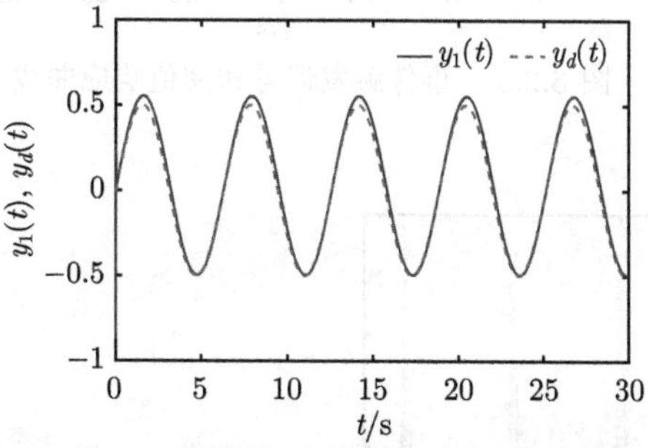

图 3.2.1　输出 $y_1(t)$ 和参考信号 $y_d(t)$ 的轨迹

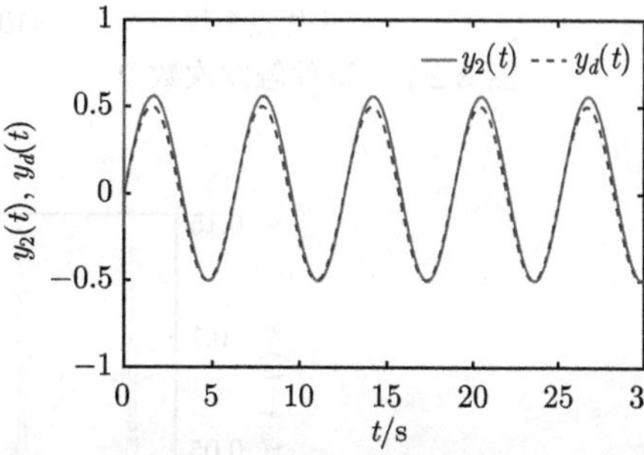

图 3.2.2　输出 $y_2(t)$ 和参考信号 $y_d(t)$ 的轨迹

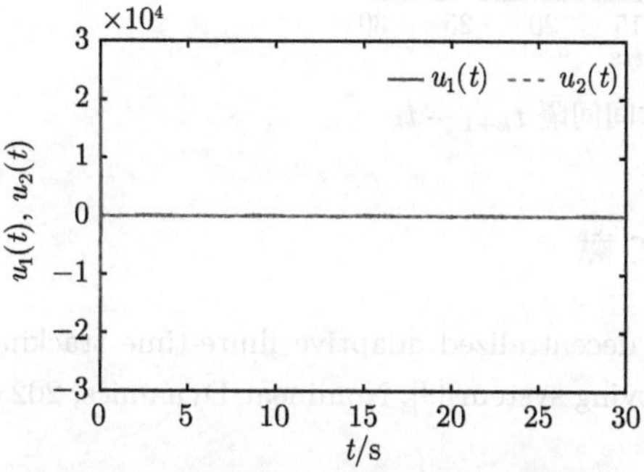

图 3.2.3　控制器 $u_1(t)$ 和 $u_2(t)$ 的轨迹

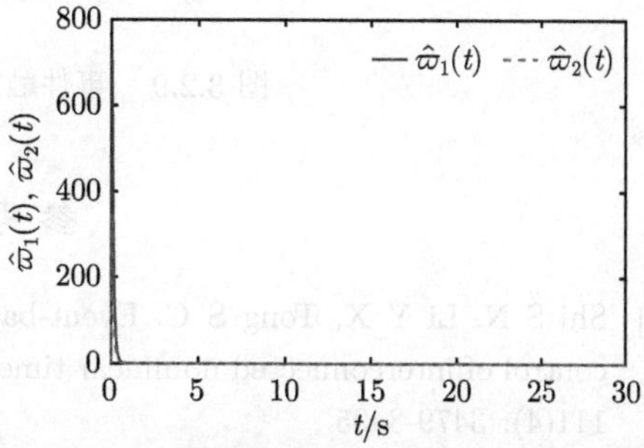

图 3.2.4　自适应参数 $\hat{\varpi}_1(t)$ 和 $\hat{\varpi}_2(t)$ 的轨迹

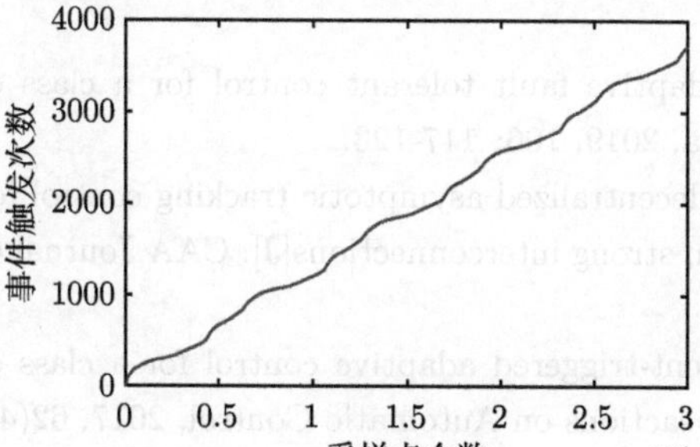

图 3.2.5　事件触发次数 1

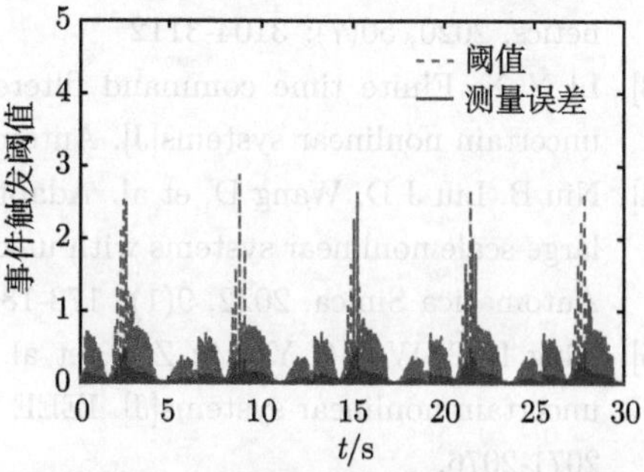

图 3.2.6　事件触发误差和阈值响应曲线

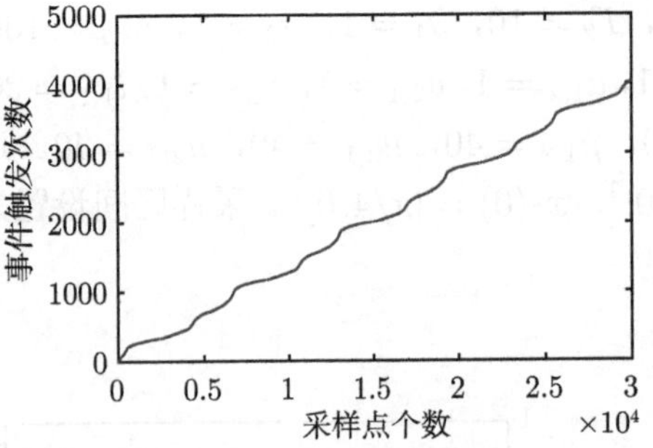

图 3.2.7　事件触发次数 2

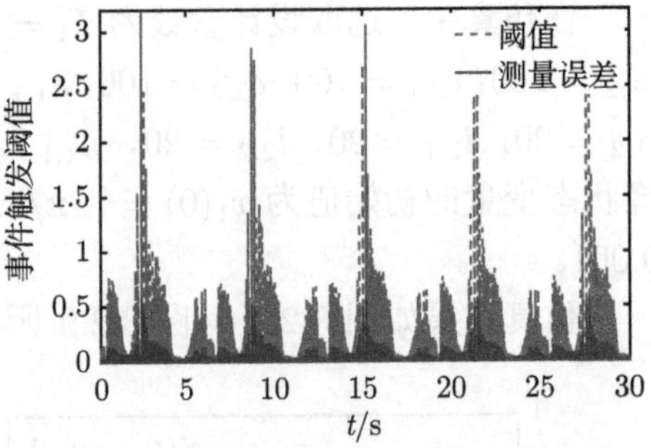

图 3.2.8　事件触发误差和阈值响应曲线

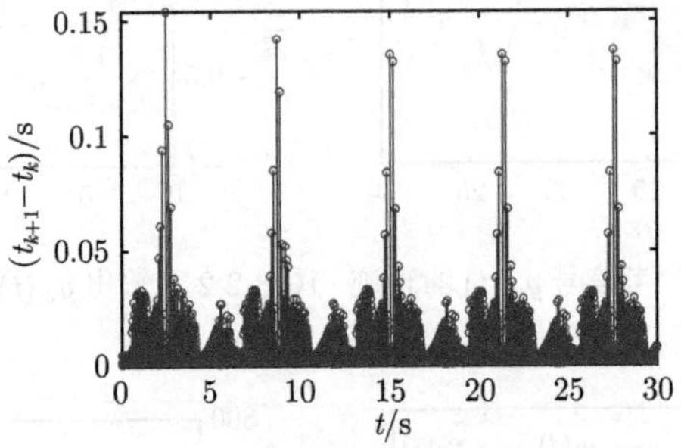

图 3.2.9　事件触发时间间隔 $t_{k+1}-t_k$

参 考 文 献

[1] Shi S N, Li Y X, Tong S C. Event-based decentralized adaptive finite-time tracking control of interconnected nonlinear time-varying systems[J]. Nonlinear Dynamics, 2023, 111(4): 3479-3495.

[2] Li Y X, Tong S C, Yang G H. Observer-based adaptive fuzzy decentralized event-triggered control of interconnected nonlinear system[J]. IEEE Transactions on Cybernetics, 2020, 50(7): 3104-3112.

[3] Li Y X. Finite time command filtered adaptive fault tolerant control for a class of uncertain nonlinear systems[J]. Automatica, 2019, 106: 117-123.

[4] Niu B, Liu J D, Wang D, et al. Adaptive decentralized asymptotic tracking control for large-scale nonlinear systems with unknown strong interconnections[J]. CAA Journal of Automatica Sinica, 2022, 9(1): 173-186.

[5] Xing L T, Wen C Y, Liu Z T, et al. Event-triggered adaptive control for a class of uncertain nonlinear systems[J]. IEEE Transactions on Automatic Control, 2017, 62(4): 2071-2076.

[6] Wang C L, Lin Y. Decentralized adaptive tracking control for a class of interconnected nonlinear time-varying systems[J]. Automatica, 2015, 54: 16-24.

[7] Tong S C, Li H X, Chen G R. Adaptive fuzzy decentralized control for a class of large-scale nonlinear systems[J]. IEEE Transactions on Systems, Man, and Cybernetics, Part B (Cybernetics), 2004, 34(1): 770-775.

[8] Li Y X, Yang G H. Observer-based fuzzy adaptive event-triggered control codesign for a class of uncertain nonlinear systems[J]. IEEE Transactions on Fuzzy Systems, 2018, 26(3): 1589-1599.

[9] Wang H M, Yang G H. Decentralized state feedback control of uncertain affine fuzzy large-scale systems with unknown interconnections[J]. IEEE Transactions on Fuzzy Systems, 2016, 24(5): 1134-1146.

[10] Wang C L, Wen C Y, Guo L. Decentralized output-feedback adaptive control for a class of interconnected nonlinear systems with unknown actuator failures[J]. Automatica, 2016, 71: 187-196.

第 4 章　非线性系统的鲁棒自适应事件触发控制

本章在前几章介绍的自适应事件触发控制的基础上，通过考虑传感器及执行器故障的情况，研究非线性系统的鲁棒自适应事件触发控制设计方法。本章内容主要基于文献 [1] 和 [2]。

4.1　带有执行器故障和不确定扰动的非线性系统事件触发控制

本节针对具有不确定扰动的参数化非线性严格反馈系统，通过在控制器中引入光滑函数和正时变积分函数，补偿执行器故障和事件触发误差造成的影响，提出自适应事件触发容错跟踪控制方案，证明闭环系统的稳定性和收敛性。类似的控制设计方法可参见文献 [3]~[7]。

4.1.1　系统模型及控制问题描述

考虑如下具有不确定扰动的参数化非线性严格反馈系统：

$$
\begin{aligned}
&\dot{x}_i = x_{i+1} + \theta^{\mathrm{T}}\phi_i\left(\underline{x}_i\right) + d_i\left(t\right), \quad i = 1,2,\cdots,n-1 \\
&\dot{x}_n = \sum_{j=1}^{m}\tau_j u_j^F + \theta^{\mathrm{T}}\phi_n\left(x\right) + d_n\left(t\right) \\
&y = x_1
\end{aligned} \tag{4.1.1}
$$

其中，$\underline{x}_i = [x_1, x_2, \cdots, x_i]^{\mathrm{T}} \in \mathbf{R}^i\,(i = 1,2,\cdots,n)$ 为状态向量；$u_j^F \in \mathbf{R}\ (j = 1,2,\cdots,m)$ 为第 j 个执行器的输出；$y \in \mathbf{R}$ 为系统输出；$\theta \in \mathbf{R}^l$ 和 $\tau_j \in \mathbf{R}$ 为未知的常数向量；$\phi_i\left(\underline{x}_i\right) \in \mathbf{R}^l$ 为已知的光滑函数；$d_i\left(t\right) \in \mathbf{R}$ 为未知有界的时变扰动。

本节执行器故障包括部分失效和卡死故障，如下：

$$
\begin{aligned}
&u_j^F\left(t\right) = \rho_{jh}u_j\left(t\right) + \psi_{j,h}\left(t\right), \quad t \in [t_{jh,k}, t_{jh,e}) \\
&\rho_{jh}\psi_{j,h} = 0, \quad h = 1,2,\cdots
\end{aligned} \tag{4.1.2}
$$

其中，$\rho_{jh} \in (0,1]$；$\psi_{j,h}\left(t\right)$ 为未知的分段连续且有界的信号；$t_{jh,k}$ 和 $t_{jh,e}$ 分别为第 j 个执行器故障发生和结束的时刻。

为了节省通信资源，设计事件触发控制策略。定义控制输入 $u_j(t)$ 与采样控制输入 $u_{s,j}(t)=u_j(t_k)$ 间的误差为

$$e_{u,j}(t)=u_{s,j}(t)-u_j(t_k) \tag{4.1.3}$$

其中，$e_{u,j}(t)$ 为事件触发误差；$t_k\,(k=0,1,2,\cdots)$ 为触发时刻且 $t_0=0$。t_{k+1} 是下一个触发时刻，当 $t\in[t_k,t_{k+1})$ 时，控制输入 $u_j(t_k)$ 保持不变。

设计事件触发条件为

$$|e_{u,j}(t)|\geqslant\delta_{1,j}\,|u_j(t)|+\delta_{2,j}\mathrm{e}^{-\beta t} \tag{4.1.4}$$

其中，$0<\delta_{1,j}<1$、$\delta_{2,j}>0$ 和 $\beta>0$ 为设计参数。

将式 (4.1.2) 和式 (4.1.4) 代入式 (4.1.1)，可得

$$\begin{aligned}
&\dot{x}_i=x_{i+1}+\theta^{\mathrm{T}}\phi_i(\underline{x}_i)+d_i,\quad 1\leqslant i\leqslant n-1\\
&\dot{x}_n=\sum_{j=1}^{m}\tau_j\left(\rho_{jh}u_j+\rho_{jh}e_{u,j}+\psi_{j,h}\right)+\theta^{\mathrm{T}}\phi_n(x)+d_n\\
&y=x_1
\end{aligned} \tag{4.1.5}$$

引理 4.1.1 对任意 $x\in\mathbf{R}$，有以下不等式成立：

$$0\leqslant|x|-\frac{x^2}{\sqrt{x^2+\sigma^2(t)}}\leqslant\sigma(t) \tag{4.1.6}$$

其中，$\sigma(t)$ 是正可积函数，满足 $\lim\limits_{t\to\infty}\displaystyle\int_{t_0}^{t}\sigma(s)\mathrm{d}s\leqslant\bar{\sigma}<\infty$，且 $\bar{\sigma}$ 为正常数。

引理 4.1.2 对于任意的 $\varepsilon>0$ 和 $\eta\in\mathbf{R}$，以下不等式成立：

$$0\leqslant|\eta|-\eta\tanh\left(\frac{\eta}{\varepsilon}\right)\leqslant\kappa\varepsilon \tag{4.1.7}$$

其中，κ 为满足 $\kappa=\mathrm{e}^{k+1}$ 的常数，这里取 $\kappa=0.2785$。

引理 4.1.3 对于任意的 $x_i\in\mathbf{R}\,(i=1,2,\cdots,n)$，下列不等式成立：

$$\sum_{i=1}^{n}|x_i|^p\geqslant\begin{cases}\left(\displaystyle\sum_{i=1}^{n}|x_i|\right)^p, & p\in(0,1]\\ n^{1-p}\left(\displaystyle\sum_{i=1}^{n}|x_i|\right)^p, & p>1\end{cases}$$

假设 4.1.1 τ_j 的符号函数 $\operatorname{sign}(\tau_j)\,(j=1,2,\cdots,m)$ 是已知的。

假设 4.1.2 存在未知的常数 $\bar{d}_i$ 和 $\bar{\psi}_{j,h}$，使得 $|d_i| \leqslant \bar{d}_i$ 和 $|\psi_{j,h}| \leqslant \bar{\psi}_{j,h}$。

假设 4.1.3 当 $m-1$ 个执行器发生卡死故障时，余下的执行器仍能完成控制目标。

控制目标 针对具有不确定扰动的非线性严格反馈系统 (4.1.1)，基于反步递推控制设计和事件触发机制，设计自适应事件触发容错跟踪控制器，使得：

(1) 闭环系统内所有信号有界；

(2) 跟踪误差渐近收敛到零。

4.1.2 鲁棒自适应反步递推事件触发控制设计

定义如下坐标变换：

$$z_1 = x_1 - y_d \tag{4.1.8}$$

$$z_i = x_i - y_d^{(i-1)} - \alpha_{i-1}, \quad i=2,3,\cdots,n \tag{4.1.9}$$

其中，z_i 为误差变量；α_{i-1} 为虚拟控制器。定义估计误差为 $\tilde{\theta}=\theta-\hat{\theta}$、$\tilde{\bar{d}}_i=\bar{d}_i-\hat{\bar{d}}_i$ 和 $\tilde{\omega}_i=\omega_i-\hat{\omega}_i$，其中 $\hat{\theta}$、$\hat{\bar{d}}_i$ 和 $\hat{\omega}_i$ 分别为 θ、$\bar{d}_i$ 和 ω_i 的估计值。

基于上面的坐标变换，n 步自适应反步递推控制设计过程如下。

第 1 步 根据系统 (4.1.1) 和式 (4.1.8)，求 z_1 的导数，可得

$$\dot{z}_1 = x_2 + \theta^{\mathrm{T}}\phi_1\left(\underline{x}_1\right) + d_1 - \dot{y}_d \tag{4.1.10}$$

选取李雅普诺夫函数如下：

$$V_1 = \frac{1}{2}z_1^2 + \frac{1}{2\gamma}\tilde{\theta}^{\mathrm{T}}\tilde{\theta} + \frac{1}{2\gamma_1}\tilde{\bar{d}}_1^2 \tag{4.1.11}$$

其中，$\gamma>0$ 和 $\gamma_1>0$ 为设计参数。

由式 (4.1.9) 和式 (4.1.10)，求 V_1 的导数，可得

$$\dot{V}_1 \leqslant z_1\left(z_2+\alpha_1+\tilde{\theta}^{\mathrm{T}}\phi_1\left(\underline{x}_1\right)\right) + |z_1|\,\bar{d}_1 + \frac{1}{\gamma}\tilde{\theta}^{\mathrm{T}}\dot{\tilde{\theta}} + \frac{1}{\gamma_1}\dot{\tilde{\bar{d}}}_1 \tag{4.1.12}$$

设计虚拟控制器和参数自适应律分别如下：

$$\begin{aligned}
\alpha_1 &= -c_1 z_1 - \hat{\theta}^{\mathrm{T}}\varphi_1 - \hat{\bar{d}}_1 \tanh\left(\frac{z_1}{\sigma(t)}\right)\\
\dot{\hat{\bar{d}}}_1 &= \gamma_1 z_1 \tanh\left(\frac{z_1}{\sigma(t)}\right)
\end{aligned} \tag{4.1.13}$$

其中，$c_1>0$ 为设计参数；$\varphi_1=\phi_1\left(\underline{x}_1\right)$。

将式 (4.1.13) 代入式 (4.1.12)，可得

$$\dot{V}_1 \leqslant -c_1 z_1^2 + z_1 z_2 + \frac{1}{\gamma}\tilde{\theta}^{\mathrm{T}}\left(\gamma_1 z_1 \varphi_1 - \dot{\hat{\theta}}\right) + |z_1|\,\bar{d}_1 - \bar{d}_1 z_1 \tanh\left(\frac{z_1}{\sigma(t)}\right) \tag{4.1.14}$$

根据以下不等式：

$$0 \leqslant |\varpi| - \varpi \tanh\left(\frac{\varpi}{\varepsilon}\right) \leqslant \kappa\sigma(t) \tag{4.1.15}$$

其中，$\varpi \in \mathbf{R}$，取 $\kappa = 0.2785$，式 (4.1.14) 可以写为

$$\dot{V}_1 = -c_1 z_1^2 + z_1 z_2 + \frac{1}{\gamma}\tilde{\theta}^{\mathrm{T}}\left(\gamma_1 z_1 \varphi_1 - \dot{\hat{\theta}}\right) + \bar{d}_1 \kappa\sigma(t) \tag{4.1.16}$$

第 $i\,(2 \leqslant i \leqslant n-1)$ 步 定义

$$\varphi_i = \phi_i - \sum_{r=1}^{i-1} \frac{\partial \alpha_{i-1}}{\partial x_r}\phi_r \tag{4.1.17}$$

$$\beta_i = \sum_{r=1}^{i-1} \frac{\partial \alpha_{i-1}}{\partial x_r} x_{r+1} + \sum_{r=1}^{i-1} \frac{\partial \alpha_{i-1}}{\partial y_d^{(r-1)}} y_d^{(r)} \tag{4.1.18}$$

则 z_i 的导数如下：

$$\dot{z}_i = z_{i+1} + \alpha_i + \theta^{\mathrm{T}}\varphi_i + d_i - d_j - \beta_i - \frac{\partial \alpha_{i-1}}{\partial \hat{\theta}}\dot{\hat{\theta}} \tag{4.1.19}$$

选择如下李雅普诺夫函数：

$$V_i = V_{i-1} + \frac{1}{2}z_i^2 + \frac{1}{2\gamma_i}\tilde{d}_i^2 \tag{4.1.20}$$

其中，$\gamma_i > 0$ 为设计参数。

根据式 (4.1.19)，求 V_i 的导数，可得

$$\begin{aligned}\dot{V}_i \leqslant & -\sum_{j=1}^{i-1} c_j z_j^2 + z_{i-1} z_i + \frac{1}{\gamma}\tilde{\theta}^{\mathrm{T}}\left(\sum_{j-1}^{i-1} \gamma z_j \varphi_j - \dot{\hat{\theta}}\right) + \sum_{j=2}^{i-1} z_j\left(\eta_j - \frac{\partial \alpha_{j-1}}{\partial \hat{\theta}}\dot{\hat{\theta}}\right) \\ & + z_i\left(z_{i+1} + \alpha_i + \tilde{\theta}^{\mathrm{T}}\varphi_i - \beta_i - \frac{\partial \alpha_{j-1}}{\partial \hat{\theta}}\dot{\hat{\theta}}\right) + \kappa\sigma(t)\sum_{j=1}^{i-1}\bar{d}_j + |z_i|\,\bar{d}_i + \frac{1}{\gamma_i}\dot{\tilde{d}}_i\end{aligned} \tag{4.1.21}$$

存在以下不等式：

$$z_i\left(d_i+\sum_{j=1}^{i-1}\frac{\partial\alpha_{i-1}}{\partial x_j}d_j\right)=z_i\chi_i^{\mathrm{T}}D_i\leqslant|z_i|\,\|\chi_i\|\,\|D_i\|\leqslant|z_i|\,\|\chi_i\|\,\bar{d}_i \tag{4.1.22}$$

其中，$\chi_i=\left[1,\frac{\partial\alpha_{i-1}}{\partial x_1},\cdots,\frac{\partial\alpha_{i-1}}{\partial x_{i-1}}\right]^{\mathrm{T}}\in\mathbf{R}^i$，$D_i=[d_i,d_1,\cdots,d_{i-1}]^{\mathrm{T}}\in\mathbf{R}^i$。

设计虚拟控制器和参数自适应律分别如下：

$$\begin{aligned}\alpha_i&=-z_{i-1}-c_iz_i-\hat{\theta}^{\mathrm{T}}\varphi_i-\hat{\bar{d}}_i\tanh\left(\frac{z_i}{\sigma(t)}\right)+\beta_i+\eta_i\\ \dot{\hat{\bar{d}}}_i&=\gamma_iz_i\chi_i\tanh\left(\frac{z_i}{\sigma(t)}\right)\end{aligned} \tag{4.1.23}$$

且 $\eta_i=-\frac{\partial\alpha_{i-1}}{\partial\hat{\theta}}\gamma\sigma(t)\hat{\theta}+\frac{\partial\alpha_{i-1}}{\partial\hat{\theta}}\sum_{j=1}^{i-1}\gamma z_j\varphi_j-\gamma\varphi_i\sum_{j=2}^{i}\left(z_j\frac{\partial\alpha_{i-1}}{\partial\hat{\theta}}\right)$。

将式 (4.1.23) 代入式 (4.1.21)，利用不等式 (4.1.15)，可得

$$\begin{aligned}\dot{V}_i\leqslant&-\sum_{j=1}^{i}c_jz_j^2+z_{i-1}z_i+\frac{1}{\gamma}\tilde{\theta}^{\mathrm{T}}\left(\sum_{j=1}^{i}\gamma z_j\varphi_j-\dot{\hat{\theta}}\right)\\&+\sum_{j=2}^{i-1}z_j\left(\eta_j-\frac{\partial\alpha_{j-1}}{\partial\hat{\theta}}\dot{\hat{\theta}}\right)+\kappa\sigma(t)\sum_{j=1}^{i}\bar{d}_j\end{aligned} \tag{4.1.24}$$

第 n 步 定义

$$\begin{aligned}\varphi_n&=\phi_n-\sum_{j=1}^{n-1}\frac{\partial\alpha_{n-1}}{\partial x_j}\phi_j\\ \beta_n&=\sum_{j=1}^{n-1}\frac{\partial\alpha_{n-1}}{\partial x_j}x_{j+1}+\sum_{j=1}^{n-1}\frac{\partial\alpha_{n-1}}{\partial y_d^{(j-1)}}y_d^{(j)}+y_d^{(n)}\end{aligned} \tag{4.1.25}$$

基于式 (4.1.25)，求 z_n 的导数，可得

$$\dot{z}_n=\sum_{j=1}^{m}\tau_j\left(\rho_{jh}u_j+\rho_{jh}e_{u,j}+\psi_{j,h}\right)+\theta^{\mathrm{T}}\varphi_n(x)+d_n-\beta_n-\frac{\partial\alpha_{n-1}}{\partial\hat{\theta}}\dot{\hat{\theta}} \tag{4.1.26}$$

由假设 4.1.2 和假设 4.1.3，对于 $t>0,\sum_{j=1}^{m}|\tau_j|\rho_{jh}>0$，可得 $\inf_{t\geqslant0}\sum_{j=1}^{m}|\tau_j|\rho_{jh}>0$。

定义

$$\begin{aligned}&\rho=\inf_{t\geqslant 0}\sum_{j=1}^{m}|\tau_j|\,\rho_{jh},\quad \delta=\frac{1}{\rho}\\&\omega=\sup_{t\geqslant 0}\left(\sum_{j=1}^{m}|\tau_j\psi_{j,h}|+|\tau_j\rho_{jh}\delta_{2,j}|+|d_n|\right)\end{aligned}\tag{4.1.27}$$

选取如下李雅普诺夫函数：

$$V_n=V_{n-1}+\frac{1}{2}z_n^2+\frac{\rho}{2r}\bar{\delta}^2+\frac{1}{2\gamma_n}\tilde{\omega}_1^2\tag{4.1.28}$$

其中，$r>0$ 和 $\gamma_n>0$ 为设计参数。

根据式 (4.1.26) 和式 (4.1.28)，可得

$$\begin{aligned}\dot{V}_n\leqslant&-\sum_{j=1}^{n-1}c_jz_j^2+z_{n-1}z_n+\frac{1}{\gamma}\tilde{\theta}^{\mathrm{T}}\left(\sum_{j=1}^{n-1}\gamma z_j\varphi_j-\dot{\hat{\theta}}\right)+\sum_{j=2}^{n-1}z_j\left(\eta_j-\frac{\partial\alpha_{j-1}}{\partial\hat{\theta}}\dot{\hat{\theta}}\right)\\&+\kappa\sigma(t)\sum_{j=1}^{n-1}\bar{d}_j+z_n\left[\sum_{j=1}^{m}\tau_j\left(\rho_{jh}u_j+\rho_{jh}e_{u,j}+\psi_{j,h}\right)+\tilde{\theta}^{\mathrm{T}}\varphi_n\left(x\right)+d_n\right.\\&\left.-\sum_{j=1}^{n-1}\frac{\partial\alpha_{n-1}}{\partial x_j}d_j-\beta_n-\frac{\partial\alpha_{n-1}}{\partial\hat{\theta}}\dot{\hat{\theta}}\right]+\frac{\rho}{r}\tilde{\delta}\dot{\tilde{\delta}}+\frac{1}{\gamma_n}\tilde{\omega}\dot{\hat{\omega}}\end{aligned}\tag{4.1.29}$$

设计虚拟控制器如下：

$$v=z_{n-1}+c_nz_n+\hat{\theta}^{\mathrm{T}}\varphi_n-\beta_n+\hat{\omega}\tanh\left(\frac{z_n}{\sigma(t)}\right)-\eta_n\tag{4.1.30}$$

其中，$\eta_n=-\dfrac{\partial\alpha_{n-1}}{\partial\hat{\theta}}\gamma\sigma(t)\hat{\theta}+\dfrac{\partial\alpha_{n-1}}{\partial\hat{\theta}}\displaystyle\sum_{j=1}^{n-1}\gamma z_j\varphi_j-\gamma\varphi_n\sum_{j=2}^{n}z_j\dfrac{\partial\alpha_{j-1}}{\partial\hat{\theta}}$。

将式 (4.1.30) 代入式 (4.1.29)，可得

$$\begin{aligned}\dot{V}_n\leqslant&-\sum_{j=1}^{n}c_jz_j^2+\frac{1}{\gamma}\tilde{\theta}^{\mathrm{T}}\left(\sum_{j=1}^{n}\gamma z_j\varphi_j-\dot{\hat{\theta}}\right)+\sum_{j=2}^{n}z_j\left(\eta_j-\frac{\partial\alpha_{j-1}}{\partial\hat{\theta}}\dot{\hat{\theta}}\right)+\kappa\sigma\left(t\right)\sum_{j=1}^{n-1}\bar{d}_j\\&+z_nv+z_n\sum_{j=1}^{m}\tau_j\rho_{jh}\left(u_j+e_{u,j}\right)-|z_n|\,|b_j\rho_{jh}\delta_{2,j}|+|z_n|\,\omega\\&-z_n\hat{\omega}\tanh\left(\frac{z_n}{\sigma\left(t\right)}\right)+\frac{\rho}{r}\tilde{\delta}\dot{\tilde{\delta}}+\frac{1}{\gamma_n}\tilde{\omega}\dot{\hat{\omega}}\end{aligned}\tag{4.1.31}$$

基于式 (4.1.30)，设计实际控制器为

$$u_j = \frac{\operatorname{sign}(\tau_j)}{1-\delta_{1,j}}\alpha_n, \quad \alpha_n = -\frac{z_n \hat{\delta}^2 v^2}{\sqrt{z_n^2 \hat{\delta}^2 v^2 + \sigma^2(t)}} \tag{4.1.32}$$

设计参数自适应律为

$$\dot{\hat{\theta}} = \sum_{i=1}^{n} \gamma z_i \varphi_i - \gamma \sigma(t) \hat{\theta} \tag{4.1.33}$$

$$\dot{\hat{\omega}} = \gamma_n z_n \tanh\left(\frac{z_n}{\sigma(t)}\right) \tag{4.1.34}$$

$$\dot{\hat{\delta}} = r z_n v \tag{4.1.35}$$

4.1.3 稳定性与收敛性分析

定理 4.1.1 针对具有不确定扰动的非线性严格反馈系统 (4.1.1)，假设 4.1.1 ~ 假设 4.1.3 成立。如果采用控制器 (4.1.32)，虚拟控制器 (4.1.30)，参数自适应律 (4.1.33)~(4.1.35)，事件触发条件 (4.1.4)，则总体控制方案具有如下性能：

(1) 闭环系统内所有信号有界；

(2) 跟踪误差渐近收敛到零。

证明 根据式 (4.1.33) 以及事件触发条件 (4.1.4)，可得 $z_n \tau_j \rho_{jh} e_{u,j} \leqslant 0$。考虑如下不等式：

$$z_n \tau_j \rho_{jh} e_{u,j} \leqslant -\delta_{1,j} \tau_j \rho_{jh} z_n u_j + |z_n| |b_j \rho_{jh} \delta_{2,j}| \tag{4.1.36}$$

将式 (4.1.36) 代入式 (4.1.31)，有

$$\begin{aligned} \dot{V}_n \leqslant & -\sum_{j=1}^{n} c_j z_j^2 + \frac{1}{\gamma}\tilde{\theta}^{\mathrm{T}}\left(\sum_{j=1}^{n}\gamma z_j \varphi_j - \dot{\hat{\theta}}\right) + \sum_{j=2}^{n} z_j\left(\eta_j - \frac{\partial \alpha_{j-1}}{\partial \hat{\theta}}\dot{\hat{\theta}}\right) + \kappa\sigma(t)\sum_{j=1}^{n-1}\bar{d}_j \\ & + z_n v + z_n \sum_{j=1}^{m}(1-\delta_{1,j})\tau_j \rho_{jh} u_j + |z_n|\omega - \hat{\omega}\tanh\left(\frac{z_n}{\sigma(t)}\right) + \frac{\rho}{r}\tilde{\delta}\dot{\hat{\delta}} + \frac{1}{\gamma_n}\tilde{\omega}\dot{\hat{\omega}} \end{aligned} \tag{4.1.37}$$

其中

$$z_n \sum_{j=1}^{m}(1-\delta_{1,j})\tau_j \rho_{jh} u_j \leqslant -\sum_{j=1}^{m} |\tau_j| \rho_{jh} \frac{z_n^2 \hat{\delta}^2 v^2}{\sqrt{z_n^2 \hat{\delta}^2 v^2 + \sigma^2(t)}} \leqslant \rho\sigma(t) - \rho z_n \hat{\delta} v \tag{4.1.38}$$

将式 (4.1.33) ~ 式 (4.1.35) 和式 (4.1.38) 代入式 (4.1.37)，可得

$$\dot{V}_n \leqslant -\sum_{j=1}^{n} c_j z_j^2 + \sum_{j=2}^{n} z_j\left(\eta_j - \frac{\partial \alpha_{j-1}}{\partial \hat{\theta}}\dot{\hat{\theta}}\right) + \sigma(t)\left(\rho + \kappa\sum_{j=1}^{n-1}\bar{d}_j + \kappa\omega - \tilde{\theta}^2 + \tilde{\theta}\theta\right) \tag{4.1.39}$$

通过使用杨氏不等式，根据 $\sum_{j=2}^{n} z_j \left(\eta_j - \frac{\partial \alpha_{j-1}}{\partial \hat{\theta}} \dot{\hat{\theta}}\right) = 0$，可以将式 (4.1.39) 改写为

$$\dot{V}_n \leqslant -\sum_{j=1}^{n} c_j z_j^2 + \sigma(t)\mu \tag{4.1.40}$$

其中，$\mu = \rho + \kappa \sum_{j=1}^{n-1} \bar{d}_j + \kappa\omega + \frac{\theta^2}{4}$。

对式 (4.1.40) 从 t_0 到 t 积分可得

$$V(t) \leqslant V(t_0) + \mu\bar{\sigma} \tag{4.1.41}$$

此外，由式 (4.1.10) 可知 $\dot{z}_1$ 也是有界的。因此，可得闭环系统中的所有信号是全局有界的，并且由式 (4.1.41) 可得

$$\lim_{t\to\infty} \sum_{j=1}^{n} c_j \int_{t_0}^{t} z_j^2 \mathrm{d}s \leqslant V(t_0) + \tau\bar{\sigma} \tag{4.1.42}$$

基于式 (4.1.42)，根据 Barbalat 引理，可得

$$\lim_{t\to\infty} z_1 = 0 \tag{4.1.43}$$

由此证明可以实现全局渐近跟踪控制。

基于式 (4.1.3) 中的事件触发误差 $e_{u,j}(t) = u_{s,j}(t) - u_j(t)$，有

$$\frac{\mathrm{d}e_{u,j}(t)}{\mathrm{d}t} \leqslant |\dot{e}_{u,j}(t)| = |\dot{u}_{s,j}(t) - \dot{u}_j(t)| = |\dot{u}_j(t)| \tag{4.1.44}$$

由式 (4.1.33) 可以看出，$u_j(t)$ 是可微的，且 $\dot{u}_j(t)$ 是有界信号构成的函数。因此，存在一个常数 $\zeta > 0$，使得 $\dot{u}_j(t) \leqslant \zeta$。另外，由于 $e_{u,j}(t_k^j) = 0$ 且 $\lim_{t\to t_{k+1}^j} e_{u,j}(t) = \delta_{2,j}$，那么就保证存在一个正数 t_j^*，使得 $t_{k+1}^j - t_k^j \geqslant t_j^*$，因此避免了 Zeno 行为。

4.1.4 仿真

例 4.1.1　考虑如下机器人系统：

$$J\ddot{q} + D\dot{q} + MgL\sin(q) = \sum_{j=1}^{2} u_j \tag{4.1.45}$$

其中，q 和 $\dot{q}$ 分别为连杆的角位置和角速度；J 为伺服电机的旋转惯量；D 为阻尼系数；M 为质量；L 为从关节轴线到重心的长度；$g=9.8\text{m/s}^2$ 为重力加速度；u_j 为连杆的控制力。

选择故障模型为

$$\left.\begin{array}{ll} u_1^F(t)=\psi_{1,h}, & t\in[2h,2(h+1)] \\ u_2^F(t)=\rho_{2,h}u_2(t), & t\in[3h,3(h+1)] \end{array}\right., \quad h=1,3,\cdots \tag{4.1.46}$$

执行器故障模型 (4.1.46) 表示第一个执行器每 2s 经历一次卡死故障，然后在接下来的 2s 内正常工作；第二个执行器每隔 3s 就会部分失效，然后在接下来的 3s 内正常工作。

在仿真中，选取设计参数为 $J=1$、$MgL=10$、$D=2$。执行器故障的参数选择为 $\psi_{1,h}=0.5$、$\rho_{2,h}=0.5$。选择状态变量及参数的初始值为 $c_1=6$、$c_2=4$、$\gamma=1$、$\gamma_2=0.5$、$r=0.5$、$\delta_{1,1}=\delta_{1,2}=0.4$、$\delta_{2,1}=\delta_{2,2}=0.6$、$\sigma=0.01\text{e}^{-0.01t}$、$x(0)=[0,0]^{\text{T}}$、$\hat{\theta}_1(0)=-1.5$、$\hat{\theta}_2(0)=-8$、$\hat{\beta}(0)=1$。参考信号为 $y_d=\sin(t)$。

仿真结果如图 4.1.1 ~ 图 4.1.4 所示。

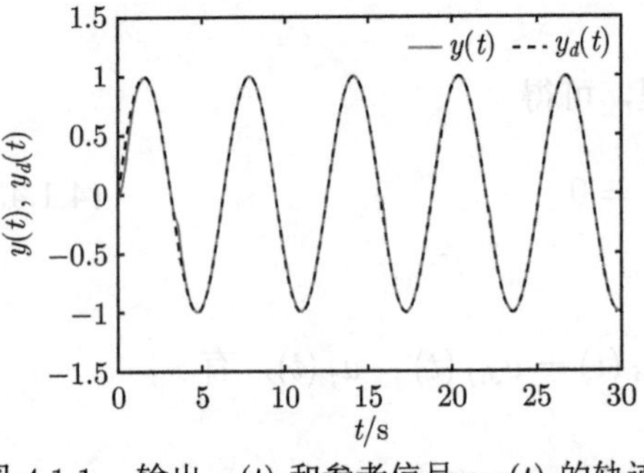

图 4.1.1　输出 $y(t)$ 和参考信号 $y_d(t)$ 的轨迹

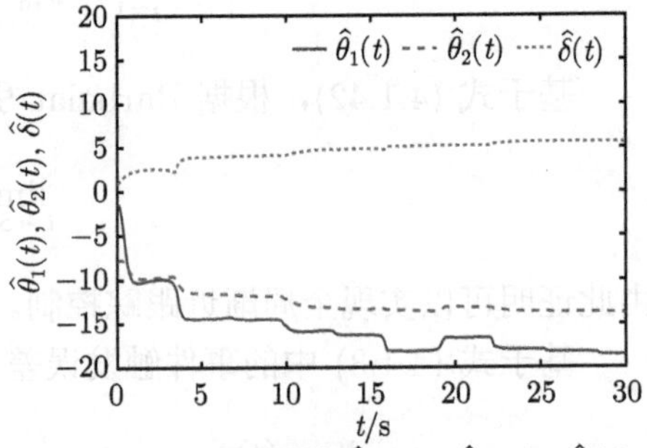

图 4.1.2　自适应参数 $\hat{\theta}_1(t)$、$\hat{\theta}_2(t)$、$\hat{\delta}(t)$ 的轨迹

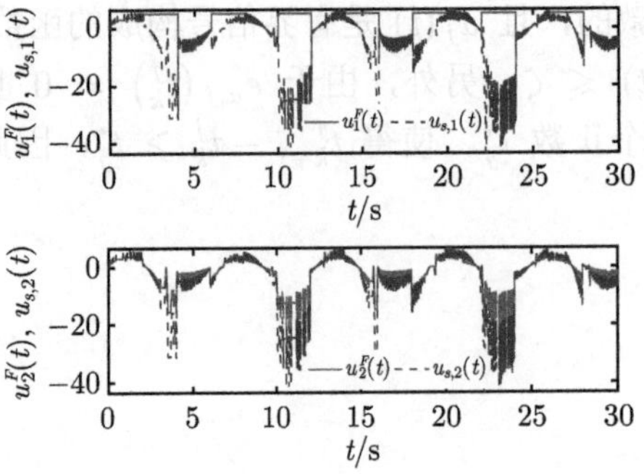

图 4.1.3　控制器 $u_1^F(t)$、$u_{s,1}(t)$、$u_2^F(t)$、$u_{s,2}(t)$ 的轨迹

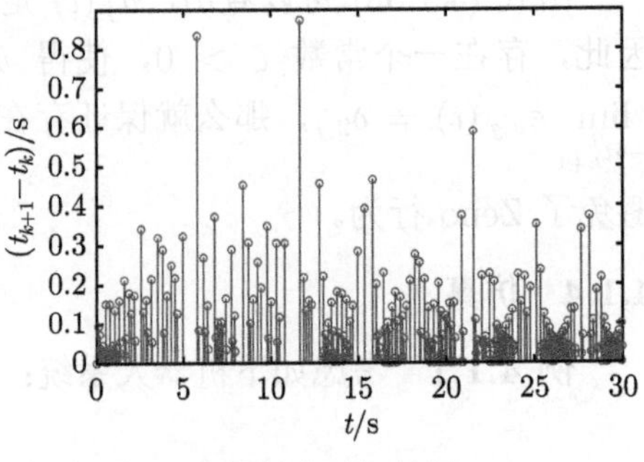

图 4.1.4　事件触发时间间隔 $t_{k+1}-t_k$

4.2　带有传感器故障的非线性多智能体系统事件触发输出反馈一致性跟踪控制

本节针对非线性参数严格反馈多智能体系统，应用自适应反步递推控制设计原理，介绍一种基于状态观测器的自适应事件触发输出反馈控制方法，并给出闭环系统的稳定性和收敛性分析。类似的控制设计方法可参见文献 [8]~[12]。

4.2.1　系统模型及控制问题描述

考虑如下不确定非线性多智能体系统：

$$
\begin{aligned}
\dot{x}_{i,1} &= x_{i,2} + \theta_i^{\mathrm{T}} \varphi_{i,1}(x_{i,1}) + d_{i,1} \\
\dot{x}_{i,j} &= x_{i,j+1} + \theta_i^{\mathrm{T}} \varphi_{i,j}(x_{i,1}, \bar{x}_{i,j}) + d_{i,j} \\
\dot{x}_{i,n} &= \beta_i u_i + \theta_i^{\mathrm{T}} \varphi_{i,n}(x_{i,1}, \bar{x}_{i,n}) + d_{i,n} \\
y_i &= x_{i,1}, \quad i = 1, 2, \cdots, N
\end{aligned}
\tag{4.2.1}
$$

其中，$\bar{x}_{i,j} = [x_{i,2}, x_{i,3}, \cdots, x_{i,j}]^{\mathrm{T}}$ $(i = 1, 2, \cdots, N;\ j = 2, 3, \cdots, n)$；$u_i \in \mathbf{R}$ 和 $y_i \in \mathbf{R}$ 分别为系统的输入和输出；$\varphi_{i,1} \in \mathbf{R}^p$ 和 $\varphi_{i,j} \in \mathbf{R}^p$ 为未知光滑非线性实值函数；$\theta_i \in \mathbf{R}^p$ 为未知参数向量；β_i 为已知的控制增益；$d_{i,1}$ 和 $d_{i,j}$ 为外部扰动，并满足 $|d_{i,1}| < D_{M,i1}$ 和 $|d_{i,j}| < D_{M,ij}$ 且 $D_{M,i1}$ 和 $D_{M,ij}$ 为未知正常数。

定义 4.2.1　如果传感器的输出满足 $x^f(t) = \varrho x(t)$，$0 < \varrho < 1$，$\forall t > t_f$，那么用于测量系统信号 $x(t) \in \mathbf{R}$ 的传感器在时间 t_f 发生故障。

考虑传感器故障模型如下:

$$
y_i^f(t) = \varrho_i y_i(t), \quad 0 < \varrho_i < 1,\ \forall t > t_{i,f} \tag{4.2.2}
$$

假设 4.2.1　故障因子 ϱ_i 满足 $\underline{\varrho}_i \leqslant \varrho_i$，其中，$\underline{\varrho}_i$ 为一个已知的正常数。

假设 4.2.2　拓扑图 $\mathcal{G}$ 是连通的，即至少有一个智能体可从参考信号 $y_d(t)$ 获得信息。

假设 4.2.3　$\dot{y}_d, \ddot{y}_d, \cdots, y_d^{(n)}$ 有界，且分段连续，并且 $|\dot{y}_d| < F_{d,1}$，$F_{d,1}$ 是未知正常数。

令 $\zeta_{i,1} = \varrho_i x_{i,1}$ 和 $\kappa_i = 1/\varrho_i$，那么系统 (4.2.1) 和式 (4.2.2) 可以写为

$$
\begin{aligned}
\dot{\zeta}_{i,1} &= \varrho_i x_{i,2} + \Theta_{i,1}^{\mathrm{T}} \varphi_{i,1}(\kappa_i \zeta_{i,1}) + \varrho_i d_{i,1} \\
\dot{x}_{i,j} &= x_{i,j+1} + \Theta_{i,j}^{\mathrm{T}} \varphi_{i,j}(\kappa_i \zeta_{i,1}, \bar{x}_{i,j}) + d_{i,j} \\
\dot{x}_{i,n} &= \beta_i u_i + \Theta_{i,n}^{\mathrm{T}} \varphi_{i,n}(\kappa_i \zeta_{i,1}, \bar{x}_{i,n}) + d_{i,n} \\
y_i^f &= \zeta_{i,1}
\end{aligned} \tag{4.2.3}
$$

其中，$\Theta_{i,1} = \varrho_i \theta_i$；$\Theta_{i,j} = \theta_i$，$j = 2, 3, \cdots, n$。

假设 4.2.4 假设函数 $\varphi_{i,j}\,(j = 1, 2, \cdots, n)$ 满足全局利普希茨连续条件。对于 x_1、x_2，存在已知常数 $L_{i,j}$，使得不等式 $|\varphi_{i,j}(x_1) - \varphi_{i,j}(x_2)| \leqslant L_{i,j} \|x_1 - x_2\|$ 成立，其中，$\|x\|$ 表示向量 x 的 2-范数。

假设 4.2.5 存在一个已知的正常数 θ_M，使得 $|\theta|_i \leqslant \theta_M$。

引理 4.2.1 对于任何实值连续函数 $\phi(x, y)$，$x \in \mathbf{R}^m$，$y \in \mathbf{R}^n$，存在光滑的实值函数 $a(x) \geqslant 1$ 和 $b(y) \geqslant 1$，使得 $|\phi(x, y)| \leqslant a(x)\, b(y)$。

引理 4.2.2 如果拓扑图 $\mathcal{G}$ 的邻接矩阵 $\mathcal{A} \in \mathbf{R}^{p \times p}$ 是无向和连通的，则矩阵 $\mathcal{L} + B$ 是对称正定的，其中，$B = \mathrm{diag}\{b_1, b_2, \cdots, b_p\}$，至少有一个 $b_m > 0$，$m = 1, 2, \cdots, p$。

控制目标 针对不确定非线性多智能体系统 (4.2.1)，基于状态观测器，设计一种自适应事件触发的容错控制方法，使得：

(1) 闭环系统中的所有信号全局一致有界；

(2) 输出 $y_i(t)$ 能够有效跟踪参考信号的轨迹 $y_d(t)$。

4.2.2 分布式鲁棒自适应反步递推事件触发控制设计

设计自适应状态观测器为

$$
\begin{aligned}
\dot{\hat{x}}_{i,1} &= \hat{\varrho}_i \hat{x}_{i,2} + \hat{\Theta}_{i,1}^{\mathrm{T}} \varphi_{i,1}(\hat{\kappa}_i \zeta_{i,1}) + k_{i,1}\left(y_i^f - \hat{x}_{i,1}\right) \\
\dot{\hat{x}}_{i,j} &= \hat{x}_{i,j+1} + \hat{\Theta}_{i,j}^{\mathrm{T}} \varphi_{i,j}\left(\hat{\kappa}_i \zeta_{i,1}, \bar{\hat{x}}_{i,j}\right) + k_{i,j}\left(y_i^f - \hat{x}_{i,1}\right) \\
\dot{\hat{x}}_{i,n} &= \beta_i u_i + \hat{\Theta}_{i,n}^{\mathrm{T}} \varphi_{i,n}\left(\hat{\kappa}_i \zeta_{i,1}, \bar{\hat{x}}_{i,n}\right) + k_{i,n}\left(y_i^f - \hat{x}_{i,1}\right)
\end{aligned} \tag{4.2.4}
$$

其中，$j = 2, 3, \cdots, n-1$；$\hat{x}_{i,1}$ 为 $x_{i,1}$ 的估计；$\bar{\hat{x}}_{i,n} = [\hat{x}_{i,2}, \hat{x}_{i,3}, \cdots, \hat{x}_{i,n}]^{\mathrm{T}}$ 为 $\bar{x}_{i,n} = [x_{i,2}, x_{i,3}, \cdots, x_{i,n}]^{\mathrm{T}}$ 的估计；$\hat{\varrho}_i$、$\hat{\Theta}_{i,j}$ 和 $\hat{\kappa}_i$ 为 ϱ_i、$\Theta_{i,j}$ 和 κ_i 的估计。令 $\epsilon_{i,1} = \zeta_{i,1} - \hat{x}_{i,1}$ 和 $\epsilon_{i,j} = x_{i,j} - \hat{x}_{i,j}$ 为观测误差。

观测误差的动力学方程可以描述为

$$
\dot{\epsilon}_i = A_i \epsilon_i + F_i^{\mathrm{T}}\left(\hat{\kappa}_i \zeta_{i,1}, \bar{\hat{x}}_{i,n}\right) \tilde{\vartheta}_i + \Delta F_i^{\mathrm{T}} \vartheta_i + C_1 \tilde{\varrho}_i \hat{x}_{i,2} + C_1 \varrho_i d_{i,1} + C_n D_{i,n} \tag{4.2.5}
$$

其中，$D_{i,n}=\operatorname{diag}\{0,d_{i,2},\cdots,d_{i,n}\}$；$\tilde{\varrho}_i=\varrho_i-\hat{\varrho}_i$；$\vartheta_i=[\Theta_{i,1},\Theta_{i,2},\cdots,\Theta_{i,n}]^{\mathrm{T}}$；$\tilde{\vartheta}_i=\left[\tilde{\Theta}_{i,1},\tilde{\Theta}_{i,2},\cdots,\tilde{\Theta}_{i,n}\right]^{\mathrm{T}}$，$\tilde{\Theta}_{i,j}=\Theta_{i,j}-\hat{\Theta}_{i,j},j=1,2,\cdots,n$；$C_1=[1,0,\cdots,0]^{\mathrm{T}}$；$F_i\left(\hat{\kappa}_i\zeta_{i,1},\bar{\hat{x}}_{i,n}\right)=\operatorname{diag}\{\varphi_{i,1}\left(\hat{\kappa}_i\zeta_{i,1}\right),\varphi_{i,2}\left(\hat{\kappa}_i\zeta_{i,2}\right),\cdots,\varphi_{i,n}(\hat{\kappa}_i\zeta_{i,1},\hat{x}_{i,n})\}$；$C_n=\{0,1,\cdots,1\}^{\mathrm{T}}$；$\Delta F_i=\operatorname{diag}\{\varphi_{i,1}\left(\kappa_i\zeta_{i,1}\right)-\varphi_{i,1}\left(\hat{\kappa}_i\zeta_{i,1}\right),\cdots,\varphi_{i,n}(\kappa_i\zeta_{i,1},\hat{x}_{i,n})-\varphi_{i,n}(\hat{\kappa}_i\zeta_{i,1},\hat{x}_{i,n})\}$；$A_i=\begin{bmatrix}-k_{i,1} & & \\ \vdots & G_i & \\ -k_{i,n} & 0\ \cdots & 0\end{bmatrix}$，$G_i=\operatorname{diag}\{\varrho_i,1,\cdots,1\}$。

选取合适的 $k_{i,j}$，对于任意给定的 $Q_i^{\mathrm{T}}=Q_i>0$，存在一个正定矩阵 P_i 使得 $A_i^{\mathrm{T}}P_i+P_iA_i<-Q_i$。选取李雅普诺夫函数 $V_0=\sum\limits_{i=1}^{N}\left\{\epsilon_i^{\mathrm{T}}P_i\epsilon_i+\dfrac{1}{2\sigma_{i,1}}\tilde{\varrho}_i^2+\dfrac{M}{3\sigma_{i,2}}|\tilde{\kappa}_i|^3+\dfrac{1}{2\sigma_{i,3}}\tilde{\vartheta}_i^{\mathrm{T}}\tilde{\vartheta}_i\right\}$，其中 $\sigma_{i,1},\sigma_{i,2},\sigma_{i,3}>0$，$M=\theta_M^2\sum\limits_{j=1}^{N}L_{i,j}^2$ 和 $\tilde{\kappa}_i=\kappa_i-\hat{\kappa}_i$。

由式 (4.2.5)，求 V_0 的导数，可得

$$\begin{aligned}\dot{V}_0=\sum_{i=1}^{N}\Bigg[&-\epsilon_i^{\mathrm{T}}Q_i\epsilon_i+2\epsilon_i^{\mathrm{T}}P_i\Big(C_1\tilde{\varrho}_i\hat{x}_{i,2}+\Delta F_i^{\mathrm{T}}\vartheta_i+C_1\varrho_id_{i,1}+C_nD_{i,n}\\&+F_i^{\mathrm{T}}\left(\hat{\kappa}_i\zeta_{i,1},\bar{\hat{x}}_{i,n}\right)\tilde{\vartheta}_i\Big)-\frac{1}{\sigma_{i,1}}\tilde{\varrho}_i\dot{\hat{\varrho}}_i-\frac{M}{\sigma_{i,2}}\tilde{\kappa}_i^2\dot{\hat{\kappa}}_i\operatorname{sign}\left(\tilde{\kappa}_i\right)-\frac{1}{\sigma_{i,3}}\tilde{\vartheta}_i^{\mathrm{T}}\dot{\hat{\vartheta}}_i\Bigg]\end{aligned}\tag{4.2.6}$$

令 $\epsilon_i=[\epsilon_{i,1},0,\cdots,0]+[0,\epsilon_{i,2},\cdots,\epsilon_{i,n}]$、$\epsilon_{i,0}=[\epsilon_{i,1},0,\cdots,0]$ 和 $I_1=\operatorname{diag}\{0,1,\cdots,1\}$。利用杨氏不等式、假设 4.2.4 和假设 4.2.5，可得

$$\begin{aligned}\dot{V}_0\leqslant\sum_{i=1}^{N}\Bigg[&-\epsilon_i^{\mathrm{T}}\bar{Q}_i\epsilon_i+\frac{1}{\sigma_{i,1}}\tilde{\varrho}_i\left(2\sigma_{i,1}\epsilon_{i,0}P_iC_1\hat{x}_{i,2}-\dot{\hat{\varrho}}_i\right)\\&+\frac{M}{\sigma_{i,2}}\tilde{\kappa}_i^2\left(\sigma_{i,2}\zeta_{i,1}^2-\dot{\hat{\kappa}}_i\operatorname{sign}\left(\tilde{\kappa}_i\right)\right)+\tilde{\varrho}_i^2+\tilde{\vartheta}_i^{\mathrm{T}}\tilde{\vartheta}_i\\&+\frac{1}{\sigma_{i,3}}\tilde{\vartheta}_i^{\mathrm{T}}\left(2\sigma_{i,3}F_i\left(\hat{\kappa}_i\zeta_{i,1},\bar{\hat{x}}_{i,n}\right)P_i\epsilon_{i,0}-\dot{\hat{\vartheta}}_i\right)+\sum_{j=1}^{N}D_{M,ij}^2\Bigg]\end{aligned}\tag{4.2.7}$$

其中，$\bar{Q}_i=Q_i-P_iP_i-\hat{x}_{i,2}^2I_1P_iC_1C_1^{\mathrm{T}}P_iI_1-P_iC_1C_1^{\mathrm{T}}P_i-P_iI_1C_nC_n^{\mathrm{T}}I_1P_i-\theta_M^2\sum\limits_{q=2}^{n}L_{i,q}^2I_1-\max\limits_{2\leqslant j\leqslant n}\left\{\varphi_{i,j}^{\mathrm{T}}\left(\hat{\kappa}_i\zeta_{i,1},\bar{\hat{x}}_{i,n}\right)\varphi_{i,j}\left(\hat{\kappa}_i\zeta_{i,1},\bar{\hat{x}}_{i,n}\right)\right\}I_1P_iP_iI_1$。

设计如下分段更新律：

$$\dot{\hat{\kappa}}_i = \mathrm{Proj}_{[1,1/\underline{\varrho}_i]}\{\mathcal{E}_i\} = \begin{cases} 0, & \hat{\kappa}_i = 1, \mathcal{E}_i \leqslant 0; \hat{\kappa}_i = 1/\underline{\varrho}_i, \mathcal{E}_i \geqslant 0 \\ \mathcal{E}_i, & \text{其他} \end{cases} \tag{4.2.8}$$

且 $\mathcal{E}_i = \begin{cases} \sigma_{i,2}\zeta_{i,1}^2 - \gamma_{i,2}\hat{\kappa}_i, & m_i \geqslant 0 \\ 0, & m_i \leqslant 0 \end{cases}$，$m_i = \sigma_{i,2}\zeta_{i,1}^2 - \gamma_{i,2}\hat{\kappa}_i$。$\mathrm{Proj}\{\cdot\}$ 代表投影算子。

设计如下参数自适应律：

$$\dot{\hat{\varrho}}_i = \mathrm{Proj}_{[\underline{\varrho}_i,1]}\left\{2\sigma_{i,1}\epsilon_{i,0}^{\mathrm{T}} P_i C_1 \hat{x}_{i,2} - \gamma_{i,1}\hat{\varrho}_i\right\} \tag{4.2.9}$$

$$\dot{\hat{\vartheta}}_i = \mathrm{Proj}_{[-\theta_M,\theta_M]}\left\{2\sigma_{i,3}F_i\left(\hat{\kappa}_i\zeta_{i,1}, \bar{\hat{x}}_{i,n}\right)P_i\epsilon_{i,0} - \gamma_{i,3}\hat{\vartheta}_i\right\} \tag{4.2.10}$$

将式 (4.2.8) 和式 (4.2.9) 代入式 (4.2.7)，并利用杨氏不等式，可得

$$\begin{aligned}
\dot{V}_0 \leqslant & \sum_{i=1}^{N}\Bigg[-\epsilon_i^{\mathrm{T}}\bar{Q}_i\left(\hat{\kappa}_i\zeta_{i,1}, \bar{\hat{x}}_{i,n}\right)\epsilon_i - \left(\frac{\gamma_{i,1}}{2\sigma_{i,1}} - 1\right)\tilde{\varrho}_i^2 + \frac{\gamma_{i,1}}{\sigma_{i,1}}\tilde{\varrho}_i\hat{\varrho}_i \\
& + \frac{M\gamma_{i,2}}{\sigma_{i,2}}\tilde{\kappa}_i^2\hat{\kappa}_i + \frac{\gamma_{i,3}}{\sigma_{i,3}}\tilde{\vartheta}_i^{\mathrm{T}}\hat{\vartheta}_i + \tilde{\varrho}_i^2 + \tilde{\varrho}_i\hat{\varrho}_i + \sum_{j=1}^{N}D_{M,ij}^2\Bigg] \\
\leqslant & \sum_{i=1}^{N}\Bigg[-\epsilon_i^{\mathrm{T}}\bar{Q}_i\left(\hat{\kappa}_i\zeta_{i,1}, \bar{\hat{x}}_{i,n}\right)\epsilon_i - \left(\frac{\gamma_{i,1}}{\sigma_{i,1}} - 1\right)\tilde{\varrho}_i^2 - \left(\frac{\gamma_{i,1}}{2\sigma_{i,3}} - 1\right)\tilde{\vartheta}_i^{\mathrm{T}}\tilde{\vartheta}_i \\
& - \frac{M\gamma_{i,2}}{3\sigma_{i,2}}|\tilde{\kappa}_i|^3 + \Delta_{i,0}\Bigg]
\end{aligned} \tag{4.2.11}$$

其中，$\Delta_{i,0} = [\gamma_{i,1}/(2\sigma_{i,1})]\varrho_i^2 + [M\gamma_{i,2}/(2\sigma_{i,2})]\kappa_i^3 + [\gamma_{i,3}/(2\sigma_{i,3})]\vartheta_i^{\mathrm{T}}\vartheta_i + \sum_{j=1}^{N}D_{M,ij}^2$，并且使用 $\tilde{\varrho}_i\hat{\varrho}_i \leqslant -1/(2\tilde{\varrho}_i^2) + 1/(2\varrho_i^2)$，$\tilde{\kappa}_i^2\hat{\kappa}_i \leqslant -1/(3|\tilde{\kappa}_i|^3) + 1/(3\kappa_i^3)$ 和 $\tilde{\vartheta}_i^{\mathrm{T}}\hat{\vartheta}_i \leqslant -1/(2\tilde{\vartheta}_i^{\mathrm{T}}\tilde{\vartheta}_i) + 1/(2\vartheta_i^{\mathrm{T}}\vartheta_i)$。通过选择设计参数 $K_i = [k_{i,1}, k_{i,2}, \cdots, k_{i,n}]^{\mathrm{T}}$，可得 $\bar{Q}_i\left(\hat{\kappa}_i\zeta_{i,1}, \bar{\hat{x}}_{i,n}\right) > 0$ 以保证观测误差系统的稳定性。

定义如下坐标变换：

$$z_{i,1} = \sum_{j=1}^{N}a_{ij}\left(\hat{\kappa}_i\zeta_{i,1} - \hat{\kappa}_j\zeta_{j,1}\right) + b_i\left(\hat{\kappa}_i\zeta_{i,1} - y_d\right) \tag{4.2.12}$$

$$z_{i,j} = \hat{x}_{i,j} - \alpha_{i,j-1}, \quad j = 2, 3, \cdots, n \tag{4.2.13}$$

其中，$\alpha_{i,1},\alpha_{i,2},\cdots,\alpha_{i,n-1}$ 为虚拟控制器。令 $z_1=[z_{1,1},z_{2,1},\cdots,z_{N,1}]^{\mathrm{T}}$，可得 $z_1=(\mathcal{L}+B)\delta$ 代表跟踪误差，且 $\underline{\hat{\kappa}\zeta}=[\hat{\kappa}_1\zeta_1,\hat{\kappa}_2\zeta_2,\cdots,\hat{\kappa}_N\zeta_N]^{\mathrm{T}}$ 和 $\underline{y}_d=[y_d,y_d,\cdots,y_d]^{\mathrm{T}}$。

基于上面的坐标变换，n 步自适应反步递推控制设计过程如下。

第 1 步　根据式 (4.2.12) 和式 (4.2.3)，可得

$$\dot{z}_1=(\mathcal{L}+B)\,\dot{\delta} \tag{4.2.14}$$

其中，$\dot{\delta}=\Big[\dot{\hat{\kappa}}_1\zeta_{1,1}+\hat{\kappa}_1\left(\alpha_{1,1}+z_{1,2}+\epsilon_{1,2}+\Theta_{1,1}^{\mathrm{T}}\varphi_{1,1}\left(\kappa_1\zeta_{1,1}\right)+\varrho_1 d_{1,1}\right)-\dot{y}_d,\cdots,$ $\dot{\hat{\kappa}}_N\zeta_{N,1}+\hat{\kappa}_N\left(\alpha_{N,1}+z_{N,2}+\epsilon_{N,2}+\Theta_{N,1}^{\mathrm{T}}\varphi_{N,1}\left(\kappa_N\zeta_{N,1}\right)+\varrho_N d_{N,1}\right)-\dot{y}_d\Big]^{\mathrm{T}}$。

选取如下李雅普诺夫函数：

$$V_1=\frac{1}{2}\delta^{\mathrm{T}}\left(\mathcal{L}+B\right)\delta+\sum_{i=1}^{N}\frac{1}{2\sigma_{i,4}}\tilde{\psi}_i^{\mathrm{T}}\tilde{\psi}_i+\sum_{i=1}^{N}\frac{\varrho_i}{2\sigma_{i,5}}\tilde{\varsigma}_i^2 \tag{4.2.15}$$

其中，$\tilde{\psi}_i=\psi_i-\hat{\psi}_i$，$\tilde{\varsigma}_i=\varsigma_i-\hat{\varsigma}_i$。$\hat{\varsigma}_i>0$ 且满足 $1/\varrho_i<\varsigma_i<1/\underline{\varrho}_i$。

由式 (4.2.4) 和式 (4.2.15)，求 V_1 的导数，可得

$$\begin{aligned}\dot{V}_1\leqslant\sum_{i=1}^{N}\Bigg\{&z_{i,1}\left[\dot{\hat{\kappa}}_i\zeta_{i,1}+\hat{\kappa}_i\left(\varrho_i x_{i,2}+\Theta_{i,1}^{\mathrm{T}}\varphi_{i,1}+\varrho_i d_{i,1}\right)-\dot{y}_d\right]\\&-\frac{1}{\sigma_{i,4}}\tilde{\psi}_{i,1}^{\mathrm{T}}\dot{\hat{\psi}}_{i,1}-\frac{\varrho_i}{\sigma_{i,5}}\tilde{\varsigma}_i\dot{\hat{\varsigma}}_i\Bigg\}\end{aligned} \tag{4.2.16}$$

因为 $\varphi_{i,1q}(0)=0$ 和 $\varphi_{i,1q}$ 是光滑的，存在连续函数 $\bar{\varphi}_{i,1q}$ 使得 $\varphi_{i,1q}\left(\kappa_i\zeta_{i,1}\right)=\kappa_i\zeta_{i,1}\bar{\varphi}_{i,1q}$。通过引理 4.2.2，针对 $\bar{\varphi}_{i,1q}$，存在 $\hbar_{i,1q}(\cdot)$ 和 $F_{i,1q}(\cdot)$ 使得 $|\bar{\varphi}_{i,1q}|\leqslant\hbar_{i,1q}\left(\kappa_i\right)F_{i,1q}\left(\zeta_{i,1}\right)$。令 $F_{i,1}=\left[F_{i,11}\left(\zeta_{i,1}\right),F_{i,12}\left(\zeta_{i,1}\right),\cdots,F_{i,1p}\left(\zeta_{i,1}\right)\right]^{\mathrm{T}}$，$\psi_{i,1}=[\psi_{i,11},\psi_{i,12},\cdots,\psi_{i,1p}]^{\mathrm{T}}$ 和 $\psi_{i,1q}=\kappa_i\hbar_{i,1q}\left(\kappa_i\right)|\Theta_{i,1q}|$。因此，有 $z_{i,1}\hat{\kappa}_i\Theta_{i,1}^{\mathrm{T}}\varphi\left(\kappa_i\zeta_{i,1}\right)\leqslant z_{i,1}\psi_i^{\mathrm{T}}F_{i,1}\left(\zeta_{i,1}\right)$。

将式 (4.2.16) 改写为

$$\begin{aligned}\dot{V}_1\leqslant\sum_{i=1}^{N}\Bigg\{&z_{i,1}\varrho_i\hat{\kappa}_i\left(\alpha_{i,1}+z_{i,2}-\dot{y}_d\right)+z_{i,1}\dot{\hat{\kappa}}_i\zeta_{i,1}-\frac{\varrho_i}{\sigma_{i,5}}\tilde{\varsigma}_i\dot{\hat{\varsigma}}_i\\&+z_{i,1}^2\hat{\psi}_i^{\mathrm{T}}F_{i,1}\left(\zeta_{i,1}\right)+\frac{1}{\sigma_{i,4}}\tilde{\psi}_i^{\mathrm{T}}\left[2\sigma_{i,4}z_{i,1}^2F_{i,1}\left(\zeta_{i,1}\right)-\dot{\hat{\psi}}_i\right]\Bigg\}\end{aligned} \tag{4.2.17}$$

设计虚拟控制器和参数自适应律分别如下：

$$\alpha_{i,1}=-\frac{\hat{\varsigma}_i}{\hat{\kappa}_i}\bar{\alpha}_i z_{i,1}+\hat{\kappa}_i b_i\dot{y}_d \tag{4.2.18}$$

$$\dot{\hat{\psi}}_i = 2\sigma_{i,4} z_{i,1}^2 F_{i,1}(\zeta_{i,1}) - \gamma_{i,4}\hat{\psi}_i \tag{4.2.19}$$

$$\dot{\hat{\varsigma}}_i = \operatorname{Proj}\left\{\sigma_{i,5}\bar{\alpha}_i z_{i,1}^2 - \gamma_{i,5}\hat{\varsigma}_i\right\} \tag{4.2.20}$$

其中，$\bar{\alpha}_i = c_{i,1} + (3/2 + 1/\eta)\hat{\kappa}_i^2 + \hat{\psi}_i^{\mathrm{T}} F_{i,1}(\zeta_{i,1}) + \sigma_{i,2}^2\zeta_{i,1}^6$。利用杨氏不等式，可得

$$\dot{V}_1 \leqslant -c_{i,1}z_{i,1}^2 + \frac{1}{2}z_{i,2}^2 + \frac{\eta}{4}\epsilon_{i,2}^2 + \frac{\gamma_{i,4}}{\sigma_{i,4}}\tilde{\psi}_i^{\mathrm{T}}\hat{\psi}_i + \frac{\gamma_{i,5}\varrho_i}{\sigma_{i,5}}\tilde{\varsigma}_i\hat{\varsigma}_i + \varDelta_{i,1} \tag{4.2.21}$$

其中，$\varDelta_{i,1} = 1/2 + 1/(2D_{M,i1}^2) + 1/(2F_{d,1}^2)$。

第 $\boldsymbol{k}\,(2 \leqslant k \leqslant n-1)$ 步　考虑 $z_{i,k} = \hat{x}_{i,k} - \alpha_{i,k-1}$ 是关于变量 $\zeta_{i,1},\cdots,\zeta_{j,1}$、$a_{iq}\zeta_{q,1},\cdots,a_{ik}\zeta_{k,1}$、$\bar{\hat{x}}_{i,k-1}$、$\bar{\hat{\Theta}}_{i,k-1}$、$\hat{\kappa}_i$、$a_{iq}\hat{\kappa}_k$、$\hat{\psi}_i$、$\hat{\varsigma}_i$、$b_i y_d$ 和 $b_i\dot{y}_d$ 的函数。由式 (4.2.4) 和式 (4.2.14)，可得

$$\begin{aligned}\dot{z}_{i,k} = {}& \hat{x}_{i,k+1} - \frac{\partial\alpha_{i,k-1}}{\partial\zeta_{i,1}}\left(\varrho_i x_{i,2} + \Theta_{i,1}^{\mathrm{T}}\varphi_{i,1}(\kappa_i\zeta_{i,1}) + \varrho_i d_{i,1}\right) + \varPi_{i,k} \\ & - \sum_{q=1}^{N} a_{iq}\frac{\partial\alpha_{i,k-1}}{\partial\zeta_{q,1}}\left(\varrho_q x_{q,2} + \Theta_{q,1}^{\mathrm{T}}\varphi_{q,1}(\kappa_q\zeta_{q,1}) + \varrho_i d_{q,1}\right)\end{aligned} \tag{4.2.22}$$

其中

$$\begin{aligned}\varPi_{i,k} = {}& \hat{\Theta}_{i,k}^{\mathrm{T}}\varphi_{i,k}\left(\hat{\kappa}_i\zeta_{i,1}, \bar{\hat{x}}_{i,n}\right) + k_{i,k}\epsilon_{i,1} - \sum_{q=1}^{k-1}\frac{\partial\alpha_{i,k-1}}{\partial\hat{\zeta}_{q,1}}\dot{\hat{\zeta}}_{q,1} - \sum_{q=1}^{k-1} a_{iq}\frac{\partial\alpha_{i,k-1}}{\partial\hat{\zeta}_{q,1}}\dot{\hat{\zeta}}_{q,1} \\ & - \sum_{q=1}^{k-1}\frac{\partial\alpha_{i,k-1}}{\partial\hat{\Theta}_{i,q}}\dot{\hat{\Theta}}_{i,q} - \sum_{q=1}^{k-1}\frac{\partial\alpha_{i,k-1}}{\partial\hat{\psi}_q}\dot{\hat{\psi}}_q - \sum_{q=1}^{k-1}\frac{\partial\alpha_{i,k-1}}{\partial\hat{\kappa}_q}\dot{\hat{\kappa}}_q \\ & - \sum_{q=1}^{k-1} a_{iq}\frac{\partial\alpha_{i,k-1}}{\partial\hat{\kappa}_q}\dot{\hat{\kappa}}_q - \sum_{q=1}^{k-1}\frac{\partial\alpha_{i,k-1}}{\partial\hat{\varsigma}_q}\dot{\hat{\varsigma}}_q \\ & - b_i\sum_{q=0}^{k-1}\frac{\partial\alpha_{i,k-1}}{\partial y_d^{(q)}}y_d^{(q+1)} - b_i\sum_{q=1}^{k-1}\frac{\partial\alpha_{i,k-1}}{\partial y_d^{(q)}}y_d^{(q+1)}\end{aligned}$$

选取李雅普诺夫函数 $V_k = \sum_{i=1}^{N}\frac{1}{2}z_{i,k}^2$。对于式 (4.2.21)，求 V_k 的导数，可得

$$\begin{aligned}\dot{V}_k = \sum_{i=1}^{N} z_{i,k}\Bigg[& \hat{x}_{i,k+1} - \frac{\partial\alpha_{i,k-1}}{\partial\zeta_{i,1}}\left(\varrho_i x_{i,2} + \Theta_{i,1}^{\mathrm{T}}\varphi_{i,1}(\kappa_i\zeta_{i,1}) + \varrho_i d_{i,1}\right) \\ & - \sum_{q=1}^{N} a_{iq}\frac{\partial\alpha_{i,k-1}}{\partial\zeta_{q,1}}\left(\varrho_q x_{q,2} + \Theta_{q,1}^{\mathrm{T}}\varphi_{q,1}(\kappa_q\zeta_{q,1}) + \varrho_q d_{q,1}\right) + \varPi_{i,k}\Bigg]\end{aligned} \tag{4.2.23}$$

其中，$k=2,3,\cdots,n-1$。

设计虚拟控制器为

$$\alpha_{i,k}=-\left(c_{i,k}+1\right)z_{i,k}-z_{i,k}\left(\frac{\partial\alpha_{i,k-1}}{\partial\zeta_{i,1}}\right)^2\left(\hat{x}_{i,2}^2+1+\frac{1}{\eta}+F_{i,1}^2\left(\zeta_{i,1}\right)\zeta_{i,1}^2\right)$$
$$-\sum_{q=1}^{N}a_{iq}\left(\frac{\partial\alpha_{i,k-1}}{\partial\zeta_{q,1}}\right)^2\left(\hat{x}_{q,2}^2+1+\frac{1}{\eta}+F_{q,1}^2\left(\zeta_{q,1}\right)\zeta_{q,1}^2\right)-\Pi_{i,k}\tag{4.2.24}$$

基于式 (4.2.23)，利用杨氏不等式可得

$$\dot{V}_k\leqslant\sum_{i=1}^{N}\left(-c_{i,k}z_{i,k}^2-\frac{1}{2}z_{i,k}^2+\frac{1}{2}z_{i,k+1}^2+\frac{\eta}{4}\epsilon_{i,2}^2+\sum_{q=1}^{N}a_{iq}\frac{\eta}{4}\epsilon_{i,2}^2+\Delta_{i,k}\right)\tag{4.2.25}$$

其中，$\Delta_{i,k}=1/4+1/(4\psi_i^{\mathrm{T}}\psi_i)+1/(4D_{M,i1}^2)+\sum\limits_{k=1}^{N}a_{ik}\left[1/4+1/(4\psi_k^{\mathrm{T}}\psi_k)+1/(4D_{M,k1}^2)\right]$。

第 n 步　考虑 $z_{i,n}=\hat{x}_{i,n}-\alpha_{i,n-1}$。$z_{i,n}$ 是关于变量 $\zeta_{i,1},\cdots,\zeta_{n,1}$、$a_{iq}\zeta_{q,1},\cdots,a_{in}\zeta_{n,1}$、$\bar{\hat{x}}_{i,n-1}$、$\bar{\hat{\Theta}}_{i,n-1}$、$\hat{\kappa}_i$、$a_{iq}\hat{\kappa}_n$、$\hat{\psi}_i$、$\hat{\varsigma}_i$、$b_iy_d$ 和 $b_i\dot{y}_d$ 的一个函数。那么有

$$\dot{z}_{i,n}=\beta_iu_i-\frac{\partial\alpha_{i,n-1}}{\partial\zeta_{i,1}}\left(\varrho_ix_{i,2}+\Theta_{i,1}^{\mathrm{T}}\varphi_{i,1}\left(\kappa_i\zeta_{i,1}\right)+\varrho_id_{i,1}\right)+\Pi_{i,n}$$
$$-\sum_{q=1}^{N}a_{iq}\frac{\partial\alpha_{i,n-1}}{\partial\zeta_{q,1}}\left(\varrho_qx_{q,2}+\Theta_{q,1}^{\mathrm{T}}\varphi_{q,1}\left(\kappa_q\zeta_{q,1}\right)+\varrho_qd_{q,1}\right)\tag{4.2.26}$$

其中

$$\Pi_{i,n}=\hat{\Theta}_{i,n}^{\mathrm{T}}\varphi_{i,n}\left(\hat{\kappa}_i\zeta_{i,1},\bar{\hat{x}}_{i,n}\right)+k_{i,n}\epsilon_{i,1}-\sum_{q=1}^{n-1}\frac{\partial\alpha_{i,n-1}}{\partial\hat{\zeta}_{1,q}}\dot{\hat{\zeta}}_{q,1}-\sum_{q=1}^{n-1}a_{iq}\frac{\partial\alpha_{i,n-1}}{\partial\hat{\zeta}_{q,1}}\dot{\hat{\zeta}}_{q,1}$$
$$-\sum_{q=1}^{n-1}\frac{\partial\alpha_{i,n-1}}{\partial\hat{\Theta}_{i,q}}\dot{\hat{\Theta}}_{i,q}-\sum_{q=1}^{n-1}\frac{\partial\alpha_{i,n-1}}{\partial\hat{\psi}_q}\dot{\hat{\psi}}_q-\sum_{q=1}^{n-1}\frac{\partial\alpha_{i,n-1}}{\partial\hat{\kappa}_q}\dot{\hat{\kappa}}_q$$
$$-\sum_{q=1}^{j-1}\frac{\partial\alpha_{i,j-1}}{\partial\hat{\varsigma}_q}\dot{\hat{\varsigma}}_q-\sum_{q=1}^{n-1}a_{iq}\frac{\partial\alpha_{i,n-1}}{\partial\hat{\kappa}_q}\dot{\hat{\kappa}}_q$$
$$-b_i\sum_{q=0}^{n-1}\frac{\partial\alpha_{i,n-1}}{\partial y_d^{(q)}}y_d^{(q+1)}-b_i\sum_{q=1}^{n-1}\frac{\partial\alpha_{i,n-1}}{\partial y_d^{(q)}}y_d^{(q+1)}$$

选取李雅普诺夫函数 $V_n=\sum\limits_{i=1}^{N}\frac{1}{2}z_{i,n}^2$。由式 (4.2.26)，求 V_n 的导数，可得

$$\begin{aligned}\dot{V}_n=\sum_{i=1}^{N} z_{i,n}\Bigg[&\beta_i u_i-\frac{\partial \alpha_{i,n-1}}{\partial \zeta_{i,1}}\left(\varrho_i x_{i,2}+\Theta_{i,1}^{\mathrm{T}}\varphi_{i,1}\left(\kappa_i\zeta_{i,1}\right)+\varrho_i d_{i,1}\right) z_{i,n}\\&-\sum_{q=1}^{N} a_{iq}\frac{\partial \alpha_{i,n-1}}{\partial \zeta_{q,1}}\left(\varrho_q x_{q,2}+\Theta_{q,1}^{\mathrm{T}}\varphi_{q,1}\left(\kappa_q\zeta_{q,1}\right)+\varrho_q d_{q,1}\right)+\Pi_{i,n}\Bigg]\end{aligned}\tag{4.2.27}$$

设计如下控制器:

$$\begin{aligned}u_i^*=&c_{i,n}z_{i,n}+z_{i,n}\left(\frac{\partial \alpha_{i,n-1}}{\partial \zeta_{i,1}}\right)^2\left(\hat{x}_{i,2}^2+F_{i,1}^2\left(\zeta_{i,1}\right)\zeta_{i,1}^2+1+\frac{1}{\eta}\right)+\frac{1}{2}z_{i,n}+\Pi_{i,n}\\&+z_{i,n}\sum_{q=1}^{N} a_{iq}\left(\frac{\partial \alpha_{i,n-1}}{\partial \zeta_{q,1}}\right)^2\left(\hat{x}_{q,2}^2+F_{q,1}^2\left(\zeta_{q,1}\right)\zeta_{q,1}^2+1+\frac{1}{\eta}\right)+\left(\frac{\mu_i}{1-\nu_i}\right)^2 z_{i,n}\end{aligned}\tag{4.2.28}$$

其中，$0<\nu_i<1$ 和 $\mu_i>0$ 为设计参数。

设计事件触发控制器为

$$u_i\left(t\right)=\frac{1}{\beta_i}w_i\left(t_k^i\right),\quad \forall t\in\left[t_k^i,t_{k+1}^i\right)\tag{4.2.29}$$

其中，$w_i\left(t\right)=-\left(1+\nu_i\right)\left(u_i^*\tanh\left(\left(z_{i,n}u_i^*\right)/\varpi_i\right)+\mu_i\tanh\left(\left(z_{i,n}\mu_i\right)/\varpi_i\right)\right)$，且 ϖ_i 为正常数。定义事件触发误差 $e_i=w_i-u_i$。t_k^i 为第 i 个智能体的执行器的输入更新时间。在时间区间 $t\in\left[t_k^i,t_{k+1}^i\right)$ 内，控制输入为 $u_i=\dfrac{1}{\beta_i}w_i\left(t_k^i\right)$。

设计如下切换阈值策略:

$$t_{k+1}^i=\begin{cases}\inf\left\{t>t_k^i \mid |e_i|\geqslant v_{i,1}|u_i|+\mu_{i,1}\right\}, & |u_i\left(t\right)|\leqslant W_i\\ \inf\left\{t>t_k^i \mid |e_i|\geqslant \mu_{i,2}\right\}, & |u_i\left(t\right)|>W_i\end{cases}\tag{4.2.30}$$

设计如下参数 ν_i 和 μ_i:

$$\nu_i=\begin{cases}\nu_{i,1}, & |u_i\left(t\right)|\leqslant W_i\\ 0, & |u_i\left(t\right)|>W_i\end{cases},\quad \mu_i=\begin{cases}\mu_{i,1}, & |u_i\left(t\right)|\leqslant W_i\\ \mu_{i,2}, & |u_i\left(t\right)|>W_i\end{cases}$$

存在时变参数 $\pi_{i,1}\left(t\right)$ 和 $\pi_{i,2}\left(t\right)$，满足 $|\pi_{i,1}\left(t\right)|\leqslant 1$ 和 $|\pi_{i,2}\left(t\right)|\leqslant 1$，使得 $w_i\left(t\right)=\beta_i\left(1+\nu_i\pi_{i,1}\left(t\right)\right)u_i\left(t\right)+\pi_{i,2}\left(t\right)\mu_i$。因此，可得

$$u_i\left(t\right)=\frac{w_i\left(t\right)-\mu_i\pi_{i,2}\left(t\right)}{\beta_i\left(1+\nu_i\pi_{i,1}\left(t\right)\right)}\tag{4.2.31}$$

针对双曲正切函数，存在 $\mu \in \mathbf{R}$ 和 $\varpi > 0$ 使得 $-\mu \tanh\left(\dfrac{\mu}{\varpi}\right) \leqslant 0$。因此，有 $z_{i,n} w_i(t) < 0$。与此同时，可得 $z_{i,n} \dfrac{w_i(t)}{1+\nu_i \pi_{i,1}(t)} \leqslant z_{i,n} \dfrac{w_i(t)}{1+\nu_i}$ 和 $\dfrac{\mu_i \pi_{i,2}(t)}{1+\nu_i \pi_{i,2}(t)} \leqslant \dfrac{\mu_i}{1-\nu_i}$。而且，由 $0 \leqslant |\mu| - \mu \tanh\left(\dfrac{\mu}{\varpi}\right) \leqslant 0.2785\varpi$，可得

$$
\begin{aligned}
z_{i,n}\beta_i u_i &= \frac{z_{i,n} w_i(t)}{1+\nu_i \pi_{i,1}(t)} - \frac{z_{i,n}\mu_i \pi_{i,2}(t)}{1+\nu_i \pi_{i,2}(t)} \\
&\leqslant -|z_{i,n} u_i^*| - |z_{i,n}\mu_i| + 0.557\varpi_i + \frac{1}{4} + \left(\frac{\mu_i z_{i,n}}{1-\nu_i}\right)^2
\end{aligned} \tag{4.2.32}
$$

4.2.3 稳定性与收敛性分析

下面的定理给出了所设计的自适应事件触发输出反馈控制方法具有的性质。

定理 4.2.1 针对不确定非线性多智能体系统 (4.2.1)，假设 4.2.1 ~ 假设 4.2.5 成立。如果采用控制器 (4.2.29)，虚拟控制器 (4.2.18)、(4.2.24) 和 (4.2.28)，参数自适应律 (4.2.9)、(4.2.10) 和 (4.2.19)，切换阈值策略 (4.2.30)，则总体控制方案具有如下性能：

(1) 闭环系统中的所有信号全局一致有界；

(2) 输出 $y_i(t)$ 能够跟踪参考信号 $y_d(t)$。

证明 考虑式 (4.2.30) 和式 (4.2.32)，基于 $-|\mu_i z_{i,n}| \leqslant 0$ 和 $u_i^* z_{i,n} - |u_i^* z_{i,n}| \leqslant 0$，可得

$$
\dot{V}_n \leqslant \sum_{i=1}^{N}\left(-c_{i,n} z_{i,n}^2 - \frac{z_{i,n}^2}{2} + \frac{\eta\epsilon_{i,2}^2}{4} + \sum_{q=1}^{N} a_{iq}\frac{\eta}{4}\epsilon_{i,2}^2 + \varDelta_{i,n}\right) \tag{4.2.33}
$$

其中，$\varDelta_{i,n} = 1/4 + 1/(4\psi_i^{\mathrm{T}}\psi_i) + 1/(4D_{M,i1}^2) + \sum\limits_{j=1}^{N} a_{ij}[1/4 + 1/(4\psi_j^{\mathrm{T}}\psi_j) + 1/(4D_{M,j1}^2) + 0.557\varpi_i + 1/4]$。

选取如下李雅普诺夫函数 $V = V_0 + \sum\limits_{j=1}^{n} V_j$。结合式 (4.2.11)、式 (4.2.21)、式 (4.2.25) 和式 (4.2.33)，可得

$$
\begin{aligned}
\dot{V} \leqslant \sum_{i=1}^{N}\Bigg\{&-\epsilon_i^{\mathrm{T}}\left[\bar{Q}_i(\bar{\hat{x}}_{i,n}) - \left(\frac{n\eta}{4} + \frac{(n-1)\eta}{4}\sum_{q=1}^{N} a_{iq}\right) I_2\right]\epsilon_i \\
&- \sum_{j=1}^{n} c_{i,j} z_{i,j}^2 - \left(\frac{\gamma_{i,1}}{2\sigma_{i,1}} - 1\right)\tilde{\varrho}_i^2 - \frac{M\gamma_{i,2}}{3\sigma_{i,2}}|\tilde{\kappa}_i|^3
\end{aligned}
$$

$$
-\left(\frac{\gamma_{i,3}}{2\sigma_{i,3}}-1\right)\tilde{\vartheta}_i^{\mathrm{T}}\tilde{\vartheta}_i-\frac{\gamma_{i,4}}{2\sigma_{i,4}}\tilde{\psi}_i^{\mathrm{T}}\tilde{\psi}_i
$$

$$
\left.-\frac{\gamma_{i,5}\varrho_i}{2\sigma_{i,5}}\tilde{\varsigma}_i^2+\frac{\gamma_{i,4}}{2\sigma_{i,4}}\psi_i^{\mathrm{T}}\psi_i+\frac{\gamma_{i,5}\varrho_i}{2\sigma_{i,5}}\varsigma_i^2+\sum_{j=0}^{n}\Delta_{i,j}\right\} \tag{4.2.34}
$$

其中，$I_2=\operatorname{diag}\{0,1,0,\cdots,0\}$ 且 $\tilde{\psi}_i^{\mathrm{T}}\hat{\psi}_i\leqslant -1/(2\tilde{\psi}_i^{\mathrm{T}}\tilde{\psi}_i)+1/(2\psi_i^{\mathrm{T}}\psi_i)$ 和 $\tilde{\varsigma}_i\hat{\varsigma}_i\leqslant -1/(2\tilde{\varsigma}_i^2)+1/(2\varsigma_i^2)$ 被使用。那么，式 (4.2.34) 可以写为

$$
\dot{V}\leqslant -aV+\tau \tag{4.2.35}
$$

其中，$a=\min\limits_{i=1,2,\cdots,N;j=2,3,\cdots,n}\left\{\min\left\{\bar{Q}_i\left(\bar{\hat{x}}_{i,n}\right)-\left[\frac{n\eta}{4}+\frac{(n-1)\,\eta}{4}\sum_{q=1}^{N}a_{iq}\right]I_2\right\}\Big/\lambda_{\max}\right.$ $\left.(P_i),\gamma_{i,1}-2\sigma_{i,1},\gamma_{i,2},\gamma_{i,3}-2\sigma_{i,3},c_{i,1}\lambda_{\min}\left(\mathcal{L}+B\right),c_{i,j},\gamma_{i,4},\gamma_{i,5}\right\}$，$\tau=[\gamma_{i,5}\varrho_i/(2\sigma_{i,5})]\varsigma_i^2+[\gamma_{i,4}/(2\sigma_{i,4})]\,\psi_i^{\mathrm{T}}\psi_i+\sum\limits_{j=0}^{n}\Delta_{i,j}$。

设计参数向量，可得如下不等式：

$$
\begin{aligned}
&A_i^{\mathrm{T}}P_i+P_iA_i+P_iP_i+\phi_{i1}\,(t)\,I_1P_iC_1C_1^{\mathrm{T}}P_iI_1+\phi_{i2}\,(t)\,I_1P_iP_iI_1\\
&+P_iI_1C_nC_n^{\mathrm{T}}I_1P_i+P_iC_1C_1^{\mathrm{T}}P_i+\chi_iI_1+\left[\frac{n\eta}{4}+\frac{(n-1)\,\eta}{4}\sum_{q=1}^{N}a_{iq}\right]I_2<0
\end{aligned} \tag{4.2.36}
$$

其中，$\phi_{i1}(t)=\hat{x}_{i,2}^2$，$\phi_{i2}\,(t)=\max\limits_{j=2,3,\cdots,n}\{\varphi_{i,j}^{\mathrm{T}}(\hat{\kappa}_i\zeta_{i,1},\bar{\hat{x}}_{i,n})\varphi_{i,j}(\hat{\kappa}_i\zeta_{i,1},\bar{\hat{x}}_{i,n})\}$，$\chi_i=\theta_M^2\sum\limits_{j=2}^{n}L_{i,j}^2$。基于 Schur 定理，将式 (4.2.36) 写成线性矩阵不等式：

$$
\ell=\begin{bmatrix}
(1,1) & * & * & * & * & *\\
C_1^{\mathrm{T}}P_iI_1 & -\phi_{i1}^{-1}I & * & * & * & *\\
P_iI_1 & 0 & -\phi_{i2}^{-1}I & * & * & *\\
P_i & 0 & 0 & -I & * & *\\
C_n^{\mathrm{T}}I_1P_i & 0 & 0 & 0 & -I & *\\
C_1^{\mathrm{T}}P_i & 0 & 0 & 0 & 0 & -I
\end{bmatrix}<0 \tag{4.2.37}
$$

其中，$(1,1)=\bar{A}_i^{\mathrm{T}}P_i+P_i\bar{A}_i+H^{\mathrm{T}}W+WH+\chi_iI_1+\left[\frac{n\eta}{4}+\frac{(n-1)\,\eta}{4}\sum\limits_{q=1}^{N}a_{iq}\right]I_2$，

$$H=[-1,0,\cdots,0],\bar{A}_i=\begin{bmatrix}0 & \\ \vdots & \hat{g}_i \\ 0 & 0\ \cdots\ 0\end{bmatrix},\hat{g}_i\in\{g_1,g_2\},g_1=\operatorname{diag}\left\{\underline{\varrho}_i,1,\cdots,1\right\},$$

$g_2=I_{n-1}$；符号 $*$ 表示矩阵对称位置上的转置元素。

由式 (4.2.35)，可得 $V(t)\leqslant \mathrm{e}^{-at}V(0)+\dfrac{\tau}{a}\left(1-\mathrm{e}^{-at}\right)$。故有

$$|z_i(t)|\leqslant\sqrt{2V(0)+2\frac{\tau}{a}},\quad \forall t\geqslant 0$$

和 $\lim\limits_{t\to\infty}|z_i(t)|\leqslant\sqrt{2\dfrac{\tau}{a}}$，$i=1,2,\cdots,N$，进一步有 $|y_i(t)|\leqslant\dfrac{1}{\varrho_i}\sqrt{2V(0)+2\dfrac{\tau}{a}}$ 和 $\lim\limits_{t\to\infty}|y_i(t)|\leqslant\dfrac{1}{\varrho_i}\sqrt{2\dfrac{\tau}{a}}$。这里引入信号 $\hat{\kappa}_i\zeta_{i,1}$ 来补偿传感器故障因子 ϱ_i 的影响，有 $|y_i(t)|\leqslant\dfrac{1}{\hat{\kappa}_i\varrho_i}\sqrt{2V(0)+2\dfrac{\tau}{a}}$ 和 $\lim\limits_{t\to\infty}|y_i(t)|\leqslant\dfrac{1}{\hat{\kappa}_i\varrho_i}\sqrt{2\dfrac{\tau}{a}}$，$i=1,2,\cdots,N$。

定理 4.2.2　针对具有传感器故障的不确定非线性多智能体系统 (4.2.1)，假设 4.2.1 ~ 假设 4.2.5 成立。如果采用事件触发机制 (4.2.29) 和事件触发控制器 (4.2.31)，则能够避免 Zeno 行为。

证明　由于事件触发误差为 $e_i(t)=w_i(t)-u_i(t)$，$\forall t\in\left[t_k^i,t_{k+1}^i\right)$，可得 $\dfrac{\mathrm{d}}{\mathrm{d}t}|e_i(t)|=\dfrac{\mathrm{d}}{\mathrm{d}t}\left(e_i(t)\cdot e_i(t)\right)^{1/2}\leqslant|\dot{w}_i(t)|\leqslant w_i^*$。由于 $\dot{w}_i(t)$ 是关于有界变量 $\zeta_{1,1},\zeta_{2,1},\cdots,\zeta_{n,1}$、$a_{iq}\zeta_{q,1},\cdots,a_{in}\zeta_{n,1}$、$\bar{\hat{x}}_{i,n-1}$、$\bar{\hat{\Theta}}_{i,n-1}$、$\hat{\kappa}_i$、$\hat{\psi}_i$、$\hat{\varsigma}_i$、$b_iy_d$、$b_i\dot{y}_d$ 的函数，则存在一个有界正常数 w_i^* 使 $|\dot{w}_i(t)|\leqslant w_i^*$，有 $|e_i(t)|=\displaystyle\int_{t_k^i}^{t_{k+1}^i}|\dot{e}_i(t)|\mathrm{d}t\leqslant\int_{t_k^i}^{t_{k+1}^i}|w_i^*|\mathrm{d}t\leqslant w_i^*\left(t_{k+1}^i-t_k^i\right)$。基于事件触发机制，可得 $t_{k+1}^i-t_k^i\geqslant\dfrac{\nu_i\left|u_i(t)\right|+\mu_i}{w_i^*}>0$。因此，避免了 Zeno 行为。

4.2.4　仿真

例 4.2.1　考虑如下非线性多智能体系统：

$$\dot{x}_{i,1}=x_{i,2}$$
$$\dot{x}_{i,2}=\beta_iu_i+\left[\Theta_{i,1},\Theta_{i,2}\right]\phi_i(x)+d_i(t)$$

其中，$\Theta_{i,1}$、$\Theta_{i,2}$ 为未知的常数，满足 $|\Theta_{i,1}|\leqslant 1$ 和 $|\Theta_{i,2}|\leqslant 1$。令 $\Theta_{i,1}=-1$，$\Theta_{i,2}=1$，$\varphi_i(x)=\left[0.1\cos(x_{i,1}),0.1\sin(x_{i,2})\right]^{\mathrm{T}}$，$\beta_i=3$，$d_i(t)=3.4\sin(5t)$。传感器故障模型为

$$y_i^f=\begin{cases} y_i(t), & t\leqslant 1\mathrm{s} \\ 0.7y_i(t), & t>1\mathrm{s} \end{cases}$$

这表明智能体 i 的传感器在 $t=1\mathrm{s}$ 时将失去 30%的效力。传感器可能遭受的故障系数满足 $\varrho_i\geqslant 0.7$。$y_d(t)=0.4\sin(5t)$，且 $b_1=1$。

在仿真中，选取设计参数为 $c_{i,1}=0.1$、$c_{i,2}=30$、$\sigma_{i,2}=10$、$\sigma_{i,1}=\sigma_{i,3}=\sigma_{i,5}=5$、$\gamma_{i,1}=\gamma_{i,2}=\gamma_{i,3}=\gamma_{i,5}=0.01$、$\nu_{i,1}=0.9$，$\mu_{i,1}=0.95$、$\mu_{i,2}=0.4$、$\varpi_i=250$、$W_i=30$、$1\leqslant i\leqslant 3$。定义 $\chi_i=0.1$，$\eta=0.3$ $(i=1,2,3)$，可得最后的 K_i，即 $K_1=[6.9548,26.4119]^{\mathrm{T}}$、$K_2=[103.3329,332.9150]^{\mathrm{T}}$ 和 $K_3=[6.9155,11.9281]^{\mathrm{T}}$。

选择状态变量及参数的初始值为 $x_{1,1}(0)=\hat{x}_{1,1}(0)=0.05$，$x_{2,1}(0)=-0.04$，$x_{1,2}(0)=x_{3,1}(0)=-0.1$，$x_{2,2}(0)=-0.15$，$x_{3,2}(0)=\hat{x}_{1,2}(0)=-0.2$，$\hat{x}_{2,1}(0)=0.1$，$\hat{x}_{2,2}(0)=\hat{x}_{3,2}(0)=-0.05$，$\hat{x}_{3,1}(0)=0$，$\hat{\varrho}_i(0)=0.9$，$\hat{\kappa}_i(0)=\hat{\varsigma}_i(0)=1$，$\hat{\vartheta}_i(0)=[0,0,-0.95,0.95]^{\mathrm{T}}$。

仿真结果如图 4.2.1 ~ 图 4.2.4 所示。

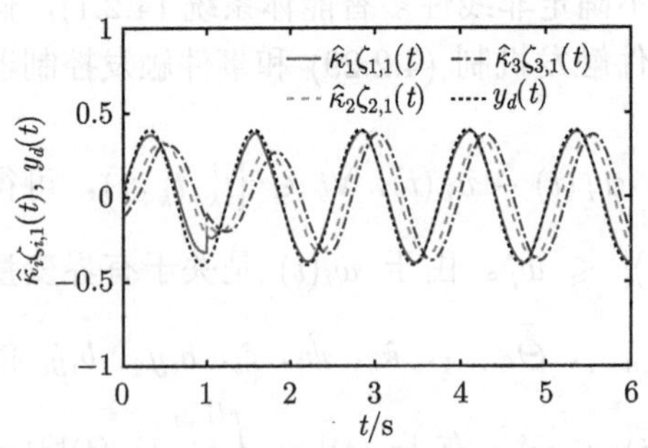

图 4.2.1 输出 $\hat{\kappa}_i\zeta_{i,1}(t)$ 和参考信号 $y_d(t)$ 的轨迹 $(i=1,2,3)$

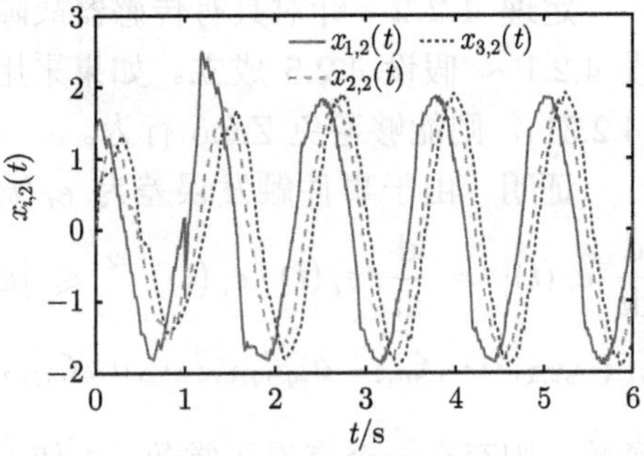

图 4.2.2 状态 $x_{i,2}(t)$ 的轨迹 $(i=1,2,3)$

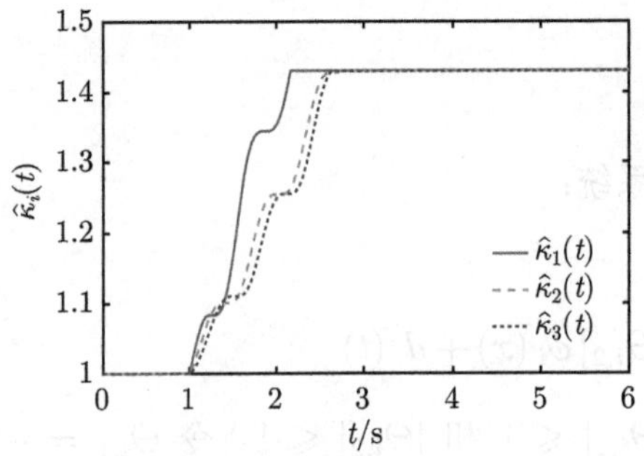

图 4.2.3 参数 $\hat{\kappa}_i(t)$ 的轨迹 $(i=1,2,3)$

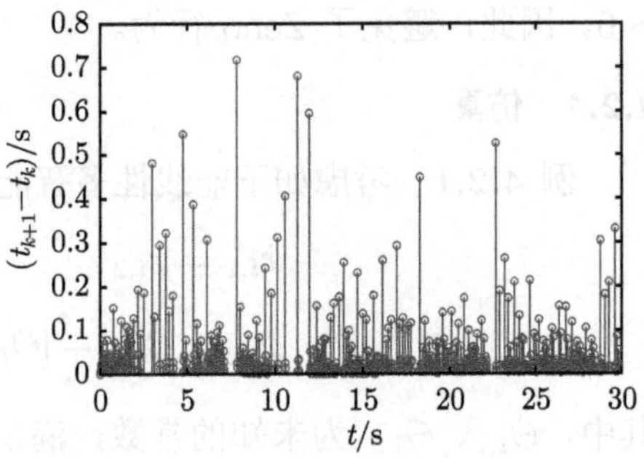

图 4.2.4 事件触发时间间隔 $t_{k+1}-t_k$

参考文献

[1] Li Y X, Ba D S, Tong S C. Event-triggered control design for nonlinear systems with actuator failures and uncertain disturbances[J]. International Journal of Robust and Nonlinear Control, 2019, 29(17): 6199-6211.

[2] Hu X Y, Li Y X, Tong S C. Event-triggered secure control of nonlinear multi-agent systems under sensor attacks[J]. Journal of the Franklin Institute, 2023, 360(13): 9468-9489.

[3] Xing L T, Wen C Y, Liu Z T, et al. Event-triggered adaptive control for a class of uncertain nonlinear systems[J]. IEEE Transactions on Automatic Control, 2017, 62(4): 2071-2076.

[4] Tong S C, Sun K K, Sui S. Observer-based adaptive fuzzy decentralized optimal control design for strict-feedback nonlinear large-scale systems[J]. IEEE Transactions on Fuzzy Systems, 2018, 26(2): 569-584.

[5] Wang W, Wen C Y. Adaptive actuator failure compensation control of uncertain nonlinear systems with guaranteed transient performance[J]. Automatica, 2010, 46(12): 2082-2091.

[6] Ge X H, Han Q L, Zhong M Y, et al. Distributed Krein space-based attack detection over sensor networks under deception attacks[J]. Automatica, 2019, 109: 108557.

[7] Jin X, Haddad W M, Yucelen T. An adaptive control architecture for mitigating sensor and actuator attacks in cyber-physical systems[J]. IEEE Transactions on Automatic Control, 2017, 62(11): 6058-6064.

[8] Lei Y, Wang Y W, Guan Z H, et al. Event-triggered adaptive output regulation for a class of nonlinear systems with unknown control direction[J]. IEEE Transactions on Systems, Man, and Cybernetics: Systems, 2020, 50(9): 3181-3188.

[9] Li Y X, Yang G H. Event-triggered adaptive backstepping control for parametric strict-feedback nonlinear systems[J]. International Journal of Robust and Nonlinear Control, 2018, 28(3): 976-1000.

[10] Huang J S, Wang W, Wen C Y, et al. Distributed adaptive leader-follower and leaderless consensus control of a class of strict-feedback nonlinear systems: A unified approach[J]. Automatica, 2020, 118: 109021.

[11] Wang Y W, Lei Y, Bian T, et al. Distributed control of nonlinear multiagent systems with unknown and nonidentical control directions via event-triggered communication[J]. IEEE Transactions on Cybernetics, 2020, 50(5): 1820-1832.

[12] Zhang H W, Lewis F L. Adaptive cooperative tracking control of higher-order nonlinear systems with unknown dynamics[J]. Automatica, 2012, 48(7): 1432-1439.

第 5 章　非线性约束系统的智能自适应事件触发控制

在大部分实际应用中，系统的状态只能在一定的范围内发生变化，违反控制系统中的状态约束条件可能会导致系统不稳定。因此，如何控制具有状态约束的非线性系统具有实际意义。本章针对具有全状态约束的不确定非线性系统，介绍自适应事件触发控制设计问题。本章主要内容基于文献 [1]~[4]。

5.1　具有全状态约束的非线性系统基于 IBLF 的自适应事件触发学习控制

本节针对一类具有全状态约束的非线性严格反馈系统，利用积分障碍李雅普诺夫函数 (integral barrier Lyapunov function，IBLF) 保证系统状态始终保持在约束区域内，消除可行性条件；介绍一种自适应渐近跟踪控制设计方法，并证明闭环系统的稳定性和收敛性。类似的模糊自适应反步递推控制设计方法可参见文献 [5]~[9]。

5.1.1　系统模型及控制问题描述

考虑如下具有全状态约束的非线性严格反馈系统：

$$\begin{aligned}
&\dot{x}_i = f_i(\bar{x}_i) + g_i(\bar{x}_i)\,x_{i+1}, \quad i=1,2,\cdots,n-1\\
&\dot{x}_n = f_n(\bar{x}_n) + g_n(\bar{x}_n)\,u\\
&y = x_1
\end{aligned} \tag{5.1.1}$$

其中，$\bar{x}_i=[x_1,x_2,\cdots,x_i]^{\mathrm{T}}\in\mathbf{R}^i\ (i=1,2,\cdots,n)$ 为状态向量；$u\in\mathbf{R}$ 和 $y\in\mathbf{R}$ 分别为系统的输入和输出；$f_i(\bar{x}_i)\in\mathbf{R}$ 为未知非线性函数；$g_i(\bar{x}_i)\in\mathbf{R}$ 为已知非线性函数。另外，系统的全状态需要满足约束条件 $|x_i|<l_i(t)$，其中 $l_i(t)$ 为时变正函数。

假设 5.1.1　对于任意 $l_i(t)>0$，存在正函数 $Y_0(t)$ 和正常数 $Y_i>0\ (i=1,2,\cdots,n)$，使得参考信号 y_d 及其时间的导数满足 $\dot{y}_d$ 都是有界的，即存在未知正常数 A_1 和 A_2 满足 $|y_d|\leqslant Y_0(t)$ 和 $|\dot{y}_d|\leqslant Y_i$。

假设 5.1.2　函数 $g_i(\bar{x}_i)$ 的符号是不变的，并且存在正常数 $G_{\min}$ 和 $G_{\max}$ 满足 $0<G_{\min}<|g_i(\bar{x}_i)|\leqslant G_{\max}$。不失一般性，假设 $g_i(\bar{x}_i)>0$，$i=1,2,\cdots,n$。

假设 5.1.3　存在常数 l_i^0、l_i^j $(i=1,2,\cdots,n; j=1,2,\cdots,n)$ 使得时变约束 $l_i(t)$ 及其导数满足 $l_i(t)\leqslant l_i^0$，$l_i^{(j)}(t)\leqslant l_i^j$，$\forall t>0$。

控制目标　针对具有全状态约束的非线性严格反馈系统，基于 IBLF 和反步递推技术，设计一种自适应渐近跟踪控制器，使得：

(1) 闭环系统中所有信号有界，跟踪误差 $y-y_d$ 渐近收敛于零；

(2) 所有的状态总是在约束区域内，即

$$\Omega=\{x_i:|x_i|<l_i(t)\}$$

5.1.2　自适应反步递推事件触发控制设计

定义如下坐标变换：

$$\begin{aligned}\vartheta_1&=x_1-y_d\\ \vartheta_i&=x_i-\alpha_{i-1},\quad i=2,3,\cdots,n\end{aligned}\tag{5.1.2}$$

其中，ϑ_i 为误差变量；α_{i-1} 为虚拟控制器。为了便于下面基于反步递推技术的设计过程，将常量定义为 $\theta=\max\left\{\|W_i^*\|^2,i=1,2,\cdots,n\right\}$ 和 $\lambda=\max\{\bar{\varepsilon}_i^2,i=1,2,\cdots,n\}$，且 $\theta>0$ 和 $\lambda>0$。定义估计误差为 $\tilde{\theta}=\theta-\hat{\theta}$ 和 $\tilde{\lambda}=\lambda-\hat{\lambda}$，$\hat{\theta}$、$\hat{\lambda}$ 是 θ、λ 的估计。

基于上面的坐标变换，n 步自适应反步递推控制设计过程如下。

第 1 步　由式 (5.1.1) 和式 (5.1.2)，求 ϑ_1 的导数，可得

$$\dot{\vartheta}_1=f_1+g_1\vartheta_2+g_1\alpha_1-\dot{y}_d\tag{5.1.3}$$

选择如下李雅普诺夫函数：

$$V_1=V_1^{\vartheta}+\frac{1}{2r}\tilde{\theta}^2+\frac{1}{2\gamma}\tilde{\lambda}^2\tag{5.1.4}$$

其中

$$V_1^{\vartheta}=\int_0^{\vartheta_1}\frac{\delta l_1^2(t)}{l_1^2(t)-(\delta+y_d)^2}\mathrm{d}\delta\tag{5.1.5}$$

求 V_1^{ϑ} 的导数，可得

$$\begin{aligned}\dot{V}_1^{\vartheta}&=\lim_{\Delta t\to 0}\frac{V_1^{\vartheta}(t+\Delta t)-V_1^{\vartheta}(t)}{\Delta t}\\&=\lim_{\Delta t\to 0}\frac{1}{\Delta t}\int_{\vartheta_1(t)}^{\vartheta_1(t+\Delta t)}\chi_1(t+\Delta t)\mathrm{d}\delta+\lim_{\Delta t\to 0}\frac{1}{\Delta t}\int_0^{\vartheta_1(t)}[\chi_1(t+\Delta t)-\chi_1(t)]\mathrm{d}\delta\end{aligned}\tag{5.1.6}$$

其中

$$\chi_1(t)=\frac{\delta k_1^2(t)}{k_1^2(t)-(\delta+y_d)^2} \tag{5.1.7}$$

由积分中值定理和一致连续函数 $\chi_1(t)$，可得

$$\begin{aligned}\dot{V}_1^{\vartheta}&=\lim_{\Delta t\to 0}\chi_1(\varsigma_1)\frac{\vartheta_1(t+\Delta t)-\vartheta_1(t)}{\Delta t}+\int_0^{\vartheta_1(t)}\lim_{\Delta t\to 0}\frac{\chi_1(t+\Delta t)-\chi_1(t)}{\Delta t}\mathrm{d}\delta\\&=\dot{\vartheta}_1(t)\chi_1(\vartheta_1(t))+\int_0^{\vartheta_1(t)}\frac{\mathrm{d}\chi_1(t)}{\mathrm{d}t}\mathrm{d}\delta\end{aligned} \tag{5.1.8}$$

所以，导数 $\dot{V}_1^{\vartheta}$ 满足如下不等式：

$$\begin{aligned}\dot{V}_1^{\vartheta}=&\frac{\vartheta_1k_1^2(t)}{k_1^2(t)-x_1^2}\dot{\vartheta}_1+\dot{y}_d\int_0^{\vartheta_1}\frac{\partial}{\partial y_d}\frac{\delta k_1^2(t)}{k_1^2(t)-(\delta+y_d)^2}\mathrm{d}\delta\\&+\dot{k}_1(t)\int_0^{\vartheta_1}\frac{\partial}{\partial k_1(t)}\frac{\delta k_1^2(t)}{k_1^2(t)-(\delta+y_d)^2}\mathrm{d}\delta\end{aligned} \tag{5.1.9}$$

其中

$$\int_0^{\vartheta_1}\frac{\partial}{\partial y_d}\frac{\delta k_1^2(t)}{k_1^2(t)-(\delta+y_d)^2}\mathrm{d}\delta=\vartheta_1\left(\frac{k_1^2(t)}{k_1^2(t)-x_1^2}-\psi_1(\vartheta_1,y_d,k_1)\right) \tag{5.1.10}$$

$$\begin{aligned}\psi_1(\vartheta_1,y_d,k_1)&=\int_0^1\frac{k_1^2(t)}{k_1^2(t)-(v\vartheta_1+y_d)^2}\mathrm{d}v\\&=\frac{k_1(t)}{\vartheta_1}\left(\operatorname{arctanh}\left(\frac{\vartheta_1+y_d}{k_1(t)}\right)-\operatorname{arctanh}\left(\frac{y_d}{k_1(t)}\right)\right)\\&=\frac{k_1(t)}{2\vartheta_1}\ln\frac{(k_1(t)+x_1)(k_1(t)-y_d)}{(k_1(t)-x_1)(k_1(t)+y_d)}\end{aligned} \tag{5.1.11}$$

式 (5.1.9) 中的第三项满足如下公式：

$$\begin{aligned}&\int_0^{\vartheta_1}\frac{\partial}{\partial k_1(t)}\frac{\delta k_1^2(t)}{k_1^2(t)-(\delta+y_d)^2}\mathrm{d}\delta\\&=\vartheta_1\left[\frac{-\vartheta_1k_1(t)}{k_1^2(t)-(\vartheta_1+y_d)^2}+I_1(\vartheta_1,y_d,k_1)\right]\end{aligned} \tag{5.1.12}$$

其中

$$I_1(\vartheta_1, y_d, k_1) = -\frac{y_d k_1(t)}{k_1^2(t) - x_1^2} + \frac{k_1(t)}{\vartheta_1}\ln\left(\frac{k_1^2(t) - x_1^2}{k_1^2(t) - y_d^2}\right) + \frac{y_d}{2\vartheta_1}\ln\left(\frac{k_1^2(t) - y_d^2}{k_1^2(t) - x_1^2}\right) \tag{5.1.13}$$

引理 5.1.1　利用洛必达法则 (L'Hospital rule)，有如下公式成立：

$$\begin{aligned} \lim_{\vartheta_1 \to 0} \psi_1(\vartheta_1, y_d, k_1) &= \frac{k_1^2(t)}{k_1^2(t) - y_d^2} \\ \lim_{\vartheta_1 \to 0} I_1(\vartheta_1, y_d, k_1) &= \frac{y_d^2 - 3y_d k_1(t)}{k_1^2(t) - y_d^2} \end{aligned} \tag{5.1.14}$$

由假设 5.1.1 可知 $|y_d(t)| \leqslant Y_0 < k_1(t)$。因此，$\psi_1(\vartheta_1, y_d, k_1)$ 和 $I_1(\vartheta_1, y_d, k_1)$ 在 $\vartheta_1 = 0$ 的邻域内是有界的。

由式 (5.1.6) ~ 式 (5.1.14)，可得

$$\begin{aligned} \dot{V}_1 &= \frac{\vartheta_1 k_1^2}{k_1^2 - x_1^2}(f_1 + g_1\vartheta_2 + g_1\alpha_1) - \vartheta_1\psi_1\dot{y}_d + \vartheta_1 I_1\dot{k}_1 - \frac{\vartheta_1^2 k_1\dot{k}_1}{k_1^2 - x_1^2} - \frac{1}{r}\tilde{\theta}\dot{\hat{\theta}} - \frac{1}{\gamma}\tilde{\lambda}\dot{\hat{\lambda}} \\ &= \vartheta_1\beta_1\left(F_1(Z_1) + g_1\vartheta_2 + g_1\alpha_1 - \frac{\vartheta_1\dot{k}_1}{k_1}\right) - \frac{1}{r}\tilde{\theta}\dot{\hat{\theta}} - \frac{1}{\gamma}\tilde{\lambda}\dot{\hat{\lambda}} \end{aligned} \tag{5.1.15}$$

其中，$\beta_1 = k_1^2/\left(k_1^2 - x_1^2\right)$；$F_1(Z_1) = f_1 - \dfrac{k_1^2 - x_1^2}{k_1^2}\vartheta_1\psi_1\dot{y}_d + \dfrac{k_1^2 - x_1^2}{k_1^2}\vartheta_1 I_1\dot{k}_1$。

由于 $F_1(Z_1)$ 是未知连续函数，所以利用神经网络 $\hat{F}_1\left(Z_1|\hat{W}_1\right) = \hat{W}_1^{\mathrm{T}} S_1(Z_1)$ 逼近 $F_1(Z_1)$，并假设

$$F_1(Z_1) = W_1^{*\mathrm{T}} S_1(Z_1) + \varepsilon_1(Z_1) \tag{5.1.16}$$

其中，$Z_1 = [x_1, \dot{y}_d]^{\mathrm{T}}$；$W_1^*$ 为理想权重；$\varepsilon_1(Z_1)$ 为最小逼近误差。假设 $\varepsilon_1(Z_1)$ 满足 $|\varepsilon_1(Z_1)| \leqslant \bar{\varepsilon}_1$，$\bar{\varepsilon}_1$ 是正常数。另外，有以下公式成立：

$$\begin{aligned} \vartheta_1\beta_1 W_1^{*\mathrm{T}} S_1 &\leqslant \vartheta_1^2\beta_1^2\theta\frac{S_1^{\mathrm{T}} S_1}{\sqrt{\vartheta_1^2\beta_1^2 S_1^{\mathrm{T}} S_1 + \sigma_1^2}} + \theta\sigma_1 \\ \vartheta_1\beta_1\varepsilon_1 &\leqslant \lambda\frac{\vartheta_1^2\beta_1^2}{\sqrt{\vartheta_1^2\beta_1^2 + \sigma_1^2}} + \lambda\sigma_1 \end{aligned} \tag{5.1.17}$$

其中，$\theta = \max\left\{\|W_i^*\|^2, i = 1, 2, \cdots, n\right\}$；$\lambda = \max\left\{\bar{\varepsilon}_i^2, i = 1, 2, \cdots, n\right\}$；$\sigma_1$ 为正可积函数，满足 $\lim\limits_{t\to\infty}\displaystyle\int_{t_0}^{t}\sigma_1(s)\mathrm{d}s \leqslant \bar{\sigma}_1 < \infty$，$\bar{\sigma}_1$ 为正常数。

将式 (5.1.17) 代入式 (5.1.15)，可得

$$\dot{V}_1 \leqslant \vartheta_1\beta_1\left(\frac{\theta\vartheta_1\beta_1 S_1^{\mathrm{T}} S_1}{\sqrt{\vartheta_1^2\beta_1^2 S_1^{\mathrm{T}} S_1+\sigma_1^2}}+\frac{\lambda\vartheta_1\beta_1}{\sqrt{\vartheta_1^2\beta_1^2+\sigma_1^2}}+g_1\alpha_1-\frac{\vartheta_1\dot{k}_1}{k_1}+g_1\vartheta_2\right)$$
$$-\frac{1}{r}\tilde{\theta}\dot{\hat{\theta}}-\frac{1}{\gamma}\tilde{\lambda}\dot{\hat{\lambda}}+\sigma_1(\theta+\lambda) \tag{5.1.18}$$

设计虚拟控制器为

$$\alpha_1=\frac{1}{g_1}\left[-\left(k_1+\bar{k}_1\right)\vartheta_1-\frac{\hat{\theta}\vartheta_1\beta_1 S_1^{\mathrm{T}} S_1}{\sqrt{\vartheta_1^2\beta_1^2 S_1^{\mathrm{T}} S_1+\sigma_1^2}}-\frac{\hat{\lambda}\vartheta_1\beta_1}{\sqrt{\vartheta_1^2\beta_1^2+\sigma_1^2}}\right] \tag{5.1.19}$$

其中，$k_1>0$ 为设计参数；$\bar{k}_1=\sqrt{\left(\dot{l}_1/l_1\right)^2+\mu_1}$，$\mu_1>0$。

所以，V_1 的导数为

$$\dot{V}_1 \leqslant \vartheta_1\beta_1\left[-\left(k_1+\bar{k}_1\right)\vartheta_1+g_1\vartheta_2\right]-\frac{1}{r}\tilde{\theta}\left(\dot{\hat{\theta}}-\frac{\vartheta_1^2\beta_1^2 S_1^{\mathrm{T}} S_1}{\sqrt{\vartheta_1\beta_1 S_1^{\mathrm{T}} S_1+\sigma_1^2}}\right)$$
$$-\frac{1}{\gamma}\tilde{\lambda}\left(\dot{\hat{\lambda}}-\frac{\vartheta_1^2\beta_1^2}{\sqrt{\vartheta_1^2\beta_1^2+\sigma_1^2}}\right)+\sigma_1(\theta+\lambda) \tag{5.1.20}$$

第 $i\,(2\leqslant i\leqslant n-1)$ 步　跟踪误差的导数如下：

$$\dot{\vartheta}_i=f_i+g_i\vartheta_{i+1}+g_i\alpha_i-\dot{\alpha}_{i-1} \tag{5.1.21}$$

选择如下李雅普诺夫函数：

$$V_i=V_{i-1}+V_i^{\vartheta} \tag{5.1.22}$$

其中

$$V_i^{\vartheta}=\int_0^{\vartheta_i}\frac{\delta k_i^2(t)}{k_i^2(t)-\left(\delta+\alpha_{i-1}\right)^2}\mathrm{d}\delta \tag{5.1.23}$$

求 V_i^{ϑ} 的导数，可得

$$\dot{V}_i^{\vartheta}=\frac{\vartheta_i k_i^2(t)}{k_i^2(t)-x_i^2}\dot{\vartheta}_i+\dot{\alpha}_{i-1}\int_0^{\vartheta_i}\frac{\partial}{\partial\alpha_{i-1}}\frac{\delta k_i^2(t)}{k_i^2(t)-\left(\delta+\alpha_{i-1}\right)^2}\mathrm{d}\delta$$
$$+\dot{k}_i(t)\int_0^{\vartheta_i}\frac{\partial}{\partial k_i(t)}\frac{\delta k_i^2(t)}{k_i^2(t)-\left(\delta+\alpha_{i-1}\right)^2}\mathrm{d}\delta \tag{5.1.24}$$

其中

$$\int_0^{\vartheta_i}\frac{\partial}{\partial\alpha_{i-1}}\frac{\delta k_i^2(t)}{k_i^2(t)-(\delta+\alpha_{i-1})^2}\mathrm{d}\delta=\vartheta_i\left(\frac{k_i^2(t)}{k_i^2(t)-x_i^2}-\psi_i(\vartheta_i,\alpha_{i-1},k_i)\right)\tag{5.1.25}$$

$$\begin{aligned}\psi_i(\vartheta_i,\alpha_{i-1},k_i)&=\int_0^1\frac{k_i^2(t)}{k_i^2(t)-(v\vartheta_i+\alpha_{i-1})^2}\mathrm{d}v\\&=\frac{k_i(t)}{\vartheta_i}\left(\operatorname{arctanh}\left(\frac{\vartheta_i+\alpha_{i-1}}{k_i(t)}\right)-\operatorname{arctanh}\left(\frac{\alpha_{i-1}}{k_i(t)}\right)\right)\\&=\frac{k_i(t)}{2\vartheta_i}\ln\frac{(k_i(t)+x_i)(k_i(t)-\alpha_{i-1})}{(k_i(t)-x_i)(k_i(t)+\alpha_{i-1})}\end{aligned}\tag{5.1.26}$$

由式 (5.1.24) ~ 式 (5.1.26)，可得

$$\begin{aligned}\dot V_i^{\vartheta}&=\frac{\vartheta_i k_i^2}{k_i^2-x_i^2}(f_i+g_i\vartheta_{i+1}+g_i\alpha_i)-\vartheta_i\psi_i\dot\alpha_{i-1}+\vartheta_i I_i\dot k_i-\frac{\vartheta_i^2k_i\dot k_i}{k_i^2-x_i^2}\\&=\vartheta_i\beta_i\left(F_i(Z_i)+g_i\vartheta_{i+1}+g_i\alpha_i-\frac{\vartheta_i\dot k_i}{k_i}\right)\end{aligned}\tag{5.1.27}$$

其中，$\beta_i=k_i^2/\left(k_i^2-x_i^2\right)$；$F_i(Z_i)=f_i-\dfrac{k_i^2-x_i^2}{k_i^2}\vartheta_i\psi_i\dot\alpha_{i-1}+\dfrac{k_i^2-x_i^2}{k_i^2}\vartheta_i I_i\dot k_i$。

由于 $F_i(Z_i)$ 是未知连续函数，所以利用神经网络 $\hat F_i\left(Z_i|\hat W_i\right)=\hat W_i^{\mathrm T}S_i(Z_i)$ 逼近 $F_i(Z_i)$，并假设

$$F_i(Z_i)=W_i^{*\mathrm T}S_i(Z_i)+\varepsilon_i(Z_i)\tag{5.1.28}$$

其中，$Z_i=\left[x_1,\cdots,x_i,y_d,\dot y_d,\cdots,y_d^{(i)},\hat\theta,\hat\lambda\right]^{\mathrm T}$；$W_i^*$ 为理想权重；$\varepsilon_i(Z_i)$ 为最小逼近误差。假设 $\varepsilon_i(Z_i)$ 满足 $|\varepsilon_i(Z_i)|\leqslant\bar\varepsilon_i$，$\bar\varepsilon_i$ 是正常数。虚拟控制器的导数如下：

$$\dot\alpha_{i-1}=\sum_{m=1}^{i-1}\frac{\partial\alpha_{i-1}}{\partial x_m}\dot x_m+\frac{\partial\alpha_{i-1}}{\partial\hat\theta}\dot{\hat\theta}+\frac{\partial\alpha_{i-1}}{\partial\hat\lambda}\dot{\hat\lambda}+\sum_{m=0}^{i-1}\frac{\partial\alpha_{i-1}}{\partial y_d^{(m)}}y_d^{(m+1)}+\sum_{m=1}^{i-1}\sum_{l=0}^{i-m}\frac{\partial\alpha_{i-1}}{\partial k_m^l}k_m^{(l+1)}\tag{5.1.29}$$

类似于第 1 步，V_i^{ϑ} 的导数为

$$\dot V_i^{\vartheta}\leqslant\vartheta_i\beta_i\left(\frac{\theta\vartheta_i\beta_iS_i^{\mathrm T}S_i}{\sqrt{\vartheta_i^2\beta_i^2S_i^{\mathrm T}S_i+\sigma_i^2}}+\frac{\lambda\vartheta_i\beta_i}{\sqrt{\vartheta_i^2\beta_i^2+\sigma_i^2}}+g_i\alpha_i-\frac{\vartheta_i\dot k_i}{k_i}+g_i\vartheta_{i+1}\right)+\sigma_i(\theta+\lambda)\tag{5.1.30}$$

其中，σ_i 为正可积函数满足 $\lim\limits_{t\to\infty}\int_{t_0}^{t}\sigma_i(s)\mathrm{d}s\leqslant\bar{\sigma}_i<\infty$，$\bar{\sigma}_i$ 为正常数。

设计虚拟控制器为

$$\alpha_i=\frac{1}{g_i}\left[-\left(k_i+\bar{k}_i\right)\vartheta_i-\frac{\hat{\theta}\vartheta_i\beta_iS_i^{\mathrm{T}}S_i}{\sqrt{\vartheta_i\beta_iS_i^{\mathrm{T}}S_i+\sigma_i^2}}\right.$$
$$\left.-\frac{\hat{\lambda}\vartheta_i\beta_i}{\sqrt{\vartheta_i^2\beta_i^2+\sigma_i^2}}-\frac{k_{i-1}^2\left(k_i^2-x_i^2\right)}{k_i^2\left(k_{i-1}^2-x_{i-1}^2\right)}g_{i-1}\vartheta_{i-1}\right] \tag{5.1.31}$$

其中，$k_i>0$ 为设计参数；$\bar{k}_i=\sqrt{\left(\dot{l}_i/l_i\right)^2+\mu_i}$，$\mu_i>0$。

因为 $\bar{k}_i+\dot{l}_i/l_i\geqslant0$，所以 V_i^{ϑ} 的导数为

$$\dot{V}_i^{\vartheta}=\vartheta_i\beta_i\left(-k_i\vartheta_i+g_i\vartheta_{i+1}\right)-\frac{\tilde{\theta}\vartheta_i^2\beta_i^2S_i^{\mathrm{T}}S_i}{\sqrt{\vartheta_i\beta_iS_i^{\mathrm{T}}S_i+\sigma_i^2}}-\frac{\tilde{\lambda}\vartheta_i^2\beta_i^2}{\sqrt{\vartheta_i^2\beta_i^2+\sigma_i^2}}$$
$$-\frac{\vartheta_i\beta_ik_{i-1}^2}{k_{i-1}^2-x_{i-1}^2}g_{i-1}\vartheta_{i-1}+\sigma_i\left(\theta+\lambda\right) \tag{5.1.32}$$

所以 V_{i-1} 的导数为

$$\dot{V}_{i-1}\leqslant-\sum_{m=1}^{i-1}k_m\vartheta_m^2\beta_m+\frac{\vartheta_{i-1}k_{i-1}^2}{k_{i-1}^2-x_{i-1}^2}g_{i-1}\vartheta_i+\sum_{m=1}^{i-1}\sigma_m\left(\theta+\lambda\right)$$
$$-\frac{1}{r}\tilde{\theta}\left(\dot{\hat{\theta}}-\sum_{m=1}^{i-1}\frac{\vartheta_m^2\beta_m^2S_m^{\mathrm{T}}S_m}{\sqrt{\vartheta_m^2\beta_m^2S_m^{\mathrm{T}}S_m+\sigma_1^2}}\right)-\frac{1}{\gamma}\tilde{\lambda}\left(\dot{\hat{\lambda}}-\sum_{m=1}^{i-1}\frac{\vartheta_m^2\beta_m^2}{\sqrt{\vartheta_m^2\beta_m^2+\sigma_m^2}}\right) \tag{5.1.33}$$

同理，V_i 的导数可以表示为

$$\dot{V}_i\leqslant-\sum_{m=1}^{i}k_m\vartheta_m^2\beta_m-\frac{k_{i-1}^2\left(k_i^2-x_i^2\right)}{k_i^2\left(k_{i-1}^2-x_i^2\right)}g_i\vartheta_i+\sum_{m=1}^{i}\sigma_m\left(\theta+\lambda\right)$$
$$-\frac{1}{r}\tilde{\theta}\left(\dot{\hat{\theta}}-\sum_{m=1}^{i}\frac{\vartheta_m^2\beta_m^2S_m^{\mathrm{T}}S_m}{\sqrt{\vartheta_m^2\beta_m^2S_m^{\mathrm{T}}S_m+\sigma_1^2}}\right)-\frac{1}{\gamma}\tilde{\lambda}\left(\dot{\hat{\lambda}}-\sum_{m=1}^{i}\frac{\vartheta_m^2\beta_m^2}{\sqrt{\vartheta_m^2\beta_m^2+\sigma_m^2}}\right) \tag{5.1.34}$$

第 n 步 求 ϑ_n 的导数，可得

$$\dot{\vartheta}_n=f_n+g_nu-\dot{\alpha}_{n-1} \tag{5.1.35}$$

选择如下李雅普诺夫函数：

$$V_n = V_{n-1} + V_n^{\vartheta} \tag{5.1.36}$$

其中

$$V_n^{\vartheta} = \int_0^{\vartheta_n} \frac{\delta k_n^2}{k_n^2 - (\delta + \alpha_{n-1})^2} \mathrm{d}\delta \tag{5.1.37}$$

由上述步骤，可得类似结论：

$$\begin{aligned}\dot{V}_n^{\vartheta} &= \frac{\vartheta_n k_n^2}{k_n^2 - x_n^2}(f_n + g_n u) - \vartheta_n \psi_n \dot{\alpha}_{n-1} + \vartheta_n I_n \dot{k}_n - \frac{\vartheta_n^2 k_n \dot{k}_n}{k_n^2 - x_n^2} \\ &= \vartheta_n \beta_n \left(F_n(Z_n) + u - \frac{\vartheta_n \dot{k}_i}{k_i} \right)\end{aligned} \tag{5.1.38}$$

其中，$\beta_n = k_n^2/\left(k_n^2 - x_n^2\right)$；$F_n\left(Z_n\right) = f_n - \dfrac{k_n^2 - x_n^2}{k_n^2}\vartheta_n \psi_n \dot{\alpha}_{n-1} + \dfrac{k_n^2 - x_n^2}{k_n^2}\vartheta_n I_n \dot{k}_n$。

由于 $F_n\left(Z_n\right)$ 是未知连续函数,所以利用神经网络 $\hat{F}_n\left(Z_n|\hat{W}_n\right) = \hat{W}_n^{\mathrm{T}} S_n\left(Z_n\right)$ 逼近 $F_n\left(Z_n\right)$，并假设

$$F_n\left(Z_n\right) = W_n^{*\mathrm{T}} S_n\left(Z_n\right) + \varepsilon_n\left(Z_n\right) \tag{5.1.39}$$

其中，$Z_n = \left[x_1, \cdots, x_n, y_d, \dot{y}_d, \cdots, y_d^{(n)}, \hat{\theta}, \hat{\lambda}\right]^{\mathrm{T}}$；$W_n^*$ 为理想权重；$\varepsilon_n\left(Z_n\right)$ 为最小逼近误差。假设 $\varepsilon_n\left(Z_n\right)$ 满足 $\left|\varepsilon_n\left(Z_n\right)\right| \leqslant \bar{\varepsilon}_n$，$\bar{\varepsilon}_n$ 是正常数。

类似于第 1 步，V_n^{ϑ} 的导数为

$$\dot{V}_n^{\vartheta} \leqslant \vartheta_n \beta_n \left(\frac{\theta \vartheta_n \beta_n S_n^{\mathrm{T}} S_n}{\sqrt{\vartheta_n^2 \beta_n^2 S_n^{\mathrm{T}} S_n + \sigma_n^2}} + \frac{\lambda \vartheta_n \beta_n}{\sqrt{\vartheta_n^2 \beta_n^2 + \sigma_n^2}} + g_n u - \frac{\vartheta_n \dot{k}_n}{k_n} \right) + \sigma_n\left(\theta + \lambda\right) \tag{5.1.40}$$

其中，σ_n 为正可积函数满足 $\lim\limits_{t\to\infty}\int_{t_0}^{t} \sigma_n\left(s\right)\mathrm{d}s \leqslant \bar{\sigma}_n < \infty$，$\bar{\sigma}_n$ 为正常数。

定义系统 (5.1.1) 的事件触发误差为

$$e\left(t\right) = w\left(t\right) - u\left(t\right), \quad t \in \left[t_k, t_{k+1}\right) \tag{5.1.41}$$

其中，$w\left(t\right)$ 为后面指定的连续控制输入；$u\left(t\right) \overset{\mathrm{def}}{=\!=} w\left(t_k\right)$ 为在 $t = t_k$ 的采样控制。触发区间 $\left[t_k, t_{k+1}\right)$ 可以作为一个周期，其中，事件触发误差 $e\left(t\right)$ 是时变的。

设计事件触发机制为

$$\begin{aligned} &u(t)=w(t_k),\quad \forall t\in[t_k,t_{k+1}) \\ &t_{k+1}=\inf\{t\in\mathbf{R}\,|\,|e(t)|\geqslant\delta|u(t)|+m\} \end{aligned} \tag{5.1.42}$$

其中，$0<\delta<1$ 和 $m>0$ 为设计参数。每次当式 (5.1.42) 触发时，将这个时间标记为 t_{k+1}，并将控制值 $u(t_{k+1})$ 应用到系统 (5.1.1)。对于 $t\in[t_k,t_{k+1})$，控制信号保持为常量 $w(t_k)$。

存在两个时变参数 $\rho_i(t)$ $(i=1,2)$，满足 $|\rho_i(t)|\leqslant 1$，使得

$$w(t)=(1+\rho_1(t)\delta)u(t)+\rho_2(t)m \tag{5.1.43}$$

式 (5.1.43) 可以化简为

$$u(t)=\frac{w(t)-\rho_2(t)m}{1+\rho_1(t)\delta} \tag{5.1.44}$$

将式 (5.1.44) 代入式 (5.1.40)，可得

$$\begin{aligned} \dot{V}_n^{\vartheta}\leqslant{}&\vartheta_n\beta_n\left(\frac{\theta\vartheta_n\beta_n S_n^{\mathrm{T}}S_n}{\sqrt{\vartheta_n^2\beta_n^2S_n^{\mathrm{T}}S_n+\sigma_n^2}}+\frac{\lambda\vartheta_n\beta_n}{\sqrt{\vartheta_n^2\beta_n^2+\sigma_n^2}}\right.\\ &\left.+g_n\frac{w(t)}{1+\rho_1(t)\delta}-g_n\frac{\rho_2(t)m}{1+\rho_1(t)\delta}-\frac{\vartheta_n\dot{k}_n}{k_n}\right)+\sigma_n(\theta+\lambda) \end{aligned} \tag{5.1.45}$$

鉴于 $\rho_1(t)\in[-1,1]$、$\rho_2(t)\in[-1,1]$，可得

$$\frac{\vartheta_n w(t)}{1+\rho_1\delta}\leqslant\frac{\vartheta_n w}{1+\delta},\quad\left|\frac{\rho_2(t)m}{1+\rho_1(t)\delta}\right|\leqslant\frac{m}{1-\delta} \tag{5.1.46}$$

设计如下连续控制器：

$$w(t)=-(1+\delta)\left(\alpha_n\tanh\left(\frac{\vartheta_n\alpha_n}{\sigma_n}\right)+\bar{m}\tanh\left(\frac{\vartheta_n\bar{m}}{\sigma_n}\right)\right) \tag{5.1.47}$$

其中，$\bar{m}>\dfrac{m}{1-\delta}$ 为设计参数。将式 (5.1.47) 和式 (5.1.46) 代入式 (5.1.45)，可得

$$\begin{aligned} \dot{V}_n^{\vartheta}\leqslant{}&\vartheta_n\beta_n\left(\frac{\theta\vartheta_n\beta_n S_n^{\mathrm{T}}S_n}{\sqrt{\vartheta_n^2\beta_n^2S_n^{\mathrm{T}}S_n+\sigma_n^2}}+\frac{\lambda\vartheta_n\beta_n}{\sqrt{\vartheta_n^2\beta_n^2+\sigma_n^2}}\right)-g_n\vartheta_n\beta_n\alpha_n\tanh\left(\frac{\vartheta_n\alpha_n}{\sigma_n}\right)\\ &-\beta_n g_n\vartheta_n\bar{m}\tanh\left(\frac{\vartheta_n\bar{m}}{\sigma_n}\right)+\beta_n g_n\left|\frac{\vartheta_n m}{1-\delta}\right|+\sigma_n(\theta+\lambda) \end{aligned} \tag{5.1.48}$$

根据引理 5.1.1，可得

$$\dot{V}_n^{\vartheta} \leqslant \vartheta_n\beta_n\left(\frac{\theta\vartheta_n\beta_n S_n^{\mathrm{T}}S_n}{\sqrt{\vartheta_n^2\beta_n^2 S_n^{\mathrm{T}}S_n+\sigma_n^2}}+\frac{\lambda\vartheta_n\beta_n}{\sqrt{\vartheta_n^2\beta_n^2+\sigma_n^2}}\right)+\sigma_n(\theta+\lambda)$$
$$-\left|\vartheta_n\alpha_n\right|g_n\beta_n+\kappa\sigma_n\beta_n+g_n\beta_n\left(-\vartheta_n\bar{m}+\left|\frac{\vartheta_n m}{1-\delta}\right|\right)+g_n\beta_n\kappa\sigma_n \tag{5.1.49}$$

设计虚拟控制器如下：

$$\alpha_n=\frac{1}{g_n}\left[-\left(k_n+\bar{k}_n\right)\vartheta_n-\frac{\hat{\theta}\vartheta_n\beta_n S_n^{\mathrm{T}}S_n}{\sqrt{\vartheta_n^2\beta_n^2 S_n^{\mathrm{T}}S_n+\sigma_n^2}}\right.$$
$$\left.-\frac{\hat{\lambda}\vartheta_n\beta_n}{\sqrt{\vartheta_n^2\beta_n^2+\sigma_n^2}}-\frac{k_{n-1}^2\left(k_n^2-x_n^2\right)}{k_n^2\left(k_{n-1}^2-x_{n-1}^2\right)}g_{n-1}z_{n-1}\right] \tag{5.1.50}$$

其中，$k_n>0$ 为设计参数；$\bar{k}_n=\sqrt{\left(\dot{l}_n/l_n\right)^2+\mu_n}$，$\mu_n>0$。

由于 $\bar{k}_n+\dot{l}_n/l_n>0$，所以 V_n^{ϑ} 的导数为

$$\dot{V}_n^{\vartheta}=\vartheta_n\beta_n\left(-k_n\vartheta_n-\frac{\tilde{\theta}\vartheta_n\beta_n S_n^{\mathrm{T}}S_n}{\sqrt{\vartheta_n^2\beta_n^2 S_n^{\mathrm{T}}S_n+\sigma_n^2}}-\frac{\tilde{\lambda}\vartheta_n\beta_n}{\sqrt{\vartheta_n^2\beta_n^2+\sigma_n^2}}\right.$$
$$\left.-\frac{k_{n-1}^2}{k_{n-1}^2-x_{n-1}^2}g_{n-1}\vartheta_{n-1}\right)+\kappa\sigma_n\beta_n$$
$$+g_n\beta_n\left(-\vartheta_n\bar{m}+\left|\frac{\vartheta_n m}{1-\delta}\right|\right)+g_n\beta_n\kappa\sigma_n+\sigma_n(\theta+\lambda) \tag{5.1.51}$$

由于

$$\left|\frac{\vartheta_n m}{1-\delta}\right|-\left|\vartheta_n\bar{m}\right|<0 \tag{5.1.52}$$

所以将式 (5.1.52) 代入式 (5.1.51)，可得

$$\dot{V}_n^{\vartheta}=\vartheta_n\beta_n\left(-k_n\vartheta_n-\frac{\tilde{\theta}\vartheta_n\beta_n S_n^{\mathrm{T}}S_n}{\sqrt{\vartheta_n^2\beta_n^2 S_n^{\mathrm{T}}S_n+\sigma_n^2}}-\frac{\tilde{\lambda}\vartheta_n\beta_n}{\sqrt{\vartheta_n^2\beta_n^2+\sigma_n^2}}\right.$$
$$\left.-\frac{k_{n-1}^2}{k_{n-1}^2-x_{n-1}^2}g_{n-1}\vartheta_{n-1}\right)+\sigma_n\left(\beta_n\kappa+g_n\beta_n\kappa\right)+\sigma_n(\theta+\lambda) \tag{5.1.53}$$

对于第 $n-1$ 步，可得

$$\dot{V}_{n-1}\leqslant-\sum_{m=1}^{n-1}k_m\vartheta_m^2\beta_m-\frac{\beta_n\vartheta_{n-1}k_{n-1}^2}{k_{n-1}^2-x_{n-1}^2}g_{n-1}\vartheta_n+\sum_{m=1}^{n-1}\sigma_m(\theta+\lambda)$$

$$
-\frac{1}{r}\tilde{\theta}\left(\dot{\hat{\theta}}-\sum_{m=1}^{n-1}\frac{\vartheta_m\beta_m S_m^{\mathrm{T}}S_m}{\sqrt{\vartheta_m\beta_m S_m^{\mathrm{T}}S_m+\sigma_1^2}}\right)-\frac{1}{\gamma}\tilde{\lambda}\left(\dot{\hat{\lambda}}-\sum_{m=1}^{n-1}\frac{\vartheta_m^2\beta_m^2}{\sqrt{\vartheta_m^2\beta_m^2+\sigma_m^2}}\right) \tag{5.1.54}
$$

所以，V_n 的导数为

$$
\begin{aligned}
\dot{V}_n \leqslant & -\sum_{m=1}^{n}k_m\vartheta_m^2\beta_m+\sum_{m=1}^{n}\sigma_m(\theta+\lambda)-\frac{1}{r}\tilde{\theta}\left(\dot{\hat{\theta}}-\sum_{m=1}^{n}\frac{\vartheta_m\beta_m S_m^{\mathrm{T}}S_m}{\sqrt{\vartheta_m\beta_m S_m^{\mathrm{T}}S_m+\sigma_1^2}}\right)\\
& -\frac{1}{\gamma}\tilde{\lambda}\left(\dot{\hat{\lambda}}-\sum_{m=1}^{n}\frac{\vartheta_m^2\beta_m^2}{\sqrt{\vartheta_m^2\beta_m^2+\sigma_m^2}}\right)+\sigma_n(\beta_n\kappa+g_n\beta_n\kappa)
\end{aligned} \tag{5.1.55}
$$

设计参数自适应律如下：

$$
\begin{aligned}
\dot{\hat{\theta}} &= \sum_{m=1}^{n}\frac{\vartheta_m\beta_m S_m^{\mathrm{T}}S_m}{\sqrt{\vartheta_m^2\beta_m^2 S_m^{\mathrm{T}}S_m+\sigma_m^2}}-r\sigma_n\hat{\theta}\\
\dot{\hat{\lambda}} &= \sum_{m=1}^{n}\frac{\vartheta_m^2\beta_m^2}{\sqrt{\vartheta_m^2\beta_m^2+\sigma_m^2}}-\gamma\sigma_n\hat{\lambda}
\end{aligned} \tag{5.1.56}
$$

所以式 (5.1.55) 可以简化为

$$
\dot{V}_n \leqslant -\sum_{m=1}^{n}k_m\vartheta_m^2\beta_m+\sum_{m=1}^{n}\sigma_m(\theta+\lambda)+\sigma_n\left(\tilde{\theta}\hat{\theta}+\tilde{\lambda}\hat{\lambda}+\beta_n\kappa+g_n\beta_n\kappa\right) \tag{5.1.57}
$$

通过完全平方公式可得

$$
\begin{aligned}
\tilde{\theta}\hat{\theta} &= \tilde{\theta}\left(\theta-\tilde{\theta}\right)=-\theta^2+\tilde{\theta}\theta\leqslant\frac{\theta^2}{4}\\
\tilde{\lambda}\hat{\lambda} &= \tilde{\lambda}\left(\lambda-\tilde{\lambda}\right)=-\lambda^2+\tilde{\lambda}\lambda\leqslant\frac{\lambda^2}{4}
\end{aligned} \tag{5.1.58}
$$

将式 (5.1.58) 代入式 (5.1.57)，可得

$$
\dot{V}_n \leqslant -\sum_{m=1}^{n}k_m\vartheta_m^2\beta_m+\sum_{m=1}^{n}\sigma_m(\theta+\lambda)+\sigma_n\left(\frac{\theta^2}{4}+\frac{\lambda^2}{4}+2\kappa G_{\max}\right) \tag{5.1.59}
$$

定义 $v_m=\theta+\lambda\,(m=1,2,\cdots,n-1)$ 和 $v_n=\theta^2/4+\lambda^2/4+\theta+\lambda+\beta_n\kappa+g_n\beta_n\kappa$。结合式 (5.1.58) 和式 (5.1.59)，可得

$$
\dot{V}_n \leqslant -\sum_{m=1}^{n}\kappa_m\vartheta_m+\sum_{m=1}^{n}\sigma_m v_m \tag{5.1.60}
$$

其中，$\kappa_m = k_m\beta_m$，$\upsilon_m = \theta + \lambda$，$m = 1, 2, \cdots, n-1$，$\upsilon_n = \theta^2/4 + \lambda^2/4 + \theta + \lambda + 2\kappa G_{\max}$。

5.1.3　稳定性与收敛性分析

下面的定理给出了所设计的自适应控制方法具有的性质。

定理 5.1.1　针对非线性严格反馈系统 (5.1.1)，假设 5.1.1 ~ 假设 5.1.3 成立。如果采用控制器 (5.1.44)，虚拟控制器 (5.1.19)、(5.1.31) 和 (5.1.50)，参数自适应律 (5.1.56)，则总体控制方案具有如下性能：

(1) 闭环系统的所有信号有界；

(2) 跟踪误差渐近收敛于零；

(3) 能够避免 Zeno 行为。

证明　对式 (5.1.60) 从 t_0 到 t 积分，可得

$$\begin{aligned} V_n(t) &\leqslant V_n(t_0) - \sum_{m=1}^{n}\kappa_m\int_{t_0}^{t}\vartheta_m^2\mathrm{d}s + \sum_{m=1}^{n}\vartheta_m\int_{t_0}^{t}\sigma_m\mathrm{d}s \\ &\leqslant V_n(t_0) + \sum_{m=1}^{n}\upsilon_m\bar{\sigma}_m \end{aligned} \tag{5.1.61}$$

这意味着 ϑ_m、$\tilde{\theta}_m\,(m = 1, 2, \cdots, n)$ 和 $\tilde{\lambda}$ 是一致有界的。由 $\tilde{\theta} = \theta - \hat{\theta}$ 和 $\tilde{\lambda} = \lambda - \hat{\lambda}$ 的定义可知，$\hat{\theta}$ 和 $\hat{\lambda}$ 在 $[0, \infty)$ 上是有界的。由 y_d 的有界性和公式 $\vartheta_1 = x_1 - y_d$，可得 x_1 的有界性。另外，α_1 是有界的，因为它是由有界信号 x_1、y_d、$\dot{y}_d$、$\hat{\theta}$、$\hat{\lambda}$ 组成的。结合公式 $\vartheta_2 = x_2 - \alpha_1$ 可知，x_2 也是有界的。所以，通过式 (5.1.1) 采用归纳论证方法可以保证 $x_i\ (i = 2, 3, \cdots, n)$ 的有界性。因此，闭环系统的所有信号有界。

由所有闭环信号和 $\dot{\vartheta}_i$ 的有界性，根据 Barbalat 引理，可得

$$\lim_{t\to\infty}\vartheta_m = 0, \quad m = 1, 2, \cdots, n \tag{5.1.62}$$

即实现了渐近稳定。

假设存在 $t = t'$ 和 $m \in \{1, 2, \cdots, n\}$ 使得 $|x_m(t')| = l_m(t')$，则 $V_n|_{t=t'}$ 是有界的，即

$$\sum_{m=1}^{n}\int_0^{\vartheta_m(t')}\frac{\delta l_m^2(t')}{l_m^2(t') - (\delta + \alpha_{m-1})^2}\mathrm{d}\delta, \quad m = 1, 2, \cdots, n$$

和

$$\int_0^{\vartheta_m(t')}\frac{\delta l_m^2(t')}{l_m^2(t') - (\delta + \alpha_{m-1})^2}\mathrm{d}\delta, \quad m = 1, 2, \cdots, n$$

是有界的。

进一步可得

$$\int_0^{\vartheta_i(t')}\frac{\delta l_m^2(t')}{l_m^2(t')-(\delta+\alpha_{m-1})^2}\mathrm{d}\delta$$
$$=l_m(t')\alpha_{m-1}(t')\ln\frac{(1+\alpha_{m-1}(t'))(1-x_m(t'))}{(1+\alpha_{m-1}(t'))(1+x_m(t'))}+\frac{l_m^2(t')}{2}\ln\frac{l_m^2(t')-\alpha_{m-1}^2(t')}{l_m^2(t')-x_m^2(t')} \tag{5.1.63}$$

其中，$|x_m(t')|=l_m(t')$，$\displaystyle\int_0^{\vartheta_i(t')}\frac{\delta l_m^2(t')}{l_m^2(t')-(\delta+\alpha_{m-1})^2}\mathrm{d}\delta\ (m=1,2,\cdots,n)$ 无界，与其有界性相矛盾。所以，$|x_m(t')|\neq l_m(t')$，并且很明显 $|x_m(t')|<l_m(t')$，所以没有违反全状态约束。

由 $e(t)=w(t)-u(t)$，可得

$$\frac{\mathrm{d}}{\mathrm{d}t}|e|=\frac{\mathrm{d}}{\mathrm{d}t}(e\times e)^{1/2}=\mathrm{sign}(e)\dot{e}\leqslant|\dot{w}| \tag{5.1.64}$$

由式 (5.1.47) 可知 w 是可微的并且 $\dot{w}$ 是有界函数。可见，存在一个正常数 ϖ 使得 $|\dot{w}|\leqslant\varpi$,这意味着 $\dfrac{\mathrm{d}}{\mathrm{d}t}|e|\leqslant\varpi$。因此，结合 $e(t_k)=0$、$\lim\limits_{t\to t_{k+1}^-}|e|=\delta|u(t_k)|+m$ 可得事件触发时间间隔 $t^*=t_{k+1}-t_k$ 满足 $t^*\geqslant\dfrac{\delta|u(t)|+m}{\varpi}$，进而可以推出 $\inf\limits_{k\in\mathbf{N}}t^*\geqslant\dfrac{\delta|u(t_k)|+m}{\varpi}$。所以，避免了 Zeno 行为。

5.1.4 仿真

例 5.1.1 考虑如下二阶非线性系统：

$$\begin{aligned}&\dot{x}_1=0.5\sin x_1^2+x_2\\&\dot{x}_2=0.1(x_1+x_2)^2+(0.2+\cos(2.4x_1x_2))u\\&y=x_1\end{aligned} \tag{5.1.65}$$

参考信号为 $y_d(t)=0.5\sin(2t)$，定义时变约束为 $l_1(t)=0.63+0.1\sin(0.9t)$，$|x_2|\leqslant l_2(t)=0.1\sin(1.5t)+1.2$。定义跟踪误差为 $\vartheta_1=x_1-y_d$，$\vartheta_2=x_2-\alpha_1$。选择状态变量的初始值为 [0.1, 0.1]，选择设计参数为 $k_1=60$、$k_2=80$、$\mu_1=0.3$、$\mu_2=0.3$、$r=50$、$\gamma=50$。

仿真结果分别如图 5.1.1 ~ 图 5.1.5 所示。

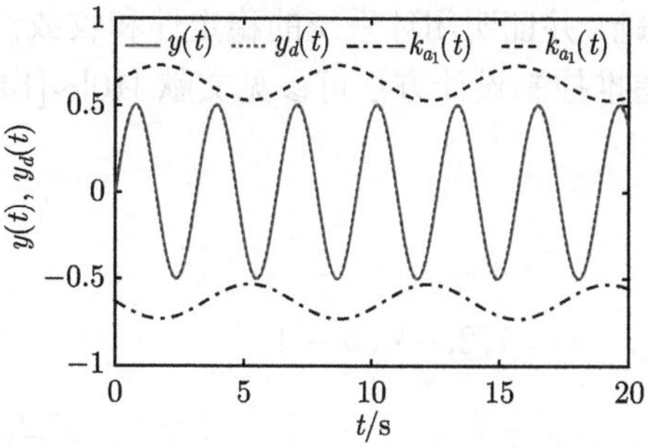

图 5.1.1 输出 $y(t)$ 和参考信号 $y_d(t)$ 的轨迹

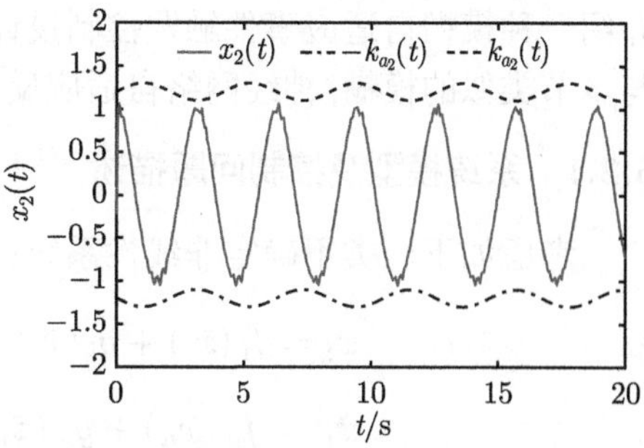

图 5.1.2 状态 $x_2(t)$ 的轨迹

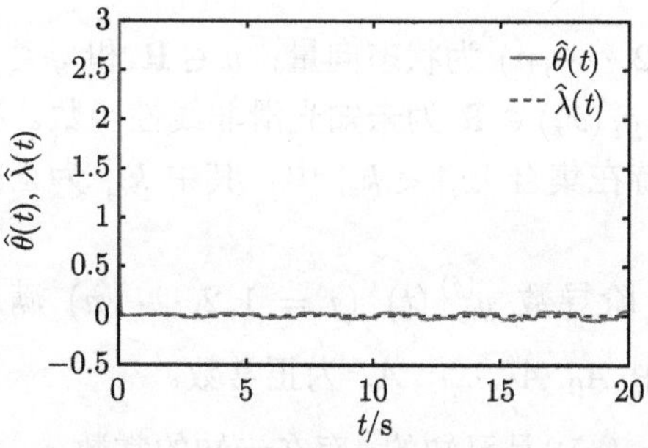

图 5.1.3 自适应参数 $\hat{\theta}(t)$ 和 $\hat{\lambda}(t)$ 的轨迹

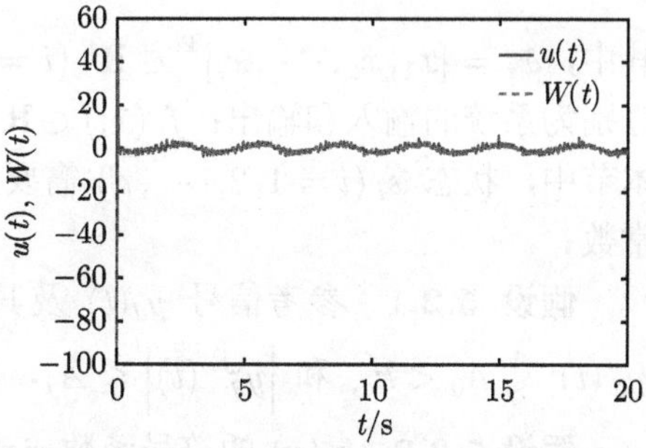

图 5.1.4 控制器 $u(t)$ 和 $W(t)$ 的轨迹

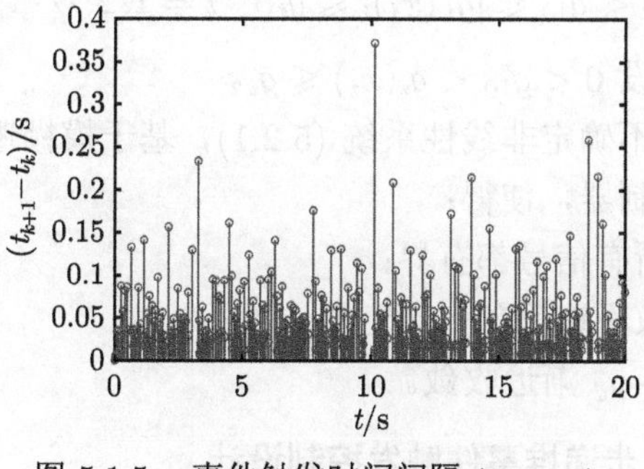

图 5.1.5 事件触发时间间隔 $t_{k+1}-t_k$

5.2 具有全状态约束的非线性系统模糊自适应事件触发控制

本节针对具有全状态约束的不确定非线性系统，首先，通过将反步递推技术与障碍李雅普诺夫函数相结合，设计一种自适应事件触发控制方案；然后，通过引入有界估计方法和一些光滑函数，抵消未知虚拟控制系数对系统的影响；最后，介绍一种模糊自适应事件触发控制设计问题，并证明闭环系统的稳定性和收敛性。与本节类似的模糊/神经网络自适应反步递推控制设计方法可参见文献 [10]~[14]。

5.2.1 系统模型及控制问题描述

考虑如下一类不确定非线性系统：

$$\begin{aligned}\dot{x}_i &= f_i(\bar{x}_i) + g_i(\bar{x}_i)x_{i+1}, \quad i = 1, 2, \cdots, n-1 \\ \dot{x}_n &= f_n(\bar{x}_n) + g_n(\bar{x}_n)u \\ y &= x_1\end{aligned} \tag{5.2.1}$$

其中，$\bar{x}_i = [x_1, x_2, \cdots, x_i]^{\mathrm{T}} \in \mathbf{R}^i\ (i = 1, 2, \cdots, n)$ 为状态向量；$u \in \mathbf{R}$ 和 $y \in \mathbf{R}$ 分别为系统的输入和输出；$f_i(\bar{x}_i) \in \mathbf{R}$ 和 $g_i(\bar{x}_i) \in \mathbf{R}$ 为未知光滑非线性函数。在本节中，状态 $x_i\,(i = 1, 2, \cdots, n)$ 需要保持在集合 $|x_i| < k_{c_i}$ 中，其中 k_{c_i} 为正的常数。

假设 5.2.1 参考信号 $y_d(t)$ 及其 j 阶导数 $y_d^{(j)}(t)\ (j = 1, 2, \cdots, n)$ 满足 $|y_d(t)| \leqslant A_0 < k_{c_1}$ 和 $\left|y_d^{(j)}(t)\right| \leqslant A_j$，其中 $A_0, A_1, \cdots, A_n$ 为正常数。

假设 5.2.2 $g_i(x)$ 的符号函数 $\mathrm{sign}(g_i(x))$ 是已知的，存在未知的常数 $g_{10} > 0$ 和 $\bar{g}_i > 0$，有

$$0 < g_{10} \leqslant |g_i(\bar{x}_i)| \leqslant \bar{g}_i, \quad i = 1, 2, \cdots, n \tag{5.2.2}$$

不失一般性，假设 $0 < g_{10} < g_i(\bar{x}_i) \leqslant \bar{g}_i$。

控制目标 针对不确定非线性系统 (5.2.1)，基于模糊逻辑系统，设计一种模糊自适应事件触发控制器，使得：

(1) 闭环系统的所有信号都有界；

(2) 所有状态约束不违反预先给定的边界；

(3) 跟踪误差 $y - y_d$ 渐近收敛。

5.2.2 模糊自适应反步递推事件触发控制设计

定义如下坐标变换：

$$\begin{aligned}z_1 &= y - y_d \\ z_i &= x_i - \alpha_{i-1}, \quad i = 2, 3, \cdots, n\end{aligned} \tag{5.2.3}$$

其中，z_i 为误差变量；α_{i-1} 为虚拟控制器。

基于上面的坐标变换，n 步模糊自适应反步递推控制设计过程如下。

第 1 步 根据式 (5.2.3) 和 $x_2 = z_2 - \alpha_1$，求 z_1 的导数，可得

$$\dot{z}_1 = f_1 + g_1 x_2 - \dot{y}_d = g_1 (z_2 + \alpha_1) + \bar{f}_1 (Z_1) \tag{5.2.4}$$

其中，$\bar{f}_1 (Z_1) = f_1 (\bar{x}_1) - \dot{y}_d$。由于 $\bar{f}_1 (Z_1)$ 是未知连续函数，所以利用模糊逻辑系统 $\hat{\bar{f}}_1 \left(Z_1 | \hat{W}_1\right) = \hat{W}_1^{\mathrm{T}} S_1 (Z_1)$ 逼近 $\bar{f}_1 (Z_1)$，并假设

$$\bar{f}_1 (Z_1) = W_1^{\mathrm{T}} S_1 (Z_1) + \delta_1 (Z_1) \tag{5.2.5}$$

其中，$Z_1 = [x_1, \dot{y}_d]^{\mathrm{T}}$；$W_1$ 为理想权重；$\delta_1 (Z_1)$ 为最小逼近误差。假设 $\delta_1 (Z_1)$ 满足 $|\delta_1 (Z_1)| \leqslant \bar{\delta}_1$，$\bar{\delta}_1$ 是正常数。

选择如下障碍李雅普诺夫函数：

$$V_1 = \frac{1}{2} \log \frac{k_{b_1}^2}{k_{b_1}^2 - z_1^2} + \frac{1}{2\gamma_1} g_{10} \tilde{\theta}_1^2 + \frac{1}{2r_1} g_{10} \tilde{\rho}_1^2 \tag{5.2.6}$$

其中，$\gamma_1 > 0$ 和 $r_1 > 0$ 为设计参数。定义估计误差为 $\tilde{\theta}_1 = \theta_1 - \hat{\theta}_1$ 和 $\tilde{\rho}_1 = \rho_1 - \hat{\rho}_1$，$\hat{\theta}_1$ 和 $\hat{\rho}_1$ 为 θ_1 和 ρ_1 的估计。定义集合 $\Omega_{z_i} = \{z_i : |z_i| < k_{b_i}\}$，其中，$k_{b_i} = k_{c_i} - A_{i-1}$ 为正常数。

求 V_1 的导数，可得

$$\dot{V}_1 = k_{z_1} [g_1 (z_2 + \alpha_1)] + k_{z_1} W_1^{\mathrm{T}} S_1 (Z_1) + k_{z_1} \delta_1 - \frac{g_{10}}{\gamma_1} \tilde{\theta}_1 \dot{\hat{\theta}}_1 - \frac{g_{10}}{r_1} \tilde{\rho}_1 \dot{\hat{\rho}}_1 \tag{5.2.7}$$

其中，$k_{z_1} = z_1 / k_{b_1}^2 - z_1^2$。由式 (5.2.7)，可得

$$\begin{aligned} k_{z_1} W_1^{\mathrm{T}} S_1 (Z_1) &\leqslant |k_{z_1}| \frac{\|W_1\|}{g_{10}} g_{10} \|S_1\| = g_{10} |k_{z_1}| \|S_1\| \theta_1 \\ k_{z_1} \delta_1 &\leqslant |k_{z_1}| \frac{|\delta_1|}{g_{10}} g_{10} = g_{10} |k_{z_1}| \rho_1 \end{aligned} \tag{5.2.8}$$

其中，$\theta_1 = \sup\limits_{t \geqslant 0} \left(\dfrac{\|W_1\|}{g_{10}} \right), \rho_1 = \sup\limits_{t \geqslant 0} \left(\dfrac{|\delta_1|}{g_{10}} \right)$。另外，有以下公式成立：

$$\begin{aligned} g_{10} \theta_1 |k_{z_1}| \|S_1\| - g_{10} \theta_1 \frac{k_{z_1}^2 \|S_1\|^2}{\sqrt{k_{z_1}^2 \|S_1\|^2 + \sigma_1^2}} &\leqslant g_{10} \theta_1 \sigma_1 \\ g_{10} \rho_1 |k_{z_1}| - g_{10} \rho_1 \frac{k_{z_1}^2}{\sqrt{k_{z_1}^2 + \sigma_1^2}} &\leqslant g_{10} \rho_1 \sigma_1 \end{aligned} \tag{5.2.9}$$

其中，σ_1 为正可积函数满足 $\lim\limits_{t \to \infty} \displaystyle\int_{t_0}^{t} \sigma_1 (s) \mathrm{d}s \leqslant \bar{\sigma}_1 < \infty$，$\bar{\sigma}_1$ 为正常数。

将式 (5.2.8)、式 (5.2.9) 代入式 (5.2.7)，可得

$$\dot{V}_1 \leqslant k_{z_1}\left[g_1\left(z_2+\alpha_1\right)\right]+g_{10}\frac{\hat{\theta}_1 k_{z_1}^2\left\|S_1\right\|^2}{\sqrt{k_{z_1}^2\left\|S_1\right\|^2+\sigma_1^2}}+g_{10}\frac{\hat{\rho}_1 k_{z_1}^2}{\sqrt{k_{z_1}^2+\sigma_1^2}}+g_{10}\sigma_1\left(\theta_1+\rho_1\right)$$
$$+\frac{g_{10}}{\gamma_1}\tilde{\theta}_1\left(\dot{\hat{\theta}}_1-\gamma_1\frac{k_{z_1}^2\left\|S_1\right\|^2}{\sqrt{k_{z_1}^2\left\|S_1\right\|^2+\sigma_1^2}}\right)-\frac{g_{10}}{r_1}\tilde{\rho}_1\left(\dot{\hat{\rho}}_1-r_1\frac{k_{z_1}^2}{\sqrt{k_{z_1}^2+\sigma_1^2}}\right) \tag{5.2.10}$$

设计虚拟控制器和参数自适应律分别如下：

$$\alpha_1=-k_1 z_1-\frac{k_{z_1}\hat{\theta}_1\left\|S_1\right\|^2}{\sqrt{k_{z_1}^2\left\|S_1\right\|^2+\sigma_1^2}}-\frac{k_{z_1}\hat{\rho}_1}{\sqrt{k_{z_1}^2+\sigma_1^2}} \tag{5.2.11}$$

$$\dot{\hat{\theta}}_1=\gamma_1\frac{k_{z_1}^2\left\|S_1\right\|^2}{\sqrt{k_{z_1}^2\left\|S_1\right\|^2+\sigma_1^2}}-\gamma_1\sigma_1\hat{\theta}_1 \tag{5.2.12}$$

$$\dot{\hat{\rho}}_1=r_1\frac{k_{z_1}^2}{\sqrt{k_{z_1}^2+\sigma_1^2}}-r_1\sigma_1\hat{\rho}_1 \tag{5.2.13}$$

其中，$k_1>0$、$\gamma_1>0$ 和 $r_1>0$ 为设计参数。

将式 (5.2.11)、式 (5.2.12) 和式 (5.2.13) 代入式 (5.2.10)，可得

$$\dot{V}_1 \leqslant -g_{10}\frac{k_1 z_1^2}{k_{b_1}^2-z_1^2}+g_1 k_{z_1} z_2+g_{10}\sigma_1\left(\theta_1+\rho_1\right)+g_{10}\sigma_1\left(\tilde{\theta}_1\hat{\theta}_1+\tilde{\rho}_1\hat{\rho}_1\right) \tag{5.2.14}$$

第 $i(2\leqslant i\leqslant n-1)$ 步 求 z_i 的导数，可得

$$\dot{z}_i=g_i\left(z_{i+1}+\alpha_i\right)+\bar{f}_i\left(Z_i\right)-\frac{k_{b_i}^2-z_i^2}{k_{b_{i-1}}^2-z_{i-1}^2}z_{i-1}g_{i-1} \tag{5.2.15}$$

其中，$\bar{f}_i\left(Z_i\right)=f_i-\dot{\alpha}_{i-1}+\frac{k_{b_i}^2-z_i^2}{k_{b_{i-1}}^2-z_{i-1}^2}z_{i-1}g_{i-1}$。由于 $\bar{f}_i\left(Z_i\right)$ 是未知连续函数，所以利用模糊逻辑系统 $\hat{\bar{f}}_i\left(Z_i|\hat{W}_i\right)=\hat{W}_i^{\mathrm{T}}S_i\left(Z_i\right)$ 逼近 $\bar{f}_i\left(Z_i\right)$，并假设

$$\bar{f}_i\left(Z_i\right)=W_i^{\mathrm{T}}S_i\left(Z_i\right)+\delta_i\left(Z_i\right) \tag{5.2.16}$$

其中，$Z_i=\left[x_1,\cdots,x_i,y_d,\dot{y}_d,\cdots,y_d^{(i)},\hat{\theta}_1,\cdots,\hat{\theta}_{i-1},\hat{\rho}_1,\cdots,\hat{\rho}_{i-1}\right]^{\mathrm{T}}$；$W_i$ 为理想权重；$\delta_i(Z_i)$ 为最小逼近误差。假设 $\delta_i(Z_i)$ 满足 $|\delta_i(Z_i)|\leqslant\bar{\delta}_i$，$\bar{\delta}_i$ 是正常数。

选择如下障碍李雅普诺夫函数：

$$V_i=V_{i-1}+\frac{1}{2}\log\frac{k_{b_i}^2}{k_{b_i}^2-z_i^2}+\frac{1}{2\gamma_i}g_{10}\tilde{\theta}_i^2+\frac{1}{2r_i}g_{10}\tilde{\rho}_i^2 \tag{5.2.17}$$

其中，$\gamma_i>0$ 和 $r_i>0$ 为设计参数。定义估计误差为 $\tilde{\theta}_i=\theta_i-\hat{\theta}_i$ 和 $\tilde{\rho}_i=\rho_i-\hat{\rho}_i$，$\hat{\theta}_i$ 和 $\hat{\rho}_i$ 为 θ_i 和 ρ_i 的估计值。

求 V_i 的导数，可得

$$\begin{aligned}\dot{V}_i=&\dot{V}_{i-1}+k_{z_i}\left[g_i\left(z_{i+1}+\alpha_i\right)\right]+k_{z_i}\delta_i+k_{z_i}W_i^{\mathrm{T}}S_i\left(Z_i\right)\\&-k_{z_i}\frac{k_{b_i}^2-z_i^2}{k_{b_{i-1}}^2-z_{i-1}^2}z_{i-1}g_{i-1}-\frac{g_{10}}{\gamma_i}\tilde{\theta}_i\dot{\hat{\theta}}_i-\frac{g_{10}}{r_i}\tilde{\rho}_i\dot{\hat{\rho}}_i\end{aligned} \tag{5.2.18}$$

其中，$k_{z_i}=z_i/k_{b_i}^2-z_i^2$。此外，存在以下不等式：

$$\begin{aligned}&k_{z_i}W_i^{\mathrm{T}}S_i\left(Z_i\right)\leqslant|k_{z_i}|\frac{\|W_i\|}{g_{10}}g_{10}\|S_i\|=g_{10}|k_{z_i}|\|S_i\|\theta_i\\&k_{z_i}\delta_i\leqslant|k_{z_i}|\frac{|\delta_i|}{g_{10}}g_{10}=g_{10}|k_{z_i}|\rho_i\end{aligned} \tag{5.2.19}$$

其中

$$\theta_i=\sup_{t\geqslant0}\left(\frac{\|W_i\|}{g_{10}}\right),\quad\rho_i=\sup_{t\geqslant0}\left(\frac{|\delta_i|}{g_{10}}\right) \tag{5.2.20}$$

将式 (5.2.19) 代入式 (5.2.18)，可得

$$\begin{aligned}\dot{V}_i\leqslant&\dot{V}_{i-1}+k_{z_i}\left[g_i\left(z_{i+1}+\alpha_i\right)\right]+g_{10}\theta_i|k_{z_i}|\|S_i\|+g_{10}\rho_i|k_{z_i}|\\&-k_{z_i}\frac{k_{b_i}^2-z_i^2}{k_{b_{i-1}}^2-z_{i-1}^2}z_{i-1}g_{i-1}-\frac{g_{10}}{\gamma_i}\tilde{\theta}_i\dot{\hat{\theta}}_i-\frac{g_{10}}{r_i}\tilde{\rho}_i\dot{\hat{\rho}}_i\end{aligned} \tag{5.2.21}$$

类似于第 1 步，可得

$$\begin{aligned}\dot{V}_i\leqslant&\dot{V}_{i-1}+k_{z_i}\left[g_i\left(z_{i+1}+\alpha_i\right)\right]+g_{10}\frac{\hat{\theta}_ik_{z_i}^2\|S_i\|^2}{\sqrt{k_{z_i}^2\|S_i\|^2+\sigma_i^2}}+g_{10}\frac{\hat{\rho}_ik_{z_i}^2}{\sqrt{k_{z_i}^2+\sigma_i^2}}\\&-k_{z_i}\frac{k_{b_i}^2-z_i^2}{k_{b_{i-1}}^2-z_{i-1}^2}z_{i-1}g_{i-1}+\frac{g_{10}}{\gamma_i}\tilde{\theta}_i\left(\dot{\hat{\theta}}_i-\gamma_i\frac{k_{z_i}^2\|S_i\|^2}{\sqrt{k_{z_i}^2\|S_i\|^2+\sigma_i^2}}\right)\end{aligned}$$

$$- \frac{g_{10}}{r_i}\tilde{\rho}_i\left(\dot{\hat{\rho}}_i - r_i\frac{k_{z_i}^2}{\sqrt{k_{z_i}^2+\sigma_i^2}}\right) + g_{10}\sigma_i\left(\theta_i+\rho_i\right) \tag{5.2.22}$$

其中，σ_i 为正可积函数满足 $\lim\limits_{t\to\infty}\int_{t_0}^{t}\sigma_i(s)\mathrm{d}s \leqslant \bar{\sigma}_i < \infty$，$\bar{\sigma}_i$ 为正常数，且

$$\dot{V}_{i-1} \leqslant -g_{10}\sum_{j=1}^{i-1}\frac{k_j z_j^2}{k_{b_j}^2 - z_j^2} + \sum_{j=1}^{i-1} g_{10}\sigma_j\left(\theta_j+\rho_j\right) + g_{i-1}k_{z_{i-1}}z_i + \sum_{j=1}^{i-1} g_{10}\sigma_j\left(\tilde{\theta}_j\hat{\theta}_j + \tilde{\rho}_j\hat{\rho}_j\right) \tag{5.2.23}$$

设计虚拟控制器和参数自适应律分别如下：

$$\alpha_i = -k_i z_i - \frac{k_{z_i}\hat{\theta}_i\left\|S_i\right\|^2}{\sqrt{k_{z_i}^2\left\|S_i\right\|^2+\sigma_i^2}} - \frac{k_{z_i}\hat{\rho}_i}{\sqrt{k_{z_i}^2+\sigma_i^2}} \tag{5.2.24}$$

$$\dot{\hat{\theta}}_i = \gamma_i\frac{k_{z_i}^2\left\|S_i\right\|^2}{\sqrt{k_{z_i}^2\left\|S_i\right\|^2+\sigma_i^2}} - \gamma_i\sigma_i\hat{\theta}_i \tag{5.2.25}$$

$$\dot{\hat{\rho}}_i = r_i\frac{k_{z_i}^2}{\sqrt{k_{z_i}^2+\sigma_i^2}} - r_i\sigma_i\hat{\rho}_i \tag{5.2.26}$$

其中，$k_i > 0$、$\gamma_i > 0$ 和 $r_i > 0$ 为设计参数。

将式 (5.2.24) ~ 式 (5.2.26) 代入式 (5.2.22)，可得

$$\dot{V}_i \leqslant -g_{10}\sum_{j=1}^{i}\frac{k_j z_j^2}{k_{b_j}^2 - z_j^2} + \sum_{j=1}^{i} g_{10}\sigma_j\left(\theta_j+\rho_j\right) + g_i k_{z_i}z_{i+1} + \sum_{j=1}^{i} g_{10}\sigma_j\left(\tilde{\theta}_j\hat{\theta}_j + \tilde{\rho}_j\hat{\rho}_j\right) \tag{5.2.27}$$

第 n 步 根据 $z_n = x_n - \alpha_{n-1}$，求 z_n 的导数，可得

$$\dot{z}_n = g_n u + \bar{f}_n\left(Z_n\right) - \frac{k_{b_n}^2 - z_n^2}{k_{b_{n-1}}^2 - z_{n-1}^2}z_{n-1}g_{n-1} \tag{5.2.28}$$

其中，$\bar{f}_n\left(Z_n\right) = f_n - \dot{\alpha}_{n-1} + \dfrac{k_{b_n}^2 - z_n^2}{k_{b_{n-1}}^2 - z_{n-1}^2}z_{n-1}g_{n-1}$。由于 $\bar{f}_n\left(Z_n\right)$ 是未知连续函数，所以利用模糊逻辑系统 $\hat{\bar{f}}_n\left(Z_n|\hat{W}_n\right) = \hat{W}_n^{\mathrm{T}}S_n\left(Z_n\right)$ 逼近 $\bar{f}_n\left(Z_n\right)$，并假设

$$\bar{f}_n\left(Z_n\right) = W_n^{\mathrm{T}}S_n\left(Z_n\right) + \delta_n\left(Z_n\right) \tag{5.2.29}$$

其中，$Z_n=\left[x_1,\cdots,x_n,y_d,\dot{y}_d,\cdots,y_d^{(n)},\hat{\theta}_1,\cdots,\hat{\theta}_{n-1},\hat{\rho}_1,\cdots,\hat{\rho}_{n-1}\right]^{\mathrm{T}}$；$W_n$ 为理想权重；$\delta_n(Z_n)$ 为最小逼近误差。假设 $\delta_n(Z_n)$ 满足 $|\delta_n(Z_n)|\leqslant\bar{\delta}_n$，$\bar{\delta}_n$ 是正常数。

选择如下障碍李雅普诺夫函数：

$$V_n=V_{n-1}+\frac{1}{2}\log\frac{k_{b_n}^2}{k_{b_n}^2-z_n^2}+\frac{1}{2\gamma_n}g_{10}\tilde{\theta}_n^2+\frac{1}{2r_n}g_{10}\tilde{\rho}_n^2 \tag{5.2.30}$$

其中，$\gamma_n>0$ 和 $r_n>0$ 为设计参数。定义估计误差为 $\tilde{\theta}_n=\theta_n-\hat{\theta}_n$ 和 $\tilde{\rho}_n=\rho_n-\hat{\rho}_n$，$\hat{\theta}_n$ 和 $\hat{\rho}_n$ 为 θ_n 和 ρ_n 的估计。

求 V_n 的导数，可得

$$\begin{aligned}\dot{V}_n=&\dot{V}_{n-1}+k_{z_n}g_nu+k_{z_n}W_n^{\mathrm{T}}S_n(Z_n)+k_{z_n}\delta_n-k_{z_n}\frac{k_{b_n}^2-z_n^2}{k_{b_{n-1}}^2-z_{n-1}^2}z_{n-1}g_{n-1}\\&-\frac{g_{10}}{\gamma_n}\tilde{\theta}_n\dot{\hat{\theta}}_n-\frac{g_{10}}{r_n}\tilde{\rho}_n\dot{\hat{\rho}}_n\end{aligned} \tag{5.2.31}$$

其中，$k_{z_n}=z_n/k_{b_n}^2-z_n^2$。此外，存在以下不等式：

$$\begin{aligned}&k_{z_n}W_n^{\mathrm{T}}S_n(Z_n)\leqslant|k_{z_n}|\frac{\|W_n\|}{g_{10}}g_{10}\|S_n\|=g_{10}|k_{z_n}|\|S_n\|\theta_n\\&k_{z_n}\delta_n\leqslant|k_{z_n}|\frac{|\delta_n|}{g_{10}}g_{10}=g_{10}|k_{z_n}|\rho_n\end{aligned} \tag{5.2.32}$$

其中

$$\theta_n=\sup_{t\geqslant0}\left(\frac{\|W_n\|}{g_{10}}\right),\quad \rho_n=\sup_{t\geqslant0}\left(\frac{|\delta_n|}{g_{10}}\right) \tag{5.2.33}$$

将式 (5.2.32) 代入式 (5.2.31)，可得

$$\begin{aligned}\dot{V}_n\leqslant&\dot{V}_{n-1}+k_{z_n}g_nu+g_{10}\theta_n|k_{z_n}|\|S_n\|+g_{10}\rho_n|k_{z_n}|\\&-k_{z_n}\frac{k_{b_n}^2-z_n^2}{k_{b_{n-1}}^2-z_{n-1}^2}z_{n-1}g_{n-1}-\frac{g_{10}}{\gamma_n}\tilde{\theta}_n\dot{\hat{\theta}}_n-\frac{g_{10}}{r_n}\tilde{\rho}_n\dot{\hat{\rho}}_n\end{aligned} \tag{5.2.34}$$

类似于第 1 步，有

$$\begin{aligned}\dot{V}_n\leqslant&\dot{V}_{n-1}+k_{z_n}g_nu+g_{10}\frac{\hat{\theta}_nk_{z_n}^2\|S_n\|^2}{\sqrt{k_{z_n}^2\|S_n\|^2+\sigma_n^2}}+g_{10}\sigma_n(\theta_n+\rho_n)+g_{10}\frac{\hat{\rho}_nk_{z_n}^2}{\sqrt{k_{z_n}^2+\sigma_n^2}}\\&-k_{z_n}\frac{k_{b_n}^2-z_n^2}{k_{b_{n-1}}^2-z_{n-1}^2}z_{n-1}g_{n-1}+\frac{g_{10}}{\gamma_n}\tilde{\theta}_n\left(\dot{\hat{\theta}}_n-\gamma_n\frac{k_{z_n}^2\|S_n\|^2}{\sqrt{k_{z_n}^2\|S_n\|^2+\sigma_n^2}}\right)\end{aligned}$$

$$- \frac{g_{10}}{r_n}\tilde{\rho}_n\left(\dot{\hat{\rho}}_n - r_n\frac{k_{z_n}^2}{\sqrt{k_{z_n}^2+\sigma_n^2}}\right) \tag{5.2.35}$$

其中，σ_n 为正可积函数满足 $\lim\limits_{t\to\infty}\int_{t_0}^{t}\sigma_n(s)\mathrm{d}s \leqslant \bar{\sigma}_n < \infty$，$\bar{\sigma}_n$ 为正常数。

设计事件触发机制为

$$\begin{aligned} &u(t) = \omega(t_k), \quad \forall t\in[t_k, t_{k+1}) \\ &t_{k+1} = \inf\{t\in\mathbf{R}\,|\,|e(t)| \geqslant v|u(t)| + m_1\} \end{aligned} \tag{5.2.36}$$

设计事件触发控制器和参数自适应律分别如下：

$$\omega(t) = (1+v)\left(\alpha_n - \bar{m}_1\tanh\left(\frac{k_{z_n}\bar{m}_1}{\varepsilon(t)}\right)\right) \tag{5.2.37}$$

$$\begin{aligned} &\alpha_n = -k_n z_n - \frac{k_{z_n}\hat{\theta}_n\|S_n\|^2}{\sqrt{k_{z_n}^2\|S_n\|^2+\sigma_n^2}} - \frac{k_{z_n}\hat{\rho}_n}{\sqrt{k_{z_n}^2+\sigma_n^2}} \\ &\dot{\hat{\theta}}_n = \gamma_n\frac{k_{z_n}^2\|S_n\|^2}{\sqrt{k_{z_n}^2\|S_n\|^2+\sigma_n^2}} - \gamma_n\sigma_n\hat{\theta}_n \\ &\dot{\hat{\rho}}_n = r_n\frac{k_{z_n}^2}{\sqrt{k_{z_n}^2+\sigma_n^2}} - r_n\sigma_n\hat{\rho}_n \end{aligned} \tag{5.2.38}$$

其中，$\varepsilon(t)$、σ_n、$\bar{m}_1 > \dfrac{m_1}{1-v}$、$m_1 > 0$ 和 $0 < v < 1$ 为设计参数；$e(t) = \omega(t) - u(t)$ 为事件触发误差。t_k 为控制器更新时间。当式 (5.2.36) 触发时，将其标记为 t_{k+1}，控制输入 $u(t_{k+1})$ 将应用于系统。对于 $t\in[t_k, t_{k+1})$，控制信号保持为一个常数 $\omega(t_k)$。

根据式 (5.2.36)，可得 $\omega(t) = (1+\lambda_1(t)v)u(t) + \lambda_2(t)m_1$，其中，$\lambda_1(t)$ 和 $\lambda_2(t)$ 为时变参数且满足 $|\lambda_1(t)| \leqslant 1$ 和 $|\lambda_2(t)| \leqslant 1$，因此可得 $u(t) = \dfrac{\omega(t)}{1+\lambda_1(t)v} - \dfrac{\lambda_2(t)m_1}{1+\lambda_1(t)v}$。

根据式 (5.2.35) ~ 式 (5.2.38)，可得

$$\begin{aligned} \dot{V}_n \leqslant{}& \dot{V}_{n-1} + k_{z_n}\left(\frac{g_n\omega(t)}{1+\lambda_1(t)v} - \frac{g_n\lambda_2(t)m_1}{1+\lambda_1(t)v}\right) \\ &+ g_{10}\sigma_n(\theta_n+\rho_n) - k_{z_n}\frac{k_{b_n}^2 - z_n^2}{k_{b_{n-1}}^2 - z_{n-1}^2}z_{n-1}g_{n-1} \end{aligned}$$

$$+g_{10}\frac{\hat{\theta}_n k_{z_n}^2\left\|S_n\right\|^2}{\sqrt{k_{z_n}^2\left\|S_n\right\|^2+\sigma_n^2}}+g_{10}\frac{\hat{\rho}_n k_{z_n}^2}{\sqrt{k_{z_n}^2+\sigma_n^2}}+g_{10}\sigma_n\left(\tilde{\theta}_n\hat{\theta}_n+\tilde{\rho}_n\hat{\rho}_n\right) \tag{5.2.39}$$

由于 $\forall e\in\mathbf{R}$，$\varepsilon>0$，$-e\tanh\left(\dfrac{e}{\varepsilon}\right)\leqslant 0$，所以根据式 (5.2.39) 可得 $k_{z_n}\omega\leqslant 0$。由 $-1\leqslant\lambda_1(t)\leqslant 1$ 和 $-1\leqslant\lambda_2(t)\leqslant 1$，有 $k_{z_n}\omega/(1+\lambda_1(t)v)\leqslant k_{z_n}\omega/(1+v)$ 和 $\left|\lambda_2(t)m_1\right|/(1+\lambda_1(t)v)\leqslant m_1/(1-v)$。因此，式 (5.2.39) 可以重写为

$$\begin{aligned}\dot{V}_n\leqslant{}&\dot{V}_{n-1}+k_{z_n}\left(\frac{g_n\omega(t)}{1+v}-\left|\frac{g_n m_1}{1-v}\right|\right)+g_{10}\sigma_n\left(\theta_n+\rho_n\right)\\&-k_{z_n}\frac{k_{b_n}^2-z_n^2}{k_{b_{n-1}}^2-z_{n-1}^2}z_{n-1}g_{n-1}+g_{10}\sigma_n\left(\tilde{\theta}_n\hat{\theta}_n+\tilde{\rho}_n\hat{\rho}_n\right)\\&+g_{10}\frac{\hat{\theta}_n k_{z_n}^2\left\|S_n\right\|^2}{\sqrt{k_{z_n}^2\left\|S_n\right\|^2+\sigma_n^2}}+g_{10}\frac{\hat{\rho}_n k_{z_n}^2}{\sqrt{k_{z_n}^2+\sigma_n^2}}\end{aligned} \tag{5.2.40}$$

由式 (5.2.37)，可得

$$\begin{aligned}\dot{V}_n\leqslant{}&\dot{V}_{n-1}+k_{z_n}g_n\alpha_n-k_{z_n}g_n\bar{m}_1\tanh\left(\frac{k_{z_n}\bar{m}_1}{\varepsilon(t)}\right)+\left|\frac{k_{z_n}g_n m_1}{1-v}\right|\\&-k_{z_n}\frac{k_{b_n}^2-z_n^2}{k_{b_{n-1}}^2-z_{n-1}^2}z_{n-1}g_{n-1}+g_{10}\sigma_n\left(\tilde{\theta}_n\hat{\theta}_n+\tilde{\rho}_n\hat{\rho}_n\right)+g_{10}\sigma_n\left(\theta_n+\rho_n\right)\\&+g_{10}\frac{\hat{\theta}_n k_{z_n}^2\left\|S_n\right\|^2}{\sqrt{k_{z_n}^2\left\|S_n\right\|^2+\sigma_n^2}}+g_{10}\frac{\hat{\rho}_n k_{z_n}^2}{\sqrt{k_{z_n}^2+\sigma_n^2}}\end{aligned} \tag{5.2.41}$$

进一步有

$$\begin{aligned}\dot{V}_n\leqslant{}&\dot{V}_{n-1}-g_{10}\frac{k_n^2z_n^2}{k_{b_n}^2-z_n^2}+0.2785\varepsilon(t)\bar{g}_n-\left|k_{z_n}\bar{g}_n\bar{m}_1\right|+\left|\frac{k_{z_n}g_n m_1}{1-v}\right|\\&-k_{z_n}\frac{k_{b_n}^2-z_n^2}{k_{b_{n-1}}^2-z_{n-1}^2}z_{n-1}g_{n-1}+g_{10}\sigma_n\left(\tilde{\theta}_n\hat{\theta}_n+\tilde{\rho}_n\hat{\rho}_n\right)+g_{10}\sigma_n\left(\theta_n+\rho_n\right)\end{aligned} \tag{5.2.42}$$

其中

$$\dot{V}_{n-1}\leqslant -g_{10}\sum_{j=1}^{n-1}\frac{k_jz_j^2}{k_{b_j}^2-z_j^2}+\sum_{j=1}^{n-1}g_{10}\sigma_j\left(\theta_j+\rho_j\right)+g_{n-1}k_{z_{n-1}}z_n$$

$$+\sum_{j=1}^{n-1} g_{10}\sigma_j\left(\tilde{\theta}_j\hat{\theta}_j+\tilde{\rho}_j\hat{\rho}_j\right) \tag{5.2.43}$$

将式 (5.2.43) 代入式 (5.2.42)，可得

$$\begin{aligned}\dot{V}_n\leqslant&-g_{10}\sum_{j=1}^{n}\frac{k_j z_j^2}{k_{b_j}^2-z_j^2}+\sum_{j=1}^{n} g_{10}\sigma_j\left(\theta_j+\rho_j\right)\\&+0.2785\varepsilon\left(t\right)\bar{g}_n+\sum_{j=1}^{n} g_{10}\sigma_j\left(\tilde{\theta}_j\hat{\theta}_j+\tilde{\rho}_j\hat{\rho}_j\right)\end{aligned} \tag{5.2.44}$$

由杨氏不等式，有如下不等式成立：

$$\begin{aligned}&\tilde{\theta}_j\hat{\theta}_j=\tilde{\theta}_j\left(\theta_j-\tilde{\theta}_j\right)=-\tilde{\theta}_j^2+\tilde{\theta}_j\theta_j\leqslant\frac{\theta_j^2}{4}\\&\tilde{\rho}_j\hat{\rho}_j=\tilde{\rho}_j\left(\rho_j-\tilde{\rho}_j\right)=-\tilde{\rho}_j^2+\tilde{\rho}_j\rho_j\leqslant\frac{\rho_j^2}{4}\end{aligned} \tag{5.2.45}$$

将式 (5.2.45) 代入式 (5.2.44)，可得

$$\dot{V}_n\leqslant-g_{10}\sum_{j=1}^{n}\frac{k_j z_j^2}{k_{b_j}^2-z_j^2}+\sum_{j=1}^{n} g_{10}\sigma_j\eta_j+0.2785\varepsilon\left(t\right)\bar{g}_n \tag{5.2.46}$$

其中，$\eta_j=\left(\theta_j+\rho_j\right)+\left(\theta_j^2+\rho_j^2\right)/4$，$j=1,2,\cdots,n$。

5.2.3 稳定性与收敛性分析

下面的定理给出了所设计的模糊自适应控制方法具有的性质。

定理 5.2.1 针对具有全状态约束的不确定非线性系统 (5.2.1)，假设 5.2.1 和假设 5.2.2 成立。如果采用控制器 (5.2.37)，虚拟控制器 (5.2.11)、(5.2.24) 和 (5.2.38)，参数自适应律 (5.2.12)、(5.2.13)、(5.2.25) 和 (5.2.26)，事件触发条件 (5.2.36)，则总体控制方案具有如下性能：

(1) 闭环系统中的所有信号都有界；

(2) 输出跟踪误差渐近收敛于零，全状态约束不被违反；

(3) 能够避免 Zeno 行为。

证明 首先，由式 (5.2.24) ~ 式 (5.2.26) 可以看出，α_i、$\dot{\hat{\theta}}_i$ 和 $\dot{\hat{\rho}}_i$ 都是光滑局部利普希茨连续函数，因此闭环系统存在唯一解 $h(t)=\left(x(t),\hat{\theta}_1(t),\cdots,\hat{\theta}_n(t),\right.$ $\left.\hat{\rho}_1(t),\cdots,\hat{\rho}_n(t)\right)^{\mathrm{T}}$ 在右侧最大时间间隔 $[0,T_f)$ 上，且 $T_f>0$。然后，可以进一步证明解 $h(t)$ 在 $[0,+\infty)$ 上均匀有界。

对式 (5.2.46) 从 t_0 到 t 积分可得

$$V_n(t) \leqslant V_n(t_0) + \sum_{j=1}^{n} g_{10}\eta_j\bar{\sigma}_j + 0.2785\bar{g}_n\bar{\varepsilon} \tag{5.2.47}$$

由式 (5.2.47) 可知，z_j、$\tilde{\theta}_j$ 和 $\tilde{\rho}_j$ 在 $[0,T_f)$ 上一致有界。根据 $\tilde{\theta}_j=\theta_j-\hat{\theta}_j$、$\tilde{\rho}_j=\rho_j-\hat{\rho}_j$、$\theta_j$ 和 ρ_j 的有界性，可得 $\hat{\theta}_j$ 和 $\hat{\rho}_j$ 在 $[0,T_f)$ 上有界。事实上，根据 $z_1=x_1-y_d$，由 y_d 的有界性可知，x_1 在 $[0,T_f)$ 上有界。因此，$|x_1|\leqslant|z_1|+|y_d|<k_{c_1}-A_0+A_0=k_{c_1}$。此外，由于虚拟控制信号 α_1 是关于有界信号 x_1、y_d、$\dot{y}_d$、$\hat{\theta}_1$ 和 $\hat{\rho}_1$ 的函数，所以虚拟控制信号 α_1 在 $[0,T_f)$ 上也有界。根据 $z_2=x_2-\alpha_1$，可得 x_2 在 $[0,T_f)$ 上的有界性。通过归纳法和 $|x_i|<k_{c_i}$ $(i=2,3,\cdots,n)$，可以证明 x_i $(i=2,3,\cdots,n)$ 在 $[0,T_f)$ 上有界。系统输入 u 在 $[0,T_f)$ 上也有界。因此，所有的信号在 $[0,T_f)$ 上有界，并且所有状态不会违反其约束边界。

首先，假设 $T_f<+\infty$，根据 $\lim\limits_{t\to T_f}\|h(t)\|=+\infty$ 以及 V_n 的定义，可得 $\lim\limits_{t\to T_f}\|h(t)\|=+\infty$。由式 (5.2.47)，可得 $\lim\limits_{t\to T_f}V_n=V_n(t_0)+\sum\limits_{j=1}^{n}\eta_j\bar{\sigma}_j+0.2785\bar{\varepsilon}\bar{g}_n<+\infty$，这与 $\lim\limits_{t\to T_f}V_n=+\infty$ 相矛盾。因此，可得 $T_f=+\infty$。

由式 (5.2.45)，可得

$$\lim_{t\to\infty}\sum_{j=1}^{n}k_j\int_{t_0}^{t}\frac{g_{10}}{k_{b_j}^2-z_j^2}z_j^2(s)\,\mathrm{d}s \leqslant V_n(t_0)+\sum_{j=1}^{n}g_{10}\eta_j\bar{\sigma}_j+0.2785\bar{g}_n\bar{\varepsilon}\leqslant+\infty \tag{5.2.48}$$

由式 (5.2.2) 以及 k_{z_j} 和 z_j 的有界性，可得 $\lim\limits_{t\to\infty}z_j=0$，$j=1,2,\cdots,n$，因此实现了渐近跟踪控制；根据式 (5.2.38) 和 z_j 的收敛性，进一步可得 $\lim\limits_{t\to\infty}u(t)=0$。由 $s(t)=\omega(t)-u(t),\forall t\in[t_k,t_{k+1})$，有

$$\frac{\mathrm{d}}{\mathrm{d}t}|s|=\frac{\mathrm{d}}{\mathrm{d}t}(s\times s)^{\frac{1}{2}}=\mathrm{sign}(s)\,\dot{s}\leqslant|\dot{\omega}| \tag{5.2.49}$$

根据式 (5.2.37)，求 $\omega(t)$ 的导数，可得

$$\dot{\omega}=(1+v)\left(\dot{\alpha}_n-\frac{\bar{m}_1(1+v)\dot{k}_{z_n}}{\cosh^2\left(\dfrac{k_{z_n}\bar{m}_1}{\varepsilon(t)}\right)}\right) \tag{5.2.50}$$

$\dot{\omega}$ 是一个连续有界的函数，因此存在一个常数 $\chi > 0$ 使得 $|\dot{\omega}| \leqslant \chi$。另外，由 $s(t_k) = 0$ 和 $\lim\limits_{t \to t_{k+1}} s(t) = m$，可得事件触发时间间隔 t^* 满足 $t^* \geqslant m/\chi$，避免了 Zeno 行为。

5.2.4 仿真

例 5.2.1 考虑如下单连杆机械臂系统：

$$dl\ddot{\varsigma} + kl\dot{\varsigma} + dg\sin(\varsigma) = u \tag{5.2.51}$$

其中，ς 为杆和垂直轴通过枢轴点的夹角；l 为杆的长度；d 为杆的质量；g 为重力加速度；k 为代表摩擦系数的未知常数。令 $x_1 = dl\varsigma$ 和 $x_2 = dl\dot{\varsigma}$，系统 (5.2.51) 可以改写为

$$\begin{aligned} \dot{x}_1 &= x_2 \\ \dot{x}_2 &= u - dg\sin\frac{x_1}{dl} - \frac{k}{d}x_2 \\ y &= x_1 \end{aligned} \tag{5.2.52}$$

在仿真中，选取设计参数为 $k_1 = 50$、$k_2 = 10$、$\gamma_1 = 1$、$\gamma_2 = 1$、$r_1 = 1$、$r_2 = 1$、$\sigma_1 = 4\mathrm{e}^{-5t}$、$\sigma_2 = 2\mathrm{e}^{-5t}$、$m_1 = 0.5$、$v = 0.1$、$\bar{m}_1 = 1$、$k_{b_1} = 1$、$k_{b_2} = 2$。参考信号为 $y_d = 0.5\sin(t)$。选择状态变量及参数的初始值为 $x(0) = [0.1, 0.2]^{\mathrm{T}}$、$\hat{\theta}(0) = [0.01, 0.01]^{\mathrm{T}}$ 和 $\hat{\rho}(0) = [0.01, 0.01]^{\mathrm{T}}$。

选取隶属度函数为 $\mu_{F_i^1}(x_i) = \exp\left[-(x_i+2)^2\right]$，$\mu_{F_i^2}(x_i) = \exp\left[-(x_i+1)^2\right]$，$\mu_{F_i^3}(x_i) = \exp\left[-(x_i+0)^2\right]$，$\mu_{F_i^4}(x_i) = \exp\left[-(x_i-1)^2\right]$，$\mu_{F_i^5}(x_i) = \exp[-(x_i-2)^2]$，$i = 1, 2, 3$。

仿真结果如图 5.2.1 ~ 图 5.2.5 所示。

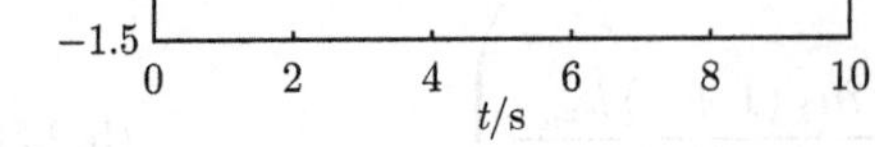

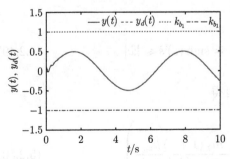

图 5.2.1 输出 $y(t)$ 和参考信号 $y_d(t)$ 的轨迹

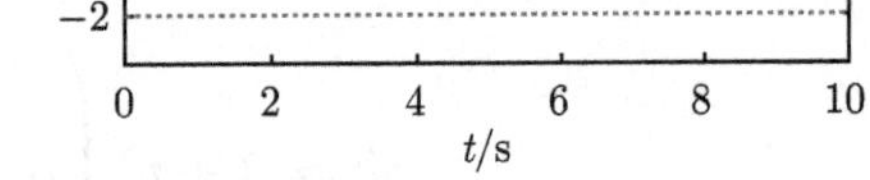

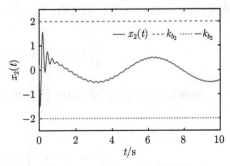

图 5.2.2 状态 $x_2(t)$ 的轨迹

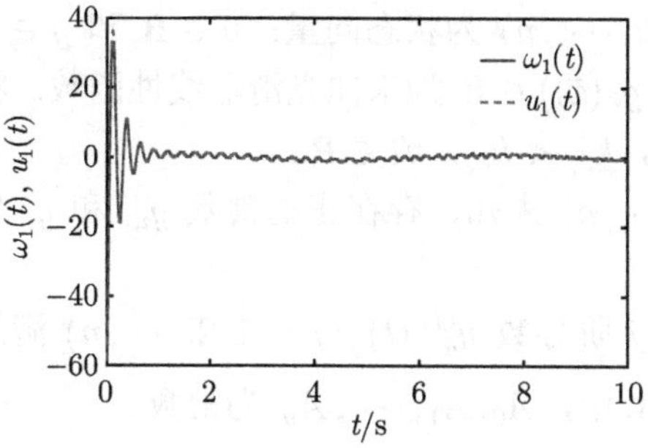

图 5.2.3　控制器 $\omega_1(t)$ 和 $u_1(t)$ 的轨迹

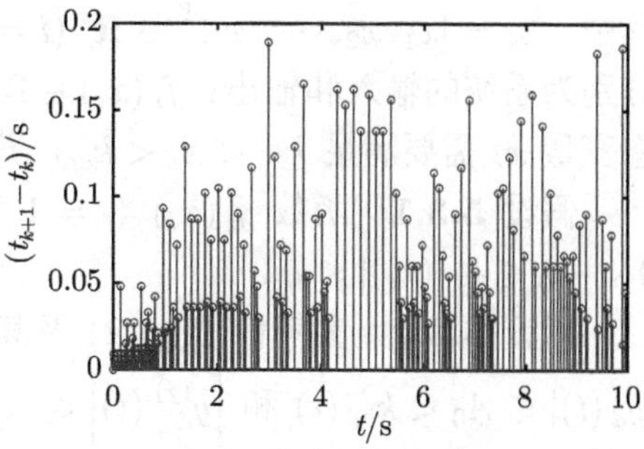

图 5.2.4　事件触发时间间隔 $t_{k+1}-t_k$

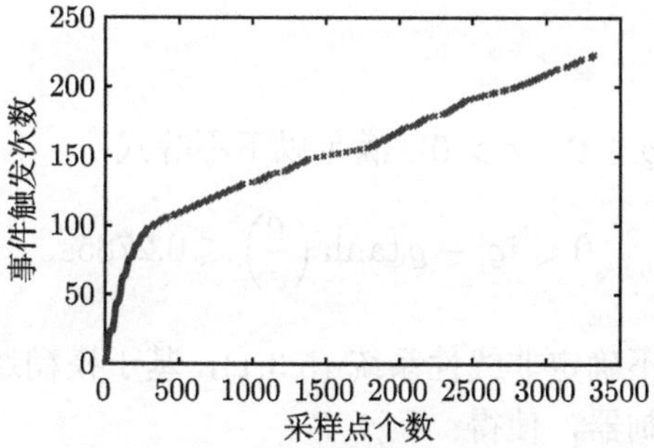

图 5.2.5　事件触发次数

5.3　具有时变全状态约束的非线性系统模糊自适应事件触发控制

本节针对一类具有时变全状态约束的非线性系统，首先，采用模糊逻辑系统逼近系统中的未知非线性函数，利用适当的非对称时变障碍李雅普诺夫函数来满足约束条件；然后，通过设计适当的事件触发控制方案，减少从控制器到执行器的通信负担；最后，介绍一种模糊自适应渐近跟踪控制设计方法，并证明闭环系统的稳定性和收敛性。类似的智能模糊自适应事件触发控制设计方法可参见文献[15]~[19]。

5.3.1　系统模型及控制问题描述

考虑如下不确定非线性系统：

$$
\begin{aligned}
\dot{x}_i &= g_i(\bar{x}_i)\,x_{i+1} + f_i(\bar{x}_i), \quad i = 1, 2, \cdots, n-1 \\
\dot{x}_n &= g_n(\bar{x}_n)\,u + f_n(\bar{x}_n) \\
y &= x_1
\end{aligned}
\tag{5.3.1}
$$

其中，$\bar{x}_i = [x_1, x_2, \cdots, x_i]^{\mathrm{T}} \in \mathbf{R}^i \ (i = 1, 2, \cdots, n)$ 为状态向量；$u \in \mathbf{R}$ 和 $y \in \mathbf{R}$ 分别为系统的输入和输出；$f_i(\bar{x}_i) \in \mathbf{R}$ 和 $g_i(\bar{x}_i) \in \mathbf{R}$ 为未知光滑非线性函数。状态变量 x_i 需要满足 $\underline{k}_{c_i} < x_i < \bar{k}_{c_i}$，其中，$\underline{k}_{c_i} < \bar{k}_{c_i}$，$\forall t \in \mathbf{R}_+$。

假设 5.3.1 函数 $g_i(\bar{x}_i)\ (i = 1, 2, \cdots, n)$ 未知，存在正的常数 g_{i0} 和 $\bar{g}_i$ 使 $0 < g_{i0} \leqslant |g_i(\bar{x}_i)| \leqslant \bar{g}_i$。

假设 5.3.2 参考信号 $y_d(t)$ 及其第 j 阶导数 $y_d^{(j)}(t)\ (j = 1, 2, \cdots, n)$ 满足 $|y_d(t)| \leqslant A_0 < k_{c_1}(t)$ 和 $\left|y_d^{(j)}(t)\right| \leqslant A_j$，其中，$A_0, A_1, \cdots, A_n$ 为常数。

引理 5.3.1 对任意的正数 l 和所有的 $|\xi| < 1$，下列不等式成立：$\log \dfrac{1}{1-\xi^{2l}} < \dfrac{\xi^{2l}}{1-\xi^{2l}}$。

引理 5.3.2 对 $\varrho \in \mathbf{R}$，$\varepsilon > 0$，满足以下不等式：

$$0 \leqslant |\varrho| - \varrho \tanh\left(\frac{\varrho}{\varepsilon}\right) \leqslant 0.2785\varepsilon \tag{5.3.2}$$

控制目标 针对不确定非线性系统 (5.3.1)，基于模糊逻辑系统，设计一种模糊自适应事件触发控制器，使得：

(1) 输出信号 y 能很好地跟踪参考信号的轨迹 y_d；

(2) 所有状态不违反其时变约束界；

(3) 闭环系统中的所有信号有界。

5.3.2 模糊自适应事件触发控制设计

定义如下坐标变换：

$$\begin{aligned} s_1 &= y - y_d \\ s_i &= x_i - \alpha_{i-1}, \quad i = 2, 3, \cdots, n \end{aligned} \tag{5.3.3}$$

其中，s_i 为误差变量；α_{i-1} 为虚拟控制器。

基于上面的坐标变换，n 步模糊自适应反步递推控制设计过程如下。

第 1 步 由式 (5.3.3)，可得

$$\dot{s}_1 = \dot{x}_1 - \dot{y}_d = g_1(s_2 + \alpha_1) + \bar{f}_1(Z_1) \tag{5.3.4}$$

其中，$\bar{f}_1(Z_1) = f_1 - \dot{y}_d$。由于 $\bar{f}_1(Z_1)$ 是未知连续函数，所以利用模糊逻辑系统 $\hat{\bar{f}}_1\left(Z_1|\hat{W}_1\right) = \hat{W}_1^{\mathrm{T}} S_1(Z_1)$ 逼近 $\bar{f}_1(Z_1)$，并假设

$$\bar{f}_1(Z_1) = W_1^{\mathrm{T}} S_1(Z_1) + \mu_1(Z_1) \tag{5.3.5}$$

其中，$Z_1=[x_1,\dot{y}_d]^{\mathrm{T}}$；$W_1$ 为理想权重；$\mu_1(Z_1)$ 为最小逼近误差。假设 $\mu_1(Z_1)$ 满足 $|\mu_1(Z_1)|\leqslant\bar{\mu}_1$，$\bar{\mu}_1$ 是正常数。

选择如下时变非对称障碍李雅普诺夫函数：

$$V_1=\frac{q(s_1)}{2l}\log\frac{k_{b_1}^{2l}(t)}{k_{b_1}^{2l}(t)-s_1^{2l}}+\frac{1}{2}g_{10}\tilde{\theta}_1^2+\frac{1-q(s_1)}{2l}\log\frac{k_{a_1}^{2l}(t)}{k_{a_1}^{2l}(t)-s_1^{2l}} \tag{5.3.6}$$

其中，l 为一个正整数。定义时变障碍为 $k_{a_1}(t)=y_d(t)-\underline{k}_{c_1}(t)$，$k_{b_1}(t)=\bar{k}_{c_1}(t)-y_d(t)$，有 $\underline{k}_{b_1}\leqslant k_{b_1}(t)\leqslant\bar{k}_{b_1}$ 和 $\underline{k}_{a_1}\leqslant k_{a_1}(t)\leqslant\bar{k}_{a_1}$，其中，$\underline{k}_{b_1}$、$\bar{k}_{b_1}$、$\underline{k}_{a_1}$ 和 $\bar{k}_{a_1}$ 都是常数。

定义如下符号：

$$q(m):=\begin{cases}1, & m>0\\ 0, & m\leqslant 0\end{cases},\quad \xi_{a_i}=\frac{s_i}{k_{a_i}},\ \xi_{b_i}=\frac{s_i}{k_{b_i}},\ \xi_i=q(s_i)\xi_{b_i}+(1-q(s_i))\xi_{a_i} \tag{5.3.7}$$

由式 (5.3.6) 和式 (5.3.7)，可得

$$V_1=\frac{1}{2l}\log\frac{1}{1-\xi_1^{2l}}+\frac{1}{2}g_{10}\tilde{\theta}_1^2 \tag{5.3.8}$$

其中，l 为正整数。定义估计误差为 $\tilde{\theta}_1=\theta_1-\hat{\theta}_1$，$\hat{\theta}_1(>0)$ 为 $\theta_1=\overline{W}_1^2/g_{10}$ 的估计。

由式 (5.3.5)，求 V_1 的导数，可得

$$\begin{aligned}\dot{V}_1=&\,\delta_1 s_1^{2l-1}W_1^{\mathrm{T}}S_1(Z_1)+\delta_1 s_1^{2l-1}\mu_1(Z_1)+\delta_1 s_1^{2l-1}g_1(s_2+\alpha_1)\\&-\left[\frac{q(s_1)\xi_{b_1}^{2l-1}}{k_{b_1}(1-\xi_{b_1}^{2l-1})}\frac{\dot{k}_{b_1}}{k_{b_1}}+\frac{(1-q(s_1))\xi_{a_1}^{2l-1}}{k_{a_1}(1-\xi_{a_1}^{2l-1})}\frac{\dot{k}_{a_1}}{k_{a_1}}\right]s_1+g_{10}\tilde{\theta}_1\dot{\hat{\theta}}_1\end{aligned} \tag{5.3.9}$$

其中，$\delta_1=\dfrac{q(s_1)}{k_{b_1}^{2l}-s_1^{2l}}+\dfrac{1-q(s_1)}{k_{a_1}^{2l}-s_1^{2l}}$。设计时变增益如下：

$$\bar{k}_i(t)=\sqrt{\left(\frac{\dot{k}_{a_i}}{k_{a_i}}\right)^2+\left(\frac{\dot{k}_{b_i}}{k_{b_i}}\right)^2+\beta_i} \tag{5.3.10}$$

其中，$\beta_i>0$ 为设计参数，并且 β_i 保证当 $\dot{k}_{a_i}$ 和 $\dot{k}_{b_i}$ 都为零时，α_i 的导数有界，因此可得

$$\bar{k}_i+q(s_i)\frac{\dot{k}_{b_i}}{k_{b_i}}+(1-q(s_i))\frac{\dot{k}_{a_i}}{k_{a_i}}\geqslant 0 \tag{5.3.11}$$

根据杨氏不等式，可得

$$
\begin{aligned}
\delta_1 s_1^{2l-1} W_1^{\mathrm{T}} S_1(Z_1) &\leqslant \frac{1}{2}a_1^2 + \frac{1}{2a_1^2}\delta_1^2 s_1^{4l-2}\overline{W}_1^2 \left\|S_1(Z_1)\right\|^2 \\
\delta_1 s_1^{2l-1}\mu_1(Z_1) &\leqslant \frac{1}{2}g_{10}\delta_1^2 s_1^{4l-2} + \frac{1}{2g_{10}}\bar{\mu}_1^2
\end{aligned}
\tag{5.3.12}
$$

其中，$a_1 > 0$ 为设计参数。

设计虚拟控制器如下：

$$
\alpha_1 = -\left(k_1 + \bar{k}_1(t)\right)s_1 - \frac{1}{2}\delta_1 s_1^{2l-1} - \frac{2l-1}{2l}s_1 - \frac{1}{2a_1^2}\delta_1 s_1^{2l-1}\hat{\theta}_1\left\|S_1(Z_1)\right\|^2 \tag{5.3.13}
$$

由式 (5.3.13)，有如下不等式成立：

$$
\begin{aligned}
\delta_1 s_1^{2l-1} g_1(s_2+\alpha_1) \leqslant{} & \delta_1 s_1^{2l-1} g_1 s_2 - k_1\delta_1 s_1^{2l} g_{10} - \frac{1}{2}g_{10}\delta_1^2 s_1^{4l-2} \\
& - \delta_1 s_1^{2l-1} g_1 \bar{k}_1(t) s_1 - \frac{2l-1}{2l}\delta_1 s_1^{2l} g_1 \\
& - \frac{1}{2a_1^2}\delta_1^2 s_1^{4l-2} g_{10}\hat{\theta}_1\left\|S_1(Z_1)\right\|^2
\end{aligned}
\tag{5.3.14}
$$

由杨氏不等式，可得

$$
\delta_1 s_1^{2l-1} g_1 s_2 \leqslant \delta_1 g_1\left(\frac{2l-1}{2l}s_1^{2l} + \frac{1}{2l}s_2^{2l}\right) \tag{5.3.15}
$$

将式 (5.3.12)、式 (5.3.14) 代入式 (5.3.9)，可得

$$
\dot{V}_1 \leqslant \frac{1}{2l}\delta_1 g_1 s_2^{2l} - k_1\delta_1 g_{10} s_1^{2l} + \frac{\bar{\mu}_1^2}{2g_{10}} + \frac{a_1^2}{2} - g_{10}\tilde{\theta}_1\left(\frac{1}{2a_1^2}\delta_1^2 s_1^{4l-2}\left\|S_1(Z_1)\right\|^2 - \dot{\hat{\theta}}_1\right) \tag{5.3.16}
$$

第 $i(2 \leqslant i \leqslant n-1)$ 步 由式 (5.3.2)，求 s_i 的导数，可得

$$
\dot{s}_i = \dot{x}_i - \dot{\alpha}_{i-1} = \bar{f}_i(Z_i) + g_i x_{i+1} - \frac{\delta_{i-1}}{2l\delta_i}g_{i-1}s_i \tag{5.3.17}
$$

其中，$\bar{f}_i(Z_i) = f_i - \dot{\alpha}_{i-1} + \dfrac{\delta_{i-1}}{2l\delta_i}g_{i-1}s_i$。由于 $\bar{f}_i(Z_i)$ 是未知连续函数，所以利用模糊逻辑系统 $\hat{\bar{f}}_i\left(Z_i|\hat{W}_i\right) = \hat{W}_i^{\mathrm{T}} S_i(Z_i)$ 逼近 $\bar{f}_i(Z_i)$，并假设

$$
\bar{f}_i(Z_i) = W_i^{\mathrm{T}} S_i(Z_i) + \mu_i(Z_i) \tag{5.3.18}
$$

其中，$Z_i=\left[x_1,\cdots,x_i,y_d,\dot{y}_d,\cdots,y_d^{(i)},\hat{\theta}_1,\cdots,\hat{\theta}_{i-1}\right]^{\mathrm{T}}$；$W_i$ 为理想权重；$\mu_i(Z_i)$ 为最小逼近误差。假设 $\mu_i(Z_i)$ 满足 $|\mu_i(Z_i)|\leqslant\bar{\mu}_i$，$\bar{\mu}_i$ 是正常数。

选择如下时变非对称障碍李雅普诺夫函数：

$$V_i=V_{i-1}+\frac{q(s_i)}{2l}\log\frac{k_{b_i}^{2l}(t)}{k_{b_i}^{2l}(t)-s_i^{2l}}+\frac{1}{2}g_{i0}\tilde{\theta}_i^2+\frac{1-q(s_i)}{2l}\log\frac{k_{a_i}^{2l}(t)}{k_{a_i}^{2l}(t)-s_i^{2l}} \tag{5.3.19}$$

定义估计误差为 $\tilde{\theta}_i=\theta_i-\hat{\theta}_i$，$\hat{\theta}_i(>0)$ 是 $\theta_i=\overline{W}_i^2/g_{i0}$ 的估计。

求 V_i 的导数，可得

$$\dot{V}_i=\dot{V}_{i-1}+\frac{q(s_i)\xi_{b_i}^{2l-1}}{k_{b_i}\left(1-\xi_{b_i}^{2l}\right)}\left(\dot{s}_i-s_1\frac{\dot{k}_{b_i}}{k_{b_i}}\right)+g_{i0}\tilde{\theta}_i\dot{\hat{\theta}}_i+\frac{(1-q(s_i))\xi_{a_i}^{2l-1}}{k_{a_i}\left(1-\xi_{a_i}^{2l}\right)}\left(\dot{s}_i-s_i\frac{\dot{k}_{a_i}}{k_{a_i}}\right) \tag{5.3.20}$$

将式 (5.3.17) 和式 (5.3.18) 代入式 (5.3.20)，可得

$$\begin{aligned}\dot{V}_i=&\dot{V}_{i-1}+\delta_i s_i^{2l-1}W_i^{\mathrm{T}}S_i(Z_i)+\delta_i s_i^{2l-1}\mu_i(Z_i)\\&-\left[\frac{q(s_i)\xi_{b_i}^{2l-1}}{k_{b_i}\left(1-\xi_{b_i}^{2l}\right)}\frac{\dot{k}_{b_i}}{k_{b_i}}+\frac{(1-q(s_i))\xi_{a_i}^{2l-1}}{k_{a_i}\left(1-\xi_{a_i}^{2l}\right)}\frac{\dot{k}_{a_i}}{k_{a_i}}\right]s_i\\&+\delta_i s_i^{2l-1}g_i x_{i+1}+g_{i0}\tilde{\theta}_i\dot{\hat{\theta}}_i-\frac{1}{2l}\delta_{i-1}g_{i-1}s_i^{2l}\end{aligned} \tag{5.3.21}$$

类似于第 1 步，设计虚拟控制器如下：

$$\alpha_i=-\left(k_i+\bar{k}_i(t)\right)s_i-\frac{1}{2}\delta_i s_i^{2l-1}-\frac{1}{2a_i^2}\delta_i s_i^{2l-1}\hat{\theta}_i\|S_i(Z_i)\|^2-\frac{2l-1}{2l}s_i \tag{5.3.22}$$

因此由式 (5.3.21)，可得

$$\begin{aligned}\delta_i s_i^{2l-1}g_i x_{i+1}=&\delta_i s_i^{2l-1}g_i(s_{i+1}+\alpha_i)\leqslant\delta_i s_i^{2l-1}g_i s_{i+1}-k_i\delta_i s_i^{2l}g_{i0}-\frac{1}{2}g_{i0}\delta_i^2 s_i^{4l-2}\\&-\delta_i s_i^{2l-1}g_i\bar{k}_i(t)s_i-\frac{2l-1}{2l}\delta_i s_i^{2l}g_i-\frac{1}{2a_i^2}\delta_i^2 s_i^{4l-2}g_{i0}\hat{\theta}_i\|S_i(Z_i)\|^2\end{aligned} \tag{5.3.23}$$

由杨氏不等式，可得

$$\delta_i s_i^{2l-1}g_i s_{i+1}\leqslant\delta_i g_i\left(\frac{2l-1}{2l}s_i^{2l}+\frac{1}{2l}s_{i+1}^{2l}\right) \tag{5.3.24}$$

将式 (5.3.23) 代入式 (5.3.21)，可得

$$\dot{V}_i \leqslant \dot{V}_{i-1} + \frac{1}{2l}\delta_i g_i s_{i+1}^{2l} - k_i g_{i0}\delta_i s_i^{2l} - g_{i0}\tilde{\theta}_i\left(\frac{1}{2a_i^2}\delta_i^2 s_i^{4l-2}\left\|S_i\left(Z_i\right)\right\|^2 - \dot{\hat{\theta}}_i\right)$$

$$+ \frac{1}{2g_{i0}}\bar{\mu}_i^2 - \frac{1}{2l}\delta_{i-1}g_{i-1}s_i^{2p} + \frac{1}{2}a_i^2 \tag{5.3.25}$$

将 $\dot{V}_{i-1}$ 代入式 (5.3.25)，可得

$$\dot{V}_i \leqslant -\sum_{j=1}^{i} k_j g_{j0}\delta_j s_j^{2l} + \frac{1}{2l}\delta_i g_i s_{i+1}^{2l} + \frac{1}{2}\sum_{j=1}^{i} a_j^2 + \frac{1}{2}\sum_{j=1}^{i}\frac{1}{g_{j0}}\bar{\mu}_j^2$$

$$-\sum_{j=1}^{i} g_{j0}\tilde{\theta}_j\left(\frac{1}{2a_j^2}\delta_j^2 s_j^{4l-2}\left\|S_j\left(Z_j\right)\right\|^2 - \dot{\hat{\theta}}_j\right) \tag{5.3.26}$$

第 n 步 求 s_n 的导数，可得

$$\dot{s}_n = \dot{x}_n - \dot{\alpha}_{n-1} = \bar{f}_n\left(Z_n\right) + g_n u - \frac{1}{2l\delta_n}\delta_{n-1}g_{n-1}s_n \tag{5.3.27}$$

其中，$\bar{f}_n\left(Z_n\right) = f_n - \dot{\alpha}_{n-1} + \dfrac{1}{2l\delta_n}\delta_{n-1}g_{n-1}s_n$。由于 $\bar{f}_n\left(Z_n\right)$ 是未知连续函数，所以利用模糊逻辑系统 $\hat{\bar{f}}_n\left(Z_n|\hat{W}_n\right) = \hat{W}_n^{\mathrm{T}}S_n\left(Z_n\right)$ 逼近 $\bar{f}_n\left(Z_n\right)$，并假设

$$\bar{f}_n\left(Z_n\right) = W_n^{\mathrm{T}}S_n\left(Z_n\right) + \mu_n\left(Z_n\right) \tag{5.3.28}$$

其中，$Z_n = \left[x_1, \cdots, x_n, y_d, \dot{y}_d, \cdots, y_d^{(n)}, \hat{\theta}_1, \cdots, \hat{\theta}_{n-1}\right]^{\mathrm{T}}$；$W_n$ 为理想权重；$\mu_n\left(Z_n\right)$ 为最小逼近误差。假设 $\mu_n\left(Z_n\right)$ 满足 $\left|\mu_n\left(Z_n\right)\right| \leqslant \bar{\mu}_n$，$\bar{\mu}_n$ 是正常数。

选择如下时变非对称障碍李雅普诺夫函数：

$$V_n = V_{n-1} + \frac{q\left(s_n\right)}{2l}\log\frac{k_{b_n}^{2l}(t)}{k_{b_n}^{2l}(t) - s_n^{2l}} + \frac{1}{2}g_{n0}\tilde{\theta}_n^2 + \frac{1-q\left(s_n\right)}{2l}\log\frac{k_{a_n}^{2l}(t)}{k_{a_n}^{2l}(t) - s_n^{2l}} \tag{5.3.29}$$

定义估计误差为 $\tilde{\theta}_n = \theta_n - \hat{\theta}_n$，$\hat{\theta}_n(>0)$ 为 $\theta_n = \overline{W}_n^2/g_{n0}$ 的估计。

求 V_n 的导数，可得

$$\dot{V}_n = \dot{V}_{n-1} + \frac{q\left(s_n\right)\xi_{b_n}^{2l-1}}{k_{b_n}\left(1-\xi_{b_n}^{2l}\right)}\left(\dot{s}_n - s_n\frac{\dot{k}_{b_n}}{k_{b_n}}\right)$$

$$+ g_{n0}\tilde{\theta}_n\dot{\hat{\theta}}_n + \frac{(1-q(s_n))\,\xi_{a_n}^{2l-1}}{k_{a_n}\left(1-\xi_{a_n}^{2l}\right)}\left(\dot{s}_n - s_n\frac{\dot{k}_{a_n}}{k_{a_n}}\right) \tag{5.3.30}$$

将式 (5.3.28) 代入式 (5.3.30)，可得

$$\begin{aligned}\dot{V}_n = {} & \dot{V}_{n-1} + g_{n0}\tilde{\theta}_n\dot{\hat{\theta}}_n + \delta_n s_n^{2l-1}W_n^{\mathrm{T}}S_n(Z_n) + \delta_n s_n^{2l-1}\mu_n(Z_n) \\ & - \left[\frac{q(s_n)\,\xi_{b_n}^{2l-1}}{k_{b_n}\left(1-\xi_{b_n}^{2l-1}\right)}\frac{\dot{k}_{b_n}}{k_{b_n}} - \frac{(1-q(s_n))\,\xi_{a_n}^{2l-1}}{k_{a_n}\left(1-\xi_{a_n}^{2l-1}\right)}\frac{\dot{k}_{a_n}}{k_{a_n}}\right]s_n \\ & + \delta_n s_n^{2l-1}g_n u - \frac{\delta_{n-1}}{2l}g_{n-1}s_n^{2l}\end{aligned} \tag{5.3.31}$$

基于以上步骤，设计事件触发策略如下：

$$u_s(t) = -(1+v)\left(\alpha_n\tanh\left(\frac{s_n^{2l-1}\alpha_n}{\varepsilon}\right) + \bar{m}\tanh\left(\frac{s_n^{2l-1}\bar{m}_1}{\varepsilon}\right)\right) \tag{5.3.32}$$

$$\alpha_n = -\left(k_n + \bar{k}_n(t)\right)s_n - \frac{1}{2}\delta_n s_n^{2l-1} - \frac{\delta_n s_n^{2l-1}}{2a_n^2}\hat{\theta}_n\left\|S_n(Z_n)\right\|^2 \tag{5.3.33}$$

$$\dot{\hat{\theta}}_n = -\sigma_n\hat{\theta}_n + \frac{1}{2a_n^2}\delta_n^2 s_n^{4l-2}\left\|S_n(Z_n)\right\|^2 \tag{5.3.34}$$

$$u(t) = u_s(t_k), \quad \forall t\in[t_k, t_{k+1}) \tag{5.3.35}$$

$$t_{k+1} = \inf\left\{t\in\mathbf{R}\;\middle|\;|p(t)|\geqslant v\,|u(t)| + m_1\right\} \tag{5.3.36}$$

其中，$m_1>0$、$0<v<1$ 和 $\bar{m}_1>\dfrac{m_1}{1-v}$ 均为正的设计参数；$p(t)=u_s(t)-u(t)$ 为事件触发误差；t_k 为控制器更新时间。由 $p(t)=u_s(t)-u(t)$ 和式 (5.3.35)，可得

$$u_s(t) = (1+\lambda_1(t)v)\,u(t) + \lambda_2(t)\,m_1 \tag{5.3.37}$$

其中，$|\lambda_1(t)|\leqslant 1$ 和 $|\lambda_2(t)|\leqslant 1$ 为时变参数。因此，可得

$$u(t) = \frac{u_s(t)}{1+\lambda_1(t)v} - \frac{\lambda_2(t)\,m_1}{1+\lambda_1(t)v} \tag{5.3.38}$$

由于 $|\lambda_1(t)|\leqslant 1$ 和 $|\lambda_2(t)|\leqslant 1$，可得

$$\frac{u_s(t)}{1+\lambda_1(t)v}\leqslant\frac{u_s(t)}{1+v},\quad \left|\frac{\lambda_2(t)\,m_1}{1+\lambda_1(t)v}\right|\leqslant\frac{m_1}{1-v} \tag{5.3.39}$$

由式 (5.3.38) 和式 (5.3.39)，式 (5.3.31) 可以变换为

$$\begin{aligned}\dot{V}_n \leqslant\ & \dot{V}_{n-1}+g_{n0}\tilde{\theta}_n\dot{\hat{\theta}}_n \\ &+\delta_n s_n^{2l-1}\left(W_n^{\mathrm{T}}S_n\left(Z_n\right)+\mu_n\left(Z_n\right)+g_n\left|\frac{m_1}{1-v}\right|+g_n\left(\frac{u_s(t)}{1+v}\right)\right) \\ &-\frac{\delta_{n-1}}{2l}g_{n-1}s_n^{2l}-\left[\frac{q\left(s_n\right)\xi_{b_n}^{2l-1}}{k_{b_n}\left(1-\xi_{b_n}^{2l-1}\right)}\frac{\dot{k}_{b_n}}{k_{b_n}}+\frac{\left(1-q\left(s_n\right)\right)\xi_{a_n}^{2l-1}}{k_{a_n}\left(1-\xi_{a_n}^{2l-1}\right)}\frac{\dot{k}_{a_n}}{k_{a_n}}\right]s_n\end{aligned} \tag{5.3.40}$$

由式 (5.3.32)，式 (5.3.40) 可以变换为

$$\begin{aligned}\dot{V}_n \leqslant\ & \dot{V}_{n-1}+g_{n0}\tilde{\theta}_n\dot{\hat{\theta}}_n+\delta_n s_n^{2l-1}\left(W_n^{\mathrm{T}}S_n\left(Z_n\right)+\mu_n\left(Z_n\right)\right)+\delta_n s_n^{2l-1}g_n\left|\frac{m_1}{1-v}\right| \\ &-\left[\frac{q\left(s_n\right)\xi_{b_n}^{2l-1}}{k_{b_n}\left(1-\xi_{b_n}^{2l-1}\right)}\frac{\dot{k}_{b_n}}{k_{b_n}}+\frac{\left(1-q\left(s_n\right)\right)\xi_{a_n}^{2l-1}}{k_{a_n}\left(1-\xi_{a_n}^{2l-1}\right)}\frac{\dot{k}_{a_n}}{k_{a_n}}\right]s_n \\ &-\delta_n s_n^{2l-1}g_n\alpha_n\tanh\left(\frac{s_n^{2l-1}\alpha_n}{\varepsilon}\right) \\ &-\frac{\delta_{n-1}}{2l}g_{n-1}s_n^{2l}-\delta_n s_n^{2l-1}g_n\bar{m}\tanh\left(\frac{s_n^{2l-1}\bar{m}}{\varepsilon}\right)\end{aligned} \tag{5.3.41}$$

由引理 5.3.2，可得

$$\begin{aligned}\dot{V}_n \leqslant\ & \dot{V}_{n-1}+0.557\varepsilon\bar{g}_n\bar{\delta}_n+\delta_n s_n^{2l-1}\left(W_n^{\mathrm{T}}S_n\left(Z_n\right)+\mu_n\left(Z_n\right)\right)-\frac{\delta_{n-1}}{2l}g_{n-1}s_n^{2l} \\ &+\delta_n s_n^{2l-1}g_n\alpha_n-\left[\frac{q\left(s_n\right)\xi_{b_n}^{2l-1}}{k_{b_n}\left(1-\xi_{b_n}^{2l-1}\right)}\frac{\dot{k}_{b_n}}{k_{b_n}}+\frac{\left(1-q\left(s_n\right)\right)\xi_{a_n}^{2l-1}}{k_{a_n}\left(1-\xi_{a_n}^{2l-1}\right)}\frac{\dot{k}_{a_n}}{k_{a_n}}\right]s_n+g_{n0}\tilde{\theta}_n\dot{\hat{\theta}}_n\end{aligned} \tag{5.3.42}$$

由式 (5.3.33)，可得

$$\begin{aligned}\delta_n s_n^{2l-1}g_n\alpha_n \leqslant\ & -k_n\delta_n s_n^{2l}g_{n0}-\frac{1}{2}g_{n0}\delta_n^2 s_n^{4l-2}-\delta_n s_n^{2l-1}g_n\bar{k}_n(t)\,s_n \\ &-\frac{1}{2a_n^2}\delta_n^2 s_n^{4l-2}g_{n0}\hat{\theta}_n\left\|S_n\left(Z_n\right)\right\|^2\end{aligned} \tag{5.3.43}$$

类似于第 1 步，式 (5.3.42) 可以变换为

$$\dot{V}_n \leqslant \dot{V}_{n-1}+\frac{1}{2g_{n0}}\bar{\mu}_n^2-g_{n0}\tilde{\theta}_n\left(\frac{1}{2a_n^2}\delta_n^2 s_n^{4l-2}\left\|S_n\left(Z_n\right)\right\|^2-\dot{\hat{\theta}}_n\right)$$

$$-\frac{\delta_{n-1}}{2l}g_{n-1}s_n^{2l}-k_n\delta_n s_n^{2l}g_{n0}+\frac{1}{2}a_n^2+0.557\varepsilon\bar{g}_n\bar{\delta}_n \tag{5.3.44}$$

将 $\dot{V}_{n-1}$ 代入式 (5.3.44)，可得

$$\begin{aligned}\dot{V}_n\leqslant&-\sum_{j=1}^{n}k_jg_{j0}\delta_js_j^{2l}-\sum_{j=1}^{n}g_{j0}\tilde{\theta}_j\left(\frac{1}{2a_j^2}\delta_j^2s_j^{4l-2}\left\|S_j\left(Z_j\right)\right\|^2-\dot{\hat{\theta}}_j\right)\\&+0.557\varepsilon\bar{g}_n\bar{\delta}_n+\frac{1}{2}\sum_{j=1}^{n}\frac{1}{g_{j0}}\bar{\mu}_j^2+\frac{1}{2}\sum_{j=1}^{n}a_j^2\end{aligned} \tag{5.3.45}$$

设计参数自适应律如下：

$$\dot{\hat{\theta}}_j=-\sigma_j\hat{\theta}_j+\frac{1}{2a_j^2}\delta_j^2s_j^{4l-2}\left\|S_j\left(Z_j\right)\right\|^2 \tag{5.3.46}$$

其中，$\sigma_j>0$ 为设计参数。因此，由式 (5.3.46) 可得

$$\dot{V}_n\leqslant-\sum_{j=1}^{n}k_jg_{j0}\delta_js_j^{2l}-\sum_{j=1}^{n}g_{j0}\sigma_j\tilde{\theta}_j\hat{\theta}_j+0.557\varepsilon\bar{g}_n\bar{\delta}_n+\frac{1}{2}\sum_{j=1}^{n}\frac{1}{g_{j0}}\bar{\mu}_j^2+\frac{1}{2}\sum_{j=1}^{n}a_j^2 \tag{5.3.47}$$

由式 (5.3.6)、式 (5.3.19) 和式 (5.3.29)，可得

$$\dot{V}_n=\sum_{j=1}^{n}\frac{q\left(s_i\right)}{2l}\log\frac{k_{b_j}^{2l}}{k_{b_j}^{2l}-s_j^{2l}}+\frac{1}{2}\sum_{j=1}^{n}g_{j0}\tilde{\theta}_j^2+\sum_{j=1}^{n}\frac{1-q\left(s_j\right)}{2l}\log\frac{k_{a_j}^{2l}}{k_{b_j}^{2l}-s_j^{2l}} \tag{5.3.48}$$

由杨氏不等式，有如下不等式成立：

$$-g_{j0}\sigma_j\tilde{\theta}_j\hat{\theta}_j\leqslant-\frac{1}{2}g_{j0}\sigma_j\tilde{\theta}_j^2+\frac{1}{2}g_{j0}\sigma_j\theta_j^2 \tag{5.3.49}$$

将式 (5.3.49) 代入式 (5.3.47)，可得

$$\dot{V}_n\leqslant-\sum_{j=1}^{n}k_jg_{j0}\delta_js_j^{2l}-\frac{1}{2}\sum_{j=1}^{n}g_{j0}\sigma_j\left(\tilde{\theta}_j^2-\theta_j^2\right)+\frac{1}{2}\sum_{j=1}^{n}\left(a_j^2+\frac{1}{g_{j0}}\bar{\mu}_j^2\right)+0.557\varepsilon\bar{g}_n\bar{\delta}_n \tag{5.3.50}$$

则 $\log\left(1/\left(1-\xi^{2l}\right)\right)<\xi^{2l}/\left(1-\xi^{2l}\right)$ 在区间 $|s_i|<k_{b_i}$ 上。由此可得

$$-\delta_js_j^{2l}\leqslant-q\left(s_j\right)\log\frac{1}{1-\xi_{b_j}^{2l}}-\left(1-q\left(s_j\right)\right)\log\frac{1}{1-\xi_{a_j}^{2l}} \tag{5.3.51}$$

式 (5.3.50) 可以变换为

$$\dot{V}_n\leqslant-CV_n+D \tag{5.3.52}$$

其中

$$C=\min\left\{2lk_jg_{j0},\sigma_j,j=1,2,\cdots,n\right\}$$

$$D=\frac{1}{2}\sum_{j=1}^{n}g_{j0}\sigma_j\theta_j^2+0.557\varepsilon\bar{g}_n\bar{\delta}_n+\frac{1}{2}\sum_{j=1}^{n}a_j^2+\frac{1}{2}\sum_{j=1}^{n}\frac{1}{g_{j0}}\bar{\mu}_j^2 \tag{5.3.53}$$

5.3.3 稳定性与收敛性分析

下面的定理给出了所设计的模糊自适应控制方法具有的性质。

定理 5.3.1 针对不确定非线性系统 (5.3.1)，假设 5.3.1 和假设 5.3.2 成立。如果采用控制器 (5.3.38)，虚拟控制器 (5.3.13)、(5.3.22) 和 (5.3.33)，参数自适应律 (5.3.46)，事件触发条件 (5.3.36)，则总体控制方案具有如下性能：

(1) 闭环系统的所有信号都有界；

(2) 所有的状态都在时变的约束区间内；

(3) 能够避免 Zeno 行为。

证明 将式 (5.3.52) 中的不等式的两边乘以 e^{Ct}，式 (5.3.52) 可以重写为 $\dfrac{\mathrm{d}\left(V_n\mathrm{e}^{Ct}\right)}{\mathrm{d}t}\leqslant D\mathrm{e}^{-Ct}$，并对其从 0 到 t 积分，可得

$$V_n\left(t\right)\leqslant\left(V_n\left(0\right)-\frac{D}{C}\right)\mathrm{e}^{-Ct}+\frac{D}{C}\leqslant V_n\left(0\right)+\frac{D}{C} \tag{5.3.54}$$

根据式 (5.3.50) 和式 (5.3.54)，可得 $\tilde{\theta}_j$ 和 $\log\dfrac{1}{1-\xi_j^{2l}}$ 是有界的。由此可得

$$\frac{1}{2l}\log\frac{1}{1-\xi_i^{2l}}\leqslant V_n\left(t\right)\leqslant V_n\left(0\right) \tag{5.3.55}$$

其中，$V_n\left(0\right)=\dfrac{1}{2l}\log\left(\dfrac{1}{1-\xi_i^{2l}\left(0\right)}\right)+\dfrac{1}{2}\displaystyle\sum_{i=1}^{n}\tilde{\theta}_j^2\left(0\right)$。由式 (5.3.55)，可得 $\xi_i\leqslant\left(1-\mathrm{e}^{-2lV_n(0)}\right)^{\frac{1}{2l}}$ 和 $\xi_i^{2l}\leqslant1-\mathrm{e}^{-2lV_n(0)}$。由式 (5.3.7)，可得 $-\underline{K}\left(t\right)\leqslant s_i\leqslant\overline{K}\left(t\right)$，其中，$\underline{K}\left(t\right)=k_{a_i}\left(t\right)\left(1-\mathrm{e}^{-2lV_n(0)}\right)^{\frac{1}{2l}}$ 和 $\overline{K}\left(t\right)=\left(1-\mathrm{e}^{-2lV_n(0)}\right)^{\frac{1}{2l}}k_{b_i}\left(t\right)$。令 $H_{i-1}=\max\left|\alpha_{i-1}\right|$。由 $x_2=s_2+\alpha_1$，有 $H_1-k_{a_2}\left(t\right)\leqslant x_2\leqslant H_1+k_{a_2}\left(t\right)$。若 $k_{a_2}(t)=H_1-\underline{k}_{c_2}$ 和 $k_{b_2}\left(t\right)=\bar{k}_{c_2}-H_1$，可得 $\underline{k}_{c_2}\left(t\right)\leqslant x_2\leqslant\bar{k}_{c_2}\left(t\right)$。因此，状态 x_2 不违反状态约束。由此可得 α_{i-1} $(i=3,4,\cdots,n)$ 有界。同样，可以证明状态 x_i $(i=3,4,\cdots,n)$ 不违反状态约束。根据控制器的定义，可以保证 x_i、s_i 和 $\hat{\theta}_i$ 都是有界的。

由 $p\left(t\right)=u_s\left(t\right)-u\left(t\right),\forall t\in\left[t_k,t_{k+1}\right)$，可得

$$\frac{\mathrm{d}}{\mathrm{d}t}|p|=\frac{\mathrm{d}}{\mathrm{d}t}(p\times p)^{\frac{1}{2}}=\operatorname{sign}(p)\,\dot{p}\leqslant|\dot{u}_s| \tag{5.3.56}$$

求 $u_s(t)$ 的导数，可得

$$\dot{u}_s=-(1+v)\cdot\left(\dot{\alpha}_n\tanh\left(\frac{s_n^{2l-1}\alpha_n}{\varepsilon}\right)-\alpha_n\frac{\dot{s}_n^{2l-1}+\dot{\alpha}_n}{\cosh^2\left(\frac{s_n^{2l-1}\alpha_n}{\varepsilon}\right)}+\frac{\bar{m}_1\dot{s}_n^{2l-1}}{\cosh^2\left(\frac{s_n^{2l-1}\bar{m}_1}{\varepsilon}\right)}\right) \tag{5.3.57}$$

因为 $\dot{u}_s$ 是一个连续有界的函数，所以存在一个常数 $\chi>0$，使得 $|\dot{u}_s|\leqslant\chi$。由于 $p(t_k)=0$ 和 $\lim\limits_{t\to t_{k+1}}p(t)=m$，事件触发时间间隔 t^* 满足 $t^*\geqslant\dfrac{m}{\chi}$，避免了 Zeno 行为。

5.3.4 仿真

例 5.3.1 为了说明 5.3.2 节提出的控制策略的可行性，本节采用了一种带有电机的单连杆机械手。在此情况下，利用拉格朗日方程建立系统的动力学模型如下：

$$\begin{aligned}&M\ddot{q}+C\dot{q}+G\sin(q)=\tau\\&B\dot{\tau}+H\tau=u-K_m\dot{q}\end{aligned} \tag{5.3.58}$$

其中，q 为角位置；$\dot{q}$ 为角速度；$\ddot{q}$ 为角加速度；u 为系统输入；M 为惯性系数；C 为摩擦系数；G 为正重力常数；τ 为关节动力力矩。此外，这些参数的值分别为 $M=1$、$C=1$、$G=10$、$B=0.1$、$H=1$ 和 $K_m=0.2$。令 $x_1=q$、$x_2=\dot{q}$、$x_3=\ddot{q}$。

系统的空间状态描述如下：

$$\begin{aligned}\dot{x}_1&=x_2\\\dot{x}_2&=x_3-x_2-10\sin(x_1)\\\dot{x}_3&=10u-2x_2-10x_3\end{aligned} \tag{5.3.59}$$

时变的状态约束设置为 $\underline{k}_{c_1}\leqslant x_1\leqslant\bar{k}_{c_1}$，$\underline{k}_{c_2}\leqslant x_2\leqslant\bar{k}_{c_2}$，$\underline{k}_{c_3}\leqslant x_3\leqslant\bar{k}_{c_3}$，其中，令 $\underline{k}_{c_1}=-0.7+0.1\cos(t)$，$\bar{k}_{c_1}=1+0.2\cos(t)$，$\underline{k}_{c_2}=-1.5+0.4\cos(t)$，$\bar{k}_{c_2}=1.5+0.3\cos(t)$，$\underline{k}_{c_3}=-0.8+0.4\cos(t)$，$\bar{k}_{c_3}=1.5+0.5\cos(t)$。

在仿真中，选取设计参数为 $a_1=1$、$a_2=2$、$a_3=3$、$k_1=0.5$、$k_2=1$、$k_3=2$、$\sigma_1=7$、$\sigma_2=3$、$\sigma_3=2$、$\beta_1=0.4$、$\beta_2=0.4$、$\beta_3=0.4$、$\delta_1=1$、$\delta_2=1$、$\delta_3=1$、$\varpi=5$、$m_1=0.1$、$\bar{m}_1=\dfrac{1}{8}$、$v=0.1$。

参考信号为 $y_d(t) = 0.5\sin(t)$，选择状态变量及参数的初始值为 $x(0) = [1, 0.4, 0.5]^{\mathrm{T}}$、$\hat{\theta}(0) = [8, 8, 8]^{\mathrm{T}}$。选取隶属度函数为 $\mu_{F_i^1}(x_i) = \exp\left[-(x_i+2)^2\right]$、$\mu_{F_i^2}(x_i) = \exp\left[-(x_i+1)^2\right]$、$\mu_{F_i^3}(x_i) = \exp\left[-(x_i+0)^2\right]$、$\mu_{F_i^4}(x_i) = \exp\left[-(x_i-1)^2\right]$、$\mu_{F_i^5}(x_i) = \exp\left[-(x_i-2)^2\right], i = 1, 2, 3$。

仿真结果如图 5.3.1 ~ 图 5.3.5 所示。

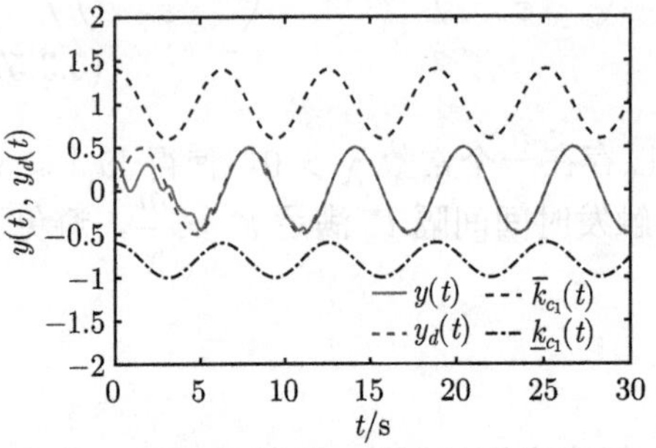

图 5.3.1 输出 $y(t)$ 和参考信号 $y_d(t)$ 的轨迹

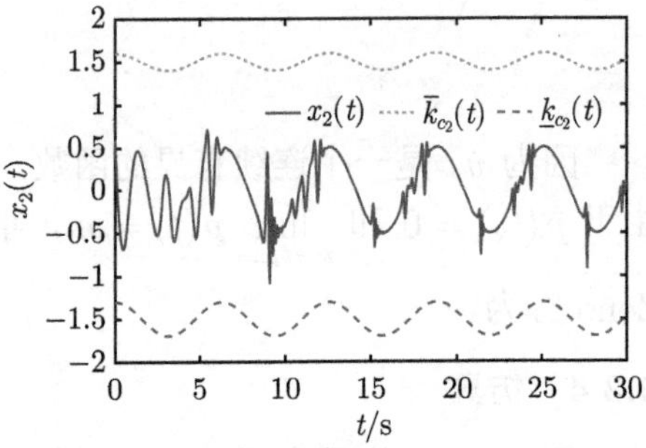

图 5.3.2 状态 $x_2(t)$ 的轨迹

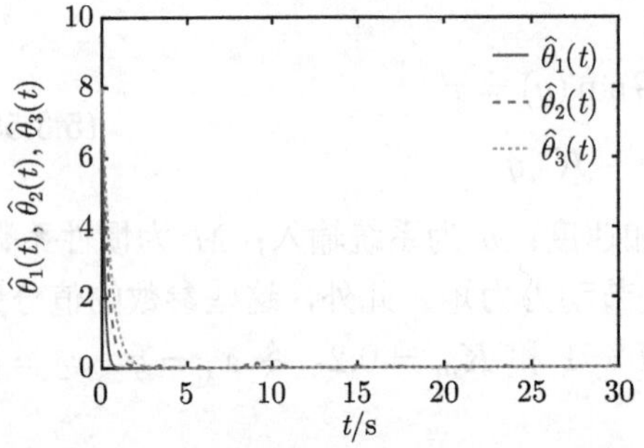

图 5.3.3 自适应参数 $\hat{\theta}_1(t)$、$\hat{\theta}_2(t)$ 和 $\hat{\theta}_3(t)$ 的轨迹

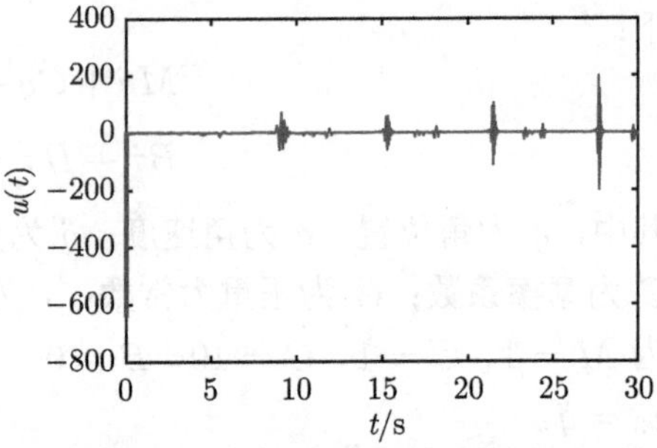

图 5.3.4 控制器 $u(t)$ 的轨迹

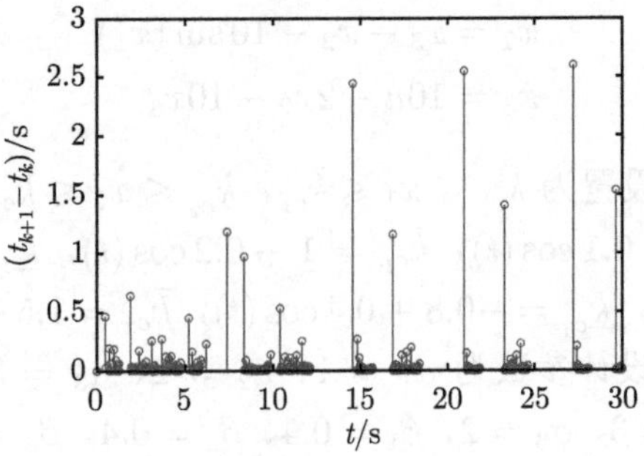

图 5.3.5 事件触发时间间隔 $t_{k+1} - t_k$

5.4　无可行性条件的不确定约束非线性系统神经网络自适应事件触发渐近跟踪控制

本节针对一类不确定约束非线性系统，首先，利用状态相关函数将原约束系统转化为等价的完全无约束系统；然后，设计神经网络自适应事件触发控制器，以减少通信负担；最后，引入一种神经网络自适应渐近跟踪控制设计方法，并证明闭环系统的稳定性和收敛性。关于不确定约束非线性系统的自适应事件触发控制设计方法可见文献 [20]~[23]。

5.4.1　系统模型及控制问题描述

考虑下面的非线性严格反馈系统：

$$\begin{aligned} \dot{x}_i &= g_i(\underline{x}_i)\,x_{i+1} + f_i(\underline{x}_i), \quad i = 1, 2, \cdots, n-1 \\ \dot{x}_n &= g_n(\underline{x}_n)\,u(t) + f_n(\underline{x}_n) \\ y &= x_1 \end{aligned} \tag{5.4.1}$$

其中，$\underline{x}_i = [x_1, x_2, \cdots, x_i]^{\mathrm{T}} \in \mathbf{R}^i\ (i = 1, 2, \cdots, n)$ 为状态向量；$u \in \mathbf{R}$ 和 $y \in \mathbf{R}$ 分别为系统的输入和输出；$f_i(\underline{x}_i) \in \mathbf{R}$ 和 $g_i(\underline{x}_i) \in \mathbf{R}$ 为未知光滑非线性函数。

假设 5.4.1　参考信号 y_d、一阶导数 $\dot{y}_d$、n 阶导数 $y_d^{(n)}$ 都是已知连续且有界的。

假设 5.4.2　$g_i(\underline{x}_i)$ 的符号是已知的，并且存在正常数 $\underline{g}_i$ 使得 $0 < \underline{g}_i \leqslant g_i(\underline{x}_i)$。不失一般性，假设 $g_i(\underline{x}_i) \geqslant \underline{g}_i > 0, i = 1, 2, \cdots, n$。

控制目标　针对非线性系统 (5.4.1)，基于反步递推技术，设计一种神经网络自适应事件触发控制器，使得：

(1) 闭环系统的所有信号都有界；

(2) 跟踪误差 $z_1 = y - y_d$ 渐近收敛；

(3) 所有状态 $x_i\ (i = 1, 2, \cdots, n)$ 都不变地保持其时变约束：

$$-k_{a_i}(t) < x_i(t) < k_{b_i}(t), \quad i = 1, 2, \cdots, n \tag{5.4.2}$$

其中，$k_{a_i}(t) > 0$、$k_{b_i}(t) > 0$ 均为时变函数，后面将具体定义。

5.4.2　神经网络自适应反步递推事件触发控制设计

为了处理状态约束，定义如下状态转换：

$$\begin{cases} s_i = \dfrac{x_i}{k_{x_i}} \\ k_{x_i} = (k_{a_i} + x_i)(k_{b_i} - x_i) \end{cases}, \quad i = 1, 2, \cdots, n \tag{5.4.3}$$

由式 (5.4.1) 和式 (5.4.3)，求 s_i 的导数，可得

$$\begin{aligned}\dot{s}_i &= K_{x_i}\left(f_i + g_i x_{i+1}\right), \quad i=1,2,\cdots,n-1 \\ \dot{s}_n &= K_{x_n}\left(f_n + g_n u\right)\end{aligned} \tag{5.4.4}$$

其中，$K_{x_i} = \left(k_{a_i}k_{b_i} + x_i^2\right)/k_{x_i}^2$，$i=1,2,\cdots,n$。

定义如下坐标变换：

$$\zeta_1 = s_1 - \frac{y_d}{\left(k_{a_1}+y_d\right)\left(k_{b_1}-y_d\right)} \tag{5.4.5}$$

$$\zeta_i = s_i - \frac{\alpha_{i-1}}{k_{x_i}}, \quad i=2,3,\cdots,n \tag{5.4.6}$$

基于上面的坐标变换，n 步自适应反步递推控制设计过程如下。

第 1 步 将式 (5.4.4) 代入式 (5.4.5)，可得

$$\dot{\zeta}_1 = K_{x_1}\left(f_1 + g_1 x_2\right) - K_{y_d}\dot{y}_d \tag{5.4.7}$$

其中，$K_{y_d} = \left(k_{a_1}k_{b_1} + y_d^2\right) \Big/ \left[\left(k_{a_1}+y_d\right)^2\left(k_{b_1}-y_d\right)^2\right]$。

选择如下李雅普诺夫函数：

$$V_1 = \frac{1}{2\underline{g}_1}\zeta_1^2 + \frac{1}{2\gamma_1}\tilde{\vartheta}_1^2 + \frac{1}{2r_1}\tilde{p}_1^2 \tag{5.4.8}$$

其中，$\gamma_1>0$、$r_1>0$ 为设计参数。

求 V_1 的导数，可得

$$\dot{V} = \frac{1}{\underline{g}_1}\zeta_1\left(g_1K_{x_1}k_{x_2}\zeta_2 + g_1K_{x_1}\alpha_1 + F_1\left(Z_1\right)\right) - \frac{1}{\gamma_1}\tilde{\vartheta}_1\dot{\hat{\vartheta}}_1 - \frac{1}{r_1}\tilde{p}_1\dot{\hat{p}}_1 \tag{5.4.9}$$

其中，$F_1\left(Z_1\right) = K_{x_1}f_1 - K_{y_d}\dot{y}_d$。由于 $F_1\left(Z_1\right)$ 是未知连续函数，所以利用神经网络 $\hat{F}_1\left(Z_1|\hat{W}_1\right) = \hat{W}_1^{\mathrm{T}}\varphi_1\left(Z_1\right)$ 逼近 $F_1\left(Z_1\right)$，并假设

$$F_1\left(Z_1\right) = W_1^{*\mathrm{T}}\varphi_1\left(Z_1\right) + \delta_1\left(Z_1\right) \tag{5.4.10}$$

其中，$Z_1 = \left[x_1, y_d, \dot{y}_d\right]^{\mathrm{T}}$；$W_1^*$ 为理想权重；$\delta_1\left(Z_1\right)$ 为最小逼近误差。假设 $\delta_1\left(Z_1\right)$ 满足 $\left|\delta_1\left(Z_1\right)\right| \leqslant \varepsilon_1$，$\varepsilon_1$ 是正常数。

将式 (5.4.10) 代入式 (5.4.9)，可得

$$\dot{V}_1 = \frac{1}{\underline{g}_1}\zeta_1\left(g_1K_{x_1}k_{x_2}\zeta_2 + g_1K_{x_1}\alpha_1 + W_1^{*\mathrm{T}}\varphi_1 + \delta_1\right) - \frac{1}{\gamma_1}\tilde{\vartheta}_1\dot{\hat{\vartheta}}_1 - \frac{1}{r_1}\tilde{p}_1\dot{\hat{p}}_1 \tag{5.4.11}$$

另外，有以下公式成立：

$$\begin{aligned}&\frac{1}{\underline{g}_1}\|W_1^*\|\|\varphi_1\| \leqslant \vartheta_1\zeta_1\eta_1 + \vartheta_1\sigma_1\\&\frac{1}{\underline{g}_1}\zeta_1\delta_1 \leqslant \frac{1}{\underline{g}_1}|\zeta_1|\varepsilon_1 = |\zeta_1|p_1\end{aligned} \tag{5.4.12}$$

其中，$\eta_1 = \dfrac{\vartheta_1\zeta_1\varphi_1^{\mathrm{T}}\varphi_1}{\sqrt{\zeta_1^2\varphi_1^{\mathrm{T}}\varphi_1 + \sigma_1^2}}$；$\vartheta_1 = \dfrac{\|W_1^*\|}{\underline{g}_1}$；$p_1 = \dfrac{\varepsilon_1}{\underline{g}_1}$；$\sigma_1$ 为正可积函数满足 $\lim\limits_{t\to\infty}\displaystyle\int_{t_0}^{t}\sigma_1(s)\mathrm{d}s \leqslant \bar{\sigma}_1 < \infty$，$\bar{\sigma}_1$ 为正常数。

将式 (5.4.12) 代入式 (5.4.11)，可得

$$\begin{aligned}\dot{V}_1 \leqslant& -k_1\zeta_1^2 + \frac{g_1}{\underline{g}_1}K_{x_1}k_{x_2}\zeta_1\zeta_2 + \frac{g_1}{\underline{g}_1}K_{x_1}\zeta_1\alpha_1 + \sigma_1\vartheta_1 + p_1\left(|\zeta_1| - \frac{\zeta_1^2}{\sqrt{\zeta_1^2+\sigma_1^2}}\right)\\&+\frac{1}{\gamma_1}\tilde{\vartheta}_1\left(\gamma_1\zeta_1\eta_1 - \dot{\hat{\vartheta}}_1\right) + \frac{1}{r_1}\tilde{p}_1\left(r_1\frac{\zeta_1^2}{\sqrt{\zeta_1^2+\sigma_1^2}} - \dot{\hat{p}}_1\right) + \zeta_1 v_1\end{aligned} \tag{5.4.13}$$

其中，$v_1 = k_1\zeta_1 + \hat{\vartheta}_1\eta_1 + \dfrac{\zeta_1^2\hat{p}_1}{\sqrt{\zeta_1^2+\sigma_1^2}}$。

由式 (5.4.13) 可得

$$\begin{aligned}\dot{V}_1 \leqslant& -k_1\zeta_1^2 + \frac{g_1}{\underline{g}_1}K_{x_1}k_{x_2}\zeta_1\zeta_2 + \frac{g_1}{\underline{g}_1}K_{x_1}\zeta_1\alpha_1 + \sigma_1\vartheta_1 + |\zeta_1|p_1 + \tilde{\vartheta}_1\zeta_1\eta_1\\&-\frac{\zeta_1^2\hat{p}_1}{\sqrt{\zeta_1^2+\sigma_1^2}} + \frac{\zeta_1^2p_1}{\sqrt{\zeta_1^2+\sigma_1^2}} - \frac{\zeta_1^2p_1}{\sqrt{\zeta_1^2+\sigma_1^2}} - \frac{1}{\gamma_1}\tilde{\vartheta}_1\dot{\hat{\vartheta}}_1 - \frac{1}{r_1}\tilde{p}_1\dot{\hat{p}}_1 + \zeta_1v_1\end{aligned} \tag{5.4.14}$$

结合式 (5.4.14) 和公式

$$|\zeta_1|p_1 - \frac{\zeta_1^2p_1}{\sqrt{\zeta_1^2+\sigma_1^2}} \leqslant |\zeta_1|p_1 - \frac{\zeta_1^2p_1}{|\zeta_1|+\sigma_1} \leqslant \sigma_1p_1 \tag{5.4.15}$$

可得

$$\begin{aligned}\dot{V}_1 \leqslant& -k_1\zeta_1^2 + \frac{g_1}{\underline{g}_1}K_{x_1}k_{x_2}\zeta_1\zeta_2 + \frac{g_1}{\underline{g}_1}K_{x_1}\zeta_1\alpha_1 + \sigma_1\vartheta_1 + \tilde{\vartheta}_1\zeta_1\eta_1\\&-\frac{1}{\gamma_1}\tilde{\vartheta}_1\dot{\hat{\vartheta}}_1 + \frac{\zeta_1^2\tilde{p}_1}{\sqrt{\zeta_1^2+\sigma_1^2}} - \frac{1}{r_1}\tilde{p}_1\dot{\hat{p}}_1 + \sigma_1p_1 + \zeta_1v_1\end{aligned} \tag{5.4.16}$$

其中，设计虚拟控制器和参数自适应律分别如下：

$$\alpha_1 = -\frac{\zeta_1 v_1^2}{K_{x_1}\sqrt{\zeta_1^2 v_1^2 + \sigma_1^2}} \tag{5.4.17}$$

$$\dot{\hat{\vartheta}}_1 = \gamma_1 \zeta_1 \eta_1 - \gamma_1 \sigma_1 \hat{\vartheta}_1 \tag{5.4.18}$$

$$\dot{\hat{p}}_1 = r_1 \frac{\zeta_1^2}{\sqrt{\zeta_1^2 + \sigma_1^2}} - r_1 \sigma_1 \hat{p}_1 \tag{5.4.19}$$

将式 (5.4.17) ~ 式 (5.4.19) 代入式 (5.4.16)，可得

$$\dot{V}_1 \leqslant -k_1\zeta_1^2 + \frac{g_1}{\underline{g}_1} K_{x_1} k_{x_2} \zeta_1 \zeta_2 + \sigma_1\left(1 + \vartheta_1 + p_1\right) + \sigma_1 \tilde{\vartheta}_1 \hat{\vartheta}_1 + \sigma_1 \tilde{p}_1 \hat{p}_1 \tag{5.4.20}$$

第 $\boldsymbol{i\,(2 \leqslant i \leqslant n-1)}$ 步 求 ζ_i 的导数，可得

$$\dot{\zeta}_i = K_{x_i}\left(f_i + g_i x_{i+1}\right) - K_{x_i}\dot{\alpha}_{i-1} \tag{5.4.21}$$

选择如下李雅普诺夫函数：

$$V_i = V_{i-1} + \frac{1}{2\underline{g}_i}\zeta_i^2 + \frac{1}{2\gamma_i}\tilde{\vartheta}_i^2 + \frac{1}{2r_i}\tilde{p}_i^2 \tag{5.4.22}$$

其中，$\gamma_i > 0$、$r_i > 0$ 为设计参数。求 V_i 的导数，可得

$$\begin{aligned}\dot{V}_i \leqslant & -\sum_{j=1}^{i-1} k_j\zeta_j^2 + \sum_{j=1}^{i-1}\sigma_j\left(1+\vartheta_j+p_j\right) + \sum_{j=1}^{i-1}\sigma_j\tilde{p}_j\hat{p}_j + \sum_{j=1}^{i-1}\sigma_j\tilde{\vartheta}_j\hat{\vartheta}_j \\ & + \frac{g_i}{\underline{g}_i}K_{x_i}k_{x_{i+1}}\zeta_i\zeta_{i+1} + \frac{g_i}{\underline{g}_i}K_{x_i}k_{x_{i+1}}\zeta_i\alpha_i + \frac{1}{\underline{g}_i}\zeta_i F_i\left(Z_i\right) - \frac{1}{\gamma_i}\tilde{\vartheta}_i\dot{\hat{\vartheta}}_i - \frac{1}{r_i}\tilde{p}_i\dot{\hat{p}}_i\end{aligned} \tag{5.4.23}$$

其中，$F_i\left(Z_i\right) = K_{x_i}f_i - K_{x_i}\dot{\alpha}_{i-1} + \frac{g_{i-1}}{\underline{g}_{i-1}}K_{x_{i-1}}k_{x_i}\zeta_{i-1}$。由于 $F_i\left(Z_i\right)$ 是未知连续函数，所以利用神经网络 $\hat{F}_i\left(Z_i|\hat{W}_i\right) = \hat{W}_i^{\mathrm{T}}\varphi_i\left(Z_i\right)$ 逼近 $F_i\left(Z_i\right)$，并假设

$$F_i\left(Z_i\right) = W_i^{*\mathrm{T}}\varphi_i\left(Z_i\right) + \delta_i\left(Z_i\right) \tag{5.4.24}$$

其中，$Z_i = \left[x_1, x_2, \cdots, x_i, \hat{\vartheta}_1, \hat{\vartheta}_2, \cdots, \hat{\vartheta}_{i-1}, \hat{p}_1, \hat{p}_2, \cdots, \hat{p}_{i-1}\right]^{\mathrm{T}}$；$W_i^*$ 为理想权重；$\delta_i\left(Z_i\right)$ 为最小逼近误差。假设 $\delta_i\left(Z_i\right)$ 满足 $\left|\delta_i\left(Z_i\right)\right| \leqslant \varepsilon_i$，$\varepsilon_i$ 是正常数。

将式 (5.4.24) 代入式 (5.4.23) 可得

$$\dot{V}_i \leqslant -\sum_{j=1}^{i-1} k_j\zeta_j^2 + \sum_{j=1}^{i-1}\sigma_j\left(1+\vartheta_j+p_j\right) + \sum_{j=1}^{i-1}\sigma_j\tilde{p}_j\hat{p}_j + \sum_{j=1}^{i-1}\sigma_j\tilde{\vartheta}_j\hat{\vartheta}_j$$
$$+\frac{g_i}{\underline{g}_i}K_{x_i}k_{x_{i+1}}\zeta_i\zeta_{i+1}+\frac{g_i}{\underline{g}_i}K_{x_i}k_{x_{i+1}}\zeta_i\alpha_i+\frac{1}{\underline{g}_i}\zeta_i\left(W_i^{*\mathrm{T}}\varphi_i+\delta_i\right)-\frac{1}{\gamma_i}\tilde{\vartheta}_i\dot{\hat{\vartheta}}_i-\frac{1}{r_i}\tilde{p}_i\dot{\hat{p}}_i \tag{5.4.25}$$

另外，有以下公式成立：

$$\begin{aligned}&\frac{1}{\underline{g}_i}\left\|W_i^*\right\|\left\|\varphi_i\right\| \leqslant \vartheta_i\zeta_i\eta_i+\vartheta_i\sigma_i\\&\frac{1}{\underline{g}_i}\zeta_i\delta_i \leqslant \frac{1}{\underline{g}_i}|\zeta_i|\varepsilon_i=|\zeta_i|p_i\end{aligned} \tag{5.4.26}$$

其中，$\eta_i=\dfrac{\vartheta_i\zeta_i\varphi_i^{\mathrm{T}}\varphi_i}{\sqrt{\zeta_i^2\varphi_i^{\mathrm{T}}\varphi_i+\sigma_i^2}}$；$\vartheta_i=\dfrac{\left\|W_i^*\right\|}{\underline{g}_i}$；$p_i=\dfrac{\varepsilon_i}{\underline{g}_i}$；$\sigma_i$ 为任意正可积函数且满足 $\lim\limits_{t\to\infty}\displaystyle\int_{t_0}^{t}\sigma_i(s)\,\mathrm{d}s \leqslant \bar{\sigma}_i<\infty$，$\bar{\sigma}_i$ 为正常数。

将式 (5.4.26) 代入式 (5.4.25)，可得

$$\dot{V}_i \leqslant -\sum_{j=1}^{i} k_j\zeta_j^2 + \sum_{j=1}^{i-1}\sigma_j\left(1+\vartheta_j+p_j\right) + \sum_{j=1}^{i-1}\sigma_j\tilde{p}_j\hat{p}_j + \sum_{j=1}^{i-1}\sigma_j\tilde{\vartheta}_j\hat{\vartheta}_j$$
$$+\frac{g_i}{\underline{g}_i}K_{x_i}k_{x_{i+1}}\zeta_i\zeta_{i+1}+\frac{g_i}{\underline{g}_i}K_{x_i}\zeta_i\alpha_i+\zeta_i v_i+\tilde{\vartheta}_i\zeta_i\eta_i+\sigma_i\vartheta_i$$
$$+\frac{\zeta_i^2\tilde{p}_i}{\sqrt{\zeta_i^2+\sigma_i^2}}-\frac{1}{\gamma_i}\tilde{\vartheta}_i\dot{\hat{\vartheta}}_i-\frac{1}{r_i}\tilde{p}_i\dot{\hat{p}}_i+p_i\left(|\zeta_i|-\frac{\zeta_i^2}{\sqrt{\zeta_i^2+\sigma_i^2}}\right) \tag{5.4.27}$$

其中，设计如下间接控制器：

$$v_i=k_i\zeta_i+\hat{\vartheta}_i\eta_i+\frac{\zeta_i^2\hat{p}_i}{\sqrt{\zeta_i^2+\sigma_i^2}} \tag{5.4.28}$$

设计虚拟控制器和参数自适应律分别如下：

$$\alpha_i=-\frac{\zeta_i v_i^2}{K_{x_i}\sqrt{\zeta_i^2 v_i^2+\sigma_i^2}} \tag{5.4.29}$$

$$\dot{\hat{p}}_i=r_i\frac{\zeta_i^2}{\sqrt{\zeta_i^2+\sigma_i^2}}-r_i\sigma_i\hat{p}_i \tag{5.4.30}$$

$$\dot{\hat{\vartheta}}_i=\gamma_i\zeta_i\eta_i-\gamma_i\sigma_i\hat{\vartheta}_i \tag{5.4.31}$$

由式 (5.4.29) ~ 式 (5.4.31) 可得

$$\begin{aligned}\dot{V}_i=&-\sum_{j=1}^{i}k_j\zeta_j^2+\sum_{j=1}^{i-1}\sigma_j\left(1+\vartheta_j+p_j\right)+\sum_{j=1}^{i-1}\sigma_j\tilde{p}_j\hat{p}_j+\sum_{j=1}^{i-1}\sigma_j\tilde{\vartheta}_j\hat{\vartheta}_j\\&+\frac{g_i}{\underline{g}_i}K_{x_i}k_{x_{i+1}}\zeta_i\zeta_{i+1}+\frac{g_i}{\underline{g}_i}K_{x_i}\zeta_i\left(-\frac{\zeta_i v_i^2}{K_{x_i}\sqrt{\zeta_i^2v_i^2+\sigma_i^2}}\right)\\&+\zeta_i v_i+\tilde{\vartheta}_i\zeta_i\eta_i+\sigma_i\vartheta_i-\frac{1}{\gamma_i}\tilde{\vartheta}_i\left(\gamma_i\zeta_i\eta_i-\gamma_i\sigma_i\hat{\vartheta}_i\right)\\&+\frac{\zeta_i^2\tilde{p}_i}{\sqrt{\zeta_i^2+\sigma_i^2}}+p_i\left(|\zeta_i|-\frac{\zeta_i^2}{\sqrt{\zeta_i^2+\sigma_i^2}}\right)-\frac{1}{r_i}\tilde{p}_i\left(r_i\frac{\zeta_i}{\sqrt{\zeta_i^2+\sigma_i^2}}-r_i\sigma_i\hat{p}_i\right)\end{aligned} \tag{5.4.32}$$

结合式 (5.4.32) 和公式

$$|\zeta_i|\,p_i-\frac{\zeta_i^2p_i}{\sqrt{\zeta_i^2+\sigma_i^2}}\leqslant|\zeta_i|\,p_i-\frac{\zeta_i^2p_i}{|\zeta_i|+\sigma_i}\leqslant\sigma_ip_i \tag{5.4.33}$$

可得

$$\dot{V}_i\leqslant-\sum_{j=1}^{i}k_j\zeta_j^2+\sum_{j=1}^{i}\sigma_j\left(1+\vartheta_j+p_i\right)+\sum_{j=1}^{i}\sigma_j\left(\tilde{\vartheta}_j\hat{\vartheta}_j+\tilde{p}_j\hat{p}_j\right)+\frac{g_i}{\underline{g}_i}K_{x_i}k_{x_{i+1}}\zeta_i\zeta_{i+1} \tag{5.4.34}$$

第 n 步 由式 (5.4.6)，求 ζ_n 的导数，可得

$$\dot{\zeta}_n=K_{x_n}\left(f_n+u_s\right)-K_{x_n}\dot{\alpha}_{n-1} \tag{5.4.35}$$

选择如下李雅普诺夫函数:

$$V_n=V_{n-1}+\frac{1}{2}\zeta_n^2+\frac{1}{2\gamma_n}\tilde{\vartheta}_n^2+\frac{1}{2r_n}\tilde{p}_n^2 \tag{5.4.36}$$

其中，$\gamma_n>0$ 为设计参数。

求 V_n 的导数，可得

$$\dot{V}_n\leqslant-\sum_{j=1}^{n-1}k_j\zeta_j^2+\sum_{j=1}^{n-1}\sigma_j\left(1+\vartheta_j+p_j\right)+\sum_{j=1}^{n-1}\sigma_j\tilde{\vartheta}_j\hat{\vartheta}_j+\sum_{j=1}^{n-1}\sigma_j\tilde{p}_j\hat{p}_j$$

$$+K_{x_n}\zeta_n u_s+\zeta_n F_n(Z_n)-\frac{1}{\gamma_n}\tilde{\vartheta}_n\dot{\hat{\vartheta}}_n-\frac{1}{r_n}\tilde{p}_n\dot{\hat{p}}_n-\frac{K_{x_n}^2}{2}\zeta_n^2 \tag{5.4.37}$$

其中，$F_n(Z_n)=K_{x_n}f_n-K_{x_n}\dot{\alpha}_{n-1}+\dfrac{K_{x_n}^2}{2}\zeta_n$。由于 $F_n(Z_n)$ 是未知连续函数，所以利用神经网络 $\hat{F}_n\left(Z_n|\hat{W}_n\right)=\hat{W}_n^{\mathrm{T}}\varphi_n(Z_n)$ 逼近 $F_n(Z_n)$，并假设

$$F_n(Z_n)=W_n^{*\mathrm{T}}\varphi_n(Z_n)+\delta_n(Z_n) \tag{5.4.38}$$

其中，$Z_n=\left[x_1,x_2,\cdots,x_n,\hat{\vartheta}_1,\hat{\vartheta}_2,\cdots,\hat{\vartheta}_{n-1},\hat{p}_1,\hat{p}_2,\cdots,\hat{p}_{n-1}\right]^{\mathrm{T}}$；$W_n^*$ 为理想权重；$\delta_n(Z_n)$ 为最小逼近误差。假设 $\delta_n(Z_n)$ 满足 $|\delta_n(Z_n)|\leqslant\varepsilon_n$，$\varepsilon_n$ 是正常数。

结合式 (5.4.38)，式 (5.4.37) 可以简化为

$$\begin{aligned}\dot{V}_n\leqslant&-\sum_{j=1}^{n-1}k_j\zeta_j^2+\sum_{j=1}^{n-1}\sigma_j(1+\vartheta_j+p_j)+\sum_{j=1}^{n-1}\sigma_j\tilde{\vartheta}_j\hat{\vartheta}_j+\sum_{j=1}^{n-1}\sigma_j\tilde{p}_j\hat{p}_j\\&+K_{x_n}\zeta_n u_s+\frac{1}{\underline{g}_n}\zeta_n\left(W_n^{*\mathrm{T}}\varphi_n+\delta_n\right)-\frac{1}{\gamma_n}\tilde{\vartheta}_n\dot{\hat{\vartheta}}_n-\frac{1}{r_n}\tilde{p}_n\dot{\hat{p}}_n-\frac{K_{x_n}^2}{2}\zeta_n^2\end{aligned} \tag{5.4.39}$$

另外，有以下公式成立：

$$\begin{aligned}&\|W_n^*\|\|\varphi_n\|\leqslant\vartheta_n\zeta_n\eta_n+\vartheta_n\sigma_n\\&\zeta_n\delta_n\leqslant|\zeta_n|\varepsilon_n=|\zeta_n|p_n\end{aligned} \tag{5.4.40}$$

其中，$\eta_n=\dfrac{\vartheta_n\zeta_n^2\varphi_n^{\mathrm{T}}\varphi_n}{\sqrt{\zeta_n^2\varphi_n^{\mathrm{T}}\varphi_n+\sigma_n^2}}$；$\vartheta_n=\dfrac{\|W_n^*\|}{\underline{g}_n}$；$p_n=\dfrac{\varepsilon_n}{\underline{g}_n}$；$\sigma_n$ 为正可积函数满足 $\lim\limits_{t\to\infty}\displaystyle\int_{t_0}^{t}\sigma_n(s)\mathrm{d}s\leqslant\bar{\sigma}_n<\infty$，$\bar{\sigma}_n$ 为正常数。

将式 (5.4.40) 代入式 (5.4.39)，有以下不等式成立：

$$\begin{aligned}\dot{V}_n\leqslant&-\sum_{j=1}^{n-1}k_j\zeta_j^2+\sum_{j=1}^{n-1}\sigma_j(1+\vartheta_n+p_n)+\sum_{j=1}^{n-1}\sigma_j\left(\tilde{p}_j\hat{p}_j+\tilde{\vartheta}_j\hat{\vartheta}_j\right)+K_{x_i}\zeta_n u_s+\sigma_n\vartheta_n\\&+p_n\left(|\zeta_n|-\frac{\zeta_n^2}{\sqrt{\zeta_n^2+\sigma_n^2}}\right)+\frac{\zeta_n^2\tilde{p}_n}{\sqrt{\zeta_n^2+\sigma_n^2}}\\&+\zeta_n v_n+\tilde{\vartheta}_n\zeta_n\eta_n-\frac{1}{\gamma_n}\tilde{\vartheta}_n\dot{\hat{\vartheta}}_n-\frac{1}{r_n}\tilde{p}_n\dot{\hat{p}}_n-\frac{K_{x_n}^2}{2}\zeta_n^2\end{aligned} \tag{5.4.41}$$

设计如下间接控制器：

$$v_n = k_n\zeta_n + \hat{\vartheta}_n\eta_n + \frac{\zeta_n\hat{p}_n}{\sqrt{\zeta_n^2+\sigma_n^2}} \tag{5.4.42}$$

设计如下参数自适应律：

$$\begin{aligned}\dot{\hat{\vartheta}}_n &= \gamma_n\zeta_n\eta_n - \gamma_n\sigma_n\hat{\vartheta}_n\\ \dot{\hat{p}}_n &= r_n\frac{\zeta_n^2}{\sqrt{\zeta_n^2+\sigma_n^2}} - r_n\sigma_n\hat{p}_n\end{aligned} \tag{5.4.43}$$

其中，$\hat{\vartheta}_n(0)>0$，$\hat{p}_n(0)>0$。

可以推导出如下表达式：

$$\begin{aligned}\dot{V}_n \leqslant & -\sum_{j=1}^{n}k_j\zeta_j^2 + \sum_{j=1}^{n-1}\sigma_j\left(1+\vartheta_n+p_n\right) + \zeta_n v_n + \sum_{j=1}^{n}\sigma_j\tilde{p}_j\hat{p}_j\\ & + \sum_{j=1}^{n}\sigma_j\tilde{\vartheta}_j\hat{\vartheta}_j + K_{x_n}\zeta_n\left(u+e(t)\right) + \sigma_n\vartheta_n + \sigma_n p_n - \frac{K_{x_n}^2}{2}\zeta_n^2\end{aligned} \tag{5.4.44}$$

设计如下实际的自适应连续控制器：

$$u = -\frac{\zeta_n v_n^2}{K_{x_n}(1-\delta_1)\sqrt{\zeta_n^2 v_n^2+\sigma_n^2}} \tag{5.4.45}$$

基于式 (5.4.45)，设计事件触发控制协议为

$$u_s = u(t_k),\quad \forall t\in[t_k,t_{k+1}) \tag{5.4.46}$$

$$t_{k+1} = \inf\left\{t\in\mathbf{R}\,\middle|\,|e(t)|\geqslant d_1|u(t)|+d_2\mathrm{e}^{-\beta t}\right\} \tag{5.4.47}$$

其中，u_s 是连续控制输入。误差函数在 u_s 和 $u(t)$ 之间，设计事件触发误差为

$$e(t) = u_s - u(t),\quad t\in[t_k,t_{k+1}) \tag{5.4.48}$$

其中，$u_s \overset{\text{def}}{=\!=} u(t_s)$ 为 $t=t_s$ 处的采样控制；$u(t)$ 为连续控制。触发区间 $[t_k,t_{k+1})$ 可以被认为是一个周期，其中事件触发误差 $e(t)$ 随机变化，并在每个 t_s 重置为零。

由式 (5.4.45) 可知 $\zeta_n u(t)\leqslant 0$，结合事件触发条件 (5.4.47)，可得

$$K_{x_n}\zeta_n e(t) \leqslant -K_{x_n}\zeta_n d_1 u(t) + \frac{K_{x_n}^2\zeta_n^2}{2} + \frac{d_2^2}{2}\mathrm{e}^{-2\beta t} \tag{5.4.49}$$

则 V_n 的导数为

$$\dot{V}_n \leqslant -\sum_{j=1}^{n} k_j\zeta_j^2 + \sum_{j=1}^{n} \sigma_j\left(1+\vartheta_n+p_n\right) + \sum_{j=1}^{n} \sigma_j\tilde{p}_j\hat{p}_j + \sum_{j=1}^{n} \sigma_j\tilde{\vartheta}_j\hat{\vartheta}_j + \frac{d_2^2}{2}\mathrm{e}^{-2\beta t} \tag{5.4.50}$$

根据杨氏不等式，可以证明

$$\begin{aligned} \tilde{p}_j\hat{p}_j &= \tilde{p}_j\left(p_j-\tilde{p}_j\right) = -\tilde{p}_j^2+\tilde{p}_j p_j \leqslant \frac{p_j^2}{4} \\ \tilde{\vartheta}_j\hat{\vartheta}_j &= \tilde{\vartheta}_j\left(\vartheta_j-\tilde{\vartheta}_j\right) = -\tilde{\vartheta}_j^2+\tilde{\vartheta}_j\vartheta_j \leqslant \frac{\vartheta_j^2}{4} \end{aligned} \tag{5.4.51}$$

结合式 (5.4.51)，式 (5.4.50) 可以化简为

$$\dot{V}_n \leqslant -\sum_{j=1}^{n} k_j\zeta_j^2 + \sum_{j=1}^{n} \sigma_j\varpi_j + \frac{d_2^2}{2}\mathrm{e}^{-2\beta t} \tag{5.4.52}$$

其中，$\varpi_j = 1+\vartheta_n+p_n+\dfrac{p_j^2}{4}+\dfrac{\vartheta_j^2}{4}$。

5.4.3　稳定性与收敛性分析

下面的定理给出了所设计的自适应控制方法具有的性质。

定理 5.4.1　针对不确定非线性系统 (5.4.1)，假设 5.4.1 和假设 5.4.2 成立。如果采用控制器 (5.4.45)，虚拟控制器 (5.4.17) 和 (5.4.29)，参数自适应律 (5.4.18)、(5.4.19)、(5.4.30) 和 (5.4.31)，则总体控制方案具有如下性能：

(1) 闭环系统的所有信号都有界且不违反非对称时变约束；

(2) 跟踪误差渐近收敛；

(3) 能够避免 Zeno 行为。

证明　对式 (5.4.52) 从 t_0 到 t 积分，可得

$$V_n(t) \leqslant V_n(t_0) + \sum_{j=1}^{n} \varpi_j\bar{\sigma}_j + \frac{1}{4\beta}\mathrm{e}^{-2\beta t_0} \tag{5.4.53}$$

即 ζ_j、$\tilde{\vartheta}_j$、$\tilde{p}_j(j=1,2,\cdots,n)$ 一致有界。结合 ϑ_j、p_j 的有界性和公式 $\tilde{\vartheta}_j = \vartheta_j-\hat{\vartheta}_j$、$\tilde{p}_j = p_j-\hat{p}_j$ 可得 $\hat{\vartheta}_j$、$\hat{p}_j$ 有界。事实上，由 y_d 的有界性和公式 $\zeta_1 = s_1 - \dfrac{y_d}{(k_{a_1}+y_d)(k_{b_1}-y_d)}$ 可知，s_1 是有界的。由于虚拟控制器 α_1 是由有界信号 $(s_1, y_d, \dot{y}_d, k_{a_1}, k_{b_1}, \hat{\vartheta}_1)$ 构成的，所以 α_1 有界。由公式 $\zeta_2 = s_2 - \dfrac{\alpha_1}{k_{x_1}}$ 可得 s_2 有界。由式 (5.4.6) 可知，$s_i\ (i=2,3,\cdots,n)$ 有界。根据式 (5.4.45)，系统输入 u 也有界。

由式 (5.4.53) 可得

$$\sum_{j=1}^{n}\int_{t_0}^{t}\zeta_j^2\mathrm{d}s\leqslant V_n(t_0)+\sum_{j=1}^{n}\varpi_j\bar{\sigma}_j+\frac{1}{4\beta}\mathrm{e}^{-2\beta t_0} \tag{5.4.54}$$

此外，利用所有闭环信号的有界性，由式 (5.4.7)、式 (5.4.21)、式 (5.4.35) 推导出 $\dot{\zeta}_i(t)$ 在 $[0,+\infty)$ 上有界。结合 $\zeta_i(t)$ 的有界性和 Barbalat 引理，可得 $\lim\limits_{t\to\infty}\zeta_i=0\ (i=1,2,\cdots,n)$。由式 (5.4.5)，可得 $\zeta_1=s_1-y_d/k_{y_d}$，等式两边同乘 $k_{x_1}k_{y_d}$ 可得 $k_{x_1}k_{y_d}\zeta_1=k_{y_d}x_1-k_{x_1}y_d$，化简后可得 $x_1-y_d=k_{x_1}k_{y_d}\zeta_1/(k_{a_1}k_{b_1}+x_1y_d)$。另外，很容易得 $k_{x_1}k_{y_d}>0$ 时 $k_{a_1}k_{b_1}+x_1y_d$ 有界，即 $k_{x_1}k_{y_d}/(k_{a_1}k_{b_1}+x_1y_d)=M_0$，其中，$M_0$ 是常数。因此，$\lim\limits_{t\to\infty}z_1=\lim\limits_{t\to\infty}(x_1-y_d)=\lim\limits_{t\to\infty}(M_0\zeta_1)=0$，这意味着跟踪误差渐近收敛。

接下来，将证明能够避免 Zeno 行为。由误差定义 $e(t)=u_s(t)-u(t)$ 可得

$$\frac{\mathrm{d}}{\mathrm{d}t}|e|=\mathrm{sign}(e)\,\dot{e}\leqslant|\dot{u}| \tag{5.4.55}$$

由式 (5.4.45) 可知 $u(t)$ 是可微的，并且 $u(t)$ 导数是闭环系统中有界信号的函数。所以，存在一个常数 $\bar{u}$ 使得 $|\dot{u}|\leqslant\bar{u}$。结合 $e(t_k)=0$，有

$$|e|\leqslant\bar{u}(t-t_k),\quad t\in[t_k,t_{k+1}) \tag{5.4.56}$$

由事件触发控制条件 (5.4.47)，可得如下不等式：

$$d_2\mathrm{e}^{-\beta t_{k+1}}\leqslant|e(t_{k+1})|\leqslant\bar{u}t^*,\quad t^*=t_{k+1}-t_k \tag{5.4.57}$$

很明显，$t^*>0$。此外，可得 $t_k\to\infty$，$k\to\infty$，这可以用反证法来证明。如果 $t_\infty=\lim\limits_{k\to\infty}t_k$，那么 $t_\infty<\infty$，所以 $\lim\limits_{k\to\infty}t^*=0$。根据式 (5.4.57)，可得 $0<d_2\mathrm{e}^{-\beta t_\infty}\leqslant\bar{u}_0=0$。因此，避免了 Zeno 行为。

5.4.4 仿真

例 5.4.1 考虑如下非线性系统：

$$\begin{aligned}\dot{x}_1&=(1+0.1\sin(x_1))\,x_2+x_1^2\sin^4(x_1)\\ \dot{x}_2&=(1+0.1\sin(x_2))\,u+x_1^3x_2^3\\ y&=x_1\end{aligned} \tag{5.4.58}$$

参考信号为 $y_d=0.5\sin(t)$，选择状态变量及参数的初始值为 $x(0)=[0.5,-0.5]^{\mathrm{T}}$、$\hat{\vartheta}(0)=[9,9]^{\mathrm{T}}$、$\hat{p}(0)=[9,9]^{\mathrm{T}}$。

在仿真中，选取设计参数为 $k_{a_1}=1.3+2^{-0.45t}$、$k_{b_1}=1.1+1.5^{-0.5t}$、$k_{a_2}=6+0.45\sin(t+0.7)$、$k_{b_2}=4.6-2(-0.45\sin(t))$、$d_1=0.01$、$d_2=1$、$\gamma_1=1$、$\gamma_2=1$、$r_1=1$、$r_2=1$、$k_1=60$、$k_2=45$、$\sigma_1=4\mathrm{e}^{-0.9t}$、$\sigma_2=10\mathrm{e}^{-0.1t}$。

仿真结果如图 5.4.1 ~ 图 5.4.5 所示。

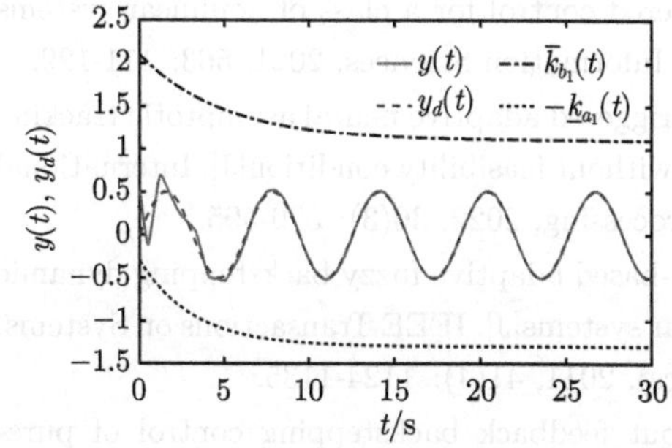

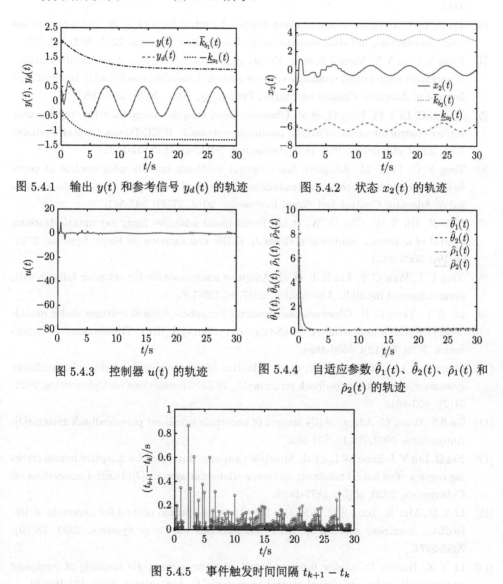

图 5.4.1　输出 $y(t)$ 和参考信号 $y_d(t)$ 的轨迹

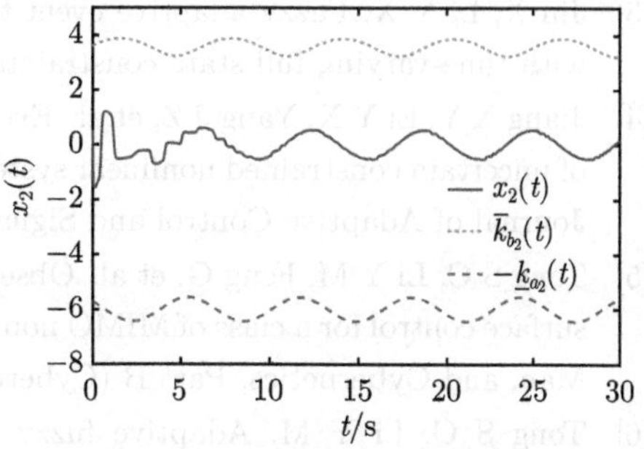

图 5.4.2　状态 $x_2(t)$ 的轨迹

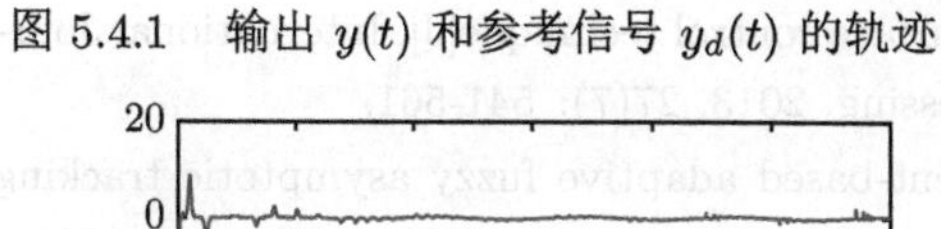

图 5.4.3　控制器 $u(t)$ 的轨迹

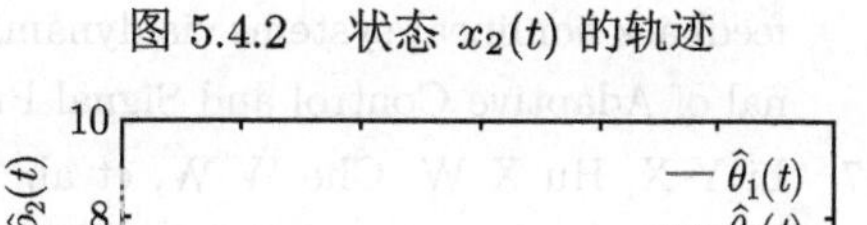

图 5.4.4　自适应参数 $\hat{\theta}_1(t)$、$\hat{\theta}_2(t)$、$\hat{\rho}_1(t)$ 和 $\hat{\rho}_2(t)$ 的轨迹

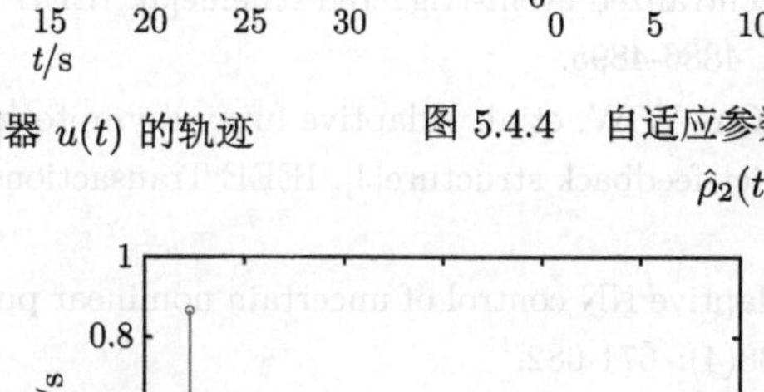

图 5.4.5　事件触发时间间隔 $t_{k+1}-t_k$

参 考 文 献

[1] Jiang X Y, Li Y X. IBLF-based event-triggered adaptive learning control of nonlinear

systems with full state constraints[J]. International Journal of Adaptive Control and Signal Processing, 2022, 36(8): 1816-1834.

[2] Jin X, Li Y X, Tong S C. Adaptive event-triggered control design for nonlinear systems with full state constraints[J]. IEEE Transactions on Fuzzy Systems, 2021, 29(12): 3803-3811.

[3] Jin X, Li Y X. Fuzzy adaptive event-triggered control for a class of nonlinear systems with time-varying full state constraints[J]. Information Sciences, 2021, 563: 111-129.

[4] Jiang X Y, Li Y X, Yang J Z, et al. Event-triggered adaptive neural asymptotic tracking of uncertain constrained nonlinear systems without feasibility condition[J]. International Journal of Adaptive Control and Signal Processing, 2022, 36(3): 579-595.

[5] Tong S C, Li Y M, Feng G, et al. Observer-based adaptive fuzzy backstepping dynamic surface control for a class of MIMO nonlinear systems[J]. IEEE Transactions on Systems, Man, and Cybernetics, Part B (Cybernetics), 2011, 41(4): 1124-1135.

[6] Tong S C, Li Y M. Adaptive fuzzy output feedback backstepping control of pure-feedback nonlinear systems via dynamic surface control technique[J]. International Journal of Adaptive Control and Signal Processing, 2013, 27(7): 541-561.

[7] Li Y X, Hu X W, Che W W, et al. Event-based adaptive fuzzy asymptotic tracking control of uncertain nonlinear systems[J]. IEEE Transactions on Fuzzy Systems, 2021, 29(10): 3003-3013.

[8] Xing L T, Wen C Y, Liu Z T, et al. Adaptive compensation for actuator failures with event-triggered input[J]. Automatica, 2017, 85:129-136.

[9] Lu A Y, Yang G H. Observer-based control for cyber-physical systems under denial-of-service with a decentralized event-triggered scheme[J]. IEEE Transactions on Cybernetics, 2020, 50(12): 4886-4895.

[10] Liang Y J, Li Y X, Che W W, et al. Adaptive fuzzy asymptotic tracking for nonlinear systems with nonstrict-feedback structure[J]. IEEE Transactions on Cybernetics, 2021, 51(2): 853-861.

[11] Ge S S, Wang C. Adaptive NN control of uncertain nonlinear pure-feedback systems[J]. Automatica, 2002, 38(4): 671-682.

[12] Niu B, Liu Y J, Zhou W L, et al. Multiple Lyapunov functions for adaptive neural tracking control of switched nonlinear nonlower-triangular systems[J]. IEEE Transactions on Cybernetics, 2020, 50(5): 1877-1886.

[13] Li Y M, Min X, Tong S C. Adaptive fuzzy inverse optimal control for uncertain strict-feedback nonlinear systems[J]. IEEE Transactions on Fuzzy Systems, 2020, 28(10): 2363-2374.

[14] Li Y X. Barrier Lyapunov function-based adaptive asymptotic tracking of nonlinear systems with unknown virtual control coefficients[J]. Automatica, 2020, 121:109181.

[15] Tong S C, Min X, Li Y X. Observer-based adaptive fuzzy tracking control for strict-feedback nonlinear systems with unknown control gain functions[J]. IEEE Transactions on Cybernetics, 2020, 50(9): 3903-3913.

[16] Xing L T, Wen C Y, Liu Z T, et al. Adaptive compensation for actuator failures with event-triggered input[J]. Automatica, 2017, 85: 129-136.

[17] Li Y X, Yang G H. Adaptive neural control of pure-feedback nonlinear systems with event-triggered communications[J]. IEEE Transactions on Neural Networks and Learning Systems, 2018, 29(12): 6242-6251.

[18] Tong S C, Li Y M, Sui S. Adaptive fuzzy tracking control design for SISO uncertain nonstrict feedback nonlinear systems[J]. IEEE Transactions on Fuzzy Systems, 2016, 24(6): 1441-1454.

[19] Liu Y J, Lu S M, Tong S, et al. Adaptive control-based barrier Lyapunov functions for a class of stochastic nonlinear systems with full state constraints[J]. Automatica, 2018, 87: 83-93.

[20] Xing L T, Wen C Y, Liu Z T, et al. Event-triggered adaptive control for a class of uncertain nonlinear systems[J]. IEEE Transactions on Automatic Control, 2017, 62(4): 2071-2076.

[21] Li Y X, Yang G H. Event-triggered adaptive backstepping control for parametric strict-feedback nonlinear systems[J]. International Journal of Robust and Nonlinear Control, 2018, 28(3): 976-1000.

[22] Li Y M, Liu Y J, Tong S C. Observer-based neuro-adaptive optimized control of strict-feedback nonlinear systems with state constraints[J]. IEEE Transactions on Neural Networks and Learning Systems, 2022, 33(7): 3131-3145.

[23] Li Y X. Command filter adaptive asymptotic tracking of uncertain nonlinear systems with time-varying parameters and disturbances[J]. IEEE Transactions on Automatic Control, 2022, 67(6): 2973-2980.

第 6 章 非线性系统的智能自适应事件触发固定时间控制

第 1~5 章介绍的控制设计方法都是基于事件触发机制的无限时间跟踪，然而在许多实际应用过程中，要求系统状态或跟踪误差在一定时间内收敛到原点。近年来，固定时间控制已成为使系统快速收敛的一种有效工具，该控制方法不仅提高了系统的收敛速度，而且收敛时间不依赖于系统初始状态。本章针对非线性严格反馈系统、非线性纯反馈系统和非线性非严格反馈系统，介绍了自适应事件触发固定时间控制设计方法、自适应事件触发固定时间预设性能控制设计方法和自适应事件触发预设性能渐近跟踪控制设计方法。本章内容主要基于文献 [1] 和 [2]。

6.1 非线性严格反馈系统的自适应事件触发固定时间跟踪控制

本节针对非线性严格反馈系统，提出基于事件触发机制的模糊自适应固定时间控制方法；结合反步递推技术和固定时间稳定性定理，给出闭环系统的稳定性和收敛性分析。类似的模糊自适应事件触发固定时间控制设计方法可参见文献 [3]~[6]。

6.1.1 系统模型及控制问题描述

考虑如下一类非线性严格反馈系统：

$$\begin{aligned}&\dot{x}_i = g_i(\bar{x}_i)\,x_{i+1} + f_i(\bar{x}_i), \quad i = 1,2,\cdots,n-1\\&\dot{x}_n = g_n(\bar{x}_n)\,u + f_n(\bar{x}_n)\\&y = x_1\end{aligned} \tag{6.1.1}$$

其中，$\bar{x}_i = [x_1, x_2, \cdots, x_i]^{\mathrm{T}} \in \mathbf{R}^i\,(i = 1,2,\cdots,n)$ 为状态向量；$u \in \mathbf{R}$ 和 $y \in \mathbf{R}$ 分别为系统的输入和输出；$f_i(\bar{x}_i) \in \mathbf{R}$ 为未知的光滑非线性函数；$g_i(\bar{x}_i) \in \mathbf{R}$ 为未知非线性虚拟控制系数。

考虑具有以下形式的系统：

$$\dot{x} = f(x(t), t), \quad x(0) = x_0 \tag{6.1.2}$$

其中，$x \in \mathbf{R}^n$ 为状态变量；$f(\cdot) : \mathbf{R}^n \times \mathbf{R}^+ \to \mathbf{R}^n$ 为未知的非线性函数。假设 $x_e = 0$ 为系统 (6.1.2) 的一个平衡点。

定义 6.1.1　如果在 $x_e=0$ 处，系统 (6.1.2) 是全局渐近稳定的，且式 (6.1.2) 的任何解 $x(t,x_0)$ 能在有限时间达到平衡状态，则系统 (6.1.2) 是全局有限时间稳定的，即 $x(t,x_0)=0$，$\forall t\geqslant T_s(x_0)$，其中，$T_s:\mathbf{R}^n\to\mathbf{R}^+$ 为收敛时间函数。

定义 6.1.2　若系统 (6.1.2) 在 $x_e=0$ 处是全局有限时间稳定的，且收敛时间函数 $T_s(x_0)$ 具有上界并且与状态变量无关，则系统 (6.1.2) 是固定时间稳定的，即 $\exists T_{\max}>0:T_s(x_0)\leqslant T_{\max}$，$\forall x_0\in\mathbf{R}^n$。

引理 6.1.1　假设 $V(x)$ 为满足 $V(x)\geqslant 0$ 的光滑函数，如果下列不等式成立：

$$\dot{V}(x)\leqslant -\alpha V^{\gamma_1}(x)-\beta V^{\gamma_2}(x)+\tau \tag{6.1.3}$$

其中，α、β 为正数；$\tau\geqslant 0$；γ_1 和 γ_2 满足 $\gamma_1\in(1,+\infty)$、$\gamma_2\in(0,1)$。那么，系统在 $x_e=0$ 处是实际固定时间稳定的，且收敛时间为

$$T_s\leqslant T_{\max}=\frac{1}{\alpha(\gamma_1-1)}+\frac{1}{\beta(1-\gamma_2)} \tag{6.1.4}$$

引理 6.1.2　对于 $x_i\geqslant 0(i=1,2,\cdots,n)$，有以下不等式成立：

$$\begin{aligned}&\left(\sum_{i=1}^{n}x_i\right)^{\kappa}\leqslant\sum_{i=1}^{n}x_i^{\kappa},\quad 0<\kappa\leqslant 1\\&\left(\sum_{i=1}^{n}x_i\right)^{\kappa}\leqslant\frac{1}{n^{1-\kappa}}\sum_{i=1}^{n}x_i^{\kappa},\quad 1<\kappa<\infty\end{aligned} \tag{6.1.5}$$

引理 6.1.3　对于 $x,y\in\mathbf{R}$，存在正数 m、p 和 q，使得以下不等式成立：

$$|x|^p|y|^q\leqslant\frac{p}{p+q}m|x|^{p+q}+\frac{p}{p+q}m^{-\frac{p}{q}}|x|^{p+q} \tag{6.1.6}$$

假设 6.1.1　参考信号 $y_d(t)$ 及其一阶导数 $\dot{y}_d(t)$ 为连续有界信号，使得 $|y_d(t)|\leqslant A_1$，$|\dot{y}_d(t)|\leqslant A_2$，其中 A_1、A_2 为正数。

假设 6.1.2　$g_i(\bar{x}_i)$ 的符号是已知的，即 $g_i(\bar{x}_i)$ 对于所有状态变量 $\underline{x}_i$ 的取值都是正的或负的。不失一般性，假设 $0<\underline{g}_i\leqslant g_i(\bar{x}_i)$，其中，$\underline{g}_i$ 为正常数。

控制目标　针对非线性严格反馈系统 (6.1.1)，基于模糊逻辑和反步递推技术，设计一种事件触发固定时间控制器，使得：

(1) 闭环系统中所有信号有界；

(2) 跟踪误差在固定时间内收敛到包含原点的一个小邻域内，并且收敛时间不依赖于系统的初始状态。

6.1.2 模糊自适应反步递推事件触发控制设计

定义如下坐标变换：

$$z_1 = y - y_d \tag{6.1.7}$$

$$z_i = x_i - \alpha_{i-1}, \quad i = 2, 3, \cdots, n \tag{6.1.8}$$

其中，z_i 为误差变量；α_{i-1} 为虚拟控制器。

基于上面的坐标变换，n 步模糊自适应反步递推控制设计过程如下。

第 1 步 根据式 (6.1.7)，求 z_1 的导数，可得

$$\dot{z}_1 = \dot{x}_1 - \dot{y}_d = g_1 z_2 + g_1 \alpha_1 + f_1 - \dot{y}_d \tag{6.1.9}$$

选择李雅普诺夫函数如下：

$$V_1 = \frac{1}{2\underline{g}_1} z_1^2 + \frac{1}{2r_1}\tilde{\theta}_1^2 + \frac{1}{2\mu_1}\tilde{\rho}_1^2 \tag{6.1.10}$$

其中，$r_1 > 0$ 和 $\mu_1 > 0$ 为设计参数；$\tilde{\theta}_1 = \theta_1 - \hat{\theta}_1$ 和 $\tilde{\rho}_1 = \rho_1 - \hat{\rho}_1$ 分别为参数 θ_1 和 ρ_1 的估计误差；$\hat{\theta}_1$ 和 $\hat{\rho}_1$ 分别为 θ_1 和 ρ_1 的估计值。

根据式 (6.1.9)，求 V_1 的导数，可得

$$\dot{V}_1 = \frac{z_1}{\underline{g}_1}\left(g_1 z_2 + g_1 \alpha_1 + \varLambda_1\right) - \frac{1}{r_1}\tilde{\theta}_1 \dot{\hat{\theta}}_1 - \frac{1}{\mu_1}\tilde{\rho}_1 \dot{\hat{\rho}}_1 \tag{6.1.11}$$

其中，$\varLambda_1 = f_1 - \dot{y}_d$。由于 $\varLambda_1(Z_1)$ 是未知连续函数，所以利用模糊逻辑系统 $\hat{\varLambda}_1\left(Z_1 \middle| \hat{W}_1\right) = \hat{W}_1^{\mathrm{T}} \phi_1(Z_1)$ 逼近 $\varLambda_1(Z_1)$，并假设

$$\varLambda_1(Z_1) = W_1^{\mathrm{T}} \phi_1(Z_1) + \delta_1(Z_1) \tag{6.1.12}$$

其中，$Z_1 = [x_1, y_d, \dot{y}_d]^{\mathrm{T}}$；$W_1$ 为理想权重；$\delta_1(Z_1)$ 为最小逼近误差。假设 $\delta_1(Z_1)$ 满足 $|\delta_1(Z_1)| \leqslant \zeta_1$，$\zeta_1$ 为正常数。

将式 (6.1.12) 代入式 (6.1.11)，可得

$$\begin{aligned}
\dot{V}_1 &= \frac{g_1}{\underline{g}_1} z_1 z_2 + \frac{g_1}{\underline{g}_1} z_1 \alpha_1 + \frac{1}{\underline{g}_1} z_1 W_1^{\mathrm{T}} \phi_1(Z_1) + \frac{1}{\underline{g}_1} z_1 \delta_1 - \frac{1}{r_1}\tilde{\theta}_1 \dot{\hat{\theta}}_1 - \frac{1}{\mu_1}\tilde{\rho}_1 \dot{\hat{\rho}}_1 \\
&\leqslant \frac{g_1}{\underline{g}_1} z_1 z_2 + \frac{g_1}{\underline{g}_1} z_1 \alpha_1 + \frac{\|W_1\|}{\underline{g}_1} |z_1| \left\|\phi_1(Z_1)\right\| \\
&\quad + |z_1| \frac{\zeta_1}{\underline{g}_1} - \frac{1}{r_1}\tilde{\theta}_1 \dot{\hat{\theta}}_1 - \frac{1}{\mu_1}\tilde{\rho}_1 \dot{\hat{\rho}}_1
\end{aligned} \tag{6.1.13}$$

定义 $\theta_1 = \dfrac{\|W_1\|}{\underline{g}_1}$，$\rho_1 = \dfrac{\zeta_1}{\underline{g}_1}$。对于正可积函数 σ_1，满足 $\lim\limits_{t\to\infty}\int_{t_0}^{t}\sigma_1(s)\mathrm{d}s \leqslant \bar{\sigma}_1 < \infty$，$\bar{\sigma}_1$ 为正常数，有 $\eta_1 = \dfrac{z_1\phi_1^{\mathrm{T}}\phi_1}{\sqrt{z_1^2\phi_1^{\mathrm{T}}\phi_1+\sigma_1^2}}$，因此下列不等式成立：

$$\frac{\|W_1\|}{\underline{g}_1}|z_1|\|\phi_1\| = \theta_1|z_1|\|\phi_1\| \leqslant \frac{\theta_1 z_1^2\phi_1^{\mathrm{T}}\phi_1}{|z_1|\|\phi_1\|+\sigma_1}+\theta_1\sigma_1 \leqslant \theta_1 z_1\eta_1+\theta_1\sigma_1 \tag{6.1.14}$$

将式 (6.1.14) 代入式 (6.1.13)，可得

$$\dot{V}_1 \leqslant \frac{g_1}{\underline{g}_1}z_1z_2+\frac{g_1}{\underline{g}_1}z_1\alpha_1+\theta_1z_1\eta_1+\sigma_1\theta_1+|z_1|\rho_1-\frac{1}{r_1}\tilde{\theta}_1\dot{\hat{\theta}}_1-\frac{1}{\mu_1}\tilde{\rho}_1\dot{\hat{\rho}}_1 \tag{6.1.15}$$

设计虚拟控制器如下：

$$\begin{aligned}
\alpha_1 &= -\frac{z_1\tilde{\alpha}_1^2}{\sqrt{z_1^2\tilde{\alpha}_1^2+\sigma_1^2}}\\
\tilde{\alpha}_1 &= K_{11}\left(\frac{1}{2}\right)^{3/4}\frac{(z_1^2)^{3/4}}{z_1}+K_{12}\left(\frac{1}{2}\right)^2 z_1^3+\hat{\theta}_1\eta_1+\frac{z_1\hat{\rho}_1^2}{\sqrt{z_1^2\hat{\rho}_1^2+\sigma_1^2}}
\end{aligned} \tag{6.1.16}$$

设计参数自适应律分别如下：

$$\begin{aligned}
\dot{\hat{\theta}}_1 &= r_1z_1\eta_1-\sigma_1\hat{\theta}_1-\frac{c_1}{r_1}\hat{\theta}_1^3\\
\dot{\hat{\rho}}_1 &= \mu_1|z_1|-\sigma_1\hat{\rho}_1-\frac{c_1}{\mu_1}\hat{\rho}_1^3
\end{aligned} \tag{6.1.17}$$

其中，$K_{11}>0$、$K_{12}>0$ 和 $c_1>0$ 为设计参数。

由假设 6.1.2，可得下列不等式：

$$\frac{g_1}{\underline{g}_1}z_1\alpha_1+z_1\tilde{\alpha}_1 \leqslant -\frac{z_1^2\tilde{\alpha}_1^2}{|z_1||\tilde{\alpha}_1|+\sigma_1}+z_1\tilde{\alpha}_1 \leqslant \sigma_1 \tag{6.1.18}$$

将式 (6.1.16) ~ 式 (6.1.18) 代入式 (6.1.15)，可得

$$\begin{aligned}
\dot{V}_1 \leqslant &-K_{11}\left(\frac{z_1^2}{2}\right)^{3/4}-K_{12}\left(\frac{z_1^2}{2}\right)^2+\frac{g_1}{\underline{g}_1}z_1z_2+(1+\theta_1)\sigma_1+|z_1|\hat{\rho}_1\\
&-\frac{z_1^2\hat{\rho}_1^2}{\sqrt{z_1^2\hat{\rho}_1^2+\sigma_1^2}}+\frac{\sigma_1}{r_1}\tilde{\theta}_1\hat{\theta}_1+\frac{c_1}{r_1^2}\tilde{\theta}_1\hat{\theta}_1^3+\frac{\sigma_1}{\mu_1}\tilde{\rho}_1\hat{\rho}_1+\frac{c_1}{\mu_1^2}\tilde{\rho}_1\hat{\rho}_1^3
\end{aligned} \tag{6.1.19}$$

结合不等式

$$-\frac{z_1^2\hat{\rho}_1^2}{\sqrt{z_1^2\hat{\rho}_1^2+\sigma_1^2}}+|z_1|\,\hat{\rho}_1\leqslant-\frac{z_1^2\hat{\rho}_1^2}{|z_1|\,|\hat{\rho}_1|+\sigma_1}+|z_1|\,\hat{\rho}_1\leqslant\sigma_1 \tag{6.1.20}$$

可得如下结果：

$$\begin{aligned}\dot{V}_1\leqslant&-K_{11}\left(\frac{z_1^2}{2}\right)^{3/4}-K_{12}\left(\frac{z_1^2}{2}\right)^2+\frac{g_1}{\underline{g}_1}z_1z_2+(2+\theta_1)\,\sigma_1+\frac{\sigma_1}{r_1}\tilde{\theta}_1\hat{\theta}_1\\&+\frac{c_1}{r_1^2}\tilde{\theta}_1\hat{\theta}_1^3+\frac{\sigma_1}{\mu_1}\tilde{\rho}_1\hat{\rho}_1+\frac{c_1}{\mu_1^2}\tilde{\rho}_1\hat{\rho}_1^3\end{aligned} \tag{6.1.21}$$

第 $i\,(2\leqslant i\leqslant n-1)$ 步 由式 (6.1.8)，求 z_i 的导数，可得

$$\dot{z}_i=\dot{x}_i-\dot{\alpha}_{i-1}=g_iz_{i+1}+g_i\alpha_i+f_i-\dot{\alpha}_{i-1} \tag{6.1.22}$$

选择如下李雅普诺夫函数：

$$V_i=V_{i-1}+\frac{1}{2\underline{g}_i}z_i^2+\frac{1}{2r_i}\tilde{\theta}_i^2+\frac{1}{2\mu_i}\tilde{\rho}_i^2 \tag{6.1.23}$$

其中，$r_i>0$ 和 $\mu_i>0$ 为设计参数；$\tilde{\theta}_i=\theta_i-\hat{\theta}_i$ 和 $\tilde{\rho}_i=\rho_i-\hat{\rho}_i$ 分别为参数 θ_i 和 ρ_i 的估计误差；$\hat{\theta}_i$ 和 $\hat{\rho}_i$ 分别为 θ_i 和 ρ_i 的估计值。由式 (6.1.23) 求 V_i 的导数，可得

$$\begin{aligned}\dot{V}_i\leqslant&-\sum_{j=1}^{i-1}K_{j1}\left(\frac{z_j^2}{2}\right)^{3/4}-\sum_{j=1}^{i-1}K_{j2}\left(\frac{z_j^2}{2}\right)^2+\sum_{j=1}^{i-1}\frac{\sigma_j}{r_j}\tilde{\theta}_j\hat{\theta}_j+\sum_{j=1}^{i-1}\frac{c_j}{r_j^2}\tilde{\theta}_j\hat{\theta}_j^3\\&+\sum_{j=1}^{i-1}\frac{\sigma_j}{\mu_j}\tilde{\rho}_j\hat{\rho}_j+\sum_{j=1}^{i-1}\frac{c_j}{\mu_j^2}\tilde{\rho}_j\hat{\rho}_j^3+\sum_{j=1}^{i-1}\sigma_j\,(2+\theta_j)+\frac{g_i}{\underline{g}_i}z_iz_{i+1}\\&+\frac{g_i}{\underline{g}_i}z_i\alpha_i+\frac{z_i}{\underline{g}_i}\varLambda_i-\frac{1}{r_i}\tilde{\theta}_i\dot{\hat{\theta}}_i-\frac{1}{u_i}\tilde{\rho}_i\dot{\hat{\rho}}_i\end{aligned} \tag{6.1.24}$$

其中

$$\begin{aligned}\varLambda_i=&f_i-\varPhi_{i-1}+\frac{g_{i-1}}{\underline{g}_{i-1}}\underline{g}_iz_{i-1}\\\varPhi_{i-1}=&\sum_{j=1}^{i-1}\frac{\partial\alpha_{i-1}}{\partial x_j}\left(g_jx_{j+1}+f_j\left(\bar{x}_j\right)\right)+\sum_{j=1}^{i-1}\frac{\partial\alpha_{i-1}}{\partial\hat{\theta}_j}\dot{\hat{\theta}}_j\\&+\sum_{j=1}^{i-1}\frac{\partial\alpha_{i-1}}{\partial\hat{\rho}_j}\dot{\hat{\rho}}_j+\sum_{j=0}^{i-1}\frac{\partial\alpha_{i-1}}{\partial y_d^{(j)}}y_d^{(j+1)}\end{aligned} \tag{6.1.25}$$

由于 $\varLambda_i(Z_i)$ 是未知连续函数，利用模糊逻辑系统 $\hat{\varLambda}_i\left(Z_i\middle|\hat{W}_i\right)=\hat{W}_i^{\mathrm{T}}\phi_i(Z_i)$ 逼近 $\varLambda_i(Z_i)$，并假设

$$\varLambda_i(Z_i)=W_i^{\mathrm{T}}\phi_i(Z_i)+\delta_i(Z_i) \tag{6.1.26}$$

其中，$Z_i=\left[x_i,\hat{\theta}_1,\cdots,\hat{\theta}_{i-1},\hat{\rho}_1,\cdots,\hat{\rho}_{i-1},y_d,\cdots,y_d^{(i)}\right]^{\mathrm{T}}$；$W_i$ 为理想权重；$\delta_i(Z_i)$ 为最小逼近误差。假设 $\delta_i(Z_i)$ 满足 $|\delta_i(Z_i)|\leqslant\zeta_i$，$\zeta_i$ 为正常数。有如下不等式成立：

$$\frac{1}{\underline{g}_i}z_iW_i^{\mathrm{T}}\phi_i(Z_i)\,\theta_iz_i\eta_i+\sigma_i\theta_i,\quad \frac{1}{\underline{g}_i}z_i\delta_i\,|z_i|\,\rho_i,i=2,3,\cdots,n \tag{6.1.27}$$

其中，$\theta_i=\dfrac{\|W_i\|}{\underline{g}_i}\rho_i=\dfrac{\zeta_i}{\underline{g}_i}\eta_i=\dfrac{z_i\phi_i^{\mathrm{T}}\phi_i}{\sqrt{z_i^2\phi_i^{\mathrm{T}}\phi_i+\sigma_i^2}}$；$\sigma_i$ 为任意正可积函数且满足 $\lim\limits_{t\to\infty}\displaystyle\int_{t_0}^{t}\sigma_i(s)\mathrm{d}s\leqslant\bar{\sigma}_i<\infty$，$\bar{\sigma}_i$ 为正常数。将式 (6.1.27) 代入式 (6.1.24)，可得

$$\begin{aligned}\dot{V}_i\leqslant&-\sum_{j=1}^{i-1}K_{j1}\left(\frac{z_j^2}{2}\right)^{3/4}-\sum_{j=1}^{i-1}K_{j2}\left(\frac{z_j^2}{2}\right)^2+\sum_{j=1}^{i-1}\frac{\sigma_j}{r_j}\tilde{\theta}_j\hat{\theta}_j+\sum_{j=1}^{i-1}\frac{c_j}{r_j^2}\tilde{\theta}_j\hat{\theta}_j^3\\&+\sum_{j=1}^{i-1}\frac{\sigma_j}{\mu_j}\tilde{\rho}_j\hat{\rho}_j+\sum_{j=1}^{i-1}\frac{c_j}{\mu_j^2}\tilde{\rho}_j\hat{\rho}_j^3+\sum_{j=1}^{i-1}\sigma_j(2+\theta_j)+\frac{g_i}{\underline{g}_i}z_iz_{i+1}\\&+\frac{g_i}{\underline{g}_i}z_i\alpha_i+z_i\theta_i\eta_i+\theta_i\sigma_i-\frac{1}{r_i}\tilde{\theta}_i\dot{\hat{\theta}}_i-\frac{1}{u_i}\tilde{\rho}_i\dot{\hat{\rho}}_i\end{aligned} \tag{6.1.28}$$

设计虚拟控制器如下：

$$\begin{aligned}\alpha_i=&-\frac{z_i\tilde{\alpha}_i^2}{\sqrt{z_i^2\tilde{\alpha}_i^2+\sigma_i^2}}\\\tilde{\alpha}_i=&K_{i1}\left(\frac{1}{2}\right)^{3/4}\frac{\left(z_i^2\right)^{3/4}}{z_i}+K_{i2}\left(\frac{1}{2}\right)^2z_i^3+\hat{\theta}_i\eta_i+\frac{z_i\hat{\rho}_i^2}{\sqrt{z_i^2\hat{\rho}_i^2+\sigma_i^2}}\end{aligned} \tag{6.1.29}$$

设计参数自适应律分别如下：

$$\begin{aligned}\dot{\hat{\theta}}_i&=r_iz_i\eta_i-\sigma_i\hat{\theta}_i-\frac{c_i}{r_i}\hat{\theta}_i^3\\\dot{\hat{\rho}}_i&=\mu_i\,|z_i|-\sigma_i\hat{\rho}_i-\frac{c_i}{r_i}\hat{\rho}_i^3\end{aligned} \tag{6.1.30}$$

其中，$K_{i1}>0$、$K_{i2}>0$ 和 $c_i>0$ 为设计参数。

将式 (6.1.29) 和式 (6.1.30) 代入式 (6.1.28)，并结合不等式

$$\frac{g_i}{\underline{g}_i}z_i\alpha_i=-\frac{g_iz_i^2\tilde{\alpha}_i^2}{\underline{g}_i\sqrt{z_i^2\tilde{\alpha}_i^2+\sigma_i^2}}\leqslant\sigma_i-z_i\tilde{\alpha}_i \tag{6.1.31}$$

可得

$$\dot{V}_i \leqslant -\sum_{j=1}^{i} K_{j1}\left(\frac{z_j^2}{2}\right)^{3/4} - \sum_{j=1}^{i} K_{j2}\left(\frac{z_j^2}{2}\right)^2 + \sum_{j=1}^{i}\frac{\sigma_j}{r_j}\tilde{\theta}_j\hat{\theta}_j + \sum_{j=1}^{i}\frac{c_j}{r_j^2}\tilde{\theta}_j\hat{\theta}_j^3$$
$$+\sum_{j=1}^{i}\frac{\sigma_j}{\mu_j}\tilde{\rho}_j\hat{\rho}_j + \sum_{j=1}^{i}\frac{c_j}{\mu_j^2}\tilde{\rho}_j\hat{\rho}_j^3 + \sum_{j=1}^{i}\sigma_j\left(2+\theta_j\right) + \frac{g_i}{\underline{g}_i}z_i z_{i+1} \tag{6.1.32}$$

第 n 步 根据式 (6.1.8)，求 z_n 的导数，可得

$$\dot{z}_n = \dot{x}_n - \dot{\alpha}_{n-1} = g_n u + f_n - \dot{\alpha}_{n-1} \tag{6.1.33}$$

选择李雅普诺夫函数如下：

$$V_n = V_{n-1} + \frac{1}{2\underline{g}_n}z_n^2 + \frac{1}{2r_n}\tilde{\theta}_n^2 + \frac{1}{2\mu_n}\tilde{\rho}_n^2 \tag{6.1.34}$$

其中，$r_n > 0$ 和 $\mu_n > 0$ 为设计参数；$\tilde{\theta}_n = \theta_n - \hat{\theta}_n$ 和 $\tilde{\rho}_n = \rho_n - \hat{\rho}_n$ 分别为参数 θ_n 和 ρ_n 的估计误差；$\hat{\theta}_n$ 和 $\hat{\rho}_n$ 分别为 θ_n 和 ρ_n 的估计值。由式 (6.1.34)，求 V_n 的导数，可得

$$\dot{V}_n \leqslant -\sum_{j=1}^{n-1} K_{j1}\left(\frac{z_j^2}{2}\right)^{3/4} - \sum_{j=1}^{n-1} K_{j2}\left(\frac{z_j^2}{2}\right)^2 + \sum_{j=1}^{n-1}\frac{\sigma_j}{r_j}\tilde{\theta}_j\hat{\theta}_j + \sum_{j=1}^{n-1}\frac{c_j}{r_j^2}\tilde{\theta}_j\hat{\theta}_j^3$$
$$+\sum_{j=1}^{n-1}\frac{\sigma_j}{\mu_j}\tilde{\rho}_j\hat{\rho}_j + \sum_{j=1}^{n-1}\frac{c_j}{\mu_j^2}\tilde{\rho}_j\hat{\rho}_j^3 + \sum_{j=1}^{n-1}\sigma_j\left(2+\theta_j\right)$$
$$+\frac{g_n}{\underline{g}_n}z_n u + \frac{z_n}{\underline{g}_n}\varLambda_n - \frac{1}{r_n}\tilde{\theta}_n\dot{\hat{\theta}}_n - \frac{1}{u_n}\tilde{\rho}_n\dot{\hat{\rho}}_n \tag{6.1.35}$$

其中

$$\varLambda_n = f_n - \varPhi_{n-1} + \frac{g_{n-1}}{\underline{g}_{n-1}}\underline{g}_n z_{n-1}$$

$$\varPhi_{n-1} = \sum_{j=1}^{n-1}\frac{\partial\alpha_{n-1}}{\partial x_j}\left(g_j x_{j+1} + f_j\left(\bar{x}_j\right)\right) + \sum_{j=1}^{n-1}\frac{\partial\alpha_{n-1}}{\partial\hat{\theta}_j}\dot{\hat{\theta}}_j$$
$$+\sum_{j=1}^{n-1}\frac{\partial\alpha_{n-1}}{\partial\hat{\rho}_j}\dot{\hat{\rho}}_j + \sum_{j=0}^{n-1}\frac{\partial\alpha_{n-1}}{\partial y_d^{(j)}}y_d^{(j+1)}$$

由于 $\varLambda_n\left(Z_n\right)$ 是未知连续函数,利用模糊逻辑系统 $\hat{\varLambda}_n\left(Z_n\middle|\hat{W}_n\right) = \hat{W}_n^{\mathrm{T}}\phi_n\left(Z_n\right)$ 逼近 $\varLambda_n\left(Z_n\right)$，并假设 $\varLambda_n\left(Z_n\right) = W_n^{\mathrm{T}}\phi_n\left(Z_n\right) + \delta_n\left(Z_n\right)$，其中，$Z_n = \Big[x_n, \hat{\theta}_1, \cdots,$

$\hat{\theta}_{n-1}, \hat{\rho}_1, \cdots, \hat{\rho}_{n-1}, y_d, \cdots, y_d^{(n)}\Big]^{\mathrm{T}}$；$W_n$ 为理想权重；$\delta_n(Z_n)$ 为最小逼近误差。假设 $\delta_n(Z_n)$ 满足 $|\delta_n(Z_n)| \leqslant \zeta_n$，$\zeta_n$ 为正常数。与前面 i 步相同，式 (6.1.35) 可变为

$$\begin{aligned}\dot{V}_n \leqslant & -\sum_{j=1}^{n-1} K_{j1}\left(\frac{z_j^2}{2}\right)^{3/4} - \sum_{j=1}^{n-1} K_{j2}\left(\frac{z_j^2}{2}\right)^2 + \sum_{j=1}^{n-1}\frac{\sigma_j}{r_j}\tilde{\theta}_j\hat{\theta}_j + \sum_{j=1}^{n-1}\frac{c_j}{r_j^2}\tilde{\theta}_j\hat{\theta}_j^3 \\ & + \sum_{j=1}^{n-1}\frac{\sigma_j}{\mu_j}\tilde{\rho}_j\hat{\rho}_j + \sum_{j=1}^{n-1}\frac{c_j}{\mu_j^2}\tilde{\rho}_j\hat{\rho}_j^3 + \sum_{j=1}^{n-1}\sigma_j(2+\theta_j) + \frac{g_n}{\underline{g}_n}z_n u \\ & + z_n\theta_n\eta_n + \theta_n\sigma_n + |z_n|\rho_n - \frac{1}{r_n}\tilde{\theta}_n\dot{\hat{\theta}}_n - \frac{1}{\mu_n}\tilde{\rho}_n\dot{\hat{\rho}}_n \end{aligned} \tag{6.1.36}$$

定义事件触发误差 $e(t) = v(t) - u(t)$，事件触发策略设计如下：

$$\begin{aligned} & u(t) = v(t_k), \quad \forall t \in [t_k, t_{k+1}) \\ & t_{k+1} = \inf\{t \in \mathbf{R} \,||e(t)| \geqslant \delta|u(t)| + m\} \end{aligned} \tag{6.1.37}$$

其中，$0 < \delta < 1$ 和 $m > 0$ 为设计参数。事件触发误差大于阈值时，会将此时间标记为 t_{k+1}，并将控制值 $u(t_{k+1})$ 应用于系统 (6.1.1)，对于 $t \in [t_k, t_{k+1})$，控制信号保持为常数 $v(t_k)$。由式 (6.1.37)，可得存在时变参数 $|\lambda_1(t)| \leqslant 1$、$|\lambda_2(t)| \leqslant 1$、$\lambda_1(t_{k+1}) = \lambda_2(t_{k+1}) = 0$ 使得满足 $v(t) = (1 + \lambda_1(t)\delta)u(t) + \lambda_2(t)m$。

根据事件触发策略 (6.1.37)，式 (6.1.36) 改写为

$$\begin{aligned}\dot{V}_n \leqslant & \dot{V}_{n-1} + \frac{g_n}{\underline{g}_n}\frac{z_n v(t)}{1+\lambda_1(t)} - \frac{g_n}{\underline{g}_n}\frac{z_n\lambda_2(t)m}{1+\lambda_1(t)} \\ & + z_n\theta_n\eta_n + \theta_n\sigma_n + |z_n|\rho_n - \frac{1}{r_n}\tilde{\theta}_n\dot{\hat{\theta}}_n - \frac{1}{\mu_n}\tilde{\rho}_n\dot{\hat{\rho}}_n \end{aligned} \tag{6.1.38}$$

选择连续控制器 $v(t)$ 为

$$v(t) = -(1+\delta)\left(\alpha_n \tanh\left(\frac{z_n\alpha_n}{\sigma_n}\right) + \bar{m}\tanh\left(\frac{z_n\bar{m}}{\sigma_n}\right)\right) \tag{6.1.39}$$

其中，$\bar{m} > m/(1-\delta)$ 为正的设计参数；α_n 为虚拟控制器。由于 $\lambda_1(t) \in [-1, 1]$，$\lambda_2(t) \in [-1, 1]$，可得下列不等式：

$$\frac{z_n v(t)}{1+\lambda_1(t)\delta} \leqslant \frac{z_n v}{1+\delta}, \quad \left|\frac{\lambda_2(t)m}{1+\lambda_1(t)\delta}\right| \leqslant \frac{m}{1-\delta} \tag{6.1.40}$$

将式 (6.1.39) 和式 (6.1.40) 代入式 (6.1.38)，可得

$$
\begin{aligned}
\dot{V}_n \leqslant & -\sum_{j=1}^{n-1} K_{j1}\left(\frac{z_j^2}{2}\right)^{3/4}-\sum_{j=1}^{n-1} K_{j2}\left(\frac{z_j^2}{2}\right)^2+\sum_{j=1}^{n-1}\frac{\sigma_j}{r_j}\tilde{\theta}_j\hat{\theta}_j \\
& +\sum_{j=1}^{n-1}\frac{c_j}{r_j^2}\tilde{\theta}_j\hat{\theta}_j^3+\sum_{j=1}^{n-1}\frac{\sigma_j}{\mu_j}\tilde{\rho}_j\hat{\rho}_j+\sum_{j=1}^{n-1}\frac{c_j}{\mu_j^2}\tilde{\rho}_j\hat{\rho}_j^3+\sum_{j=1}^{n-1}\sigma_j\left(2+\theta_j\right) \\
& -\frac{g_n}{\underline{g}_n}\left|z_n\alpha_n\right|+\kappa\sigma_n+\frac{g_n}{\underline{g}_n}\left(-\left|z_n\bar{m}\right|+\left|\frac{z_n m}{1-\delta}\right|\right) \\
& +\frac{g_n}{\underline{g}_n}\kappa\sigma_n+z_n\theta_n\eta_n+\theta_n\sigma_n+\left|z_n\right|\rho_n-\frac{1}{r_n}\tilde{\theta}_n\dot{\hat{\theta}}_n-\frac{1}{\mu_n}\tilde{\rho}_n\dot{\hat{\rho}}_n
\end{aligned} \tag{6.1.41}
$$

设计虚拟控制器和参数自适应律分别如下：

$$
\begin{aligned}
\alpha_n &= -\frac{z_n\tilde{\alpha}_n^2}{\sqrt{z_n^2\tilde{\alpha}_n^2+\sigma_n^2}} \\
\tilde{\alpha}_n &= K_{n1}\left(\frac{1}{2}\right)^{3/4}\frac{\left(z_n^2\right)^{3/4}}{z_n}+K_{n2}\left(\frac{1}{2}\right)^2 z_n^3+\hat{\theta}_n\eta_n+\frac{z_n\hat{\rho}_n^2}{\sqrt{z_n^2\hat{\rho}_n^2+\sigma_n^2}} \\
\dot{\hat{\theta}}_n &= r_n z_n\eta_n-\sigma_n\hat{\theta}_n-\frac{c_n}{r_n}\hat{\theta}_n^3 \\
\dot{\hat{\rho}}_n &= \mu_n\left|z_n\right|-\sigma_n\hat{\rho}_n-\frac{c_n}{r_n}\hat{\rho}_n^3
\end{aligned} \tag{6.1.42}
$$

其中，$K_{n1}>0$、$K_{n2}>0$ 和 $c_n>0$ 为设计参数。

结合不等式

$$
\left|\frac{z_n m}{1-\delta}\right|-\left|z_n\bar{m}\right|<0 \tag{6.1.43}
$$

并将式 (6.1.42) 代入式 (6.1.41)，可得

$$
\begin{aligned}
\dot{V}_n \leqslant & -\sum_{j=1}^{n} K_{j1}\left(\frac{z_j^2}{2}\right)^{3/4}-\sum_{j=1}^{n} K_{j2}\left(\frac{z_j^2}{2}\right)^2+\sum_{j=1}^{n}\frac{\sigma_j}{r_j}\tilde{\theta}_j\hat{\theta}_j+\sum_{j=1}^{n}\frac{c_j}{r_j^2}\tilde{\theta}_j\hat{\theta}_j^3 \\
& +\sum_{j=1}^{n}\frac{\sigma_j}{\mu_j}\tilde{\rho}_j\hat{\rho}_j+\sum_{j=1}^{n}\frac{c_j}{\mu_j^2}\tilde{\rho}_j\hat{\rho}_j^3+\sum_{j=1}^{n}\sigma_j\left(2+\theta_j\right)+\left(\kappa+\frac{\bar{g}_n}{\underline{g}_n}\kappa\right)\sigma_n
\end{aligned} \tag{6.1.44}
$$

定义 $\bar{\phi}_1=\min\left(K_{11},K_{21},\cdots,K_{n1}\right)$、$\bar{\phi}_2=\min\left(K_{12},K_{22},\cdots,K_{n2}\right)$。通过引理 6.1.2 和不等式 $\tilde{\theta}_j\hat{\theta}_j\leqslant-\dfrac{\tilde{\theta}_j^2}{2}+\dfrac{\theta_j^2}{2}$、$\tilde{\rho}_j\hat{\rho}_j\leqslant-\dfrac{\tilde{\rho}_j^2}{2}+\dfrac{\rho_j^2}{2}$，式 (6.1.44) 可表达为下

列不等式：

$$
\begin{aligned}
\dot{V}_n \leqslant & -\bar{\phi}_1\left(\sum_{j=1}^{n}\frac{z_j^2}{2}\right)^{3/4} - \left(\sum_{j=1}^{n}\frac{\sigma_j\tilde{\theta}_j^2}{2r_j}\right)^{3/4} - \frac{\bar{\phi}_2}{n}\left(\sum_{j=1}^{n}\frac{z_j^2}{2}\right)^{2} + \left(\sum_{j=1}^{n}\frac{\sigma_j\tilde{\theta}_j^2}{2r_j}\right)^{3/4} \\
& -\sum_{j=1}^{n}\frac{\sigma_j\bar{\theta}_j^2}{2r_j} + \sum_{j=1}^{n}\frac{\sigma_j\theta_j^2}{2r_j} + \sum_{j=1}^{n}\frac{c_j\tilde{\theta}_j\hat{\theta}_j^3}{r_j^2} + \left(\sum_{j=1}^{n}\frac{\sigma_j\tilde{\rho}_j^2}{2\mu_j}\right)^{3/4} \\
& -\left(\sum_{j=1}^{n}\frac{\sigma_j\tilde{\rho}_j^2}{2\mu_j}\right)^{3/4} - \sum_{j=1}^{n}\frac{\sigma_j\bar{\rho}_j^2}{2\mu_j} + \sum_{j=1}^{n}\frac{\sigma_j\rho_j^2}{2\mu_j} + \sum_{j=1}^{n}\frac{c_j\tilde{\rho}_j\hat{\rho}_j^3}{\mu_j^2}
\end{aligned} \tag{6.1.45}
$$

通过引理 6.1.3，定义 $\varTheta(\gamma_i) = (1-\gamma_i)\gamma_i^{\frac{\gamma_i}{1-\gamma_i}}, i = 1, 2$，且当 $\gamma_1 = \gamma_2 = \dfrac{3}{4}$ 时，可得下列不等式组：

$$
\begin{aligned}
\left(\sum_{j=1}^{n}\frac{\sigma_j\tilde{\theta}_j^2}{2r_j}\right)^{3/4} &\leqslant \tau_1 + \sum_{j=1}^{n}\frac{\sigma_j\tilde{\theta}_j^2}{2r_j} \\
\left(\sum_{j=1}^{n}\frac{\sigma_j\tilde{\rho}_j^2}{2\mu_j}\right)^{3/4} &\leqslant \tau_2 + \sum_{j=1}^{n}\frac{\sigma_j\tilde{\rho}_j^2}{2\mu_j}
\end{aligned} \tag{6.1.46}
$$

其中，$\tau_1 = \tau_2 = \varTheta\left(\dfrac{3}{4}\right) = 0.11 > 0$。

将式 (6.1.46) 代入式 (6.1.45)，可得

$$
\begin{aligned}
\dot{V}_n \leqslant & -\bar{\phi}_1\left(\sum_{j=1}^{n}\frac{z_j^2}{2}\right)^{3/4} - \left(\sum_{j=1}^{n}\frac{\sigma_j\tilde{\theta}_j^2}{2r_j}\right)^{3/4} - \left(\sum_{j=1}^{n}\frac{\sigma_j\tilde{\rho}_j^2}{2\mu_j}\right)^{3/4} \\
& -\frac{\bar{\phi}_2}{n}\left(\sum_{j=1}^{n}\frac{z_j^2}{2}\right)^{2} + \sum_{j=1}^{n}\frac{c_j}{r_j^2}\tilde{\theta}_j\hat{\theta}_j^3 + \sum_{j=1}^{n}\frac{c_j}{\mu_j^2}\tilde{\rho}_j\hat{\rho}_j^3 + \tilde{\varrho}
\end{aligned} \tag{6.1.47}
$$

其中，$\tilde{\varrho} = \displaystyle\sum_{j=1}^{n}\frac{\sigma_j\theta_j^2}{2r_j} + \sum_{j=1}^{n}\frac{\sigma_j\rho_j^2}{2\mu_j} + \sum_{j=1}^{n}(2+\theta_j)\sigma_j + \left(\kappa + \frac{\bar{g}_n}{\underline{g}_n}\kappa\right)\sigma_n + \tau_1 + \tau_2$。

通过等式组

$$
\begin{aligned}
\tilde{\theta}_j\hat{\theta}_j^3 &= \tilde{\theta}_j\left(\theta_j^3 - 3\theta_j^2\tilde{\theta}_j + 3\theta_j\tilde{\theta}_j^2 - \tilde{\theta}_j^3\right) \\
\tilde{\rho}_j\hat{\rho}_j^3 &= \tilde{\rho}_j\left(\rho_j^3 - 3\rho_j^2\tilde{\rho}_j + 3\rho_j\tilde{\rho}_j^2 - \tilde{\rho}_j^3\right)
\end{aligned} \tag{6.1.48}
$$

式 (6.1.47) 可以改写为

$$\dot{V}_n \leqslant -\bar{\phi}_1\left(\sum_{j=1}^{n}\frac{z_j^2}{2}\right)^{3/4} - \frac{\bar{\phi}_2}{n}\left(\sum_{j=1}^{n}\frac{z_j^2}{2}\right)^{2} + \chi - \hat{\phi}_1\left[\left(\sum_{j=1}^{n}\frac{\tilde{\theta}_j^2}{2r_j}\right)^{3/4} + \left(\sum_{j=1}^{n}\frac{\tilde{\rho}_j^2}{2\mu_j}\right)^{3/4}\right]$$
$$-\hat{\phi}_2\left[\left(\sum_{j=1}^{n}\frac{\tilde{\theta}_j^2}{2r_j}\right)^{2} + \left(\sum_{j=1}^{n}\frac{\tilde{\rho}_j^2}{2\mu_j}\right)^{2}\right] \tag{6.1.49}$$

其中，$\chi = \tilde{\chi} + \sum_{j=1}^{n}\frac{3c_j\theta^4}{4\epsilon^4 r_j^2} + \sum_{j=1}^{n}\frac{c_j\theta_j^4}{12r_j^2} + \sum_{j=1}^{n}\frac{3c_j\rho^4}{4\epsilon^4\mu_j^2} + \sum_{j=1}^{n}\frac{c_j\rho_j^4}{12\mu_j^2}$；$\hat{\phi}_1 = \min\{\sigma_j\}$；$\hat{\phi}_2 = \min\left\{\left(4-9\epsilon^{4/3}\right)c_j\right\}$。

定义 $\phi_1 = \min\left\{\bar{\phi}_1, \hat{\phi}_1\right\}$，$\tilde{\phi}_2 = \min\left\{\frac{\bar{\mu}_2}{n}, \hat{\phi}_2\right\}$，式 (6.1.49) 可表示为

$$\dot{V}_n \leqslant -\phi_1\left[\left(\sum_{j=1}^{n}\frac{z_j^2}{2}\right)^{3/4} + \left(\sum_{j=1}^{n}\frac{\tilde{\theta}_j^2}{2r_j}\right)^{3/4} + \left(\sum_{j=1}^{n}\frac{\tilde{\rho}_j^2}{2\mu_j}\right)^{3/4}\right]$$
$$-\tilde{\phi}_2\left[\left(\sum_{j=1}^{n}\frac{z_j^2}{2}\right)^{2} + \left(\sum_{j=1}^{n}\frac{\tilde{\theta}_j^2}{2r_j}\right)^{2} + \left(\sum_{j=1}^{n}\frac{\tilde{\rho}_j^2}{2\mu_j}\right)^{2}\right] + \chi \tag{6.1.50}$$

这里选取 $V_n = \sum_{j=1}^{n}\frac{z_j^2}{2\underline{g}_j} + \sum_{j=1}^{n}\frac{\tilde{\theta}_j^2}{2r_j} + \sum_{j=1}^{n}\frac{\tilde{\rho}_j^2}{2\mu_j}$，可得

$$\dot{V}_n \leqslant -\phi_1 V_n^{3/4} - \phi_2 V_n^2 + \chi \tag{6.1.51}$$

其中，$\phi_2 = \frac{\bar{\phi}_2}{2n}$。

6.1.3 稳定性与收敛性分析

下面的定理给出了所设计的模糊自适应控制方法具有的性质。

定理 6.1.1 针对具有外部干扰和未知控制系数的严格反馈非线性系统 (6.1.1)，假设 6.1.1 和假设 6.1.2 成立。如果采用控制器 (6.1.42)，虚拟控制器 (6.1.16) 和 (6.1.29)，参数自适应律 (6.1.17)、(6.1.30) 和 (6.1.42)，则总体控制方案具有如下性能：

(1) 闭环系统中所有信号有界；

(2) 跟踪误差可以在固定时间内收敛到包含原点的一个小邻域内，并且收敛时间不依赖于系统的初始状态；

(3) 能够避免 Zeno 行为。

证明　根据式 (6.1.51)，可得 $V_n^2 \geqslant \dfrac{\chi}{\phi_2}$，$\dot{V}_n \leqslant -\phi_1 V_n^{3/4} < 0$ 成立，可得 V_n 有界。根据 $V_n = \sum_{j=1}^{n} \dfrac{z_j^2}{2\underline{g}_j} + \sum_{j=1}^{n} \dfrac{\tilde{\theta}_j^2}{2r_j} + \sum_{j=1}^{n} \dfrac{\tilde{\rho}_j^2}{2\mu_j}$，可得 $\tilde{\theta}_i$、$\tilde{\rho}_i$ 是有界的。基于 $\tilde{\theta}_i = \theta_i - \hat{\theta}$，$\tilde{\rho}_i = \rho_i - \hat{\rho}_i$，进一步可得 $\hat{\theta}$ 和 $\hat{\rho}_i$ 是有界的。此外，α_i、$\tilde{\alpha}_i$ 的有界性可以通过 z_i 有界的事实推导得出。利用反步递推技术和 $z_i = x_i - \alpha_{i-1}$，可得所有的状态变量 x_i 是有界的，则系统内所有闭环信号是有界的。

根据式 (6.1.51) 可得下列不等式：

$$\dot{V}_n \leqslant -\phi_1 V_n^{3/4} - (1-\varpi)\,\phi_2 V_n^2 - \varpi\phi_2 V_n^2 + \chi \tag{6.1.52}$$

其中，$0 < \varpi < 1$。当 $V_n^2 \geqslant \dfrac{\chi}{\phi_2\varpi}$ 时，$\dot{V}_n \leqslant -\phi_1 V_n^{3/4} - (1-\varpi)\,\phi_2 V_n^2$ 成立。因此，根据引理 6.1.1 可得固定收敛时间为

$$T_s \leqslant \frac{4}{\phi_1\varpi} + \frac{1}{\phi_2\varpi} \tag{6.1.53}$$

此外，假设存在正整数 $t^* > 0$ 使得 $t_{k+1} - t_k \geqslant t^*$。对于 $\forall t \in [t_k, t_{k+1})$，下列不等式成立：

$$\frac{\mathrm{d}}{\mathrm{d}t}|e| = \mathrm{sign}\,(e)\,\dot{e} \leqslant |\dot{v}| \tag{6.1.54}$$

根据式 (6.1.39) 可知 $v(t)$ 是 α_n 和 z_n 的函数，因为 α_n 和 z_n 是有界的，所以可以推断出信号 $v(t)$ 是有界的。因此存在一个常数 $\bar{v}$，使得 $|\dot{v}| \leqslant \bar{v}$。另外，$e(t_k) = 0$，$\lim\limits_{t \to t_{k+1}} e(t_{k+1}) = m$，可推断出 $t^* \geqslant \dfrac{\delta\,|u(t)| + m}{\bar{v}}$。通过证明事件触发时间间隔的下界存在，避免了 Zeno 行为。

6.1.4　仿真

例 6.1.1　考虑以下二阶非线性系统：

$$\begin{aligned} \dot{x}_1 &= 0.1x_1^2 + x_2 \\ \dot{x}_2 &= 0.1x_1x_2 - 0.2x_1 + \left(1 + x_1^2\right)u \\ y &= x_1 \end{aligned} \tag{6.1.55}$$

选取隶属度函数为

$$\mu_{F_i^1}(x_i) = \exp\left[-\frac{(x_i+2)^2}{4}\right], \quad \mu_{F_i^2}(x_i) = \exp\left[-\frac{(x_i+1)^2}{4}\right]$$

$$\mu_{F_i^3}(x_i) = \exp\left[-\frac{x_i^2}{4}\right]$$

$$\mu_{F_i^4}(x_i) = \exp\left[-\frac{(x_i-1)^2}{4}\right]$$

$$\mu_{F_i^5}(x_i) = \exp\left[-\frac{(x_i-2)^2}{4}\right]$$

$$i = 1, 2$$

在仿真中，选取设计参数为 $\delta = 0.2$、$\bar{m} = 1$、$m = 0.3$、$K_{11} = K_{12} = K_{21} = K_{22} = 20$、$\mu_1 = 5$、$\mu_2 = 25$、$r_1 = 5$、$r_2 = 25$、$c_1 = c_2 = 11$、$\sigma_1 = 1.5\mathrm{e}^{-1.5t}$、$\sigma_2 = 20\mathrm{e}^{-0.01t}$。

选择状态变量及参数的初始值为 $x(0) = [0.5, -0.5]^{\mathrm{T}}$、$\hat{\theta}(0) = [4, 4]^{\mathrm{T}}$、$\hat{\rho}(0) = [4, 4]^{\mathrm{T}}$。

仿真结果如图 6.1.1 ~ 图 6.1.4 所示。

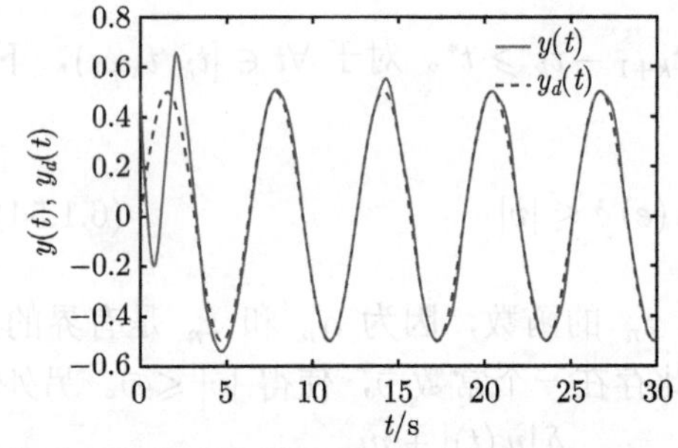

图 6.1.1　输出 $y(t)$ 和参考信号 $y_d(t)$ 的轨迹

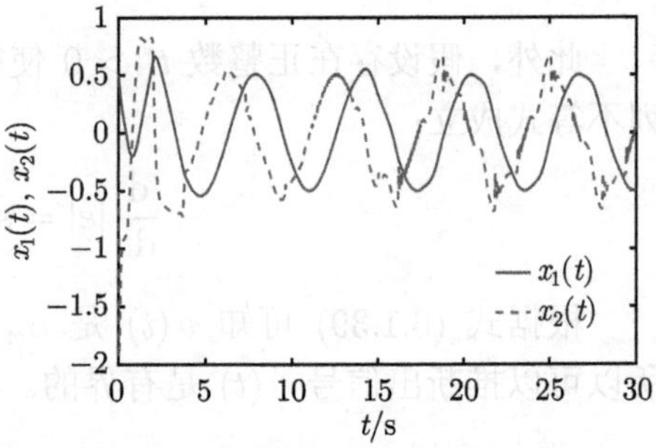

图 6.1.2　状态 $x_1(t)$ 和 $x_2(t)$ 的轨迹

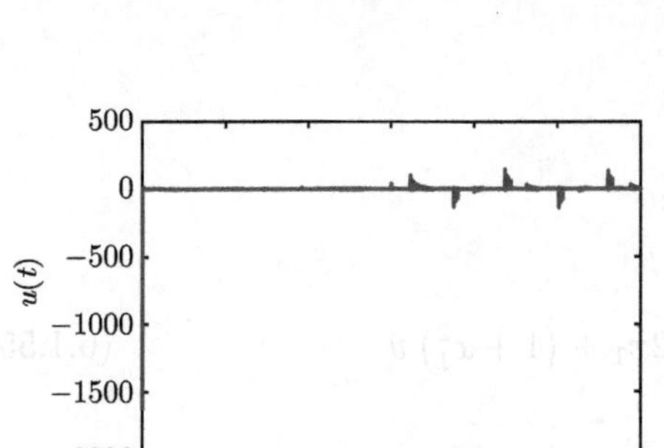

图 6.1.3　控制器 $u(t)$ 的轨迹

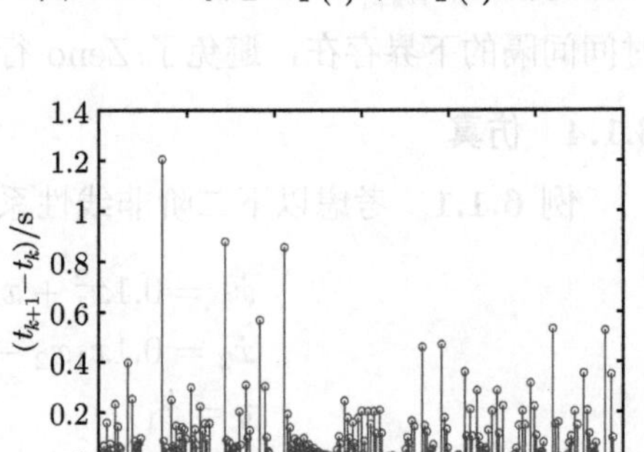

图 6.1.4　事件触发时间间隔 $(t_{k+1} - t_k)$

6.2　非线性纯反馈系统的自适应事件触发固定时间预设性能跟踪控制

本节针对具有不确定干扰的非线性纯反馈系统，基于神经网络和自适应反步递推控制设计原理，提出一种固定时间规定性能的自适应事件触发渐近跟踪控制方法，给出闭环系统的稳定性和收敛性分析。类似的模糊自适应事件触发固定时间预设性能控制设计方法可参见文献 [7]~[10]。

6.2.1　系统模型及控制问题描述

考虑如下非线性纯反馈系统：

$$\begin{aligned} \dot{x}_i &= f_i\left(\underline{x}_i, x_{i+1}\right) + d_i\left(t\right), \quad i = 1, 2, \cdots, n-1 \\ \dot{x}_n &= f_n\left(\underline{x}_n, u\right) + d_n\left(t\right) \\ y &= x_1 \end{aligned} \tag{6.2.1}$$

其中，$\underline{x}_i = [x_1, x_2, \cdots, x_i]^{\mathrm{T}} \in \mathbf{R}^i \, (i = 1, 2, \cdots, n)$ 为状态向量；$u \in \mathbf{R}$ 和 $y \in \mathbf{R}$ 分别为系统的输入和输出；$f_i\left(\cdot\right) \in \mathbf{R}$ 为未知的光滑非线性函数；$d_i\left(t\right) \in \mathbf{R}$ 为未知的外部干扰信号。

定义如下光滑函数：

$$\begin{aligned} g_i\left(\underline{x}_i, x_{i+1}\right) &= \frac{\partial f_i\left(\underline{x}_i, x_{i+1}\right)}{\partial x_{i+1}}, \quad i = 1, 2, \cdots, n-1 \\ g_n\left(\underline{x}_n, u\right) &= \frac{\partial f_n\left(\underline{x}_n, u\right)}{\partial u} \end{aligned} \tag{6.2.2}$$

其中，$g_i\left(\underline{x}_i, x_{i+1}\right)$ 和 $g_n\left(\underline{x}_n, u\right)$ 分别为系统函数相对于系统状态 x_{i+1} 和 u 的偏导数。

假设 6.2.1　$g_i\left(\underline{x}_i, x_{i+1}\right)$ 的符号是已知的。不失一般性，假设 $0 < \underline{g}_i \leqslant g_i\left(\underline{x}_i, x_{i+1}\right)$，其中 $\underline{g}_i$ 为正常数。

假设 6.2.2　外部干扰信号 $d_i\left(t\right)$ 是可导且有界的，并满足 $\left|d_i\left(t\right)\right| \leqslant \bar{d}_i$。

引理 6.2.1　$f\left(x, h\right): \mathbf{R}^n \times \mathbf{R} \to \mathbf{R}$ 是一个连续可微函数，并且对于 $\forall\left(x, h\right) \in \mathbf{R}^n \times \mathbf{R}$，有 $\partial f\left(x, h\right)/\partial h > c > 0$，则存在一个连续函数 $h^* = h\left(x\right)$ 使得 $f\left(x, h^*\right) = 0$。

控制目标　针对带有扰动的非线性纯反馈系统 (6.2.1)，基于神经网络自适应反步递推事件触发控制设计技术，设计事件触发固定时间预设性能控制器，使得：

(1) 闭环系统中所有信号有界；

(2) 跟踪误差在固定时间内收敛到包含原点的一个小邻域内，最后渐近收敛到零。

6.2.2 神经网络自适应反步递推事件触发控制设计

定义如下坐标变换：

$$e_1(t) = y - y_d = x_1 - y_d \tag{6.2.3}$$

为了实现跟踪误差的固定时间预设性能控制，跟踪误差需要满足以下关系：

$$-\delta_m q(t) < e_1(t) < \delta_M q(t) \tag{6.2.4}$$

其中，$q(t)$ 为固定时间性能函数；δ_m 和 δ_M 为正的非对称常数。式 (6.2.4) 意味着跟踪误差可以在约束边界 $(-\delta_m q_{\tilde{T}}, \delta_M q_{\tilde{T}})$ 内渐近收敛到 0，$\tilde{T} < \infty$ 为收敛时间。

为了使跟踪误差达到预定义的边界，单调递减的固定时间性能函数需要满足以下条件：

$$\begin{cases} \lim\limits_{t \to \tilde{T}} q(t) = b \\ q(t) = b, \quad \forall t \geqslant \tilde{T} \end{cases} \tag{6.2.5}$$

其中，b 为正常数且满足 $0 < b < q(0)$。选择满足上述条件的 $q(t)$：

$$q(t) = \begin{cases} (q_0 - q_{\tilde{T}}) \left(1 - \dfrac{ct}{l}\right)^l + q_{\tilde{T}}, & 0 \leqslant t < \tilde{T} \\ q_{\tilde{T}}, & t \geqslant \tilde{T} \end{cases} \tag{6.2.6}$$

其中，$l > 0$ 和 $c > 0$ 为设计参数；$q_0 = q(0) > q_{\tilde{T}} = \lim\limits_{t \to \infty} q(t) > 0$；$\tilde{T} = \dfrac{l}{c}$。

定义以下误差变换，将具有约束的问题转换为无约束问题：

$$e_1 = q(t)\,\Gamma(\omega(t)) \tag{6.2.7}$$

其中，$\Gamma(\omega(t)) \in (-\delta_m, \delta_M)$ 为光滑的单调递增函数；$\omega(t)$ 为变换后信号；$\Gamma(\omega)$ 为

$$\Gamma(\omega) = \frac{\delta_M \mathrm{e}^{\omega} - \delta_m \mathrm{e}^{-\omega}}{\mathrm{e}^{\omega} + \mathrm{e}^{-\omega}} \tag{6.2.8}$$

$\Gamma(\omega)$ 的逆函数为

$$\omega(t) = \Gamma^{-1}\left(\frac{e_1(t)}{q(t)}\right) = \frac{1}{2} \ln \frac{\Gamma - \delta_m}{\delta_M + \Gamma} \tag{6.2.9}$$

定义坐标转换为

$$z_1 = \omega(t) - \frac{1}{2}\ln\left(\frac{\delta_m}{\delta_M}\right) \tag{6.2.10}$$

由式 (6.2.10)，可得

$$\dot{z}_1 = \psi\left(\dot{e}_1 - \frac{\dot{q}e_1}{q}\right) = \psi\left(f(x_1, x_2) + d_1(t) - \dot{y}_d - \frac{\dot{q}e_1}{q}\right) \tag{6.2.11}$$

其中，$\psi = \dfrac{1}{2q}\left(\dfrac{1}{\Gamma - \delta_m} - \dfrac{1}{\Gamma + \delta_M}\right)$ 为有界函数且 $\psi \leqslant \bar{\psi} = \dfrac{1}{2b}\left(\dfrac{\delta_M + \delta_m}{2\delta_M(\delta_M - \delta_m)}\right)$。

此外，定义以下坐标变换：

$$z_i = x_i - \alpha_{i-1}, \quad i = 2, 3, \cdots, n \tag{6.2.12}$$

其中，z_i 为误差变量；α_{i-1} 为虚拟控制器。

基于上面的坐标变换，n 步神经网络自适应反步递推控制设计过程如下。

第 1 步　由式 (6.2.11)，可得 $\dot{z}_1$，再定义

$$w_1 = -\dot{y}_d - \frac{\dot{q}e_1}{q} \tag{6.2.13}$$

由引理 6.2.1 可知存在一个取值为正的常数 a 使得 $0 < a < \partial f_1(x_1, x_2)/\partial x_2$，由式 (6.2.13) 可得 $\partial w_1/\partial x_2 = 0$。由此，可得不等式 $0 < a < \partial(f_1(x_1, x_2) + w_1)/\partial x_2$。根据引理 6.2.1，存在一个光滑的隐函数 $x_2 = h_1^*(x_1)$，使得

$$f_1(x_1, h_1^*) + w_1 = 0 \tag{6.2.14}$$

通过应用中值定理，可得

$$f_1(x_1, x_2) = f_1(x_1, h_1^*) + g_{m_1}(x_2 - h_1^*) \tag{6.2.15}$$

对于 $0 < m_1 < 1$，有 $g_{m_1} = g_1(x_1, x_{m_1})$，$x_{m_1} = m_1 x_2 + (1 - m_1 h_1^*)$。

将式 (6.2.15) 代入式 (6.2.11)，可得

$$\dot{z}_1 = \psi(g_{m_1}(x_2 - h_1^*) + d_1) \tag{6.2.16}$$

由于 $h_1^*(Z_1)$ 是未知连续函数，所以利用神经网络 $\hat{h}_1^*\left(Z_1 \middle| \hat{W}_1\right) = \hat{W}_1^{\mathrm{T}} S_1(Z_1)$ 逼近 $h_1^*(Z_1)$，并假设

$$h_1^*(Z_1) = W_1^{\mathrm{T}} S_1(Z_1) + \varepsilon_1(Z_1) \tag{6.2.17}$$

其中，$Z_1=[x_1,\dot{y}_d]^{\mathrm{T}}$；$W_1$ 为理想权重；$\varepsilon_1(Z_1)$ 为最小逼近误差。假设 $\varepsilon_1(Z_1)$ 满足 $|\varepsilon_1(Z_1)|\leqslant\varsigma_1$，$\varsigma_1$ 为正常数。结合式 (6.2.12)，求 z_1 的导数，可得

$$\dot{z}_1=\psi\left(g_{m_1}\left(z_2+\alpha_1-W_1^{\mathrm{T}}S_1-\varsigma_1\right)+d_1(t)\right) \tag{6.2.18}$$

选择以下李雅普诺夫函数：

$$V_1=\frac{1}{2\underline{g}_1}z_1^2+\frac{1}{2m_1}\tilde{\theta}_1^2+\frac{1}{2r_1}\tilde{\rho}_1^2 \tag{6.2.19}$$

其中，$m_1>0$ 和 $r_1>0$ 为设计参数；$\tilde{\theta}_1=\theta_1-\hat{\theta}_1$ 和 $\tilde{\rho}_1=\rho_1-\hat{\rho}_1$ 分别为 $\hat{\theta}_1$ 和 $\hat{\rho}_1$ 的估计误差，$\hat{\theta}_1$ 和 $\hat{\rho}_1$ 分别为 θ_1 和 ρ_1 的估计值，且满足 $\hat{\theta}_1(0)>0$，$\hat{\rho}_1(0)>0$。求 V_1 的导数，可得

$$\begin{aligned}\dot{V}_1=&\frac{z_1}{\underline{g}_1}\psi\left[g_{m_1}\left(z_2+\alpha_1-W_1^{\mathrm{T}}S_1-\varsigma_1\right)+d_1\right]-\frac{1}{m_1}\tilde{\theta}_1\dot{\hat{\theta}}_1-\frac{1}{r_1}\tilde{\rho}_1\dot{\hat{\rho}}_1\\=&\frac{g_{m_1}}{\underline{g}_1}\psi z_1z_2+\frac{g_{m_1}}{\underline{g}_1}\psi z_1\alpha_1-\frac{g_{m_1}}{\underline{g}_1}\psi z_1W_1^{\mathrm{T}}S_1-\frac{g_{m_1}}{\underline{g}_1}\psi z_1\varsigma_1\\&+\frac{1}{\underline{g}_1}\psi z_1d_1-\frac{1}{m_1}\tilde{\theta}_1\dot{\hat{\theta}}_1-\frac{1}{r_1}\tilde{\rho}_1\dot{\hat{\rho}}_1\end{aligned} \tag{6.2.20}$$

定义 $\theta_1=\dfrac{|g_{m_1}|\,\|W_1\|}{\underline{g}_1}$，$\rho_1=\dfrac{\bar{d}_1+|g_{m_1}|\varsigma_1}{\underline{g}_1}$，可得以下不等式：

$$-\frac{g_{m_1}}{\underline{g}_1}z_1W_1^{\mathrm{T}}S_1\leqslant\frac{|g_{m_1}|}{\underline{g}_1}|z_1|\,\|W_1\|\,\|S_1\|=\theta_1|z_1|\,\|S_1\| \tag{6.2.21}$$

其中，$\theta_1|z_1|\,\|S_1\|$ 满足不等式：

$$\begin{aligned}\theta_1|z_1|\,\|S_1\|\leqslant&\theta_1\left(\frac{z_1^2S_1^{\mathrm{T}}S_1}{|z_1|\,\|S_1\|+\sigma_1}+\sigma_1\right)\leqslant\theta_1\left(\frac{z_1^2S_1^{\mathrm{T}}S_1}{\sqrt{z_1^2S_1^{\mathrm{T}}S_1+\sigma_1^2}}+\sigma_1\right)\\=&\theta_1z_1\eta_1+\theta_1\sigma_1\end{aligned} \tag{6.2.22}$$

此外，有以下不等式成立：

$$-\frac{g_{m_1}}{\underline{g}_1}z_1\varepsilon_1\leqslant\frac{|g_{m_1}|}{\underline{g}_1}|z_1||\varepsilon_1|\leqslant\frac{|g_{m_1}|}{\underline{g}_1}|z_1|\varsigma_1 \tag{6.2.23}$$

其中，$\eta_1=\dfrac{z_1S_1^{\mathrm{T}}S_1}{\sqrt{z_1^2S_1^{\mathrm{T}}S_1+\sigma_1^2}}$；$\sigma_1$ 为正可积函数满足 $\lim\limits_{t\to\infty}\displaystyle\int_{t_0}^{t}\sigma_1(s)\mathrm{d}s\leqslant\bar{\sigma}_1<\infty$，$\bar{\sigma}_1$ 为正常数；g_{m_1} 为 $g_1(\cdot)$ 的函数，由假设 6.2.1，可以推断出 $-\dfrac{g_{m_1}}{\underline{g}_1}\leqslant\dfrac{|g_{m_1}|}{\underline{g}_1}$。将

式 (6.2.22) 和式 (6.2.23) 代入式 (6.2.20)，可得以下不等式：

$$\begin{aligned}\dot{V}_1 \leqslant & z_1\left(\frac{g_{m_1}}{\underline{g}_1}\psi\alpha_1+\psi\hat{\theta}_1\eta_1+\psi\frac{z_1\hat{\rho}_1}{\sqrt{z_1^2+\sigma_1^2}}\right)+\psi\theta_1\sigma_1+\psi\left|z_1\right|\rho_1+\frac{g_{m_1}}{\underline{g}_1}\psi z_1z_2\\ &-\psi\frac{z_1\rho_1}{\sqrt{z_1^2+\sigma_1^2}}+\frac{1}{m_1}\tilde{\theta}_1\left(m_1\psi z_1\eta_1-\dot{\hat{\theta}}_1\right)+\frac{1}{r_1}\tilde{\rho}_1\left(\psi r_1\frac{z_1^2}{\sqrt{z_1^2+\sigma_1^2}}-\dot{\hat{\rho}}_1\right)\end{aligned} \tag{6.2.24}$$

设计虚拟控制器和参数自适应律分别如下：

$$\begin{aligned}\alpha_1&=-\frac{1}{\psi}K_1z_1-\hat{\theta}_1\eta_1-\frac{z_1\hat{\rho}_1}{\sqrt{z_1^2+\sigma_1^2}}\\ \dot{\hat{\theta}}_1&=m_1\psi z_1\eta_1-m_1\sigma_1\hat{\theta}_1\\ \dot{\hat{\rho}}_1&=r_1\psi\frac{z_1^2}{\sqrt{z_1^2+\sigma_1^2}}-r_1\sigma_1\hat{\rho}_1\end{aligned} \tag{6.2.25}$$

其中，$K_1>0$ 为设计参数。将式 (6.2.25) 代入式 (6.2.24)，可得

$$\dot{V}_1\leqslant -K_1z_1^2+\psi\left(\theta_1\sigma_1+|z_1|\rho_1-\frac{z_1^2\rho_1}{\sqrt{z_1^2+\sigma_1^2}}\right)+\frac{g_{m_1}}{\underline{g}_1}\psi z_1z_2+\sigma_1\tilde{\theta}_1\hat{\theta}_1+\sigma_1\tilde{\rho}_1\hat{\rho}_1 \tag{6.2.26}$$

结合不等式

$$|z_1|\,\rho_1-\frac{z_1^2\rho_1}{\sqrt{z_1^2+\sigma_1^2}}\leqslant |z_1|\,\rho_1-\frac{z_1^2\rho_1}{|z_1|+\sigma_1}\leqslant \rho_1\sigma_1 \tag{6.2.27}$$

式 (6.2.26) 可表示为

$$\dot{V}_1\leqslant -K_1z_1^2+\psi\sigma_1\left(\theta_1+\rho_1\right)+\sigma_1\tilde{\theta}_1\hat{\theta}_1+\sigma_1\tilde{\rho}_1\hat{\rho}_1+\frac{g_{m_1}}{\underline{g}_1}\psi z_1z_2 \tag{6.2.28}$$

第 2 步 根据式 (6.2.12)，求 z_2 的导数，可得

$$\dot{z}_2=\dot{x}_2-\dot{\alpha}_1=f_2\left(\underline{x}_2,x_3\right)+d_2-\dot{\alpha}_1 \tag{6.2.29}$$

为了补偿第 1 步中的互联项 $\dfrac{g_{m_1}}{\underline{g}_1}\psi z_1z_2$，定义如下表达式：

$$\dot{z}_2=f_2\left(\underline{x}_2,x_3\right)+d_2+\frac{\partial\alpha_1}{\partial x_1}d_1+w_2-\frac{g_{m_1}\underline{g}_2}{\underline{g}_1}\psi z_1 \tag{6.2.30}$$

其中，$w_2=-\varPhi_1+\dfrac{g_{m_1}\underline{g}_2}{\underline{g}_1}\psi z_1$，$\varPhi_1=\dfrac{\partial\alpha_1}{\partial x_1}f_1\left(x_1,x_2\right)+\dfrac{\partial\alpha_1}{\partial\hat{\theta}_1}\dot{\hat{\theta}}_1+\dfrac{\partial\alpha_1}{\partial\hat{\rho}_1}\dot{\hat{\rho}}_1+\dfrac{\partial\alpha_1}{\partial y_d}\dot{y}_d$。由于 $\partial w_2/\partial x_3=0$，由引理 6.2.1，可得 $0<a<\partial\left(f_2\left(\underline{x}_2,x_3\right)+w_2\right)/\partial x_3$，且存在光滑控制输入 $x_3=h_2^*\left(\underline{x}_2\right)$ 使得

$$f_2\left(\underline{x}_2,h_2^*\right)+w_2=0 \tag{6.2.31}$$

应用中值定理，可得

$$f_2(\underline{x}_2, x_3) = f_2(\underline{x}_2, h_2^*) + g_{m_2}(x_3 - h_2^*) \tag{6.2.32}$$

其中，$0 < m_2 < 1$；$g_{m_2} = g_2(\underline{x}_2, x_{m_2})$，$x_{m_2} = m_2 x_3 + (1 - m_2) h_2^*$。将式 (6.2.31) 和式 (6.2.32) 代入式 (6.2.30)，可得

$$\dot{z}_2 = g_{m_2}(x_3 - h_2^*) + d_2 + \frac{\partial \alpha_1}{\partial x_1} d_1 - \frac{g_{m_1}\underline{g}_2}{\underline{g}_1}\psi z_1 \tag{6.2.33}$$

由于 $h_2^*(Z_2)$ 是未知连续函数，所以利用神经网络 $\hat{h}_2^*\left(Z_2 \middle| \hat{W}_2\right) = \hat{W}_2^{\mathrm{T}} S_2(Z_2)$ 逼近 $h_2^*(Z_2)$，并假设 $h_2^*(Z_2) = W_2^{\mathrm{T}} S_2(Z_2) + \varepsilon_2(Z_2)$，其中，$Z_2 = \left[x_1, \hat{\theta}_1, \hat{\theta}_2, \hat{\rho}_1, \hat{\rho}_2, y_d, \dot{y}_d, y_d^{(2)}\right]^{\mathrm{T}}$；$W_2$ 为理想权重；$\varepsilon_2(Z_2)$ 为最小逼近误差。假设 $\varepsilon_2(Z_2)$ 满足 $|\varepsilon_2(Z_2)| \leqslant \varsigma_2$，$\varsigma_2$ 为正常数，则式 (6.2.33) 可改为

$$\dot{z}_2 = g_{m_2}\left(z_3 + \alpha_2 - W_2^{\mathrm{T}} S_2 - \varepsilon_2\right) + d_2 + \frac{\partial \alpha_1}{\partial x_1} d_1 - \frac{g_{m_1}\underline{g}_2}{\underline{g}_1}\psi z_1 \tag{6.2.34}$$

选择如下李雅普诺夫函数：

$$V_2 = V_1 + \frac{1}{2\underline{g}_2} z_2^2 + \frac{1}{2m_2}\tilde{\theta}_2^2 + \frac{1}{2r_2}\tilde{\rho}_2^2 \tag{6.2.35}$$

其中，$m_2 > 0$ 和 $r_2 > 0$ 为设计参数；$\tilde{\theta}_2 = \theta_2 - \hat{\theta}_2$ 和 $\tilde{\rho}_2 = \rho_2 - \hat{\rho}_2$ 分别为 $\hat{\theta}_2$ 和 $\hat{\rho}_2$ 的估计误差，$\hat{\theta}_2$ 和 $\hat{\rho}_2$ 分别为 θ_2 和 ρ_2 的估计值，且满足 $\hat{\theta}_2(0) > 0$，$\hat{\rho}_2(0) > 0$。求 V_2 的导数，可得

$$\begin{aligned}\dot{V}_2 \leqslant & -K_1 z_1^2 + \psi\sigma_1(\theta_1 + \rho_1) + \sigma_1\tilde{\theta}_1\hat{\theta}_1 + \sigma_1\tilde{\rho}_1\hat{\rho}_1 \\ & + \frac{g_{m_1}}{\underline{g}_1}\psi z_1 z_2 + \frac{g_{m_2}}{\underline{g}_2} z_2 z_3 + \frac{g_{m_2}}{\underline{g}_2} z_2\alpha_2 - \frac{g_{m_2}}{\underline{g}_2} z_2 W_2^{\mathrm{T}} S_2 - \frac{g_{m_2}}{\underline{g}_2} z_2\varepsilon_2 \\ & - \frac{g_{m_1}}{\underline{g}_1}\psi z_1 z_2 + \frac{1}{\underline{g}_2} z_2\left(d_2 + \frac{\partial \alpha_1}{\partial x_1} d_1\right) - \frac{1}{m_2}\tilde{\theta}_2\dot{\hat{\theta}}_2 - \frac{1}{r_2}\tilde{\rho}_2\dot{\hat{\rho}}_2\end{aligned} \tag{6.2.36}$$

定义 $\theta_i = \dfrac{|g_{m_i}|\,\|W_i\|}{\underline{g}_i}$，$\rho_i = \sup\limits_{t\geqslant 0}\|D_i\|$，$D_i = \dfrac{1}{\underline{g}_i}\left[d_i + |g_{m_i}|\varsigma_i, d_1, \cdots, d_{i-1}\right]^{\mathrm{T}}$，与式 (6.2.22) 和式 (6.2.23) 的推导过程相似，对于 $i = 2, 3, \cdots, n$，有下列不等式成立：

$$\begin{aligned}& -\frac{g_{m_i}}{\underline{g}_i} z_i W_i^{\mathrm{T}} S_i \leqslant \theta_i z_i \eta_i + \theta_i\sigma_i, \quad -\frac{g_{m_i}}{\underline{g}_i} z_i\varepsilon_i \leqslant \frac{|g_{m_i}|}{\underline{g}_i}|z_i|\varsigma_i \\ & \frac{1}{\underline{g}_i}\left(d_i + |g_{m_i}|\varsigma_i + \sum_{j=1}^{i-1}\frac{\partial \alpha_{i-1}}{\partial x_j} d_j\right) \leqslant \|\zeta_i\|\,\|D_i\| \leqslant \|\zeta_i\|\,\rho_i\end{aligned} \tag{6.2.37}$$

其中

$$\eta_i=\frac{z_i S_i^{\mathrm{T}} S_i}{\sqrt{z_i^2 S_i^{\mathrm{T}} S_i+\sigma_i^2}}, \quad \zeta_i=\left[1, \frac{\partial \alpha_{i-1}}{\partial x_1}, \cdots, \frac{\partial \alpha_{i-1}}{\partial x_{i-1}}\right]^{\mathrm{T}} \tag{6.2.38}$$

将式 (6.2.37) 代入式 (6.2.36)，可得

$$\begin{aligned}\dot{V}_2 \leqslant & -K_1 z_1^2+\psi \sigma_1\left(\theta_1+\rho_1\right)+\sigma_1 \tilde{\theta}_1 \hat{\theta}_1+\sigma_1 \tilde{\rho}_1 \hat{\rho}_1+\frac{g_{m_2}}{\underline{g}_2} z_2 z_3 \\ & +\frac{g_{m_2}}{\underline{g}_2} z_2 \alpha_2+\theta_2 z_2 \eta_2+\theta_2 \sigma_2+\left|z_2\right|\left\|\zeta_2\right\| \rho_2-\frac{1}{m_2} \tilde{\theta}_2 \dot{\hat{\theta}}_2-\frac{1}{r_2} \tilde{\rho}_2 \dot{\hat{\rho}}_2\end{aligned} \tag{6.2.39}$$

设计虚拟控制器和参数自适应律分别如下：

$$\begin{aligned}\alpha_2 &= -K_2 z_2-\hat{\theta}_2 \eta_2-\frac{z_2\left\|\zeta_2\right\|^2 \hat{\rho}_2}{\sqrt{z_2^2\left\|\zeta_2\right\|^2+\sigma_2^2}} \\ \dot{\hat{\theta}}_2 &= m_2 z_2 \eta_2-\sigma_2 m_2 \hat{\theta}_2 \\ \dot{\hat{\rho}}_2 &= r_2 \frac{z_2^2\left\|\zeta_2\right\|^2}{\sqrt{z_2^2\left\|\zeta_2\right\|^2+\sigma_2^2}}-\sigma_2 r_2 \hat{\rho}_2\end{aligned} \tag{6.2.40}$$

其中，$K_2>0$ 为设计参数；σ_2 为正可积函数满足 $\lim\limits_{t \rightarrow \infty} \int_{t_0}^t \sigma_2(s) \mathrm{d} s \leqslant \bar{\sigma}_2<\infty$，$\bar{\sigma}_2$ 为正常数。

将式 (6.2.40) 代入式 (6.2.39) 并结合不等式

$$\left|z_2\right|\left\|\zeta_2\right\| \rho_2-\frac{z_2^2\left\|\zeta_2\right\|^2 \rho_2}{\sqrt{z_2^2\left\|\zeta_2\right\|^2+\sigma_2^2}} \leqslant \rho_2 \sigma_2 \tag{6.2.41}$$

可得

$$\begin{aligned}\dot{V}_2 \leqslant & -\sum_{j=1}^2 K_j z_j^2+\sum_{j=1}^2 \sigma_j \tilde{\theta}_j \hat{\theta}_j+\sum_{j=1}^2 \sigma_j \tilde{\rho}_j \hat{\rho}_j \\ & +\psi \sigma_1\left(\theta_1+\rho_1\right)+\sigma_2\left(\theta_2+\rho_2\right)+\frac{g_{m_2}}{\underline{g}_2} z_2 z_3\end{aligned} \tag{6.2.42}$$

第$\boldsymbol{i}(\mathbf{2}<\boldsymbol{i} \leqslant \boldsymbol{n}-\mathbf{1})$ 步 根据式 (6.2.12) 可得如下表达式：

$$\dot{z}_i=\dot{x}_i-\dot{\alpha}_{i-1} \tag{6.2.43}$$

其中

$$\dot{\alpha}_{i-1}=\sum_{j=1}^{i-1} \frac{\partial \alpha_{i-1}}{\partial x_j} f_j\left(\underline{x}_j, x_{j+1}\right)+\sum_{j=1}^{i-1} \frac{\partial \alpha_{i-1}}{\partial \hat{\theta}_j} \dot{\hat{\theta}}_j$$

$$+\sum_{j=1}^{i-1}\frac{\partial\alpha_{i-1}}{\partial\hat{\rho}_j}\dot{\hat{\rho}}_j+\sum_{j=0}^{i-1}\frac{\partial\alpha_{i-1}}{\partial y_d^{(j)}}y_d^{(j+1)}+\sum_{j=1}^{i-1}\frac{\partial\alpha_{i-1}}{\partial x_j}d_j \tag{6.2.44}$$

定义 $w_i=-\Phi_{i-1}+\dfrac{g_{m_i}\underline{g}_i}{\underline{g}_{i-1}}z_{i-1}$，其中 Φ_{i-1} 为

$$\begin{aligned}\Phi_{i-1}=&\sum_{j=1}^{i-1}\frac{\partial\alpha_{i-1}}{\partial x_j}f_j\left(\underline{x}_j,x_{j+1}\right)+\sum_{j=1}^{i-1}\frac{\partial\alpha_{i-1}}{\partial\hat{\theta}_j}\dot{\hat{\theta}}_j\\&+\sum_{j=1}^{i-1}\frac{\partial\alpha_{i-1}}{\partial\hat{\rho}_j}\dot{\hat{\rho}}_j+\sum_{j=1}^{i-1}\frac{\partial\alpha_{i-1}}{\partial y_d^{(j)}}y_d^{(j+1)}\end{aligned} \tag{6.2.45}$$

可得 $\dot{z}_i$ 的表达式为

$$\dot{z}_i=g_{m_i}\left(z_{i+1}+\alpha_i-W_i^{\mathrm{T}}\varphi_i-\xi_i\right)+d_i+\sum_{j=1}^{i-1}\frac{\partial\alpha_{i-1}}{\partial x_j}d_j-\frac{g_{m_i}\underline{g}_i}{\underline{g}_{i-1}}z_{i-1} \tag{6.2.46}$$

其中，$0<m_i<1$；$g_{m_i}=g_i(\underline{x}_i,x_{m_i})$，$x_{m_i}=m_ix_{i+1}+(1-m_i)h_i^*$。选择如下李雅普诺夫函数：

$$V_i=V_{i-1}+\frac{1}{2\underline{g}_i}z_i^2+\frac{1}{2m_i}\tilde{\theta}_i^2+\frac{1}{2r_i}\tilde{\rho}_i^2 \tag{6.2.47}$$

其中，$m_i>0$ 和 $r_i>0$ 为设计参数；$\tilde{\theta}_i=\theta_i-\hat{\theta}_i$ 和 $\tilde{\rho}_i=\rho_i-\hat{\rho}_i$ 分别为 $\hat{\theta}_i$ 和 $\hat{\rho}_i$ 的估计误差，$\hat{\theta}_i$ 和 $\hat{\rho}_i\,(i=3,4,\cdots,n-1)$ 分别为 θ_i 和 ρ_i 的估计值，且满足 $\hat{\theta}_i(0)>0$，$\hat{\rho}_i(0)>0$。

根据不等式 (6.2.37)，求 V_i 的导数，可得

$$\begin{aligned}\dot{V}_i\leqslant&-\sum_{j=1}^{i-1}K_jz_j^2+\sum_{j=1}^{i-1}\sigma_j\tilde{\theta}_j\hat{\theta}_j+\sum_{j=1}^{i-1}\sigma_j\tilde{\rho}_j\hat{\rho}_j+\sum_{j=2}^{i-1}\sigma_j\left(\theta_j+\rho_j\right)\\&+\psi\sigma_1\left(\theta_1+\rho_1\right)+\frac{g_{m_i}}{\underline{g}_i}z_iz_{i+1}+\frac{g_{m_i}}{\underline{g}_i}z_i\alpha_i+\theta_iz_i\eta_i\\&+\theta_i\sigma_i+|z_i|\left\|\zeta_i\right\|\rho_i-\frac{1}{m_i}\tilde{\theta}_i\dot{\hat{\theta}}_i-\frac{1}{r_i}\tilde{\rho}_i\dot{\hat{\rho}}_i\end{aligned} \tag{6.2.48}$$

设计虚拟控制器和参数自适应律分别如下：

$$\begin{aligned}\alpha_i&=-K_iz_i-\hat{\theta}_i\eta_i-\frac{z_i\left\|\zeta_i\right\|^2\hat{\rho}_i}{\sqrt{z_i^2\left\|\zeta_i\right\|^2+\sigma_i^2}}\\\dot{\hat{\theta}}_i&=m_iz_i\eta_i-m_i\sigma_i\hat{\theta}_i\\\dot{\hat{\rho}}_i&=r_i\frac{z_i^2\left\|\zeta_i\right\|^2}{\sqrt{z_i^2\left\|\zeta_i\right\|^2+\sigma_i^2}}-r_i\sigma_i\hat{\rho}_i\end{aligned} \tag{6.2.49}$$

其中，$K_i>0$ 为设计参数；σ_i 为正可积函数满足 $\lim\limits_{t\to\infty}\int_{t_0}^{t}\sigma_i(s)\mathrm{d}s\leqslant\bar{\sigma}_i<\infty$，$\bar{\sigma}_i$ 为正常数。

将式 (6.2.49) 代入式 (6.2.48) 并基于不等式 $|z_i|\,\|\zeta_i\|\,\rho_i-\dfrac{z_i^2\|\zeta_i\|^2\rho_i}{\sqrt{z_i^2\|\zeta_i\|^2+\sigma_i^2}}\leqslant\rho_i\sigma_i$，可得

$$\begin{aligned}\dot{V}_i\leqslant&-\sum_{j=1}^{i}K_jz_j^2+\sum_{j=2}^{i}\sigma_j(\theta_j+\rho_j)+\sum_{j=1}^{i}\sigma_j\tilde{\theta}_j\hat{\theta}_j\\&+\sum_{j=1}^{i}\sigma_j\tilde{\rho}_j\hat{\rho}_j+\psi\sigma_1(\theta_1+\rho_1)+\frac{g_{m_i}}{\underline{g}_i}z_iz_{i+1}\end{aligned}\tag{6.2.50}$$

第 n 步　与式 (6.2.41) 的推导过程相似，求 z_n 的导数，可得

$$\dot{z}_n=g_{m_n}\left(u-W_n^{\mathrm{T}}\varphi_n-\xi_n\right)+d_n+\sum_{j=1}^{i-1}\frac{\partial\alpha_{n-1}}{\partial x_j}d_j-\frac{g_{m_n}\underline{g}_n}{\underline{g}_{n-1}}z_{n-1}\tag{6.2.51}$$

其中，$0<m_n<1$；$g_{m_n}=g_n(\underline{x}_n,x_{m_n})$，$x_{m_n}=m_nu+(1-m_n)h_n^*$。选择如下李雅普诺夫函数：

$$V_n=V_{n-1}+\frac{1}{2\underline{g}_n}z_n^2+\frac{1}{2m_n}\tilde{\theta}_n^2+\frac{1}{2r_n}\tilde{\rho}_n^2\tag{6.2.52}$$

其中，$m_n>0$ 和 $r_n>0$ 为设计参数；$\tilde{\theta}_n=\theta_n-\hat{\theta}_n$ 和 $\tilde{\rho}_n=\rho_n-\hat{\rho}_n$ 分别为 $\hat{\theta}_n$ 和 $\hat{\rho}_n$ 的估计误差，$\hat{\theta}_n$ 和 $\hat{\rho}_n$ 分别为 θ_n 和 ρ_n 的估计值，且满足 $\hat{\theta}_n(0)>0$，$\hat{\rho}_n(0)>0$。定义 $\theta_n=\dfrac{|g_{m_n}|\,\|W_n\|}{\underline{g}_n}$，$\rho_n=\sup\limits_{t\geqslant0}\|D_n\|$，结合不等式 (6.2.37)，求 V_n 的导数，可得

$$\begin{aligned}\dot{V}_n\leqslant&-\sum_{j=1}^{n-1}K_jz_j^2+\sum_{j=1}^{n-1}\sigma_j\tilde{\theta}_j\hat{\theta}_j+\sum_{j=1}^{n-1}\sigma_j\tilde{\rho}_j\hat{\rho}_j+\sum_{j=2}^{n-1}\sigma_j(\theta_j+\rho_j)\\&+\frac{g_{m_n}}{\underline{g}_n}z_nu+\psi\sigma_1(\theta_1+\rho_1)+\theta_nz_n\eta_n+\theta_n\sigma_n\\&+|z_n|\,\|\zeta_n\|\,\rho_n-\frac{1}{m_n}\tilde{\theta}_n\dot{\hat{\theta}}_n-\frac{1}{r_n}\tilde{\rho}_n\dot{\hat{\rho}}_n\end{aligned}\tag{6.2.53}$$

根据事件触发误差 $e(t)=v(t)-u(t)$，事件触发策略定义如下：

$$\begin{aligned}&u(t)=v(t_k),\quad\forall t\in[t_k,t_{k+1})\\&t_{k+1}=\inf\{t\in\mathbf{R}\mid|e(t)|\geqslant\lambda|u(t)\mid+m\}\end{aligned}\tag{6.2.54}$$

其中，λ 和 m 为设计参数，满足 $0 < \lambda < 1$ 和 $m > 0$。事件触发误差大于阈值时，会将此时间标记为 t_{k+1}，并将控制值 $u(t_{k+1})$ 应用于系统（6.2.1），对于 $t \in [t_k, t_{k+1})$，控制信号保持为常数 $v(t_k)$。另外，由式 (6.2.54) 可得存在时变参数 $|b_1(t)| \leqslant 1$、$|b_2(t)| \leqslant 1$、$b_1(t_{k+1}) = b_2(t_{k+1}) = 0$ 使得满足：

$$v(t) = (1 + b_1(t)\lambda)\, u(t) + b_2(t)m \tag{6.2.55}$$

$u(t)$ 可表示为

$$u(t) = \frac{v(t) - b_2(t)m}{1 + b_1(t)\lambda} \tag{6.2.56}$$

根据事件触发策略即式 (6.2.54)，选择连续输入信号为

$$v(t) = -(1+\lambda)\left(\alpha_n \tanh\left(\frac{z_n\alpha_n}{\sigma_n}\right) + M\tanh\left(\frac{z_n M}{\sigma_n}\right)\right) \tag{6.2.57}$$

其中，$M > m/(1-\lambda)$ 为正的设计参数。

由于 $\forall \alpha_n \in \mathbf{R}$，正积分函数满足 $\sigma_n \geqslant 0$，可得 $-\alpha_n \tanh\left(\dfrac{z_n\alpha_n}{\sigma_n}\right) < 0$ 以及 $z_n v < 0$。有以下不等式成立：

$$\frac{z_n v(t)}{1 + b_1(t)\lambda} \leqslant \frac{z_n v}{1+\lambda}, \quad \left|\frac{z_n b_2(t)m}{1 + b_1(t)\lambda}\right| \leqslant \frac{z_n m}{1-\lambda} \tag{6.2.58}$$

结合式 (6.2.11)、式 (6.2.54) 和式 (6.2.58) 以及引理 0.4.1，可得以下不等式：

$$\begin{aligned}\dot{V}_n \leqslant & -\sum_{j=1}^{n-1} K_j z_j^2 + \sum_{j=1}^{n-1} \sigma_j \tilde{\theta}_j \hat{\theta}_j + \sum_{j=1}^{n-1} \sigma_j \tilde{\rho}_j \hat{\rho}_j + \sum_{j=2}^{n-1} \sigma_j (\theta_j + \rho_j) + \psi\sigma_1(\theta_1 + \rho_1) \\ & - |z_n\alpha_n| + \kappa\sigma_n - \frac{g_{m_n}}{\underline{g}_n}|z_n M| + \frac{g_{m_n}}{\underline{g}_n}\kappa\sigma_n + \frac{g_{m_n}}{\underline{g}_n}\left|\frac{z_n m}{1-\delta}\right| + \theta_n z_n \eta_n + \theta_n \sigma_n \\ & + |z_n| \|\zeta_n\| \rho_n - \frac{1}{m_n}\tilde{\theta}_n \dot{\hat{\theta}}_n - \frac{1}{r_n}\tilde{\rho}_n \dot{\hat{\rho}}_n\end{aligned} \tag{6.2.59}$$

设计虚拟控制器和参数自适应律分别如下：

$$\begin{aligned}\alpha_n &= -K_n z_n - \hat{\theta}_n \eta_n - \frac{z_n \|\zeta_n\|^2 \hat{\rho}_n}{\sqrt{z_n^2 \|\zeta_n\|^2 + \sigma_n^2}} \\ \dot{\hat{\theta}}_n &= m_n z_n \eta_n - m_n \sigma_n \hat{\theta}_n \\ \dot{\hat{\rho}}_n &= r_n \frac{z_n^2 \|\zeta_n\|^2}{\sqrt{z_n^2 \|\zeta_n\|^2 + \sigma_n^2}} - r_n \sigma_n \hat{\rho}_n\end{aligned} \tag{6.2.60}$$

将式 (6.2.60) 代入式 (6.2.59) 并结合不等式 $|z_n|\|\zeta_n\|\rho_n-\dfrac{z_n^2\|\zeta_n\|^2\rho_n}{\sqrt{z_n^2\|\zeta_i\|^2+\sigma_n^2}}\leqslant\rho_n\sigma_n$ 和不等式 $\left|\dfrac{z_nm}{1-\delta}\right|-|z_nM|<0$，$\sigma_n$ 为正可积函数满足 $\lim\limits_{t\to\infty}\displaystyle\int_{t_0}^t\sigma_n(s)\mathrm{d}s\leqslant\bar{\sigma}_n<\infty$，$\bar{\sigma}_n$ 为正常数，可得如下不等式：

$$\begin{aligned}\dot{V}_n\leqslant&-\sum_{j=1}^n K_jz_j^2+\sum_{j=1}^n\sigma_j\frac{\theta_j^2+\rho_j^2}{4}+\sum_{j=2}^n\sigma_j(\theta_j+\rho_j)\\&+\bar{\psi}\sigma_1(\theta_1+\rho_1)+\sigma_n\left(\frac{\bar{g}_n}{\underline{g}_n}\kappa+\kappa\right)\end{aligned}\tag{6.2.61}$$

定义 $\omega_1=\bar{\psi}(\theta_1+\rho_1)+\dfrac{\rho_1^2+\theta_1^2}{4}$，$\omega_j=\dfrac{\rho_j^2+\theta_j^2}{4}+\theta_j+\rho_j$，$j=2,3,\cdots,n-1$，$\omega_n=\kappa+\dfrac{\bar{g}_n}{\underline{g}_n}\kappa+\dfrac{\rho_n^2+\theta_n^2}{4}+\theta_n+\rho_n$，式 (6.2.61) 表示为

$$\dot{V}_n\leqslant-\sum_{j=2}^n K_jz_j^2+\sum_{j=1}^n\sigma_j\omega_j\tag{6.2.62}$$

6.2.3　稳定性与收敛性分析

下面的定理给出了所设计的神经网络自适应控制方法具有的性质。

定理 6.2.1　针对纯反馈非线性系统 (6.2.1)，假设 6.2.1 和假设 6.2.2 成立。如果采用控制器 (6.2.57)，虚拟控制器和参数自适应律 (6.2.25)、(6.2.40) 和 (6.2.49)，以及事件触发条件 (6.2.54)，则总体控制方案具有如下性能：

(1) 闭环系统中所有信号有界；

(2) 跟踪误差在固定时间 $\tilde{T}$ 内收敛在约束边界 $(-\delta_mq(t),\delta_Mq(t))$ 内并渐近收敛于零；

(3) 能够避免 Zeno 行为。

证明　将式 (6.2.62) 从 t_0 到 t 积分可得

$$\begin{aligned}V_n(t)=&\sum_{j=1}^n\frac{1}{2\underline{g}_j}z_j^2+\sum_{j=1}^n\frac{1}{2m_j}\tilde{\theta}_j^2+\sum_{j=1}^n\frac{1}{2r_j}\tilde{\rho}_j^2\\\leqslant&V_n(t_0)-\sum_{j=2}^nK_j\int_{t_0}^t z_j^2\mathrm{d}s+\sum_{j=1}^n\omega_j\int_{t_0}^t\sigma_j(s)\mathrm{d}s\\\leqslant&V_n(t_0)+\sum_{j=1}^n w_j\bar{\sigma}_j=A\end{aligned}\tag{6.2.63}$$

由式 (6.2.63) 可得 $|\tilde{\theta}_i| \leqslant \sqrt{2m_iA}$、$|\tilde{\rho}_i| \leqslant \sqrt{2\gamma_iA}$ 和 $z_i^2 \leqslant A$。由以上不等式可知，V_n 是有界的。结合式 (6.2.52) 中包含 z_i、$\tilde{\theta}_i$ 和 $\tilde{\rho}_i$ 的函数 V_i，可得 z_i、$\tilde{\theta}_i$ 和 $\tilde{\rho}_i$ 的有界性。根据 $\tilde{\theta}_i$ 和 $\tilde{\rho}_i$ 的定义以及有界性，可得 $\hat{\theta}_i$ 和 $\hat{\rho}_i$ 是有界的，使用递归法证明 x_i 和 α_i 是有界的。当 $t \to \infty$ 时，式 (6.2.63) 可以表示为

$$\lim_{t\to\infty}\sum_{j=1}^{n}K_j\int_{t_0}^{t}z_j^2\mathrm{d}s \leqslant V_n(t_0)+\sum_{j=1}^{n}\omega_j\bar{\sigma}_j \tag{6.2.64}$$

由以上分析可知，z_i 是一致有界和连续的。因此，通过 Barbalat 引理，可知

$$\lim_{t\to\infty} z_i = 0,\quad j=1,2,\cdots,n \tag{6.2.65}$$

假设存在 $t^* > 0$，使得对于 $\forall k \in \mathbf{R}$，有 $t_{k+1} - t_k \geqslant t^*$ 成立。值得注意的是，当 $t \in [t_k, t_{k+1})$ 时，$e(t)$ 是一个连续的光滑函数。由式 (6.2.9)，可得

$$\frac{\mathrm{d}e(t)}{\mathrm{d}t} \leqslant |\dot{e}(t)| = |\dot{v}(t)-\dot{u}(t)| = |\dot{v}(t)|,\quad t\in[t_k,t_{k+1}) \tag{6.2.66}$$

其中，$e(t) = v(t) - u(t)$ 为以 $u(t)$ 为连续信号的事件触发误差。由式 (6.2.54) 可以看出，$v(t)$ 是可微的，$\dot{v}(t)$ 是连续的。此外，$\dot{v}(t)$ 为有界信号 x_i、$\hat{\theta}_i$ 和 $\hat{\rho}_i$ 的函数，因此 $\dot{v}(t)$ 是有界的，从而可知存在一个常数 $\bar{v}$ 使得 $|\dot{v}| \leqslant \bar{v}$。由于 $e(t_k) = 0$，$\lim\limits_{t\to t_{k+1}} e(t_{k+1}) = \delta u(t) + m$，事件触发时间间隔 t^* 满足 $t^* \geqslant \dfrac{\delta u(t)+m}{\bar{v}}$，所以避免了 Zeno 行为。

6.2.4 仿真

例 6.2.1 考虑以下二阶纯反馈非线性系统：

$$\begin{aligned}\dot{x}_1 &= 0.5\cos(x_1) + x_2 + 0.05\sin(x_2) + 0.1\sin(t)\\ \dot{x}_2 &= \cos\left(x_2^2\right) + 2u + 0.5\sin(u) + 0.1\sin(t)\\ y &= x_1\end{aligned} \tag{6.2.67}$$

在仿真中，选取设计参数为 $K_1 = 15$、$K_2 = 50$、$m_1 = m_2 = r_1 = r_2 = 0.5$、$\sigma_1 = 4\mathrm{e}^{-0.6t}$、$\sigma_2 = 10\mathrm{e}^{-0.05t}$、$m = 0.5$、$M = 1$、$\delta = 0.3$、$\sigma_n = 10\mathrm{e}^{-0.01t}$。固定时间性能函数选择为

$$q(t) = \begin{cases} 1.5(1-2t)^2 + 0.15, & 0 \leqslant t < 0.5 \\ 0.15, & t \geqslant 0.5 \end{cases} \tag{6.2.68}$$

固定时间性能函数参数设置为 $q_{\tilde{T}} = 0.15$，$q_0 = 1.65$，$\delta_m = 3.8$，$\delta_M = 4.2$，$c = 4$，$l = 2$，沉降时间为 $\tilde{T} = \dfrac{l}{c} = 0.5$。

选择状态变量及参数的初始值为 $x(0)=[0.5,-0.5]^{\mathrm{T}}$、$\left[\hat{\theta}(0),\hat{\rho}(0)\right]=[4,4,4,4]^{\mathrm{T}}$。仿真结果如图 6.2.1 ～图 6.2.4 所示。

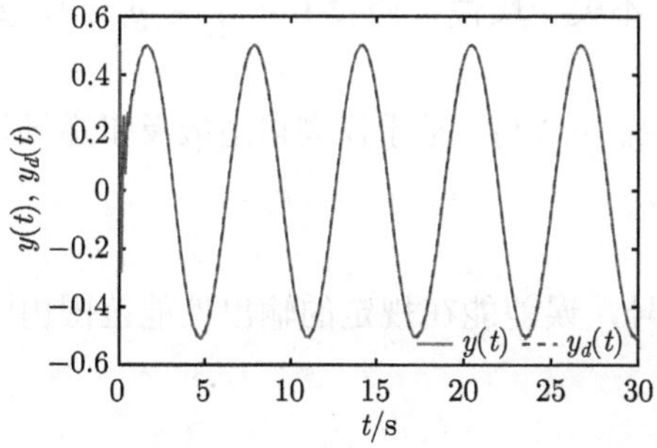

图 6.2.1　输出 $y(t)$ 和参考信号 $y_d(t)$ 的轨迹

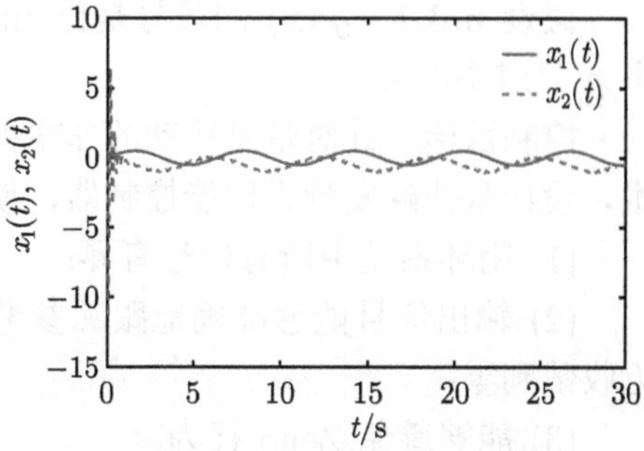

图 6.2.2　状态 $x_1(t)$ 和 $x_2(t)$ 的轨迹

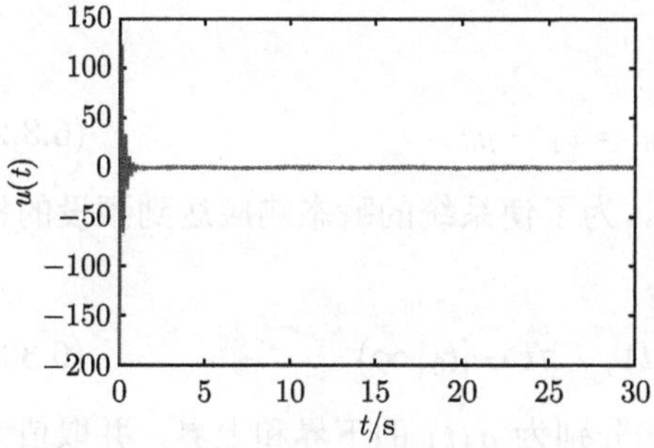

图 6.2.3　控制器 $u(t)$ 的轨迹

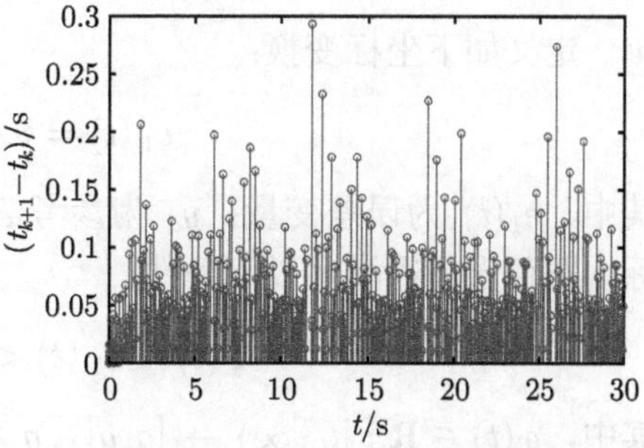

图 6.2.4　事件触发时间间隔 $t_{k+1}-t_k$

6.3　非线性非严格反馈系统的自适应事件触发预设性能跟踪控制

本节针对带有外部扰动的非线性非严格反馈系统，基于模糊逻辑和自适应反步递推控制设计原理，提出一种模糊自适应事件触发预设性能渐近跟踪控制方法，给出闭环系统的稳定性和收敛性分析。类似的模糊自适应事件触发预设性能控制设计方法可参见文献 [11]~[13]。

6.3.1　系统模型及控制问题描述

考虑如下非线性非严格反馈系统：

$$\begin{aligned}
&\dot{x}_i=g_i(x)\,x_{i+1}+f_i(x)+d_i(t),\quad i=1,2,\cdots,n-1\\
&\dot{x}_n=g_n(x)\,u(t)+f_n(x)+d_n(t)\\
&y=x_1
\end{aligned}\tag{6.3.1}$$

其中，$x=[x_1,x_2,\cdots,x_n]^{\mathrm{T}}\in\mathbf{R}^n$ 为状态向量；$u\in\mathbf{R}$ 和 $y\in\mathbf{R}$ 分别为系统的输入和输出；$f_i(x)\in\mathbf{R}(i=1,2,\cdots,n)$ 为未知的光滑非线性函数；$g_i(x)\in\mathbf{R}(i=1,2,\cdots,n)$ 为未知非线性虚拟控制系数。

假设 6.3.1 $g_i(x)$ 的符号是已知的。不失一般性，假设 $0<\underline{g}_i\leqslant g_i(x)$，其中 $\underline{g}_i$ 为未知常数。

控制目标 针对带有扰动的非线性系统 (6.3.1)，基于模糊自适应反步递推技术，设计事件触发预设性能控制器，使得：

(1) 闭环系统中所有信号有界；

(2) 输出信号能够准确地跟踪参考信号，误差能在规定的输出性能范围内渐近收敛到零；

(3) 能够避免 Zeno 行为。

6.3.2 模糊自适应反步递推事件触发控制设计

定义如下坐标变换：

$$e_1(t)=y-y_d=x_1-y_d \tag{6.3.2}$$

其中，$e_1(t)$ 为误差变量；y_d 为参考信号。为了使系统的瞬态响应达到预设的指标，跟踪误差需满足以下条件：

$$-q(t)<e_1(t)<q(t),\quad \forall t\in[t_0,\infty) \tag{6.3.3}$$

其中，$q(t)\in\mathbf{R}:[t_0,\infty)\to[\underline{q},\bar{q}]$，$\underline{q}$ 和 $\bar{q}$ 分别为 $q(t)$ 的下界和上界，并取值为正实数。

定义如下误差变换，将具有约束的问题转换为无约束问题：

$$e_1=q(t)T(\tau_1) \tag{6.3.4}$$

其中，τ_1 为变换后信号；$T(x):\mathbf{R}\to(-1,1)$ 为光滑的单调递增函数。由式 (6.3.4) 可得，若 τ_1 在一个紧集中有界，则可以满足约束条件 (6.3.3)。为了进一步研究，x 需要满足以下条件：

$$|x|<\left|\frac{\partial T^{-1}(x)}{\partial x}T^{-1}(x)\right|,\quad \forall x\in(-1,1) \tag{6.3.5}$$

为了满足上述条件，选择 $T(x)$ 为

$$T(x)=\frac{\mathrm{e}^x-1}{\mathrm{e}^x+1} \tag{6.3.6}$$

由式 (6.3.5) 和式 (6.3.6) 可知

$$\tau_1 = T^{-1}\left(\frac{e_1(t)}{q(t)}\right) \tag{6.3.7}$$

从而 τ_1 的微分表达式为

$$\dot{\tau}_1 = \frac{\partial T^{-1}\left(\dfrac{e_1(t)}{q(t)}\right)}{\partial\left(\dfrac{e_1(t)}{q(t)}\right)}\frac{1}{q(t)}\left(g_1(x)x_2 + f_1(x) + d_1(t) - \dot{y}_d - e_1\dot{q}q^{-1}\right) \tag{6.3.8}$$

定义如下参数：

$$r = \frac{\partial T^{-1}\left(\dfrac{e_1(t)}{q(t)}\right)}{\partial\left(\dfrac{e_1(t)}{q(t)}\right)}\frac{1}{q(t)}e_1\dot{q}q^{-1},\quad P = \frac{\partial T^{-1}\left(\dfrac{e_1(t)}{q(t)}\right)}{\partial\left(\dfrac{e_1(t)}{q(t)}\right)}\frac{1}{q(t)} \tag{6.3.9}$$

从而式 (6.3.8) 变为

$$\dot{\tau}_1 = r + p\left(g_1(x)x_2 + f_1(x) + d_1(t) - \dot{y}_d\right) \tag{6.3.10}$$

此外，定义如下坐标变换：

$$z_i = x_i - \alpha_{i-1},\quad i = 2, 3, \cdots, n \tag{6.3.11}$$

其中，z_i 为误差变量；α_{i-1} 为虚拟控制器。

基于上面的坐标变换，n 步模糊自适应反步递推控制设计过程如下。

第 1 步 选择如下李雅普诺夫函数：

$$V_1 = \frac{1}{2\underline{g}_1}\tau_1^2 + \frac{1}{2m_1}\tilde{\theta}_1^2 + \frac{1}{2\gamma_1}\tilde{\rho}_1^2 \tag{6.3.12}$$

其中，$m_1 > 0$ 和 $\gamma_1 > 0$ 为设计参数；$\tilde{\theta}_1 = \theta_1 - \hat{\theta}_1$ 和 $\tilde{\rho}_1 = \rho_1 - \hat{\rho}_1$ 分别为 $\hat{\theta}_1$ 和 $\hat{\rho}_1$ 的估计误差，$\hat{\theta}_1$ 和 $\hat{\rho}_1$ 分别为 θ_1 和 ρ_1 的估计值，且满足 $\hat{\theta}_1(0) > 0$，$\hat{\rho}_1(0) > 0$。

由式 (6.3.12)，求 V_1 的导数，可得

$$\dot{V}_1 = \frac{\tau_1}{\underline{g}_1}\left[r + p\left(g_1(x)z_2 + g_1(x)\alpha_1 + f_1(x) + d_1 - \dot{y}_d\right)\right] - \frac{1}{m_1}\tilde{\theta}_1\dot{\hat{\theta}}_1 - \frac{1}{\gamma_1}\tilde{\rho}_1\dot{\hat{\rho}}_1 \tag{6.3.13}$$

有以下不等式成立：

$$pd_1(t) \leqslant |p|\,\bar{d}_1 \leqslant \frac{1}{2}p^2 + \frac{1}{2}\bar{d}_1^2 \tag{6.3.14}$$

结合式 (6.3.14)，式 (6.3.13) 可表示为

$$\dot{V}_1 = \frac{\tau_1}{\underline{g}_1}\left(r + pg_1z_2 + pg_1\alpha_1 + pf_1 + \frac{1}{2}p^2 + \frac{1}{2}\bar{d}_1^2 - p\dot{y}_d\right) - \frac{1}{m_1}\tilde{\theta}_1\dot{\hat{\theta}}_1 - \frac{1}{\gamma_1}\tilde{\rho}_1\dot{\hat{\rho}}_1$$

$$= \frac{\tau_1}{\underline{g}_1}\left(pg_1z_2 + pg_1\alpha_1 + \Lambda_1(Z_1) + \frac{1}{2}\bar{d}_1^2 - p\dot{y}_d\right) - \frac{1}{m_1}\tilde{\theta}_1\dot{\hat{\theta}}_1 - \frac{1}{\gamma_1}\tilde{\rho}_1\dot{\hat{\rho}}_1 \quad (6.3.15)$$

其中，$\Lambda_1(Z_1) = r + pf_1(x) + \frac{1}{2}p^2 - p\dot{y}_d$。由于 $\Lambda_1(Z_1)$ 是未知连续函数，所以利用模糊逻辑系统 $\hat{\Lambda}_1\left(Z_1\middle|\hat{W}_1\right) = \hat{W}_1^{\mathrm{T}}\phi_1(Z_1)$ 逼近 $\Lambda_1(Z_1)$，并假设 $\Lambda_1(Z_1) = W_1^{\mathrm{T}}\phi_1(Z_1) + \delta_1(Z_1)$，其中，$Z_1 = [x_1, x_2, \cdots, x_n, y_d, \dot{y}_d, q, \dot{q}]^{\mathrm{T}}$，$W_1$ 为理想权重，$\delta_1(Z_1)$ 为最小逼近误差。假设 $\delta_1(Z_1)$ 满足 $|\delta_1(Z_1)| \leqslant \zeta_1$，$\zeta_1$ 为正常数。进一步可得

$$\frac{\tau_1}{\underline{g}_1}\Lambda_1(Z_1) = \frac{\tau_1}{\underline{g}_1}\left(W_1^{\mathrm{T}}\phi_1(Z_1) + \delta_1\right) \leqslant \frac{|\tau_1|}{\underline{g}_1}(\|W_1\|\|\phi_1(X_1)\| + \zeta_1) \quad (6.3.16)$$

其中,$X_1 = [x_1]^{\mathrm{T}}$。因为选取的基函数为高斯函数,所以有 $0 < \phi_1^{\mathrm{T}}(X_1)\phi_1(X_1) \leqslant 1$ 成立，则式 (6.3.16) 进一步表示为

$$\begin{aligned}\frac{|\tau_1|}{\underline{g}_1}\|W_1\|\|\phi_1(X_1)\| &\leqslant \frac{\|W_1\|}{\underline{g}_1}\left(\frac{\tau_1^2\phi_1^{\mathrm{T}}(X_1)\phi_1(X_1)}{|z_1|\|\phi_1(X_1)\| + \sigma_1} + \sigma_1\right) \\ &\leqslant \frac{\|W_1\|}{\underline{g}_1}\left(\frac{\tau_1^2}{\sqrt{\tau_1^2\phi_1^{\mathrm{T}}\phi_1 + \sigma_1^2}} + \sigma_1\right) \\ &= \frac{\|W_1\|}{\underline{g}_1}\tau_1\eta_1 + \frac{\|W_1\|}{\underline{g}_1}\sigma_1 \end{aligned} \quad (6.3.17)$$

其中，$\eta_1 = \frac{\tau_1}{\sqrt{\tau_1^2\phi_1^{\mathrm{T}}(X_1)\phi_1(X_1) + \sigma_1^2}}$；$\sigma_1$ 为正可积函数满足 $\lim\limits_{t\to\infty}\int_{t_0}^{t}\sigma_1(s)\mathrm{d}s \leqslant \bar{\sigma}_1 < \infty$，$\bar{\sigma}_1$ 为正常数。

定义 $\theta_1 = \frac{\|W_1\|}{\underline{g}_1}$、$\rho_1 = \frac{\zeta_1 + \frac{1}{2}\bar{d}_1}{\underline{g}_1}$，结合式 (6.3.16)，式 (6.3.17) 可表示为

$$\frac{\tau_1}{\underline{g}_1}\Lambda_1(Z_1) \leqslant \theta_1\tau_1\eta_1 + \theta_1\sigma_1 + \frac{|\tau_1|}{\underline{g}_1}\zeta_1 \quad (6.3.18)$$

将式 (6.3.18) 代入式 (6.3.15)，可得

$$\dot{V}_1 \leqslant \frac{g_1(x)}{\underline{g}_1}p\tau_1z_2 + \frac{g_1(x)}{\underline{g}_1}p\tau_1\alpha_1 + \theta_1\tau_1\eta_1 + \theta_1\sigma_1 + |\tau_1|\rho_1 - \frac{1}{m_1}\tilde{\theta}_1\dot{\hat{\theta}}_1 - \frac{1}{\gamma_1}\tilde{\rho}_1\dot{\hat{\rho}}_1 \quad (6.3.19)$$

设计虚拟控制器和参数自适应律分别如下：

$$\begin{aligned}\alpha_1 &= \frac{1}{p}\left(-K_1\tau_1 - \hat{\theta}_1\eta_1 - \frac{\tau_1\hat{\rho}_1}{\sqrt{\tau_1^2+\sigma_1^2}}\right)\\ \dot{\hat{\theta}}_1 &= m_1\tau_1\eta_1 - \sigma_1\hat{\theta}_1\\ \dot{\hat{\rho}}_1 &= \gamma_1\frac{\tau_1^2}{\sqrt{\tau_1^2+\sigma_1^2}} - \sigma_1\hat{\rho}_1\end{aligned} \tag{6.3.20}$$

其中，$K_1 > 0$ 为设计参数。

将式 (6.3.20) 代入式 (6.3.19)，可得

$$\dot{V}_1 \leqslant -K_1\tau_1^2 + \frac{g_1}{\underline{g}_1}p\tau_1 z_2 + \theta_1\sigma_1 + |\tau_1|\,\rho_1 + \theta_1\sigma_1 - \frac{\tau_1^2\rho_1}{\sqrt{\tau_1^2+\sigma_1^2}} + \frac{\sigma_1}{m_1}\tilde{\theta}_1\hat{\theta}_1 + \frac{\sigma_1}{\gamma_1}\tilde{\rho}_1\hat{\rho}_1 \tag{6.3.21}$$

结合不等式

$$|\tau_1|\,\rho_1 - \frac{\tau_1^2\rho_1}{\sqrt{\tau_1^2+\sigma_1^2}} \leqslant |\tau_1|\,\rho_1 - \frac{\tau_1^2\rho_1}{|\tau_1|+\sigma_1} \leqslant \rho_1\sigma_1 \tag{6.3.22}$$

式 (6.3.21) 可表示为

$$\dot{V}_1 \leqslant -K_1\tau_1^2 + \frac{g_1(x)}{\underline{g}_1}p\tau_1 z_2 + (\theta_1+\rho_1)\,\sigma_1 + \frac{\sigma_1}{m_1}\tilde{\theta}_1\hat{\theta}_1 + \frac{\sigma_1}{\gamma_1}\tilde{\rho}_1\hat{\rho}_1 \tag{6.3.23}$$

第 $i(2 \leqslant i \leqslant n-1)$ 步　根据式 (6.3.11)，求 z_i 的导数，可得

$$\dot{z}_i = g_i(x)(z_{i+1}+\alpha_i) + f_i(x) + d_i - \dot{\alpha}_{i-1} \tag{6.3.24}$$

选择以下李雅普诺夫函数：

$$V_i = V_{i-1} + \frac{1}{2\underline{g}_i}z_i^2 + \frac{1}{2m_i}\tilde{\theta}_i^2 + \frac{1}{2\gamma_i}\tilde{\rho}_i^2 \tag{6.3.25}$$

其中，$m_i > 0$ 和 $\gamma_i > 0$ 为设计参数；$\tilde{\theta}_i = \theta_i - \hat{\theta}_i$ 和 $\tilde{\rho}_i = \rho_i - \hat{\rho}_i$ 分别为 $\hat{\theta}_i$ 和 $\hat{\rho}_i$ 的估计误差，$\hat{\theta}_i$ 和 $\hat{\rho}_i\,(i=2,3,\cdots,n-1)$ 分别为 θ_i 和 ρ_i 的估计值，且满足 $\hat{\theta}_i(0)>0$，$\hat{\rho}_i(0)>0$。

由式 (6.3.25)，求 V_i 的导数，可得

$$\begin{aligned}\dot{V}_i \leqslant &-K_1\varepsilon_1^2 - \sum_{j=2}^{i-1}K_j z_j^2 + \sum_{j=1}^{i-1}(\theta_j+\rho_j)\sigma_j + \sum_{j=1}^{i-1}\frac{\sigma_j}{m_j}\tilde{\theta}_j\hat{\theta}_j\\ &+\sum_{j=1}^{i-1}\frac{\sigma_j}{\gamma_j}\tilde{\rho}_j\hat{\rho}_j + \frac{g_i(x)}{\underline{g}_i}z_i z_{i+1} + \frac{g_i(x)}{\underline{g}_i}z_i\alpha_i + \frac{1}{\underline{g}_i}z_i\varLambda_i(Z_i)\\ &+\frac{z_i}{\underline{g}_i}\left(d_i + \sum_{j=1}^{i-1}\frac{\partial\alpha_{i-1}}{\partial x_j}d_j\right) - \frac{1}{m_i}\tilde{\theta}_i\dot{\hat{\theta}}_i - \frac{1}{\gamma_i}\tilde{\rho}_i\dot{\hat{\rho}}_i\end{aligned} \tag{6.3.26}$$

其中

$$\Lambda_i\left(Z_i\right)=f_i-\bar{\phi}_{i-1}+\frac{g_{i-1}\left(x\right)\underline{g}_i}{\underline{g}_{i-1}}z_{i-1}$$

$$\begin{aligned}\bar{\phi}_{i-1}=&\sum_{j=1}^{i-1}\frac{\partial\alpha_{i-1}}{\partial x_j}\left(g_jx_{j+1}+f_j\left(x\right)\right)\\&+\sum_{j=1}^{i-1}\frac{\partial\alpha_{i-1}}{\partial\hat{\theta}_j}\dot{\hat{\theta}}_j+\sum_{j=1}^{i-1}\frac{\partial\alpha_{i-1}}{\partial\hat{\rho}_j}\dot{\hat{\rho}}_j+\sum_{j=0}^{i-1}\frac{\partial\alpha_{i-1}}{\partial y_d^{(j)}}y_d^{(j+1)}\end{aligned}\tag{6.3.27}$$

由于 $\Lambda_i\left(Z_i\right)$ 是未知连续函数，所以利用模糊逻辑系统 $\hat{\Lambda}_i\left(Z_i\middle|\hat{W}_i\right)=\hat{W}_i^{\mathrm{T}}\phi_i\left(Z_i\right)$ 逼近 $\Lambda_i\left(Z_i\right)$，并假设

$$\Lambda_i\left(Z_i\right)=W_i^{\mathrm{T}}\phi_i\left(Z_i\right)+\delta_i\left(Z_i\right)\tag{6.3.28}$$

其中，$Z_i=\left[x_1,\cdots,x_n,\hat{\theta}_1,\cdots,\hat{\theta}_{i-1},\hat{\rho}_1,\cdots,\hat{\rho}_{i-1},y_d,\cdots,y_d^{(i)}\right]^{\mathrm{T}}$；$W_i$ 为理想权重；$\delta_i\left(Z_i\right)$ 为最小逼近误差。假设 $\delta_i\left(Z_i\right)$ 满足 $\left|\delta_i\left(Z_i\right)\right|\leqslant\zeta_i$，$\zeta_i$ 为正常数。

定义 $\theta_i=\dfrac{\|W_i\|}{\underline{g}_i},\rho_i=\sup\limits_{t\geqslant0}\|D_i\|,D_i=\dfrac{1}{\underline{g}_i}\left[d_i+\delta_i,d_1,\cdots,d_{i-1}\right]^{\mathrm{T}}$。与式 (6.3.18) 推导过程相似，对于 $i=2,3,\cdots,n$，有以下不等式成立：

$$\begin{aligned}&\frac{z_i}{\underline{g}_i}\Lambda_i\left(Z_i\right)\leqslant\theta_iz_i\eta_i+\theta_i\sigma_i+\frac{|z_i|}{\underline{g}_i}\epsilon_i\\&\frac{1}{\underline{g}_i}\left(d_i+\sum_{j=1}^{i-1}\frac{\partial\alpha_{j-1}}{\partial x_j}d_j+\epsilon_i\right)\leqslant\|\vartheta_i\|\,\|D_i\|\leqslant\|\vartheta_i\|\,\rho_i\end{aligned}\tag{6.3.29}$$

其中

$$\begin{aligned}&\eta_i=\frac{z_i}{\sqrt{z_i^2\phi_i^{\mathrm{T}}\left(X_i\right)\phi_i\left(X_i\right)+\sigma_i^2}},\quad X_i=\left[x_1,x_2,\cdots,x_i\right]^{\mathrm{T}}\\&\vartheta_i=\left[1,\frac{\partial\alpha_{i-1}}{\partial x_1},\cdots,\frac{\partial\alpha_{i-1}}{\partial x_{i-1}}\right]^{\mathrm{T}}\end{aligned}\tag{6.3.30}$$

将式 (6.3.30) 代入式 (6.3.26)，可得

$$\begin{aligned}\dot{V}_i\leqslant&-K_1\tau_1^2-\sum_{j=2}^{i-1}K_jz_j^2+\sum_{j=1}^{i-1}(\theta_j+\rho_j)\sigma_j+\sum_{j=1}^{i-1}\frac{\sigma_j}{m_j}\tilde{\theta}_j\hat{\theta}_j+\sum_{j=1}^{i-1}\frac{\sigma_j}{\gamma_j}\tilde{\rho}_j\hat{\rho}_j\\&+\frac{g_i(x)}{\underline{g}_i}z_iz_{i+1}+\frac{g_i(x)}{\underline{g}_i}z_i\alpha_i+\theta_iz_i\eta_i+\theta_i\sigma_i\end{aligned}$$

$$+ z_i \|\vartheta_i\| \rho_i - \frac{1}{m_i}\tilde{\theta}_i\dot{\hat{\theta}}_i - \frac{1}{\gamma_i}\tilde{\rho}_i\dot{\hat{\rho}}_i \tag{6.3.31}$$

设计虚拟控制器和参数自适应律分别如下：

$$\begin{aligned}
\alpha_i &= -K_i z_i - \hat{\theta}_i\eta_i - \frac{z_i\|\vartheta_i\|^2\hat{\rho}_i}{\sqrt{z_i^2\|\vartheta_i\|^2+\sigma_i^2}} \\
\dot{\hat{\theta}}_i &= m_i z_i\eta_i - \sigma_i\hat{\theta}_i \\
\dot{\hat{\rho}}_i &= \gamma_i\frac{z_i^2\|\vartheta_i\|^2}{\sqrt{z_i^2\|\vartheta_i\|^2+\sigma_i^2}} - \sigma_i\hat{\rho}_i
\end{aligned} \tag{6.3.32}$$

其中，$K_i > 0$ 为设计参数；σ_i 为正可积函数满足 $\lim\limits_{t\to\infty}\int_{t_0}^{t}\sigma_i(s)\mathrm{d}s \leqslant \bar{\sigma}_i < \infty$，$\bar{\sigma}_i$ 为正常数。

将式 (6.3.32) 代入式 (6.3.31) 并结合不等式 $|z_i|\|\vartheta_i\|\rho_i - \dfrac{z_i^2\|\vartheta_i\|^2\rho_i}{\sqrt{z_i^2\|\vartheta_i\|^2+\sigma_i^2}} \leqslant \rho_i\sigma_i$，可得

$$\begin{aligned}
\dot{V}_i \leqslant& -K_1\tau_1^2 - \sum_{j=2}^{i}K_j z_j^2 + \sum_{j=1}^{i}(\theta_j+\rho_j)\sigma_j + \sum_{j=1}^{i}\frac{\sigma_j}{m_j}\tilde{\theta}_j\hat{\theta}_j \\
&+ \sum_{j=1}^{i}\frac{\sigma_j}{\gamma_j}\tilde{\rho}_j\hat{\rho}_j + \frac{g_i}{\underline{g}_i}z_i z_{i+1}
\end{aligned} \tag{6.3.33}$$

第 n 步 设计连续控制器和参数自适应律分别如下：

$$\begin{aligned}
v(t) &= -(1+\mu)\left(\alpha_n\tanh\left(\frac{z_n\alpha_n}{\sigma_n}\right) + m'\tanh\left(\frac{z_n m'}{\sigma_n}\right)\right) \\
\dot{\hat{\theta}}_n &= m_n z_n\eta_n - \sigma_n\hat{\theta}_n \\
\dot{\hat{\rho}}_n &= \gamma_n\frac{z_i^2\|\zeta_n\|^2}{\sqrt{z_n^2\|\zeta_n\|^2+\sigma_n^2}} - \sigma_n\hat{\rho}_n
\end{aligned} \tag{6.3.34}$$

其中，$0<\mu<1$、$m' > \dfrac{m}{1-\mu}$ 和 $m>0$ 为设计参数；σ_n 为正可积函数满足 $\lim\limits_{t\to\infty}\int_{t_0}^{t}\sigma_n(s)\mathrm{d}s \leqslant \bar{\sigma}_n < \infty$，$\bar{\sigma}_n$ 为正常数。

定义事件触发误差 $e(t) = v(t) - u(t)$，事件触发条件设计如下：

$$\begin{aligned}
u(t) &= v(t_k), \quad \forall t\in[t_k, t_{k+1}) \\
t_{k+1} &= \inf\{t\in R \,|\, |e(t)| \geqslant \mu|u(t)| + m\}
\end{aligned} \tag{6.3.35}$$

事件触发误差大于阈值时，会将此时间标记为 t_{k+1}，并将控制值 $u(t_{k+1})$ 应用于系统（6.3.1），对于 $t\in[t_k,t_{k+1})$，控制信号保持为常数 $\upsilon(t_k)$。由式（6.3.35）可得存在时变参数 $|\lambda_1(t)|\leqslant 1$、$|\lambda_2(t)|\leqslant 1$、$\lambda_1(t_{k+1})=\lambda_2(t_{k+1})=0$ 使得满足 $\upsilon(t)=(1+\lambda_1(t)\mu)u(t)+\lambda_2(t)m$。

由式 (6.3.11)，可得 z_n 的一阶微分表达式为 $\dot{z}_n=g_n(x)u+f_n(x)+d_n-\dot{\alpha}_{n-1}$。选择如下李雅普诺夫函数：

$$V_n=V_{n-1}+\frac{1}{2\underline{g}_n}z_n^2+\frac{1}{2m_n}\tilde{\theta}_n^2+\frac{1}{2\gamma_n}\tilde{\rho}_n^2 \tag{6.3.36}$$

其中，$m_n>0$ 和 $\gamma_n>0$ 为设计参数；$\tilde{\theta}_n=\theta_n-\hat{\theta}_n$ 和 $\tilde{\rho}_n=\rho_n-\hat{\rho}_n$ 分别为 $\hat{\theta}_n$ 和 $\hat{\rho}_n$ 的估计误差，$\hat{\theta}_n$ 和 $\hat{\rho}_n$ 分别为 θ_n 和 ρ_n 的估计值，且满足 $\hat{\theta}_n(0)>0$，$\hat{\rho}_n(0)>0$。

由式 (6.3.36)，求 V_n 的导数，可得

$$\begin{aligned}\dot{V}_n\leqslant&\dot{V}_{n-1}+\frac{g_n(x)}{\underline{g}_n}z_nu+\frac{1}{\underline{g}_n}z_n\varLambda_n(Z_n)\\&+\frac{z_n}{\underline{g}_n}\left(d_n+\sum_{j=1}^{n-1}\frac{\partial\alpha_{n-1}}{\partial x_j}d_j\right)-\frac{1}{m_n}\tilde{\theta}_n\dot{\hat{\theta}}_n-\frac{1}{\gamma_n}\tilde{\rho}_n\dot{\hat{\rho}}_n\end{aligned} \tag{6.3.37}$$

其中

$$\varLambda_n(Z_n)=f_n-\bar{\phi}_{n-1}+\frac{g_{n-1}(x)\underline{g}_n}{\underline{g}_{n-1}}z_{n-1}$$

$$\begin{aligned}\bar{\phi}_{n-1}=&\sum_{j=1}^{n-1}\frac{\partial\alpha_{n-1}}{\partial x_j}(g_jx_{j+1}+f_j(x))+\sum_{j=1}^{n-1}\frac{\partial\alpha_{n-1}}{\partial\hat{\theta}_j}\dot{\hat{\theta}}_j\\&+\sum_{j=1}^{n-1}\frac{\partial\alpha_{n-1}}{\partial\hat{\rho}_j}\dot{\hat{\rho}}_j+\sum_{j=0}^{n-1}\frac{\partial\alpha_{n-1}}{\partial y_d^{(j)}}y_d^{(j+1)}\end{aligned}$$

由于 $\varLambda_n(Z_n)$ 是未知连续函数，利用模糊逻辑系统 $\hat{\varLambda}_n\left(Z_n\middle|\hat{W}_n\right)=\hat{W}_n^{\mathrm{T}}\phi_n(Z_n)$ 逼近 $\varLambda_n(Z_n)$，并假设 $\varLambda_n(Z_n)=W_n^{\mathrm{T}}\varphi_n(Z_n)+\delta_n(Z_n)$，其中，$Z_n=[x_1,\cdots,x_n,\hat{\theta}_1,\cdots,\hat{\theta}_{n-1},\hat{\rho}_1,\cdots,\hat{\rho}_{n-1},y_d,\cdots,y_d^{(n)}]^{\mathrm{T}}$，$W_n$ 为理想权重，$\delta_n(Z_n)$ 为最小逼近误差。假设 $\delta_n(Z_n)$ 满足 $|\delta_n(Z_n)|\leqslant\zeta_n$，$\zeta_n$ 为正常数。结合式 (6.3.29)，式 (6.3.37) 可表示为

$$\dot{V}_n\leqslant-K_1\tau_1^2-\sum_{j=2}^{n-1}K_jz_j^2+\sum_{j=1}^{n-1}(\theta_j+\rho_j)\sigma_j+\sum_{j=1}^{n-1}\frac{\sigma_j}{m_j}\tilde{\theta}_j\hat{\theta}_j+\sum_{j=1}^{n-1}\frac{\sigma_j}{\gamma_j}\tilde{\rho}_j\hat{\rho}_j$$

$$
\begin{aligned}
&+\theta_n z_n \eta_n+\theta_n \sigma_n+z_n\left\|\vartheta_n\right\| \rho_n+\frac{g_n(x)}{\underline{g}_n} \frac{z_n v(t)}{1+\lambda_1(t) \mu} \\
&-\frac{g_n(x)}{\underline{g}_n} \frac{z_n \lambda_2(t) m}{1+\lambda_1(t) \lambda}-\frac{1}{m_n} \tilde{\theta}_n \dot{\hat{\theta}}_n-\frac{1}{\gamma_n} \tilde{\rho}_n \dot{\hat{\rho}}_n
\end{aligned} \tag{6.3.38}
$$

对于 $\forall a \in \mathbf{R}$，$\varepsilon \geqslant 0$，可得 $-a \tanh \left(\dfrac{a}{\varepsilon}\right)<0$，由式 (6.3.34) 可知 $z_n v(t)<0$。结合定义 $\lambda_1(t) \in[-1,1]$，$\lambda_2(t) \in[-1,1]$，可得以下不等式：

$$
\frac{z_n v(t)}{1+\lambda_1(t) \mu} \leqslant \frac{z_n v}{1+\mu}, \quad\left|\frac{z_n \lambda_2(t) m}{1+\lambda_1(t) \mu}\right| \leqslant \frac{z_n m}{1-\mu} \tag{6.3.39}
$$

结合式 (6.3.39)，式 (6.3.38) 可表示为

$$
\begin{aligned}
\dot{V}_n \leqslant &-K_1 \tau_1^2-\sum_{j=2}^{n-1} K_j z_j^2+\sum_{j=1}^{n-1}\left(\theta_j+\rho_j\right) \sigma_j+\sum_{j=1}^{n-1} \frac{\sigma_j}{m_j} \tilde{\theta}_j \hat{\theta}_j+\sum_{j=1}^{n-1} \frac{\sigma_j}{\gamma_j} \tilde{\rho}_j \hat{\rho}_j \\
&+\theta_n z_n \eta_n+\theta_n \sigma_n+z_n\left\|\vartheta_n\right\| \rho_n-\frac{g_n(x)}{\underline{g}_n} z_n \alpha_n \tanh \left(\frac{z_n \alpha_n}{\sigma_n}\right) \\
&+\frac{g_n(x)}{\underline{g}_n}\left|\frac{z_n m}{1-\mu}\right|-\frac{g_n(x)}{\underline{g}_n} z_n m \tanh \left(\frac{z_n m}{\sigma_n}\right)-\frac{1}{m_n} \tilde{\theta}_n \dot{\hat{\theta}}_n-\frac{1}{\gamma_n} \tilde{\rho}_n \dot{\hat{\rho}}_n
\end{aligned} \tag{6.3.40}
$$

根据引理 0.4.1，可得

$$
\begin{aligned}
\dot{V}_n \leqslant &-K_1 \tau_1^2-\sum_{j=2}^{n-1} K_j z_j^2+\sum_{j=1}^{n-1}\left(\theta_j+\rho_j\right) \sigma_j+\sum_{j=1}^{n-1} \frac{\sigma_j}{m_j} \tilde{\theta}_j \hat{\theta}_j+\sum_{j=1}^{n-1} \frac{\sigma_j}{\gamma_j} \tilde{\rho}_j \hat{\rho}_j \\
&+\theta_n z_n \eta_n+\theta_n \sigma_n+z_n\left\|\vartheta_n\right\| \rho_n+\kappa \sigma_n-\left|z_n \alpha_n\right|+\frac{g_n(x)}{\underline{g}_n} \kappa \sigma_n \\
&-\frac{g_n(x)}{\underline{g}_n}\left|z_n m^{\prime}\right|+\frac{g_n(x)}{\underline{g}_n}\left|\frac{z_n m}{1-\mu}\right|-\frac{1}{m_n} \tilde{\theta}_n \dot{\hat{\theta}}_n-\frac{1}{\gamma_n} \tilde{\rho}_n \dot{\hat{\rho}}_n
\end{aligned} \tag{6.3.41}
$$

选择 $\alpha_n=-K_n z_n-\hat{\theta}_n \eta_n-\dfrac{z_n\left\|\vartheta_n\right\|^2 \hat{\rho}_n}{\sqrt{z_n^2\left\|\vartheta_n\right\|^2+\sigma_n^2}}$，结合式 (6.3.34)、不等式 $\left|\dfrac{z_n m}{1-\mu}\right|-\left|z_n m^{\prime}\right|<0$ 和 $\left|z_n\right|\left\|\vartheta_n\right\| \rho_n-\dfrac{z_n^2\left\|\vartheta_n\right\|^2 \rho_n}{\sqrt{z_n^2\left\|\vartheta_n\right\|^2+\sigma_n^2}} \leqslant \rho_n \sigma_n$，式 (6.3.41) 表示为

$$
\dot{V}_n \leqslant-K_1 \tau_1^2-\sum_{j=2}^n K_j z_j^2+\sum_{j=1}^n\left(\theta_j+\rho_j\right) \sigma_j+\sum_{j=1}^n \frac{\rho_j+\theta_j}{4} \sigma_j+\sigma_n\left(\kappa+\frac{\bar{g}_n}{\underline{g}_n \kappa}\right)
$$

$$= -K_1\tau_1^2 - \sum_{j=2}^{n} K_j z_j^2 + \sum_{j=1}^{n} \sigma_j\omega_j \tag{6.3.42}$$

其中

$$\begin{aligned}
\omega_j &= \frac{\rho_j+\theta_j}{4}\sigma_j + \theta_j + \rho_j, \quad j=1,2,\cdots,n-1 \\
\omega_n &= \kappa + \frac{\bar{g}_n}{\underline{g}_n}\kappa + \frac{\rho_n+\theta_n}{4}\sigma_n + \theta_n + \rho_n
\end{aligned} \tag{6.3.43}$$

6.3.3 稳定性与收敛性分析

下面的定理给出了所设计的模糊自适应控制方法具有的性质。

定理 6.3.1 针对具有不确定扰动的非严格反馈非线性系统 (6.3.1)，假设 6.3.1 成立。如果采用控制器 (6.3.34)，虚拟控制器和参数自适应律 (6.3.20) 和 (6.3.32)，则总体控制方案具有如下性能：

(1) 闭环系统中所有信号有界；

(2) 输出信号可以跟踪上参考信号且跟踪误差在预先设定的边界内渐近收敛到零；

(3) 能够避免 Zeno 行为。

证明 对式 (6.3.44) 从 t_0 到 t 积分，可得

$$\begin{aligned}
V_n(t) &\leqslant V_n(t_0) - K_1\int_{t_0}^{t}\tau_1^2\mathrm{d}s - \sum_{j=2}^{n}K_j\int_{t_0}^{t}z_j^2\mathrm{d}s + \sum_{j=1}^{n}v_j\int_{t_0}^{t}\sigma_j(s)\,\mathrm{d}s \\
&\leqslant V_n(t_0) + \sum_{j=1}^{n}v_j\bar{\sigma}_j = A
\end{aligned} \tag{6.3.44}$$

由式 (6.3.25)、式 (6.3.36) 和式 (6.3.42)，可得

$$|\tilde{\theta}_i| \leqslant \sqrt{2m_iA}, \quad |\tilde{\rho}_i| \leqslant \sqrt{2\gamma_iA}, \quad z_i^2 \leqslant A \tag{6.3.45}$$

通过选择如式 (6.3.6) 所示的函数 $T(\cdot)$，可得 τ_1 是有界的。通过式 (6.3.42) 和式 (6.3.45)，可得 V_n 是有界的。因此，信号 z_i、$\tilde{\theta}_i$ 和 $\tilde{\rho}_i$ 是有界的。根据 $\tilde{\theta}_i = \theta_i - \hat{\theta}_i$、$\tilde{\rho}_i = \rho_i - \hat{\rho}_i$，可以推断 $\hat{\theta}_i$、$\hat{\rho}_i$、θ_i 和 ρ_i 都是有界的。由于 τ_1 是有界的，以及不等式 $-q(t) < e_1(t) < q(t)$，可得误差信号 $e_1(t)$ 是有界的。结合式 (6.3.3) 和有界信号 y_d，可得 x_1 和 α_1 是有界的。通过递归方法可得 x_i 是有界的，系统内的所有闭环信号的有界的。

当时间 $t\to\infty$ 时，式 (6.3.44) 可表示为

$$\lim_{t\to\infty} K_1\int_{t_0}^{t}\tau_1^2\mathrm{d}s \leqslant V_n(t_0) + \sum_{j=1}^{n}v_j\bar{\sigma}_j \tag{6.3.46}$$

根据上述有界性的分析，可以知道 τ_1 是一致有界和连续的。因此，通过应用 Barbalat 引理可得

$$\lim_{t\to\infty}\tau_1^2=0 \tag{6.3.47}$$

由式 (6.3.34)，可得 $\lim\limits_{t\to\infty}\tau_1=0$。由于函数 $T(\cdot)$ 的递增性和 $T(0)=0$，可得 $\lim\limits_{t\to\infty}e_1(t)=0$。同理，可得 $\lim\limits_{t\to\infty}z_j=0, j=2,3,\cdots,n$。跟踪误差的渐近收敛性可以实现。

假设存在 $t^*>0$，使得对于 $\forall k\in\mathbf{Z}^+$ 都有 $t_{k+1}-t_k\geqslant t^*$。由于对于 $\forall t\in[t_k,t_{k+1})$，有 $e(t)=v(t)-u(t)$，则下列不等式成立：

$$\frac{\mathrm{d}}{\mathrm{d}t}|e|=\operatorname{sign}(e)\,\dot{e}\leqslant|\dot{v}| \tag{6.3.48}$$

可得 $\dot{v}$ 是 α_n 和 z_n 的函数，因为 α_n 和 z_n 是有界的，所以信号 $\dot{v}$ 是有界的。由于 $\dot{v}$ 是连续的，所以存在一个常数 $\bar{v}$ 使得 $|\dot{v}|\leqslant\bar{v}$。此外，$e(t_k)=0$，$\lim\limits_{t\to t_{k+1}}e(t_{k+1})=m$，可得事件触发时间间隔 t^* 的下界为 $t^*\geqslant\dfrac{m}{\bar{v}}$。因此，避免了 Zeno 行为。

6.3.4 仿真

例 6.3.1 考虑以下三阶非线性系统：

$$\begin{aligned}
\dot{x}_1&=0.5\cos(x_1)+x_2+0.05\sin(x_2)+\sin(x_1)\\
\dot{x}_2&=x_3-x_2-10\sin(x_1)\\
\dot{x}_3&=10u-2x_2-10x_3\\
y&=x_1
\end{aligned} \tag{6.3.49}$$

选取隶属度函数为

$$\begin{aligned}
&\mu_{F_i^1}(x_i)=\exp\left[-\frac{(x_i+2)^2}{4}\right],\quad \mu_{F_i^2}(x_i)=\exp\left[-\frac{(x_i+1)^2}{4}\right]\\
&\mu_{F_i^3}(x_i)=\exp\left[-\frac{x_i^2}{4}\right],\quad \mu_{F_i^4}(x_i)=\exp\left[-\frac{(x_i-1)^2}{4}\right]\\
&\mu_{F_i^5}(x_i)=\exp\left[-\frac{(x_i-2)^2}{4}\right]\\
&i=1,2
\end{aligned}$$

在仿真中，选取设计参数为 $m=0.5$、$m'=1$、$\delta=0.5$、$m_1=m_2=m_3=\gamma_1=\gamma_2=\gamma_3=1$、$\sigma_1=2\mathrm{e}^{-0.6t}$、$\sigma_2=10\mathrm{e}^{-0.05t}$、$\sigma_3=2\mathrm{e}^{-0.05t}$。

选择状态变量及参数的初始值为 $x(0)=[0.5,0.5,-0.8]^{\mathrm{T}}$、$\hat{\theta}(0)=[7,8,9]^{\mathrm{T}}$、$\hat{\rho}(0)=[7,8,9]^{\mathrm{T}}$。规定的误差边界选择为 $q(t)=2.5\mathrm{e}^{-0.1t}+0.2$。为了平衡系统的

跟踪性能和闭环信号的有界性，K_1、K_2 和 K_3 的值可设置为 $K_1 = 19$、$K_2 = 2$ 和 $K_3 = 10$。

仿真结果如图 6.3.1 ～图 6.3.4 所示。

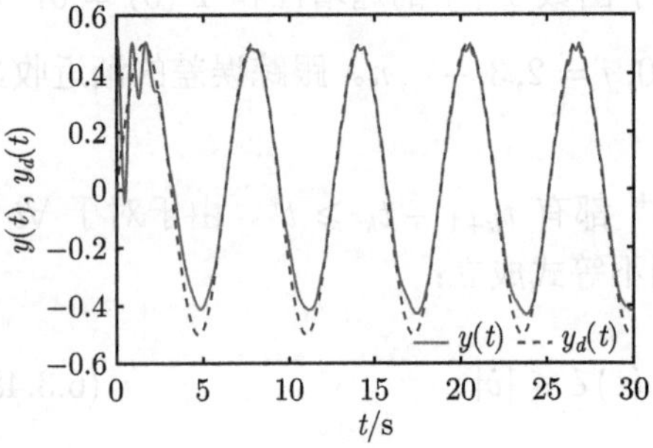

图 6.3.1　输出 $y(t)$ 和参考信号 $y_d(t)$ 的轨迹

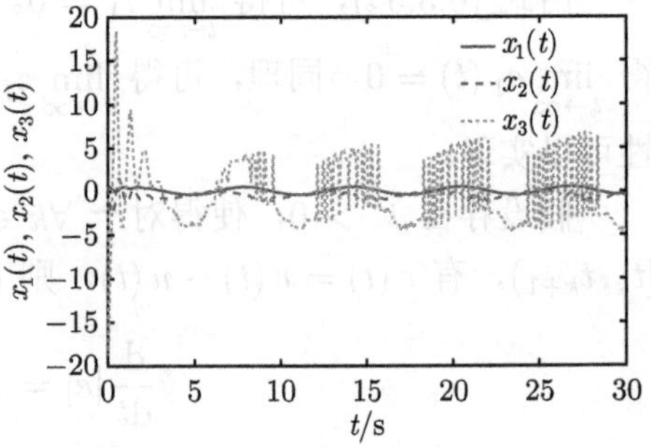

图 6.3.2　状态 $x_1(t)$、$x_2(t)$ 和 $x_3(t)$ 的轨迹

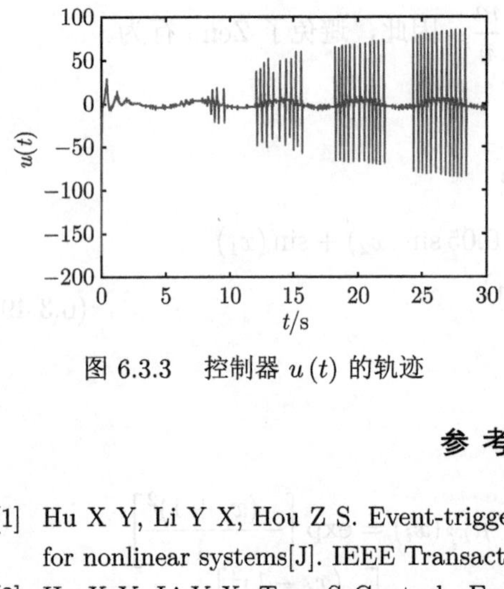

图 6.3.3　控制器 $u(t)$ 的轨迹

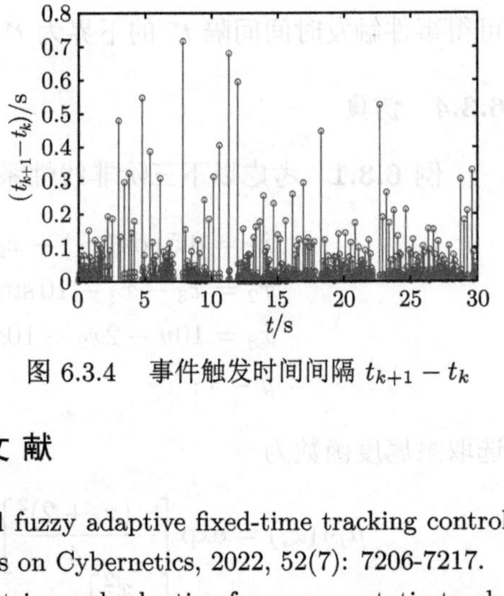

图 6.3.4　事件触发时间间隔 $t_{k+1} - t_k$

参 考 文 献

[1] Hu X Y, Li Y X, Hou Z S. Event-triggered fuzzy adaptive fixed-time tracking control for nonlinear systems[J]. IEEE Transactions on Cybernetics, 2022, 52(7): 7206-7217.

[2] Hu X Y, Li Y X, Tong S C, et al. Event-triggered adaptive fuzzy asymptotic tracking control of nonlinear pure-feedback systems with prescribed performance[J]. IEEE Transactions on Cybernetics, 2023, 53(4): 2380-2390.

[3] Li Y X. Finite time command filtered adaptive fault tolerant control for a class of uncertain nonlinear systems[J]. Automatica, 2019, 106: 117-123.

[4] Li Y M, Li K W, Tong S C. Finite-time adaptive fuzzy output feedback dynamic surface control for MIMO nonstrict feedback systems[J]. IEEE Transactions on Fuzzy Systems, 2019, 27(1): 96-110.

[5] Chen M, Wang H Q, Liu X P. Adaptive fuzzy practical fixed-time tracking control of nonlinear systems[J]. IEEE Transactions on Fuzzy Systems, 2021, 29(3): 664-673.

[6] Zhang C H, Yang G H. Event-triggered practical finite-time output feedback stabilization of a class of uncertain nonlinear systems[J]. International Journal of Robust and Nonlinear Control, 2019, 29(10): 3078-3092.

[7] Ge S S, Wang C. Adaptive NN control of uncertain nonlinear pure-feedback systems[J]. Automatica, 2002, 38(4): 671-682.

[8] Sui S, Philip Chen C L, Tong S C. Event-trigger-based finite-time fuzzy adaptive control for stochastic nonlinear system with unmodeled dynamics[J]. IEEE Transactions on Fuzzy Systems, 2021, 29(7): 1914-1926.

[9] Li Y, Tong S. Adaptive fuzzy control with prescribed performance for block-triangular-structured nonlinear systems[J]. IEEE Transactions on Fuzzy Systems, 2018, 26(3): 1153-1163.

[10] Deng C, Che W W, Wu Z G. A dynamic periodic event-triggered approach to consensus of heterogeneous linear multiagent systems with time-varying communication delays[J]. IEEE Transactions on Cybernetics, 2021, 51(4): 1812-1821.

[11] Xing L T, Wen C Y, Liu Z T, et al. Event-triggered adaptive control for a class of uncertain nonlinear systems[J]. IEEE Transactions on Automatic Control, 2017, 62(4): 2071-2076.

[12] Li Z F, Li T S, Feng G, et al. Neural network-based adaptive control for pure-feedback stochastic nonlinear systems with time-varying delays and dead-zone input[J]. IEEE Transactions on Systems, Man, and Cybernetics: Systems, 2020, 50(12): 5317-5329.

[13] Gu Z, Shi P, Yue D, et al. Decentralized adaptive event-triggered H_∞ filtering for a class of networked nonlinear interconnected systems[J]. IEEE Transactions on Cybernetics, 2018, 49(5): 1570-1579.

第 7 章　非线性系统的智能自适应事件触发优化控制

第 1~6 章针对不确定非线性系统，介绍了智能自适应事件触发控制设计方法。本章在前几章的基础上，介绍智能自适应事件触发优化控制设计方法。本章内容主要基于文献 [1] 和 [2]。

7.1　随机非线性系统的动态事件触发强化学习控制

本节针对一类不确定随机非线性系统，利用识别-评判-执行结构强化学习和反步递推技术，结合动态事件触发机制，介绍一种模糊自适应事件触发优化控制方法，并给出控制系统的稳定性和收敛性分析。类似的模糊/神经网络自适应反步递推控制方法可参见文献 [2]~[5]。

7.1.1　系统模型及控制问题描述

考虑如下一类不确定随机非线性系统：

$$\begin{aligned}
&\mathrm{d}x_i=\left(x_{i+1}+f_i\left(\bar{x}_i\right)\right)\mathrm{d}t+q_i^{\mathrm{T}}\left(\bar{x}_i\right)\mathrm{d}\left(t\right),\quad i=1,2,\cdots,n-1\\
&\mathrm{d}x_n=\left(u+f_n\left(\bar{x}_n\right)\right)\mathrm{d}t+q_n^{\mathrm{T}}\left(\bar{x}_n\right)\mathrm{d}w\left(t\right)\\
&y=x_1
\end{aligned}\tag{7.1.1}$$

其中，$\bar{x}_i=[x_1,x_2,\cdots,x_i]^{\mathrm{T}}\in\mathbf{R}^i(i=1,2,\cdots,n)$ 为状态向量；$u\in\mathbf{R}$ 和 $y\in\mathbf{R}$ 分别为系统的输入和输出；$f_i\left(\bar{x}_i\right)\in\mathbf{R}^n$ 和 $q_i\left(\bar{x}_i\right)\in\mathbf{R}^m$ 为未知连续函数，且满足 $f_i\left(0\right)=0$ 和 $q_i\left(0\right)=0$。

假设 7.1.1[6]　模糊隶属度函数 $\varphi_i(x_i)(i=1,2,\cdots,n)$ 满足局部利普希茨连续条件，即

$$\left|\varphi_i\left(x_i\right)-\varphi_i\left(\tilde{x}_i\right)\right|\leqslant L_{\varphi_i}\left\|x_i-\tilde{x}_i\right\|\tag{7.1.2}$$

其中，L_{φ_i} 为已知的利普希茨常数。

假设 7.1.2[7]　参考信号 y_d 及其导数 $\dot{y}_d$ 是连续并且有界的，满足 $|y_d|\leqslant Y_0$ 和 $|\dot{y}_d|\leqslant Y_1$，其中 Y_0 和 Y_1 为正常数。

控制目标　针对非线性系统 (7.1.1)，基于强化学习理论，设计一种事件触发优化控制算法，使得：

(1) 系统输出 y 跟踪参考信号 y_d；

(2) 闭环系统的所有信号半全局一致最终有界；

(3) 能够避免 Zeno 行为。

7.1.2　模糊自适应反步递推事件触发优化控制设计

定义如下坐标转换：

$$z_1 = x_1 - y_d \tag{7.1.3}$$

$$z_i = x_i - \alpha_{i-1}, \quad i = 2, 3, \cdots, n \tag{7.1.4}$$

其中，z_i 为误差变量；α_{i-1} 为虚拟控制器。基于上面的坐标变换，n 步模糊自适应反步递推控制设计过程如下。

第 1 步　由式 (7.1.3) 和 Itô 法则，可得

$$\mathrm{d}z_1(t) = (x_2(t) + f_1(x_1) - \dot{y}_d(t))\,\mathrm{d}t + q_1^{\mathrm{T}}(x_1)\,\mathrm{d}w \tag{7.1.5}$$

令 α_1 表示虚拟控制器，α_1^* 表示最优虚拟控制器。性能指标函数表示为

$$J_1(z_1) = \int_t^{\infty} c_1(z_1(s), \alpha_1(z_1(s)))\,\mathrm{d}s \tag{7.1.6}$$

其中，$c_1(z_1, \alpha_1) = z_1^2(t) + \alpha_1^2(z_1)$ 为成本函数。可以得到如下优化性能指标函数：

$$\begin{aligned} J_1^*(z_1) &= \min_{\alpha_1 \in q(\Omega)} \left(\int_t^{\infty} c_1(z_1(s), \alpha_1(z_1(s)))\,\mathrm{d}s \right) \\ &= \int_t^{\infty} c_1(z_1(s), \alpha_1^*(z_1(s)))\,\mathrm{d}s \end{aligned} \tag{7.1.7}$$

其中，Ω 为一个预定义的紧集，包含原点和参考信号 y_d。

将 x_2 视为理想的最优虚拟控制器 α_1^*，即 $x_2 \overset{\mathrm{def}}{=\!=} \alpha_1^*$。构造 HJB 方程为

$$\begin{aligned} H_1\left(z_1, \alpha_1^*, \frac{\mathrm{d}J_1^*}{\mathrm{d}z_1}\right) &= \frac{\mathrm{d}J_1^*}{\mathrm{d}z_1}\left(\alpha_1^* + f_1(x_1) + q_1^{\mathrm{T}}(x_1)\frac{\mathrm{d}w}{\mathrm{d}t} - \dot{y}_d(t)\right) \\ &\quad + \frac{1}{2}\frac{\mathrm{d}^2 J_1^*}{\mathrm{d}z_1^2} q_1^{\mathrm{T}}(x_1)\, q_1(x_1) + z_1^2 + \alpha_1^{*2} = 0 \end{aligned} \tag{7.1.8}$$

通过求解 $\partial H_1 / \partial \alpha_1^* = 0$，可以得到最优虚拟控制器为

$$\alpha_1^* = -\frac{1}{2}\frac{\mathrm{d}J_1^*(z_1)}{\mathrm{d}z_1} \tag{7.1.9}$$

第 $i\,(2 \leqslant i \leqslant n-1)$ 步　根据式 (7.1.4) 和 Itô 公式，可得

$$\mathrm{d}z_i(t) = (x_{i+1}(t) + f_i(\bar{x}_i) - \mathcal{L}\alpha_{i-1})\,\mathrm{d}t + q_i^{o\mathrm{T}}\mathrm{d}w \tag{7.1.10}$$

其中，$q_i^o = q_i(\bar{x}_i) - \dfrac{\partial \alpha_{i-1}}{\partial z_{i-1}} q_{i-1}^o - \sum_{j=1}^{i-1} \dfrac{\partial \alpha_{i-1}}{\partial x_j} q_j(\bar{x}_j)$。

令 α_i 表示虚拟控制器，α_i^* 表示最优虚拟控制器。性能函数表示为

$$J_i(z_i) = \int_t^{\infty} c_i(z_i(s), \alpha_i(z_i(s)))\,\mathrm{d}s \tag{7.1.11}$$

其中，$c_i(z_i, \alpha_i) = \alpha_i^2(z_i) + z_i^2(t)$ 为成本函数。根据最优控制原理，可以得到以下最优性能指标函数：

$$J_i^*(z_i) = \min_{\alpha_i \in q(\Omega)} \left(\int_t^{\infty} c_i(z_i(s), \alpha_i(z_i(s)))\,\mathrm{d}s \right) = \int_t^{\infty} c_i(z_i(s), \alpha_i^*(z_i(s)))\,\mathrm{d}s \tag{7.1.12}$$

将 $x_{i+1}(t)$ 视为理想的最优虚拟控制器 α_i^*，即 $x_{i+1} \overset{\text{def}}{=\!=} \alpha_i^*$。构造 HJB 方程为

$$\begin{aligned} H_i\left(z_i, \alpha_i^*, \frac{\mathrm{d}J_i^*}{\mathrm{d}z_i}\right) &= z_i^2 + \alpha_i^{*2} + \frac{1}{2}\frac{\mathrm{d}^2 J_i^*}{\mathrm{d}z_i^2} q_i^{o\mathrm{T}} q_i^o \\ &\quad + \frac{\mathrm{d}J_i^*}{\mathrm{d}z_i}\left(\alpha_i^* + f_i(x_i) - \mathcal{L}\alpha_{i-1} + q_i^{oT}\frac{\mathrm{d}w}{\mathrm{d}t}\right) = 0 \end{aligned} \tag{7.1.13}$$

最优虚拟控制器 α_i^* 可以通过求解 $\partial H_i / \partial \alpha_i^* = 0$ 得到，即

$$\alpha_i^* = -\frac{1}{2}\frac{\mathrm{d}J_i^*(z_i)}{\mathrm{d}z_i} \tag{7.1.14}$$

第 n 步 由式 (7.1.1) 和式 (7.1.4)，可得

$$\mathrm{d}z_n(t) = (u + f_n(\bar{x}_n) - \mathcal{L}\alpha_{n-1})\,\mathrm{d}t + q_n^{o\mathrm{T}}\mathrm{d}w \tag{7.1.15}$$

其中，$q_n^o = q_n(\bar{x}_n) - \dfrac{\partial \alpha_{n-1}}{\partial z_{n-1}} q_{n-1}^o - \sum_{j=1}^{n-1} \dfrac{\partial \alpha_{j-1}}{\partial x_j} q_j(\bar{x}_j)$。

定义性能指标函数为

$$J_n(z_n) = \int_t^{\infty} c_n(z_n(s), u(z_n(s)))\,\mathrm{d}s \tag{7.1.16}$$

其中，$c_n(z_n, u(z_n)) = u^2(z_n) + z_n^2(t)$ 为成本函数。令 u^* 表示最优控制器，则最优性能指标函数为

$$J_n^*(z_n) = \min_{u \in q(\Omega)} \left(\int_t^{\infty} c_n(z_n(s), u(z_n(s)))\,\mathrm{d}s \right)$$

$$= \int_t^{\infty} c_n\left(z_n\left(s\right), u^*\left(z_n\left(s\right)\right)\right) \mathrm{d}s \tag{7.1.17}$$

HJB 方程最终表示为

$$H_n\left(z_n, u^*, \frac{\mathrm{d}J_n^*}{\mathrm{d}z_n}\right) = u^{*2} + z_n^2 + \frac{1}{2}\frac{\mathrm{d}^2 J_n^*}{\mathrm{d}z_n^2} q_n^{o\mathrm{T}} q_n^o + \frac{\mathrm{d}J_n^*}{\mathrm{d}z_n}\left(u^* + f_n\left(x_n\right) - \mathcal{L}\alpha_{n-1} + q_n^{oT}\frac{\mathrm{d}w}{\mathrm{d}t}\right) = 0 \tag{7.1.18}$$

通过求解 $\partial H_n/\partial u^* = 0$，可得最优控制器 u^* 为

$$u^* = -\frac{1}{2}\frac{\mathrm{d}J_n^*\left(z_n\right)}{\mathrm{d}z_n} \tag{7.1.19}$$

由于梯度项 $\mathrm{d}J_n^*(z_n)/\mathrm{d}z_n$ 的非线性特性，最优控制器不能直接使用。因此，构造识别-评判-执行网络结构的强化学习算法来设计可用的优化控制器。识别网络、评判网络和执行网络分别用来逼近不确定非线性动态、评估控制性能、执行控制任务。

构造识别-评判-执行结构，对第 $i\,(1 \leqslant i \leqslant n)$ 步，将 $\mathrm{d}J_i^*\left(z_i\right)/\mathrm{d}z_i$ 分解如下：

$$\frac{\mathrm{d}J_i^*\left(z_i\right)}{\mathrm{d}z_i} = 2\vartheta_i z_i\left(t\right) + 2h_i\left(X_i\right) + J_i^o\left(X_i\right) \tag{7.1.20}$$

其中，$\vartheta_i > 0$ 和 $\beta_i > 0$ 为设计参数，且

$$h_i\left(X_i\right) = \bar{f}_i\left(X_i\right) + \tau_i z_i\left(t\right)\left\|q_i\left(x_i\right)\right\|^4 + \frac{1}{4\beta_i}z_i^3\left(t\right) \tag{7.1.21}$$

$$J_i^o\left(X_i\right) = -2\vartheta_i z_i\left(t\right) - 2h_i\left(X_i\right) + \frac{\mathrm{d}J_i^*\left(z_i\right)}{\mathrm{d}z_i} \tag{7.1.22}$$

其中，$\bar{f}_1\left(X_1\right) = f_1\left(x_1\right) - \dot{y}_d$，$X_1 = \left[x_1, y_d\right]^{\mathrm{T}}$；$\bar{f}_i\left(X_i\right) = f_i\left(\bar{x}_i\right) - \mathcal{L}\alpha_{i-1}$；$X_i = \left[\bar{x}_i, \hat{\xi}_{h1}, \cdots, \hat{\xi}_{h,i-1}, \hat{\xi}_{a1}, \cdots, \hat{\xi}_{a,i-1}\right]^{\mathrm{T}}$，$i = 2, 3, \cdots, n$；$\hat{\xi}_{hi}$ 和 $\hat{\xi}_{ai}$ 为模糊逻辑系统权重估计；$\tau_i > 0$ 为一个已知调节参数。

为了简化计算过程，令 $u^* = \alpha_n^*$，最优虚拟控制器重构为

$$\alpha_i^* = -\vartheta_i z_i\left(t\right) - h_i\left(X_i\right) - \frac{1}{2}J_i^o\left(X_i\right) \tag{7.1.23}$$

由于 $h_i(X_i)$ 和 $J_i^o(X_i)$ 是未知连续函数，利用模糊逻辑系统 $\hat{h}_i\left(X_i\middle|\hat{\xi}_{hi}\right)=\hat{\xi}_{hi}^{\mathrm{T}}\varphi_{hi}(X_i)$ 和 $\hat{J}_i^o\left(X_i\middle|\hat{\xi}_{Ji}\right)=\hat{\xi}_{Ji}^{\mathrm{T}}\varphi_{Ji}(X_i)$ 逼近 $h_i(X_i)$ 和 $J_i^o(X_i)$，并假设

$$h_i(X_i)=\xi_{hi}^{*\mathrm{T}}\varphi_{hi}(X_i)+\epsilon_{hi}(X_i) \tag{7.1.24}$$

$$J_i^o(X_i)=\xi_{Ji}^{*\mathrm{T}}\varphi_{Ji}(X_i)+\epsilon_{Ji}(X_i) \tag{7.1.25}$$

其中，ξ_{hi}^* 和 ξ_{Ji}^* 为理想权重；$\epsilon_{hi}(X_i)$ 和 $\epsilon_{Ji}(X_i)$ 为最小逼近误差。假设 $\epsilon_{hi}(X_i)$ 和 $\epsilon_{Ji}(X_i)$ 满足 $|\epsilon_{hi}(X_i)|\leqslant\bar{\epsilon}_{hi}$ 和 $|\epsilon_{Ji}(X_i)|\leqslant\bar{\epsilon}_{Ji}$，$\bar{\epsilon}_{hi}$ 和 $\bar{\epsilon}_{Ji}$ 为正常数。

因此，结合式 (7.1.20)、式 (7.1.23) ~ 式 (7.1.25)，可得

$$\frac{\mathrm{d}J_i^*(z_i)}{\mathrm{d}z_i}=2\vartheta_i z_i(t)+2\xi_{hi}^{*\mathrm{T}}\varphi_{hi}(X_i)+\xi_{Ji}^{*\mathrm{T}}\varphi_{Ji}(X_i)+\epsilon_i \tag{7.1.26}$$

$$\alpha_i^*=-\vartheta_i z_i(t)-\xi_{hi}^{*\mathrm{T}}\varphi_{hi}(X_i)-\frac{1}{2}\xi_{Ji}^{*\mathrm{T}}\varphi_{Ji}(X_i)-\frac{1}{2}\epsilon_i \tag{7.1.27}$$

其中，$\epsilon_i=2\epsilon_{hi}+\epsilon_{Ji}$。

由于理想权向量 ξ_{hi}^* 和 ξ_{Ji}^* 是未知的，不能直接使用最优虚拟控制器 (7.1.27)。要获得有效的最优虚拟控制器，可通过以下模糊逻辑系统设计识别-评判-执行网络结构强化学习算法。

为了评估控制性能，评判网络根据式 (7.1.26) 构造如下：

$$\frac{\mathrm{d}\hat{J}_i^*(z_i)}{\mathrm{d}z_i}=2\vartheta_i z_i(t)+2\hat{\xi}_{hi}^{\mathrm{T}}\varphi_{hi}(X_i)+\hat{\xi}_{ci}^{\mathrm{T}}\varphi_{Ji}(X_i) \tag{7.1.28}$$

其中，$\mathrm{d}\hat{J}_i^*(z_i)/\mathrm{d}z_i$ 为 $\mathrm{d}J_i^*(z_i)/\mathrm{d}z_i$ 的估计值；$\hat{\xi}_{ci}$ 为评判网络中理想权重的估计值。

根据式 (7.1.27)，执行网络构造如下：

$$\alpha_i=-\vartheta_i z_i(t)-\hat{\xi}_{hi}^{\mathrm{T}}\varphi_{hi}(X_i)-\frac{1}{2}\hat{\xi}_{ai}^{\mathrm{T}}\varphi_{Ji}(X_i) \tag{7.1.29}$$

其中，$\hat{\xi}_{ai}$ 为执行网络中理想权重的估计值。

设计识别网络、评判网络和执行网络的参数自适应律分别为

$$\dot{\hat{\xi}}_{hi}(t)=\varphi_{hi}(X_i)z_i^3(t)-\sigma_i\hat{\xi}_{hi}(t) \tag{7.1.30}$$

$$\dot{\hat{\xi}}_{ci}(t)=-\vartheta_{ci}\varphi_{Ji}(X_i)\varphi_{Ji}^{\mathrm{T}}(X_i)\hat{\xi}_{ci}(t) \tag{7.1.31}$$

$$\dot{\hat{\xi}}_{ai}(t)=-\varphi_{Ji}(X_i)\varphi_{Ji}^{\mathrm{T}}(X_i)\left[\vartheta_{ai}(\hat{\xi}_{ai}(t)-\hat{\xi}_{ci}(t))+\vartheta_{ci}\hat{\xi}_{ci}(t)\right] \tag{7.1.32}$$

其中，σ_i、ϑ_i、ϑ_{ai} 和 ϑ_{ci} 是设计参数，且满足 $\sigma_i > 0$、$\vartheta_i > 3$、$\vartheta_{ai} > \dfrac{\beta_i}{2}$ 和 $\vartheta_{ci} > \dfrac{\vartheta_{ai}}{2}$。

注释 7.1.1　$\dot{\hat{\xi}}_{ci}(t)$ 和 $\dot{\hat{\xi}}_{ai}(t)$ 的详细推导过程如下。

结合式 (7.1.28) 和式 (7.1.29)，近似 HJB 方程可以推导为

$$
\begin{aligned}
&H_i\left(z_i,\alpha_i,\frac{\mathrm{d}\hat{J}_i^*(z_i)}{\mathrm{d}z_i}\right)\\
&=z_i^2+\left(-\vartheta_i z_i(t)-\hat{\xi}_{hi}^{\mathrm{T}}\varphi_{hi}(X_i)-\frac{1}{2}\hat{\xi}_{ai}^{\mathrm{T}}\varphi_{Ji}(X_i)\right)^2\\
&\quad+\left(2\vartheta_i z_i(t)+2\hat{\xi}_{hi}^{\mathrm{T}}\varphi_{hi}(X_i)+\hat{\xi}_{ci}^{\mathrm{T}}\varphi_{Ji}(X_i)\right)\\
&\quad\times\left(-\vartheta_i z_i(t)-\hat{\xi}_{hi}^{\mathrm{T}}\varphi_{hi}2\vartheta_i z_i(t)+2\hat{\xi}_{hi}^{\mathrm{T}}\varphi_{hi}(X_i)+\hat{\xi}_{ci}^{\mathrm{T}}\varphi_{Ji}(X_i)\right.\\
&\quad-\frac{1}{2}\hat{\xi}_{ai}^{\mathrm{T}}\varphi_{Ji}2\vartheta_i z_i(t)+2\hat{\xi}_{hi}^{\mathrm{T}}\varphi_{hi}(X_i)\\
&\quad\left.+\hat{\xi}_{ci}^{\mathrm{T}}\varphi_{Ji}(X_i)+\bar{f}_i(X_i)+q_i^{\mathrm{T}}(x_i)\frac{\mathrm{d}w}{\mathrm{d}t}\right)+\frac{1}{2}\frac{\mathrm{d}^2J_i^*}{\mathrm{d}z_i^2}\|q_i(x_i)\|^2
\end{aligned}
\tag{7.1.33}
$$

定义贝尔曼残差 $\varDelta_i$ 为

$$
\varDelta_i=H_i\left(z_i,\alpha_i,\frac{\mathrm{d}\hat{J}_i^*(z_i)}{\mathrm{d}z_i}\right)-H_i\left(z_i,\alpha_i^*,\frac{\mathrm{d}\hat{J}_i^*(z_i)}{\mathrm{d}z_i}\right)=H_i\left(z_i,\alpha_i,\frac{\mathrm{d}\hat{J}_i^*(z_i)}{\mathrm{d}z_i}\right)
\tag{7.1.34}
$$

根据上述分析，优化虚拟控制器 α_i 需要满足 $\varDelta_i\to 0$。如果 $H_i\left(z_i,\alpha_i,\dfrac{\mathrm{d}\hat{J}_i^*(z_i)}{\mathrm{d}z_i}\right)=0$ 具有唯一解，可得

$$
\partial H_i\left(z_i,\alpha_i,\frac{\mathrm{d}\hat{J}_i^*(z_i)}{\mathrm{d}z_i}\right)\bigg/\partial\hat{\xi}_{ai}=\frac{1}{2}\varphi_{Ji}\varphi_{Ji}^{\mathrm{T}}\left(\hat{\xi}_{ai}-\hat{\xi}_{ci}\right)=0
\tag{7.1.35}
$$

为确保所提参数自适应律满足式 (7.1.35)，定义非负函数 $\varrho_i(t)=\mathrm{tr}\left(\left[\hat{\xi}_{ai}-\hat{\xi}_{ci}\right]^{\mathrm{T}}\cdot\left[\hat{\xi}_{ai}-\hat{\xi}_{ci}\right]\right)$。因此，$\varrho_i(t)=0$ 等同于式 (7.1.35)。由 $\partial\varrho_i/\partial\hat{\xi}_{ai}=-\partial\varrho_i/\partial\hat{\xi}_{ci}=$

$2\left(\hat{\xi}_{ai}-\hat{\xi}_{ci}\right)$，通过对 $\varrho_i(t)$ 使用梯度下降法得到参数自适应律 (7.1.31) 和 (7.1.32)。

根据式 (7.1.31) 和式 (7.1.32) 求 $\varrho_i(t)$ 的导数，可得

$$\begin{aligned}\dot{\varrho}_i(t)&=\mathrm{tr}\left(\frac{\partial\varrho_i(t)}{\partial\hat{\xi}_{ai}(t)}\dot{\hat{\xi}}_{ai}(t)+\frac{\partial\varrho_i(t)}{\partial\hat{\xi}_{ci}(t)}\dot{\hat{\xi}}_{ci}(t)\right)\\&=-\frac{\vartheta_{ai}}{2}\mathrm{tr}\left(\frac{\partial\varrho_i(t)}{\partial\hat{\xi}_{ai}(t)}\varphi_{Ji}(X_i)\varphi_{Ji}^{\mathrm{T}}(X_i)\frac{\partial\varrho_i(t)}{\partial\hat{\xi}_{ai}(t)}\right)\leqslant 0\end{aligned}\tag{7.1.36}$$

式 (7.1.36) 意味着使用参数自适应律 (7.1.31) 和 (7.1.32) 可以保证 $\varrho_i(t)\to 0$。

在没有事件触发的情况下，设计控制器为 $u=-\vartheta_n z_n-\hat{\xi}_{hn}\varphi_{hn}(X_n)-\dfrac{1}{2}\hat{\xi}_{an}\cdot\varphi_{Jn}(X_n)$。

使用事件采样状态重构自适应事件触发的最优控制器为

$$\breve{u}=-\vartheta_n\breve{z}_n-\breve{\xi}_{hn}\varphi_{hn}\left(\breve{X}_n\right)-\frac{1}{2}\hat{\xi}_{an}\varphi_{Jn}\left(\breve{X}_n\right)\tag{7.1.37}$$

辅助信号重构为

$$\breve{z}_1=\breve{z}_1-y_d\tag{7.1.38}$$

$$\breve{z}_i=\breve{x}_i-\breve{\alpha}_{i-1},\quad i=2,3,\cdots,n\tag{7.1.39}$$

$$\breve{\alpha}_i=-\vartheta_i\breve{z}_i-\hat{\xi}_{hi}\varphi_{hi}\left(\breve{X}_i\right)-\frac{1}{2}\hat{\xi}_{ai}\varphi_{Ji}\left(\breve{X}_i\right),\quad i=1,2,\cdots,n-1\tag{7.1.40}$$

其中，对于 $t\in[t_k,t_{k+1})$，有 $\varphi_i\left(\breve{X}_i\right)=\varphi_i\left(\breve{\bar{x}}_i,\hat{\xi}_{h1},\cdots,\hat{\xi}_{h,i-1},\hat{\xi}_{a1},\cdots,\hat{\xi}_{a,i-1}\right)$，$\breve{x}_i(t)=x_i(t_k)$；$\{t_k\}_{k=0}^{\infty}$ 表示事件发生时触发时刻的单调递增序列，假设第一个事件发生在初始时刻。

设计状态相关的事件触发机制为 $\mathrm{ET}:\mathrm{ET}_1\wedge\mathrm{ET}_2\wedge\cdots\wedge\mathrm{ET}_n$，$\mathrm{ET}_1$ 和 ET_i 定义为

$$\mathrm{ET}_1:|e_1|\leqslant\mu_1\tag{7.1.41}$$

$$\mathrm{ET}_i:\|\bar{e}_i\|\leqslant\mu_i,\quad i=2,3,\cdots,n\tag{7.1.42}$$

其中，$\mu_i=\eta_i\bigg/\left(\vartheta_i+L_{\varphi_i}\left\|\hat{\xi}_{hi}\right\|+\dfrac{1}{2}L_{\varphi_i}\left\|\hat{\xi}_{ai}\right\|\right)$；$e_i=x_i-\breve{x}_i$，$\bar{e}_i=[e_1,e_2,\cdots,e_i]^{\mathrm{T}}$。

引理 7.1.1 由事件触发机制引起的附加项 $\left|\breve{u}-u\right|$ 和 $\left|\alpha_i-\breve{\alpha}_i\right|$ $(i=1,2,\cdots,n-1)$ 有如下上界：

$$\left|\breve{u}-u\right| \leqslant \bar{\eta}_n \tag{7.1.43}$$

$$\left|\alpha_i-\breve{\alpha}_i\right| \leqslant \bar{\eta}_i, \quad i=1,2,\cdots,n-1 \tag{7.1.44}$$

其中，$\bar{\eta}_n$ 和 $\bar{\eta}_i$ 为正常数。

证明　定义 $L_{\varphi_i} = \max\{L_{\varphi_{h1}},\cdots,L_{\varphi_{hi}},L_{\varphi_{J1}},\cdots,L_{\varphi_{Ji}}\}$。由假设 7.1.1、式 (7.1.41) 和式 (7.1.42)，可得

$$\begin{aligned}\left|\alpha_1-\breve{\alpha}_1\right| =& \left|-\vartheta_1 z_1(t)-\hat{\xi}_{h1}^{\mathrm{T}}\varphi_{h1}(X_1)-\frac{1}{2}\hat{\xi}_{a1}^{\mathrm{T}}(t)\varphi_{J1}(X_1)\right. \\ &\left.+\vartheta_1\breve{z}_1(t)+\hat{\xi}_{h1}^{\mathrm{T}}\varphi_{h1}\left(\breve{X}_1\right)+\frac{1}{2}\hat{\xi}_{a1}^{\mathrm{T}}(t)\varphi_{J1}\left(\breve{X}_1\right)\right| \\ \leqslant& \vartheta_1|e_1|+L_{\varphi_1}\left\|\hat{\xi}_{h1}\right\||e_1|+\frac{1}{2}L_{\varphi_1}\left\|\hat{\xi}_{a1}\right\||e_1| \leqslant \bar{\eta}_1\end{aligned} \tag{7.1.45}$$

其中，$\bar{\eta}_1$ 为一个正常数。那么，有如下不等式成立：

$$\left|z_2-\breve{z}_2\right| \leqslant |e_2|+\bar{\eta}_1 \tag{7.1.46}$$

由式 (7.1.45)，根据触发条件，推导出第 i 步：

$$\begin{aligned}\left|\alpha_i-\breve{\alpha}_i\right| =& \left|-\vartheta_i z_i(t)-\hat{\xi}_{hi}^{\mathrm{T}}\varphi_{hi}(X_i)-\frac{1}{2}\hat{\xi}_{ai}^{\mathrm{T}}(t)\varphi_{Ji}(X_i)\right. \\ &\left.+\vartheta_i\breve{z}_i(t)+\hat{\xi}_{hi}^{\mathrm{T}}\varphi_{hi}\left(\tilde{X}_i\right)+\frac{1}{2}\hat{\xi}_{ai}^{\mathrm{T}}(t)\varphi_{Ji}\left(\tilde{X}_i\right)\right| \\ \leqslant& \vartheta_i\left(|e_i|+\bar{\eta}_{i-1}\right)+L_{\varphi_i}\left\|\hat{\xi}_{hi}\right\||e_i|+\frac{1}{2}L_{\varphi_i}\left\|\hat{\xi}_{ai}\right\||e_i| \leqslant \bar{\eta}_i\end{aligned} \tag{7.1.47}$$

其中，$\bar{\eta}_i = \eta_i + \sum\limits_{j=1}^{i}\vartheta_j\bar{\eta}_{j-1}$ 为一个正常数。由此可得

$$\left|z_{i+1}-\breve{z}_{i+1}\right| \leqslant |e_{i+1}|+\bar{\eta}_i \tag{7.1.48}$$

在第 n 步分析 $\breve{u}-u$ 的有界性如下：

$$\left|\breve{u}-u\right| \leqslant \vartheta_n\left(\left|e_n\right|+\bar{\eta}_{n-1}\right)+L_{\varphi_n}\left\|\hat{\xi}_{hn}\right\|\left|e_n\right|+\frac{1}{2}L_{\varphi_n}\left\|\hat{\xi}_{an}\right\|\left|e_n\right| \leqslant \bar{\eta}_n \tag{7.1.49}$$

其中，$\bar{\eta}_n=\eta_n+\sum_{j=1}^{n}\vartheta_n\bar{\eta}_{n-1}$ 为一个正常数。

7.1.3 稳定性与收敛性分析

下面的定理给出了所设计的模糊自适应事件触发优化控制方法具有的性质。

定理 7.1.1 针对不确定随机非线性系统 (7.1.1)，假设 7.1.1 和假设 7.1.2 成立。如果采用控制器 (7.1.37)，虚拟控制器 (7.1.40)，参数自适应律 (7.1.30)~(7.1.32)，则总体控制方案具有如下性能：

(1) 闭环系统中所有信号半全局一致最终有界；

(2) 跟踪误差 z_1 收敛在包含原点的一个小邻域内；

(3) 能够避免 Zeno 行为。

证明 根据式 (7.1.3) ~ 式 (7.1.5)、式 (7.1.10) 和式 (7.1.15)，误差系统可以描述为

$$\mathrm{d}z_i\left(t\right)=\left(z_{i+1}\left(t\right)+\alpha_i+\bar{f}_i\left(X_i\right)\right)\mathrm{d}t+q_i^{o\mathrm{T}}\mathrm{d}w,\quad i=1,2,\cdots,n-1 \tag{7.1.50}$$

$$\mathrm{d}z_n\left(t\right)=\left(\breve{u}+\bar{f}_n\left(X_n\right)\right)\mathrm{d}t+q_n^{o\mathrm{T}}\mathrm{d}w \tag{7.1.51}$$

选择李雅普诺夫函数如下：

$$V\left(t\right)=\sum_{i=1}^{n}\left(\frac{1}{4}z_i^4\left(t\right)+\frac{1}{2}\tilde{\xi}_{hi}^{\mathrm{T}}(t)\tilde{\xi}_{hi}\left(t\right)+\frac{1}{2}\tilde{\xi}_{ci}^{\mathrm{T}}\left(t\right)\tilde{\xi}_{ci}\left(t\right)+\frac{1}{2}\tilde{\xi}_{ai}^{\mathrm{T}}(t)\tilde{\xi}_{ai}\left(t\right)\right) \tag{7.1.52}$$

其中，$\tilde{\xi}_{ai}\left(t\right)=\hat{\xi}_{ai}\left(t\right)-\xi_{Ji}^{*}$、$\tilde{\xi}_{ci}\left(t\right)=\hat{\xi}_{ci}\left(t\right)-\xi_{Ji}^{*}$、$\tilde{\xi}_{hi}\left(t\right)=\hat{\xi}_{hi}\left(t\right)-\xi_{hi}^{*}$ 分别为执行网络、评判网络和识别网络的模糊逻辑系统权重估计误差。

由式 (7.1.30) ~ 式 (7.1.32)，计算微分算子 $\mathcal{L}$，可得

$$\begin{aligned}\mathcal{L}V\left(t\right)=&\sum_{i=1}^{n-1}\left[z_i^3\left(t\right)\left(\alpha_i+z_{i+1}\left(t\right)+\bar{f}_i\left(X_i\right)\right)+\frac{3}{2}z_i^2\left(t\right)\left\|q_i^o\right\|^2\right]\\&+z_n^3\left(t\right)\left(\breve{u}-u+u+\bar{f}_n\left(X_n\right)\right)+\frac{3}{2}z_n^2\left(t\right)\left\|q_n^2\right\|^2\\&+\sum_{i=1}^{n}\left\{\tilde{\xi}_{hi}^{\mathrm{T}}\left(t\right)\left(\varphi_{hi}\left(X_i\right)z_i^3\left(t\right)-\sigma_i\hat{\xi}_{hi}\left(t\right)\right)\right.\end{aligned}$$

$$
\begin{aligned}
&-\vartheta_{ci}\tilde{\xi}_{ci}^{\mathrm{T}}(t)\varphi_{Ji}(X_i)\varphi_{Ji}^{\mathrm{T}}(X_i)\hat{\xi}_{ci}(t)\\
&-\tilde{\xi}_{ai}^{\mathrm{T}}(t)\varphi_{Ji}(X_i)\varphi_{Ji}^{\mathrm{T}}(X_i)\left[\vartheta_{ai}\left(\hat{\xi}_{ai}(t)-\hat{\xi}_{ci}(t)\right)+\vartheta_{ci}\hat{\xi}_{ci}(t)\right]\Bigg\}
\end{aligned}
\tag{7.1.53}
$$

通过一些基本的数学运算，可得

$$
\begin{aligned}
\mathcal{L}V(t)\leqslant\sum_{i=1}^{n}\Bigg[&-(\vartheta_i-3)z_i^4(t)-\frac{\vartheta_{ci}}{2}\tilde{\xi}_{ci}^{\mathrm{T}}(t)\varphi_{Ji}(X_i)\varphi_{Ji}^{\mathrm{T}}(X_i)\tilde{\xi}_{ci}(t)\\
&-\frac{\vartheta_{ci}}{2}\tilde{\xi}_{ai}^{\mathrm{T}}(t)\varphi_{Ji}(X_i)\varphi_{Ji}^{\mathrm{T}}(X_i)\tilde{\xi}_{ai}(t)-\frac{1}{2}\sigma_i\tilde{\xi}_{hi}^{\mathrm{T}}(t)\tilde{\xi}_{hi}(t)\\
&+\left(\frac{\vartheta_{ai}}{2}-\vartheta_{ci}\right)\hat{\xi}_{ci}^{\mathrm{T}}(t)\varphi_{Ji}(X_i)\varphi_{Ji}^{\mathrm{T}}(X_i)\hat{\xi}_{ci}(t)\\
&+\left(\frac{\beta_i}{4}-\frac{\vartheta_{ai}}{2}\right)\hat{\xi}_{ai}^{\mathrm{T}}(t)\varphi_{Ji}(X_i)\varphi_{Ji}^{\mathrm{T}}(X_i)\hat{\xi}_{ai}(t)+D(t)\Bigg]
\end{aligned}
\tag{7.1.54}
$$

其中，$D(t)=\sum_{i=1}^{n}\left(\frac{\sigma_i}{2}\|\xi_{hi}^{*}\|^2+\frac{\vartheta_{ai}+\vartheta_{ci}}{2}\left\|\xi_{Ji}^{*\mathrm{T}}\varphi_{Ji}(X_i)\right\|^2+\frac{9}{16\tau_i}+\frac{1}{4}\bar{\epsilon}_i^4\right)+\frac{1}{4}\bar{\eta}_n^4$，且满足 $|D(t)|\leqslant d$；τ_i 和 β_i 是设计参数。根据条件 $\vartheta_{ci}>\frac{\vartheta_{ai}}{2}$ 和 $\vartheta_{ai}>\frac{\beta_i}{2}$，可得

$$
\begin{aligned}
\mathcal{L}V(t)\leqslant\sum_{i=1}^{n}\Bigg[&-(\vartheta_i-3)z_i^4(t)-\frac{1}{2}\sigma_i\tilde{\xi}_{hi}^{\mathrm{T}}(t)\tilde{\xi}_{hi}(t)-\frac{\vartheta_{ci}}{2}\lambda_{\varphi_{Ji}}^{\min}\tilde{\xi}_{ci}^{\mathrm{T}}(t)\tilde{\xi}_{ci}(t)\\
&-\frac{\vartheta_{ci}}{2}\lambda_{\varphi_{Ji}}^{\min}\tilde{\xi}_{ai}^{\mathrm{T}}(t)\tilde{\xi}_{ai}(t)\Bigg]+d
\end{aligned}
\tag{7.1.55}
$$

令 $c=\min\{c_1,c_2,\cdots,c_n\}$，$c_i=\min\left\{4(\vartheta_i-3),\sigma_i,\vartheta_{ci}\lambda_{\varphi_{Ji}}^{\min}\right\}$，其中，$\lambda_{\varphi_{Ji}}^{\min}$ 为 $\varphi_{Ji}(X_i)\varphi_{Ji}^{\mathrm{T}}(X_i)$ 的最小特征值。那么，式 (7.1.55) 可改写为

$$
\mathcal{L}V(t)\leqslant -cV(t)+d \tag{7.1.56}
$$

根据引理 0.3.1，式 (7.1.56) 可进一步表示为

$$
E(V(t))\leqslant \mathrm{e}^{-ct}V(0)+\frac{d}{c} \tag{7.1.57}
$$

因此，所有的误差信号 z_i、$\tilde{\xi}_{hi}$、$\tilde{\xi}_{ci}$ 和 $\tilde{\xi}_{ai}\,(i=1,2,\cdots,n)$ 都是半全局一致最终有界的。

由式 (7.1.42) 中事件触发误差的定义，可得

$$\bar{e}_i(t) = \bar{x}_i(t) - \breve{x}(t), \quad i = 1, 2, \cdots, n \tag{7.1.58}$$

求 $\bar{e}_i$ 的导数，可得

$$\frac{\mathrm{d}}{\mathrm{d}t}\|\bar{e}_i\| = \frac{\mathrm{d}}{\mathrm{d}t}\left|\bar{e}_i^{\mathrm{T}}\bar{e}_i\right|^{1/2} = \operatorname{sign}(\bar{e}_i)\|\dot{\bar{x}}_i\| \leqslant \|\dot{\bar{x}}_i\| \tag{7.1.59}$$

所有的信号都是有界的，意味着 $\dot{\bar{x}}_i$ 是有界的。因此，存在一个常数 $\kappa_i > 0$，使得 $|\dot{\bar{x}}_i| \leqslant \kappa_i$。此外，在触发时刻，存在 $\lim\limits_{t\to t_k}\|\bar{e}_i(t)\| \geqslant \omega_i$，其中，$\omega_i = \min\left\{\dfrac{\eta_1}{\vartheta_1}, \dfrac{\eta_2}{\vartheta_2}, \cdots, \dfrac{\eta_n}{\vartheta_n}\right\}$ 表示一个正常数。对 $\|\dot{e}_i\|$ 在区间 $[t_k, t_{k+1})$ 积分，可得

$$\|\bar{e}_i\| \leqslant \int_{t_k}^{t_{k+1}} \kappa_i \mathrm{d}t \leqslant \kappa_i(t_{k+1} - t_k) \tag{7.1.60}$$

对于 $t \in [t_k, t_{k+1})$，存在 $\|\bar{e}_i(t)\| \leqslant \omega_i$，使得 $t_{k+1} - t_k \geqslant \dfrac{\omega_i}{\kappa_i}$，因此提出的事件触发优化控制策略避免了 Zeno 行为。

7.1.4 仿真

例 7.1.1 考虑如下带电机的单连杆机械手动力学模型：

$$R\ddot{q} = -Mgl_0\sin(q) - F\dot{q} + u \tag{7.1.61}$$

其中，$\ddot{q}$、$\dot{q}$ 和 q 分别为加速度、速度和角坐标；$M = 1\text{kg}$ 为连杆质量；$R = 1\text{kg}\cdot\text{m}^2$ 为扭转系数；$l_0 = 0.1\text{m}$ 为连杆的长度。系统 (7.1.61) 可以改写为

$$\begin{aligned} \mathrm{d}x_1(t) &= (x_2 + f_1(x_1))\mathrm{d}t + g_1(x_1)\mathrm{d}w \\ \mathrm{d}x_2(t) &= (u + f_2(\bar{x}_2))\mathrm{d}t + g_2(\bar{x}_2)\mathrm{d}w \end{aligned} \tag{7.1.62}$$

其中，$x_1(t)$、$x_2(t) \in \mathbf{R}$ 为系统状态；$u \in \mathbf{R}$ 为控制输入；$f_1(x_1) = x_1\sin(x_1)$，$f_2(\bar{x}_2) = x_2\cos(x_1)$，$g_1(x_1) = \cos^2(x_1)$，$g_2(\bar{x}_2) = \sin(x_1)\cos(x_2)$。

选取隶属度函数为

$$\mu_{F_i^1}(x_i) = \exp[-(x_i+2)^2], \quad \mu_{F_i^2}(x_i) = \exp[-(x_i+1)^2], \quad \mu_{F_i^3}(x_i) = \exp[-(x_i)^2]$$

$$\mu_{F_i^4}(x_i) = \exp[-(x_i-1)^2], \quad \mu_{F_i^5}(x_i) = \exp[-(x_i-2)^2], \quad i = 1, 2$$

在仿真中，选取设计参数为 $\sigma_1 = 2.5$、$\sigma_2 = 2.5$、$\vartheta_1 = 27$、$\vartheta_2 = 13$、$\vartheta_{a1} = 10$、$\vartheta_{a2} = 10$、$\vartheta_{c1} = 17$、$\vartheta_{c2} = 17$、$\eta_2 = 2$、$L_{\varphi_1} = 1$、$L_{\varphi_2} = 1$、$\eta_1 = 2$。

选择状态变量及参数的初始值为 $x_1(0)=1.2$, $x_2(0)=0.6$, $\hat{\xi}_{h1}(0)=\hat{\xi}_{h2}(0)=[0.3,0.3,\cdots,0.3]^{\mathrm{T}}\in\mathbf{R}^{5\times1}$，$\hat{\xi}_{c1}(0)=\hat{\xi}_{c2}(0)=[0.3,0.3,\cdots,0.3]^{\mathrm{T}}\in\mathbf{R}^{5\times1}$ 以及 $\hat{\xi}_{a1}(0)=\hat{\xi}_{a2}(0)=[0.3,0.3,\cdots,0.3]^{\mathrm{T}}\in\mathbf{R}^{5\times1}$。

仿真结果如图 7.1.1～图 7.1.9 所示。

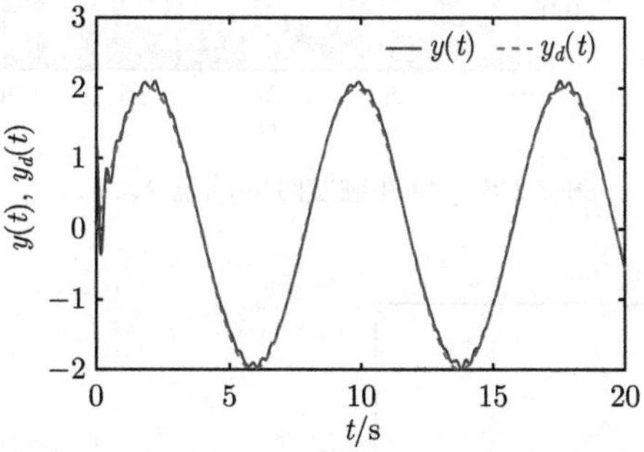

图 7.1.1　输出 $y(t)$ 和参考信号 $y_d(t)$ 的轨迹

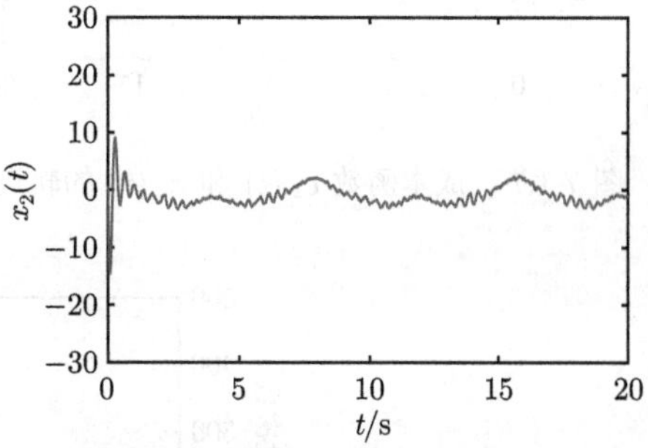

图 7.1.2　状态 $x_2(t)$ 的轨迹

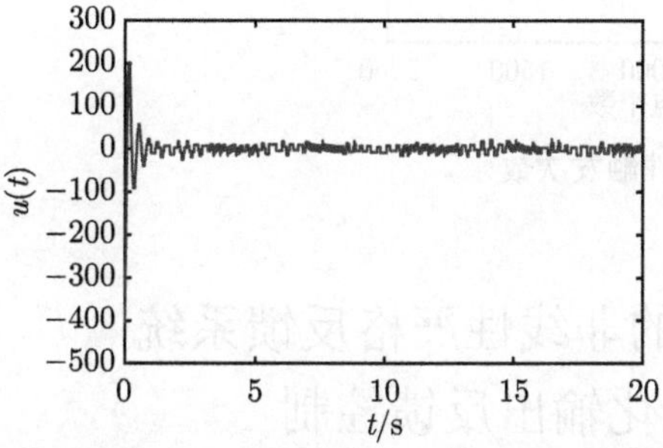

图 7.1.3　控制器 $u(t)$ 的轨迹

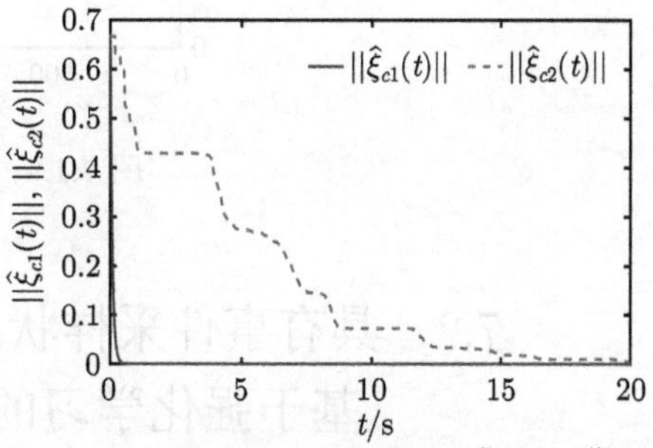

图 7.1.4　评判网络自适应参数 $\left\|\hat{\xi}_{c1}(t)\right\|$ 和 $\left\|\hat{\xi}_{c2}(t)\right\|$ 的轨迹

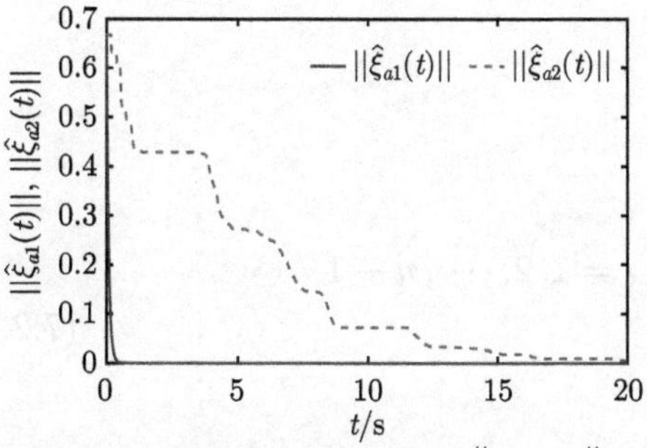

图 7.1.5　执行网络自适应参数 $\left\|\hat{\xi}_{a1}(t)\right\|$ 和 $\left\|\hat{\xi}_{a2}(t)\right\|$ 的轨迹

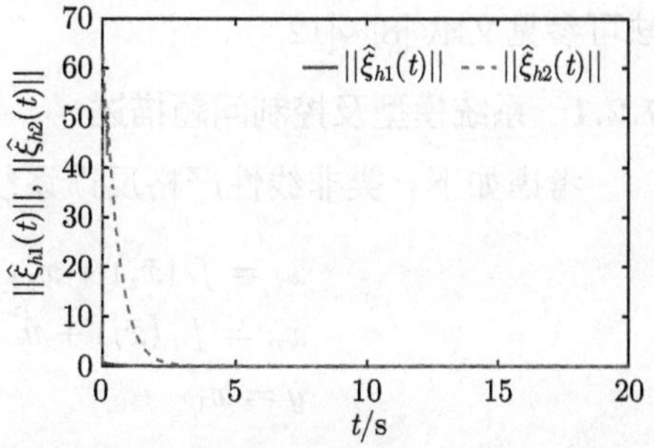

图 7.1.6　识别网络自适应参数 $\left\|\hat{\xi}_{h1}(t)\right\|$ 和 $\left\|\hat{\xi}_{h2}(t)\right\|$ 的轨迹

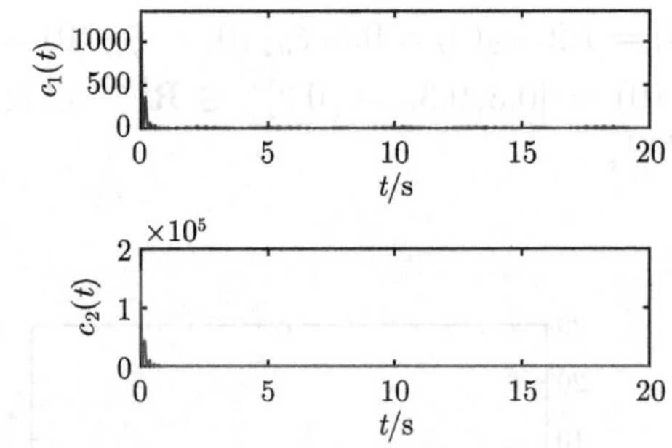

图 7.1.7　成本函数 $c_1(t)$ 和 $c_2(t)$ 的轨迹

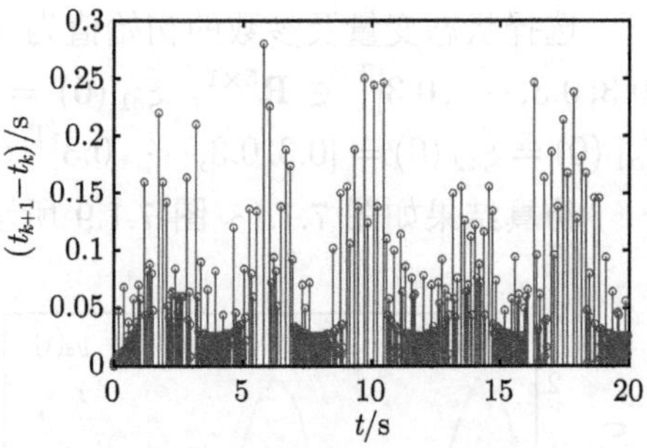

图 7.1.8　事件触发时间间隔 $t_{k+1}-t_k$

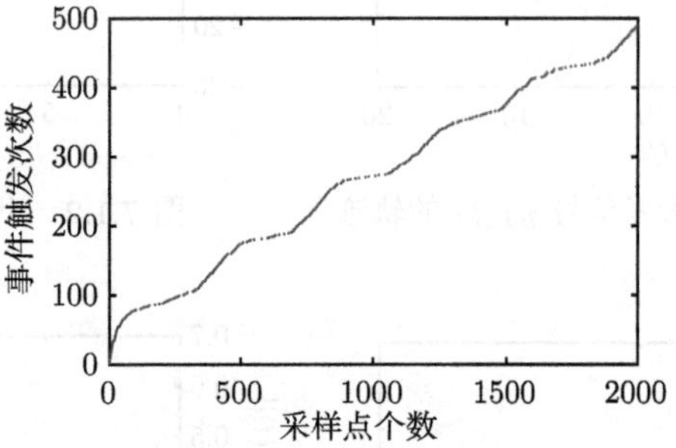

图 7.1.9　事件触发次数

7.2　具有事件采样状态的非线性严格反馈系统基于强化学习的优化输出反馈控制

本节针对一类状态不可测的不确定非线性严格反馈系统，基于模糊逻辑系统和强化学习设计原理，介绍一种模糊自适应事件触发优化控制设计方法，并给出控制系统的稳定性和收敛性分析。类似的模糊/神经网络自适应反步递推控制方法可参见文献 [8]~[12]。

7.2.1　系统模型及控制问题描述

考虑如下一类非线性严格反馈系统：

$$\begin{aligned}
\dot{x}_i &= f_i(\bar{x}_i) + x_{i+1}, \quad i = 1, 2, \cdots, n-1 \\
\dot{x}_n &= f_n(\bar{x}_i) + u \\
y &= x_1
\end{aligned} \tag{7.2.1}$$

其中，$\bar{x}_i = [x_1, x_2, \cdots, x_i]^{\mathrm{T}} \in \mathbf{R}^i (i = 1, 2, \cdots, n)$ 为状态向量；$u \in \mathbf{R}$ 和 $y \in \mathbf{R}$ 分别为系统的输入和输出；$f_i(\bar{x}_i) \in \mathbf{R}$ 为未知的光滑非线性函数。

假设 7.2.1　模糊逼近误差为 $\varepsilon_f=[\varepsilon_{f1},\varepsilon_{f2},\cdots,\varepsilon_{fn}]^{\mathrm{T}}$ 满足 $\|\varepsilon_f\|\leqslant\bar{\varepsilon}_f$，$\bar{\varepsilon}_f>0$。模糊逻辑系统权重 Θ_f^* 是有界的，且 $\left\|\Theta_f^*\right\|\leqslant\Theta_{fM}$，其中 $\Theta_{fM}>0$ 为未知常数。

假设 7.2.2　高斯函数 $\varPhi(Z)$ 满足下列全局利普希茨连续条件：

$$\left\|\varPhi(Z)-\varPhi(\bar{Z})\right\|\leqslant L_{\varPhi}\left\|Z-\bar{Z}\right\| \tag{7.2.2}$$

其中，$L_{\varPhi}$ 为已知常数。

控制目标　针对非线性系统 (7.2.1)，基于观测器，设计事件触发优化控制算法，使得：

(1) 系统输出 y 跟踪参考信号 y_d；

(2) 闭环系统的所有信号有界；

(3) 节约通信资源并使成本函数最小。

7.2.2　模糊自适应反步递推事件触发优化控制设计

利用输出信号的信息，建立如下模糊状态观测器：

$$\begin{aligned}
&\dot{\hat{x}}_i=\hat{x}_{i+1}+\hat{f}_i\left(\hat{\bar{x}}_i\mid\hat{\Theta}_{fi}\right)+l_i\left(x_1-\hat{x}_1\right),\quad i=1,2,\cdots,n-1\\
&\dot{\hat{x}}_n=u+\hat{f}_n\left(\hat{\bar{x}}_n\mid\hat{\Theta}_{fn}\right)+l_n\left(x_1-\hat{x}_1\right)\\
&\hat{y}=\hat{x}_1
\end{aligned} \tag{7.2.3}$$

其中，$\hat{\bar{x}}_i=[\hat{x}_1,\hat{x}_2,\cdots,\hat{x}_i]^{\mathrm{T}}$；$\hat{x}_i$ 为 x_i 的估计；$\hat{f}_i\left(\hat{\bar{x}}_i|\hat{\Theta}_{fi}\right)=\hat{\Theta}_{fi}\phi_{fi}\left(\bar{x}_i\right)$；$\hat{\Theta}_{fi}$ 为 Θ_{fi} 的估计；$l_i\,(i=1,2,\cdots,n)$ 为设计参数。

式 (7.2.3) 可以改写为

$$\begin{aligned}
&\dot{\hat{x}}=A\hat{x}+Ly+\sum_{i=1}^{n}B_i\hat{f}_i\left(\hat{\bar{x}}_i\mid\hat{\Theta}_{fi}\right)+bu\\
&\hat{y}=C\hat{x}
\end{aligned} \tag{7.2.4}$$

其中，$\hat{x}=[\hat{x}_1,\hat{x}_2,\cdots,\hat{x}_n]^{\mathrm{T}}$；$L=[l_1,l_2,\cdots,l_n]^{\mathrm{T}}$；$B_i=[0,\cdots,1,\cdots,0]^{\mathrm{T}}$；$b=[0,\cdots,1]^{\mathrm{T}}$；$C=[1,0,\cdots,0]$；$A=\begin{bmatrix}-l_1 & & & \\ \vdots & & I_{n-1} & \\ -l_n & 0 & \cdots & 0\end{bmatrix}$ 为赫尔维茨矩阵，I_{n-1} 为 $n-1$ 阶单位矩阵。如果存在对称矩阵 $P=P^{\mathrm{T}}>0$，对于任意给定的矩阵 $Q=Q^{\mathrm{T}}>0$，下列不等式成立：

$$A^{\mathrm{T}}P+PA\leqslant-2Q \tag{7.2.5}$$

定义观测误差 $\tilde{x}_i = x_i - \hat{x}_i$，由式 (7.2.1) 和式 (7.2.3)，可得

$$\dot{\tilde{x}} = A\tilde{x} + F - \hat{\Theta}_f^{\mathrm{T}}\phi_f \tag{7.2.6}$$

其中，$F = [f_1(x_1), f_2(\bar{x}_2), \cdots, f_n(\bar{x}_n)]^{\mathrm{T}}$；$\tilde{x} = [\tilde{x}_1, \tilde{x}_2, \cdots, \tilde{x}_n]^{\mathrm{T}}$；$\hat{\Theta}_f^{\mathrm{T}} = \mathrm{diag}\left\{\hat{\Theta}_{f1}^{\mathrm{T}}, \hat{\Theta}_{f2}^{\mathrm{T}}, \cdots, \hat{\Theta}_{fn}^{\mathrm{T}}\right\}$；$\phi_f = \left[\phi_{f1}(\hat{x}_1), \phi_{f2}(\hat{\bar{x}}_2), \cdots, \phi_{fn}(\hat{\bar{x}}_n)\right]^{\mathrm{T}}$。

设计模糊逻辑系统权重估计为

$$\dot{\hat{\Theta}}_f = \beta_\Theta \phi_f \tilde{x}_1 CA^{-1} - \rho_\Theta \tilde{x}_1 \hat{\Theta}_f \tag{7.2.7}$$

其中，$\beta_\Theta > 0$、$\rho_\Theta > 0$ 为设计参数。

定理 7.2.1 针对模糊状态观测器 (7.2.3)，假设 7.2.1 成立。如果采用模糊逻辑系统权重估计 (7.2.7)，则保证取得如下性能：

(1) 观测误差和估计误差和 $\hat{\Theta}_f$ 都是有界的；

(2) $\tilde{x}$ 收敛到小的紧集 $\Omega_{\tilde{x}}$，即 $\{\tilde{x} : \|\tilde{x}\| \leqslant k_{\tilde{x}}\}$。

证明 选择李雅普诺夫函数如下：

$$L_0 = \tilde{x}^{\mathrm{T}} P \tilde{x} + \frac{1}{2}\mathrm{tr}\left(\tilde{\Theta}_f^{\mathrm{T}} \rho_\Theta^{-1} \tilde{\Theta}_f\right) \tag{7.2.8}$$

根据式 (7.2.7)，求 L_0 的导数，可得

$$\begin{aligned}\dot{L}_0 &= \dot{\tilde{x}}^{\mathrm{T}} P \tilde{x} + \tilde{x}^{\mathrm{T}} P \dot{\tilde{x}} + \mathrm{tr}\left(\tilde{\Theta}_f^{\mathrm{T}} \rho_\Theta^{-1} \dot{\tilde{\Theta}}_f\right) \\ &= \tilde{x}^{\mathrm{T}}\left(A^{\mathrm{T}}P + PA\right)\tilde{x} + 2\tilde{x}^{\mathrm{T}}P\left(F - \tilde{\Theta}_f^{\mathrm{T}}\phi_f\right) + \mathrm{tr}\left(\tilde{\Theta}_f^{\mathrm{T}} \rho_\Theta^{-1} \dot{\tilde{\Theta}}_f\right)\end{aligned} \tag{7.2.9}$$

将式 (7.2.7) 与式 (7.2.9) 结合，可得

$$\begin{aligned}\dot{L}_0 =& \tilde{x}^{\mathrm{T}}\left(A^{\mathrm{T}}P + PA\right)\tilde{x} + 2\tilde{x}^{\mathrm{T}}P\left(F - \tilde{\Theta}_f^{\mathrm{T}}\phi_f\right) \\ &+ \mathrm{tr}\left[\tilde{\Theta}_f^{\mathrm{T}} \rho_\Theta^{-1} \beta_\Theta \varphi_f \tilde{x}_1 CA^{-1} - \tilde{\Theta}_f^{\mathrm{T}} |\tilde{x}_1| \left(\tilde{\Theta}_f + \Theta_f^*\right)\right]\end{aligned} \tag{7.2.10}$$

由 $\mathrm{tr}\left(XY^{\mathrm{T}}\right) = \mathrm{tr}\left(Y^{\mathrm{T}}X\right) = Y^{\mathrm{T}}X$，$\forall X, Y \in \mathbf{R}^n$，存在

$$\mathrm{tr}\left(\rho_\Theta^{-1}\beta_\Theta \tilde{\Theta}_f^{\mathrm{T}} \phi_f \tilde{x}_1 CA^{-1}\right) = \rho_\Theta^{-1}\beta_\Theta \tilde{x}_1 CA^{-1} \tilde{\Theta}_f^{\mathrm{T}} \phi_f \tag{7.2.11}$$

根据 $-\mathrm{tr}\left(\tilde{\Theta}_f^{\mathrm{T}}\left(\tilde{\Theta}_f + \Theta_f^*\right)\right) \leqslant \left\|\tilde{\Theta}_f\right\| \left\|\Theta_f^*\right\| - \left\|\tilde{\Theta}_f\right\|^2$ 和式 (7.2.5)，可得

$$\dot{L}_0 \leqslant -\tilde{x}^{\mathrm{T}} Q \tilde{x} + 2\tilde{x}^{\mathrm{T}} P\left(F - \hat{\Theta}_f^{\mathrm{T}} \varphi_f\right) + \rho_\Theta^{-1}\beta_\Theta \tilde{x}_1 CA^{-1} \tilde{\Theta}_f^{\mathrm{T}} \phi_f$$

$$+\left|\tilde{x}_1\right|\left\|\tilde{\Theta}_f\right\|\left\|\Theta_f^*\right\|-\left|\tilde{x}_1\right|\left\|\tilde{\Theta}_f\right\|^2 \tag{7.2.12}$$

根据假设 7.2.1，可得

$$\begin{aligned}2\tilde{x}^{\mathrm{T}}P\left(F-\hat{\Theta}_f^{\mathrm{T}}\phi_f\right)&=2\tilde{x}^{\mathrm{T}}P\left(\Theta_f^{*\mathrm{T}}\phi_f(\bar{x}_i)+\varepsilon_f-\hat{\Theta}_f^{\mathrm{T}}\phi_f(\hat{\bar{x}}_i)\right)\\&\leqslant 2\left\|\tilde{x}\right\|\left\|P\right\|\left(2\Theta_{fM}\phi_{fM}+\bar{\varepsilon}_f+\left\|\tilde{\Theta}_f\right\|\phi_{fM}\right)\end{aligned} \tag{7.2.13}$$

其中，$\left\|\phi_f\right\|\leqslant\phi_{fM}$，$\phi_{fM}>0$ 为常数。由式 (7.2.12) 和式 (7.2.13)，可得

$$\begin{aligned}\dot{L}_0\leqslant&-\tilde{x}^{\mathrm{T}}Q\tilde{x}+2\left\|\tilde{x}\right\|\left\|P\right\|\left(2\tilde{\Theta}_{fM}\phi_{fM}+\bar{\varepsilon}_f+\left\|\tilde{\Theta}_f\right\|\phi_{fM}\right)\\&+\rho_\Theta^{-1}\eta_\Theta\left\|\tilde{x}\right\|\left\|CA^{-1}\right\|\left\|\tilde{\Theta}_f\right\|\phi_{fM}+\left\|\tilde{x}\right\|\left\|\tilde{\Theta}_f\right\|\Theta_{fM}-\left\|\tilde{x}\right\|\left\|\tilde{\Theta}_f\right\|^2\\\leqslant&-\lambda_{\min}(Q)\left\|\tilde{x}\right\|^2+\left\|\tilde{x}\right\|\left[d_0+2\left\|P\right\|\bar{\varepsilon}_f+\rho_\Theta^2-\left(\left\|\tilde{\Theta}_f\right\|-\rho_\Theta\right)^2\right]\\\leqslant&\left(-\tau\left\|\tilde{x}\right\|+d_0+2\left\|P\right\|\bar{\varepsilon}_f+\rho_\Theta^2\right)\left\|\tilde{x}\right\|\end{aligned} \tag{7.2.14}$$

其中，$\tau=\lambda_{\min}(Q)$，$\lambda_{\min}(Q)$ 为矩阵 Q 的最小特征值；$d_0=4\left\|P\right\|\Theta_{fM}\phi_{fM}$；$\rho_\Theta=\left(\rho_\Theta^{-1}\beta_\Theta\left\|CA^{-1}\right\|\phi_{fM}+2\left\|P\right\|\phi_{fM}+\Theta_{fM}\right)\Big/2$。

令 $k_{\tilde{x}}=\left(d_0+2\left\|P\right\|\bar{\varepsilon}_f+\rho_\Theta^2\right)/\tau$，如果 $\left\|\tilde{x}\right\|\geqslant k_{\tilde{x}}$ 成立，且 $\dot{L}_0$ 是负的，则通过应用李雅普诺夫扩展定理，得 $\tilde{x}(t)$、$\hat{\Theta}_f$、$\tilde{\Theta}_f$ 是有界的。

设 $\{t_k\}_{k=0}^{\infty}$ 为触发时刻，满足 $t_{k+1}>t_k$，且 $t_0=0$ 为第一次触发时间。控制器使用采样值 $\hat{x}_i(t_k)$，并在每个 t_k 处更新，最后传输 $\breve{x}_i(t)$，则有

$$\breve{x}_i\left(t^+\right)=\hat{x}_i(t_k),\quad t=t_k,\ i=1,2,\cdots,n \tag{7.2.15}$$

其可以被零阶保持器保持，直到下一个事件发生：

$$\breve{x}_i(t)=\hat{x}_i(t_k),\quad t\in[t_k,t_{k+1}),\ i=1,2,\cdots,n \tag{7.2.16}$$

定义事件触发误差为

$$e_i=\hat{x}_i(t)-\breve{x}_i(t),\quad i=1,2,\cdots,n \tag{7.2.17}$$

定义如下坐标变换：

$$\begin{aligned}z_1&=x_1-y_d\\z_i&=\hat{x}_i-\alpha_{i-1},\quad i=2,3,\cdots,n\end{aligned} \tag{7.2.18}$$

其中，z_i 为误差变量；α_{i-1} 为虚拟控制器。

基于上面的坐标变换，n 步模糊自适应反步递推控制设计过程如下。

第 1 步 根据式 (7.2.1) 和式 (7.2.18)，求 z_1 的导数，可得

$$\dot{z}_1 = f_1(\bar{x}_1) + x_2 - \dot{y}_d \tag{7.2.19}$$

定义最优性能函数为

$$V_1^*(z_1) = \int_t^\infty h_1(z_1(s), \alpha_1^*(z_1))\,\mathrm{d}s = \min_{\alpha_1 \in \Psi(\Omega)} \left\{ \int_t^\infty h_1(z_1(s), \alpha_1(z_1))\,\mathrm{d}s \right\} \tag{7.2.20}$$

其中，α_1^* 为最优虚拟控制器；$h_1(z_1, \alpha_1) = z_1^2 + \alpha_1^2$ 为成本函数。

令 $\hat{x}_2(t)$ 为最优虚拟控制器 α_1^*，根据式 (7.2.19)，可得 HJB 方程为

$$H_1\left(z_1, \alpha_1^*, \frac{\mathrm{d}V_1^*}{\mathrm{d}z_1}\right) = z_1^2(t) + \alpha_1^{*2} + \frac{\mathrm{d}V_1^*(z_1)}{\mathrm{d}z_1}(f_1(\bar{x}_1) + \alpha_1^* - \dot{y}_d) = 0 \tag{7.2.21}$$

通过计算 $\dfrac{\partial H_1}{\partial \alpha_1^*} = 0$，$\alpha_1^*$ 可设计为

$$\alpha_1^* = -\frac{1}{2}\frac{\mathrm{d}V_1^*(z_1)}{\mathrm{d}z_1} \tag{7.2.22}$$

则将 $\mathrm{d}V_1^*(z_1)/\mathrm{d}z_1$ 分解为

$$\frac{\mathrm{d}V_1^*(z_1)}{\mathrm{d}z_1} = 2\beta_1 z_1 + V_1^o(z_1) \tag{7.2.23}$$

其中，$\beta_1 > \dfrac{l_1}{2} + 3$ 为设计参数；$V_1^o(z_1) = -2\beta_1 z_1 + \mathrm{d}V_1^*(z_1)/\mathrm{d}z_1 \in \mathbf{R}$ 为连续函数。

将式 (7.2.23) 代入式 (7.2.22)，可得

$$\alpha_1^* = -\beta_1 z_1 - \frac{1}{2}V_1^o(z_1) \tag{7.2.24}$$

由于 $V_1^o(z_1)$ 是未知连续函数,所以利用模糊逻辑系统 $\hat{V}_1^o\left(z_1|\hat{\Theta}_{V1}\right) = \hat{\Theta}_{V1}^{\mathrm{T}}\phi_{V1}(z_1)$ 逼近 $V_1^o(z_1)$，并假设

$$V_1^o(z_1) = \Theta_{V1}^{*T}\phi_{V1}(z_1) + \varepsilon_{V1}(z_1) \tag{7.2.25}$$

其中，Θ_{V1}^* 为理想权重；$\varepsilon_{V1}(z_1)$ 为最小逼近误差。假设 $\varepsilon_{V1}(z_1)$ 满足 $|\varepsilon_{V1}(z_1)| \leqslant \bar{\varepsilon}_{V1}$，$\bar{\varepsilon}_{V1}$ 为正常数。

根据式 (7.2.25)，式 (7.2.23) 和式 (7.2.24) 变为

$$\frac{\mathrm{d}V_1^*(z_1)}{\mathrm{d}z_1} = 2\beta_1 z_1 + \Theta_{V1}^{*\mathrm{T}}\phi_{V1}(z_1) + \varepsilon_{V1}(z_1) \tag{7.2.26}$$

$$\alpha_1^* = -\beta_1 z_1 - \frac{1}{2}\Theta_{V1}^{*\mathrm{T}}\phi_{V1}(z_1) - \frac{1}{2}\varepsilon_{V1}(z_1) \tag{7.2.27}$$

为了推导出优化的虚拟控制器，定义如下基于强化学习的评判-执行网络的结构：

$$\frac{\mathrm{d}\hat{V}_1^*(z_1)}{\mathrm{d}z_1} = 2\beta_1 z_1 + \hat{\Theta}_{c1}^{\mathrm{T}}\phi_{V1}(z_1) \tag{7.2.28}$$

$$\alpha_1 = -\beta_1 z_1 - \frac{1}{2}\hat{\Theta}_{a1}^{\mathrm{T}}\phi_{V1}(z_1) \tag{7.2.29}$$

其中，$\mathrm{d}\hat{V}_1^*(z_1)/\mathrm{d}z_1$ 为 $\mathrm{d}V_1^*(z_1)/\mathrm{d}z_1$ 的估计值；$\hat{\Theta}_{c1}^{\mathrm{T}}$ 和 $\hat{\Theta}_{a1}^{\mathrm{T}}$ 分别为评判网络、执行网络中理想权重的估计值。

为了估计最优权重，设计如下模糊参数自适应律：

$$\dot{\hat{\Theta}}_{c1} = -\frac{1}{2}\phi_{V1}(z_1)z_1 - m_{c1}\phi_{V1}(z_1)\phi_{V1}^{\mathrm{T}}(z_1)\hat{\Theta}_{c1} \tag{7.2.30}$$

$$\dot{\hat{\Theta}}_{a1} = -m_{a1}\phi_{V1}(z_1)\phi_{V1}^{\mathrm{T}}(z_1)\left(\hat{\Theta}_{a1} - \hat{\Theta}_{c1}\right) \tag{7.2.31}$$

其中，m_{c1} 和 m_{a1} 为设计参数，且满足 $m_{a1} > \dfrac{1}{2}$ 和 $m_{c1} > m_{a1}$。

根据式 (7.2.3) 和式 (7.2.18)，跟踪误差的导数可改写为

$$\dot{z}_1(t) = z_2 + \alpha_1 + \tilde{x}_2 + \hat{\Theta}_{f1}\phi_{f1}(\bar{x}_1) + l_1\tilde{x}_1 - \dot{y}_d \tag{7.2.32}$$

选择如下李雅普诺夫函数：

$$L_1(t) = \frac{1}{2}z_1^2 + \frac{1}{2}\tilde{\Theta}_{c1}^{\mathrm{T}}\tilde{\Theta}_{c1} + \frac{1}{2}\tilde{\Theta}_{a1}^{\mathrm{T}}\tilde{\Theta}_{a1} \tag{7.2.33}$$

其中，$\tilde{\Theta}_{c1} = \hat{\Theta}_{c1} - \Theta_{V1}^*$ 和 $\tilde{\Theta}_{a1} = \hat{\Theta}_{a1} - \Theta_{V1}^*$ 为估计误差。

根据式 (7.2.29) ~ 式 (7.2.32)，对 $L_1(t)$ 求导，可得

$$\begin{aligned}\dot{L}_1(t) = {} & z_1\left(-\beta_1 z_1 - \frac{1}{2}\hat{\Theta}_{a1}^{\mathrm{T}}\phi_{V1}(z_1) + \hat{\Theta}_{f1}\phi_{f1}(\bar{x}_1) + l_1\tilde{x}_1 + \tilde{x}_2 + z_2 - \dot{y}_d\right) \\ & - \Theta_{c1}\left(\frac{1}{2}\phi_{V1}(z_1)z_1 + m_{c1}\phi_{V1}(z_1)\phi_{V1}^{\mathrm{T}}(z_1)\hat{\Theta}_{c1}^{\mathrm{T}}\right)\end{aligned}$$

$$- m_{a1}\tilde{\Theta}_{a1}^{\mathrm{T}}\phi_{V1}(z_1)\phi_{V1}^{\mathrm{T}}(z_1)\left(\hat{\Theta}_{a1}-\hat{\Theta}_{c1}\right) \tag{7.2.34}$$

由 $\tilde{\Theta}_{c1}=\hat{\Theta}_{c1}-\Theta_{V1}^{*}$ 和 $\tilde{\Theta}_{a1}=\hat{\Theta}_{a1}-\Theta_{V1}^{*}$，可得

$$\begin{aligned}&-\frac{1}{2}\hat{\Theta}_{a1}^{\mathrm{T}}\phi_{V1}(z_1)-\frac{1}{2}\tilde{\Theta}_{c1}^{\mathrm{T}}\phi_{V1}(z_1)=-\frac{1}{2}\tilde{\Theta}_{a1}^{\mathrm{T}}\phi_{V1}(z_1)-\frac{1}{2}\hat{\Theta}_{c1}^{\mathrm{T}}\phi_{V1}(z_1)\\&\hat{\Theta}_{a1}-\hat{\Theta}_{c1}=\tilde{\Theta}_{a1}-\tilde{\Theta}_{c1}\end{aligned} \tag{7.2.35}$$

将式 (7.2.35) 代入式 (7.2.34)，可得

$$\begin{aligned}\dot{L}_1(t)=&\,z_1\left(-\beta_1 z_1-\frac{1}{2}\tilde{\Theta}_{a1}^{\mathrm{T}}\phi_{V1}(z_1)+\hat{\Theta}_{f1}\phi_{f1}(\bar{x}_1)\right.\\&\left.+l_1\tilde{x}_1+\tilde{x}_2+z_2-\dot{y}_d-\frac{1}{2}\hat{\Theta}_{c1}\phi_{V1}(z_1)\right)\\&-m_{c1}\tilde{\Theta}_{c1}\phi_{V1}(z_1)\phi_{V1}^{\mathrm{T}}(z_1)\hat{\Theta}_{c1}^{\mathrm{T}}\\&-m_{a1}\tilde{\Theta}_{a1}^{\mathrm{T}}\phi_{V1}(z_1)\phi_{V1}^{\mathrm{T}}(z_1)\left(\tilde{\Theta}_{a1}-\tilde{\Theta}_{c1}\right)\end{aligned} \tag{7.2.36}$$

根据杨氏不等式，有如下不等式：

$$\begin{aligned}&z_1l_1\tilde{x}_1\leqslant\frac{l_1}{2}z_1^2+\frac{l_1}{2}\tilde{x}^{\mathrm{T}}\tilde{x},\quad z_1\tilde{x}_2\leqslant\frac{1}{2}z_1^2+\frac{1}{2}\tilde{x}^{\mathrm{T}}\tilde{x}\\&z_1z_2\leqslant\frac{1}{2}z_1^2+\frac{1}{2}z_2^2,\quad -z_1\dot{y}_d\leqslant\frac{1}{2}z_1^2+\frac{1}{2}\dot{y}_d^2\\&z_1\hat{\Theta}_{f1}\phi_{f1}(\bar{x}_1)\leqslant\frac{1}{2}z_1^2+\frac{1}{2}\hat{\Theta}_{f1}\phi_{f1}(\bar{x}_1)\phi_{f1}(\bar{x}_1)\hat{\Theta}_{f1}\\&-\frac{1}{2}z_1\tilde{\Theta}_{a1}^{\mathrm{T}}\phi_{V1}(z_1)\leqslant\frac{1}{4}z_1^2+\frac{1}{4}\tilde{\Theta}_{a1}^{\mathrm{T}}\phi_{V1}(z_1)\phi_{V1}^{\mathrm{T}}(z_1)\tilde{\Theta}_{a1}(t)\\&-\frac{1}{2}z_1\hat{\Theta}_{c1}^{\mathrm{T}}\phi_{V1}(z_1)\leqslant\frac{1}{4}z_1^2+\frac{1}{4}\hat{\Theta}_{c1}^{\mathrm{T}}\phi_{V1}(z_1)\phi_{V1}^{\mathrm{T}}(z_1)\hat{\Theta}_{c1}(t)\\&m_{a1}\tilde{\Theta}_{a1}^{\mathrm{T}}\phi_{V1}(z_1)\phi_{V1}^{\mathrm{T}}(z_1)\tilde{\Theta}_{c1}\leqslant\frac{m_{a1}}{2}\tilde{\Theta}_{a1}^{\mathrm{T}}\phi_{V1}(z_1)\phi_{V1}^{\mathrm{T}}(z_1)\tilde{\Theta}_{a1}\\&\qquad+\frac{m_{a1}}{2}\tilde{\Theta}_{c1}^{\mathrm{T}}\phi_{V1}(z_1)\phi_{V1}^{\mathrm{T}}(z_1)\tilde{\Theta}_{c1}\end{aligned} \tag{7.2.37}$$

此外，有

$$\begin{aligned}&-m_{c1}\tilde{\Theta}_{c1}\phi_{V1}(z_1)\phi_{V1}^{\mathrm{T}}(z_1)\hat{\Theta}_{c1}^{\mathrm{T}}\\=&-\frac{m_{c1}}{2}\tilde{\Theta}_{c1}\phi_{V1}(z_1)\phi_{V1}^{\mathrm{T}}(z_1)\tilde{\Theta}_{c1}-\frac{m_{c1}}{2}\hat{\Theta}_{c1}\phi_{V1}(z_1)\phi_{V1}^{\mathrm{T}}(z_1)\hat{\Theta}_{c1}\\&+\frac{m_{c1}}{2}\Theta_{J1}^{*}\phi_{c1}(z_1)\phi_{c1}^{\mathrm{T}}(z_1)\Theta_{c1}^{*}\end{aligned} \tag{7.2.38}$$

将式 (7.2.37) 和式 (7.2.38) 代入式 (7.2.36)，可得

$$
\begin{aligned}
\dot{L}_1(t) \leqslant & -\left(\beta_1-\frac{l_1}{2}-3\right) z_1^2+\frac{1}{2} z_2^2+c_1(t) \\
& -\left(\frac{m_{a1}}{2}-\frac{1}{4}\right) \tilde{\Theta}_{a1}^{\mathrm{T}} \phi_{V1}(z_1) \phi_{V1}^{\mathrm{T}}(z_1) \tilde{\Theta}_{a1} \\
& -\left(\frac{m_{c1}}{2}-\frac{m_{a1}}{2}\right) \tilde{\Theta}_{c1} \phi_{V1}(z_1) \phi_{V1}^{\mathrm{T}}(z_1) \tilde{\Theta}_{c1} \\
& -\left(\frac{m_{c1}}{2}-\frac{1}{4}\right) \hat{\Theta}_{c1} \phi_{V1}(z_1) \phi_{V1}^{\mathrm{T}}(z_1) \hat{\Theta}_{c1}
\end{aligned} \tag{7.2.39}
$$

其中，$c_1(t)=\left(\dfrac{l_1}{2}+\dfrac{1}{2}\right)\tilde{x}^{\mathrm{T}}\tilde{x}+\dfrac{\dot{y}_d^2}{2}+\dfrac{\hat{\Theta}_{f1}\phi_{f1}(\bar{x}_1)\phi_{f1}(\bar{x}_1)\hat{\Theta}_{f1}}{2}+\dfrac{m_{c1}\Theta_{c1}^*\phi_{c1}(z_1)\phi_{c1}^{\mathrm{T}}(z_1)\Theta_{c1}^*}{2}$ 有界，即 $|c_1(t)| \leqslant \bar{c}_1$，$\bar{c}_1>0$。

根据设计参数 β_1、m_{a1}、m_{c1} 的条件，可得

$$
\begin{aligned}
\dot{L}_1(t) \leqslant & -\left(\beta_1-\frac{l_1}{2}-3\right) z_1^2+\frac{1}{2} z_2^2+\bar{c}_1 \\
& -\left(\frac{m_{a1}}{2}-\frac{1}{4}\right) \tilde{\Theta}_{a1}^{\mathrm{T}} \phi_{V1}(z_1) \phi_{V1}^{\mathrm{T}}(z_1) \tilde{\Theta}_{a1} \\
& -\left(\frac{m_{c1}}{2}-\frac{m_{a1}}{2}\right) \tilde{\Theta}_{c1} \phi_{V1}(z_1) \phi_{V1}^{\mathrm{T}}(z_1) \tilde{\Theta}_{c1}
\end{aligned} \tag{7.2.40}
$$

设 $\lambda_{\phi_{V1}}^{\min}$ 为 $\phi_{V1}(z_1)\phi_{V1}^{\mathrm{T}}(z_1)$ 的最小特征值，存在

$$
\begin{aligned}
& -\tilde{\Theta}_{c1}^{\mathrm{T}} \phi_{V1}(z_1) \phi_{V1}^{\mathrm{T}}(z_1) \tilde{\Theta}_{c1} \leqslant -\lambda_{\phi_{V1}}^{\min} \tilde{\Theta}_{c1}^{\mathrm{T}} \tilde{\Theta}_{c1} \\
& -\tilde{\Theta}_{a1}^{\mathrm{T}} \phi_{V1}(z_1) \phi_{V1}^{\mathrm{T}}(z_1) \tilde{\Theta}_{a1} \leqslant -\lambda_{\phi_{V1}}^{\min} \tilde{\Theta}_{a1}^{\mathrm{T}} \tilde{\Theta}_{a1}
\end{aligned} \tag{7.2.41}
$$

由式 (7.2.40) 和式 (7.2.41)，可得

$$
\begin{aligned}
\dot{L}_1(t) \leqslant & -\left(\beta_1-\frac{l_1}{2}-3\right) z_1^2+\frac{1}{2} z_2^2+\bar{c}-\left(\frac{m_{a1}}{2}-\frac{1}{4}\right) \lambda_{\phi_{V1}}^{\min} \tilde{\Theta}_{a1}^{\mathrm{T}} \tilde{\Theta}_{a1} \\
& -\left(\frac{m_{c1}}{2}-\frac{m_{a1}}{2}\right) \lambda_{\phi_{V1}}^{\min} \tilde{\Theta}_{c1}^{\mathrm{T}} \tilde{\Theta}_{c1}
\end{aligned} \tag{7.2.42}
$$

式 (7.2.42) 可改写为

$$
\dot{L}_1(t) \leqslant -a_1 L_1(t)+\bar{c}_1+\frac{1}{2} z_2^2 \tag{7.2.43}
$$

其中，$a_1=\min\left\{2\left(\beta_1-\dfrac{l_1}{2}-3\right),(m_{c1}-m_{a1})\lambda_{\phi_{V1}}^{\min},\left(m_{a1}-\dfrac{1}{2}\right)\lambda_{\phi_{V1}}^{\min}\right\}$。

第 $i\,(2\leqslant i\leqslant n-1)$ 步 对 z_i 求导，可得

$$\dot{z}_i=\hat{x}_{i+1}+l_i\tilde{x}_1+\hat{\Theta}_{fi}\phi_{fi}\left(\hat{\bar{x}}_i\right)-\dot{\alpha}_{i-1} \tag{7.2.44}$$

定义最优性能指标函数为

$$V_i^*\left(z_i\right)=\int_t^{\infty}h_i\left(z_i\left(s\right),\alpha_i^*\left(z_i\right)\right)\mathrm{d}s=\min_{\alpha_i\in\Psi(\Omega)}\left\{\int_t^{\infty}h_i\left(z_i\left(s\right),\alpha_i\left(z_i\right)\right)\mathrm{d}s\right\} \tag{7.2.45}$$

其中，$h_i\left(z_i,\alpha_i\right)=z_i^2+\alpha_i^2$ 为成本函数。

由式 (7.2.44) 和式 (7.2.45)，可得 HJB 方程为

$$H_i\left(z_i,\alpha_i^*,\frac{\mathrm{d}V_i^*}{\mathrm{d}z_i}\right)=z_i^2+\alpha_i^{*2}+\frac{\mathrm{d}V_i^*\left(z_i\right)}{\mathrm{d}z_i}\left(\hat{\Theta}_{fi}\phi_{fi}\left(\hat{\bar{x}}_i\right)+l_i\tilde{x}_1+\alpha_i^*-\dot{\alpha}_{i-1}\right)=0 \tag{7.2.46}$$

通过计算 $\dfrac{\partial H_i}{\partial\alpha_i^*}=0$，设计 α_i^* 为

$$\alpha_i^*=-\frac{1}{2}\frac{\mathrm{d}V_i^*\left(z_i\right)}{\mathrm{d}z_i} \tag{7.2.47}$$

则可得

$$\frac{\mathrm{d}V_i^*\left(z_i\right)}{\mathrm{d}z_i}=2\beta_iz_i+V_i^o\left(z_i\right) \tag{7.2.48}$$

其中，$\beta_i>\dfrac{l_i}{2}+2$ 为设计参数；$V_i^o\left(z_i\right)=-2\beta_iz_i+\mathrm{d}V_i^*\left(z_i\right)/\mathrm{d}z_i$ 为未知的非线性函数。

由式 (7.2.47) 和式 (7.2.48)，可得

$$\alpha_i^*=-\beta_iz_i-\frac{1}{2}V_i^o\left(z_i\right) \tag{7.2.49}$$

由于 $V_i^o\left(z_i\right)$ 是未知连续函数，所以利用模糊逻辑系统 $\hat{V}_i^o\left(z_i|\hat{\Theta}_{Vi}\right)=\hat{\Theta}_{Vi}^{\mathrm{T}}\phi_{Vi}\left(z_i\right)$ 逼近 $V_i^o\left(z_i\right)$，并假设

$$V_i^o\left(z_i\right)=\Theta_{Vi}^{*T}\phi_{Vi}\left(z_i\right)+\varepsilon_{Vi}\left(z_i\right) \tag{7.2.50}$$

其中，Θ_{Vi}^* 为理想权重；$\varepsilon_{Vi}\left(z_i\right)$ 为最小逼近误差。假设 $\varepsilon_{Vi}\left(z_i\right)$ 满足 $\left|\varepsilon_{Vi}\left(z_i\right)\right|\leqslant\bar{\varepsilon}_{Vi}$，$\bar{\varepsilon}_{Vi}$ 为正常数。

由式 (7.2.48) ~ 式 (7.2.50)，可得

$$\frac{\mathrm{d}V_i^*\left(z_i\right)}{\mathrm{d}z_i}=2\beta_iz_i+\Theta_{Vi}^{*\mathrm{T}}\phi_{Vi}\left(z_i\right)+\varepsilon_i \tag{7.2.51}$$

$$\alpha_i^* = -\beta_i z_i - \frac{1}{2}\Theta_{Vi}^{*\mathrm{T}}\phi_{Vi}(z_i) + \frac{1}{2}\varepsilon_i \tag{7.2.52}$$

定义以下评判-执行网络结构：

$$\frac{\mathrm{d}\hat{V}_i^*(z_i)}{\mathrm{d}z_i} = 2\beta_i z_i + \hat{\Theta}_{ci}^{\mathrm{T}}\phi_{Vi}(z_i) \tag{7.2.53}$$

$$\alpha_i = -\beta_i z_i - \frac{1}{2}\hat{\Theta}_{ai}^{\mathrm{T}}\phi_{Vi}(z_i) \tag{7.2.54}$$

其中，$\mathrm{d}\hat{V}_i^*(z_i)/\mathrm{d}z_i$ 为 $\mathrm{d}V_i^*(z_i)/\mathrm{d}z_i$ 的估计值；$\hat{\Theta}_{ci}^{\mathrm{T}}$ 和 $\hat{\Theta}_{ai}^{\mathrm{T}}$ 分别为评判网络和执行网络中理想权重的估计值。

设计如下模糊参数自适应律：

$$\dot{\hat{\Theta}}_{ci} = -\frac{1}{2}\phi_{Vi}(z_i)z_i - m_{ci}\phi_{Vi}(z_i)\phi_{Vi}^{\mathrm{T}}(z_i)\hat{\Theta}_{ci} \tag{7.2.55}$$

$$\dot{\hat{\Theta}}_{ai} = -m_{ai}\phi_{Vi}(z_i)\phi_{Vi}^{\mathrm{T}}(z_i)\left(\hat{\Theta}_{ai} - \hat{\Theta}_{ci}\right) \tag{7.2.56}$$

其中，m_{ci} 和 m_{ai} 为设计参数，且满足 $m_{ai} > \dfrac{1}{2}$ 和 $m_{ci} > m_{ai}$。

由式 (7.2.18) 和式 (7.2.44)，可得

$$\dot{z}_i = z_{i+1} + \alpha_i + l_i\tilde{x}_1 + \hat{\Theta}_{fi}\phi_{fi}(\hat{\bar{x}}_i) - \dot{\alpha}_{i-1} \tag{7.2.57}$$

选择如下李雅普诺夫函数：

$$L_i(t) = L_{i-1}(t) + \frac{1}{2}z_i^2 + \frac{1}{2}\tilde{\Theta}_{ci}^{\mathrm{T}}\tilde{\Theta}_{ci} + \frac{1}{2}\tilde{\Theta}_{ai}^{\mathrm{T}}\tilde{\Theta}_{ai} \tag{7.2.58}$$

根据式 (7.2.54) ~ 式 (7.2.57)，对 $L_i(t)$ 求导，可得

$$\begin{aligned}\dot{L}_i(t) = {} & \dot{L}_{i-1}(t) + z_i\left(-\beta_i z_i - \frac{1}{2}\hat{\Theta}_{ai}^{\mathrm{T}}\phi_{Vi}(z_i) + z_{i+1} + l_i\tilde{x}_1 + \hat{\Theta}_{fi}\phi_{fi}(\hat{\bar{x}}_i) - \dot{\alpha}_{i-1}\right) \\ & - \tilde{\Theta}_{ci}^{\mathrm{T}}\left(\frac{1}{2}\phi_{Vi}(z_i)z_i + m_{ci}\phi_{Vi}(z_i)\phi_{Vi}^{\mathrm{T}}(z_i)\hat{\Theta}_{ci}^{\mathrm{T}}\right) \\ & - m_{ai}\tilde{\Theta}_{ai}\phi_{Vi}(z_i)\phi_{Vi}^{\mathrm{T}}(z_i)\left(\tilde{\Theta}_{ai} - \tilde{\Theta}_{ci}\right)\end{aligned} \tag{7.2.59}$$

根据杨氏不等式，类似于第 1 步，式 (7.2.59) 可改写为

$$\begin{aligned}\dot{L}_i(t) \leqslant {} & \dot{L}_{i-1}(t) - \left(\beta_i - \frac{l_i}{2} - 2\right)z_i^2 + \frac{1}{2}z_{i+1}^2 - \left(\frac{m_{ai}}{2} - \frac{1}{4}\right)\tilde{\Theta}_{ai}^{\mathrm{T}}\phi_{Vi}(z_i)\phi_{Vi}^{\mathrm{T}}(z_i)\tilde{\Theta}_{ai} \\ & + c_i(t) - \left(\frac{m_{ci}}{2} - \frac{m_{ai}}{2}\right)\tilde{\Theta}_{ci}\phi_{Vi}(z_i)\phi_{Vi}^{\mathrm{T}}(z_i)\tilde{\Theta}_{ci}\end{aligned}$$

$$-\left(\frac{m_{ci}}{2}-\frac{1}{4}\right)\hat{\Theta}_{ci}\phi_{Vi}\left(z_i\right)\phi_{Vi}^{\mathrm{T}}\left(z_i\right)\hat{\Theta}_{ci} \tag{7.2.60}$$

其中,$c_i\left(t\right)=l_i\tilde{x}^{\mathrm{T}}\tilde{x}/2+\hat{\Theta}_{fi}\phi_{fi}\left(\hat{\bar{x}}_i\right)\phi_{fi}\left(\hat{\bar{x}}_i\right)\hat{\Theta}_{fi}/2+\dot{\alpha}_{i-1}^2/2+m_{ci}\Theta_{ci}^*\phi_{Vi}\left(z_i\right)\phi_{Vi}^{\mathrm{T}}\left(z_i\right)\cdot\Theta_{ci}^*/2$ 有界，即 $|c_i(t)|\leqslant\bar{c}_i$ 且 $\bar{c}_i>0$。

由设计参数 β_i、m_{ai}、m_{ci} 的条件，可得

$$\begin{aligned}\dot{L}_i\left(t\right)\leqslant&\dot{L}_{i-1}\left(t\right)-\left(\beta_i-\frac{l_i}{2}-2\right)z_i^2-\left(\frac{m_{ai}}{2}-\frac{1}{4}\right)\tilde{\Theta}_{ai}^{\mathrm{T}}\phi_{Vi}\left(z_i\right)\phi_{Vi}^{\mathrm{T}}\left(z_i\right)\tilde{\Theta}_{ai}\\&-\left(\frac{m_{ci}}{2}-\frac{m_{ai}}{2}\right)\tilde{\Theta}_{ci}\phi_{Vi}\left(z_i\right)\phi_{Vi}^{\mathrm{T}}\left(z_i\right)\tilde{\Theta}_{ci}+\frac{1}{2}z_{i+1}^2+\bar{c}_i\end{aligned} \tag{7.2.61}$$

设 $\lambda_{\phi_{Vi}}^{\min}$ 为 $\phi_{Vi}\left(z_i\right)\phi_{Vi}^{\mathrm{T}}\left(z_i\right)$ 的最小特征值，存在

$$\begin{aligned}-\tilde{\Theta}_{ci}^{\mathrm{T}}\phi_{Vi}\left(z_i\right)\phi_{Vi}^{\mathrm{T}}\left(z_i\right)\tilde{\Theta}_{ci}\leqslant-\lambda_{\phi_{Vi}}^{\min}\tilde{\Theta}_{ci}^{\mathrm{T}}\tilde{\Theta}_{ci}\\-\tilde{\Theta}_{ai}^{\mathrm{T}}\phi_{Vi}\left(z_i\right)\phi_{Vi}^{\mathrm{T}}(z_i)\tilde{\Theta}_{ai}\leqslant-\lambda_{\phi_{Vi}}^{\min}\tilde{\Theta}_{ai}^{\mathrm{T}}\tilde{\Theta}_{ai}\end{aligned} \tag{7.2.62}$$

由式 (7.2.61) 和式 (7.2.62)，类似于第 1 步，可得

$$\dot{L}_i\left(t\right)\leqslant\sum_{j=1}^{i}\left(-a_jL_j\left(t\right)+\bar{c}_j\right)+\frac{1}{2}z_{i+1}^2 \tag{7.2.63}$$

其中，$a_i=\min\left\{2\left(\beta_i-\dfrac{l_i}{2}-2\right),\left(m_{ci}-m_{ai}\right)\lambda_{\phi_{V_i}}^{\min},\left(m_{ai}-\dfrac{1}{2}\right)\lambda_{\phi_{V_i}}^{\min}\right\}$。

第 n 步 求 z_n 的导数，可得

$$\dot{z}_n=\hat{\Theta}_{fn}\phi_{fn}\left(\hat{\bar{x}}_n\right)+u+l_n\tilde{x}_1-\dot{\alpha}_{n-1} \tag{7.2.64}$$

定义最优性能指标函数为

$$V_n^*\left(z_n\right)=\int_t^{\infty}h_n\left(z_n\left(s\right),u^*\left(z_n\right)\right)\mathrm{d}s=\min_{u\in\Psi(\Omega)}\left\{\int_t^{\infty}h_n\left(z_n\left(s\right),u\left(z_n\right)\right)\mathrm{d}s\right\} \tag{7.2.65}$$

其中，$h_n\left(z_n,u\right)=z_n^2+u^2$ 为成本函数；u^* 为最优的实际控制器。

计算 HJB 方程，可得

$$H_n\left(z_n,u^*,\frac{\mathrm{d}V_n^*}{\mathrm{d}z_n}\right)=z_n^2\left(t\right)+u^{*2}+\frac{\mathrm{d}V_n^*\left(z_n\right)}{\mathrm{d}z_n}\left(\hat{\Theta}_{fn}\phi_{fn}(\hat{\bar{x}}_n)+l_n\tilde{x}_1+u^*-\dot{\alpha}_{n-1}\right)=0 \tag{7.2.66}$$

通过计算 $\partial H_n/\partial u^*=0$，设计 u^* 为

$$u^*=-\frac{1}{2}\frac{\mathrm{d}V_n^*(z_n)}{\mathrm{d}z_n} \tag{7.2.67}$$

则 $\mathrm{d}V_n^*(z_n)/\mathrm{d}z_n$ 可改写为

$$\frac{\mathrm{d}V_n^*(z_n)}{\mathrm{d}z_n}=2\beta_n z_n(t)+V_n^o(z_n) \tag{7.2.68}$$

其中，$\beta_n>0$，且 $V_n^o(z_n)=-2\beta_n z_n+\mathrm{d}V_n^*(z_n)/\mathrm{d}z_n$。

根据式 (7.2.68)，式 (7.2.67) 可改写为

$$u^*=-\beta_n z_n-\frac{1}{2}V_n^o(z_n) \tag{7.2.69}$$

由于 $V_n^o(z_n)$ 是未知连续函数，所以利用模糊逻辑系统 $\hat{V}_n^o\left(z_n|\hat{\Theta}_{V_n}\right)=\hat{\Theta}_{V_n}^{\mathrm{T}}\phi_{V_n}(z_n)$ 逼近 $V_n^o(z_n)$，并假设

$$V_n^o(z_n)=\Theta_{V_n}^{*T}\phi_{V_n}(z_n)+\varepsilon_{V_n}(z_n) \tag{7.2.70}$$

其中，$\Theta_{V_n}^*$ 为理想权重；$\varepsilon_{V_n}(z_n)$ 为最小逼近误差。假设 $\varepsilon_{V_n}(z_n)$ 满足 $|\varepsilon_{V_n}(z_n)|\leqslant\bar{\varepsilon}_{V_n}$，$\bar{\varepsilon}_{V_n}$ 为正常数。

由式 (7.2.68) ~ 式 (7.2.70)，可得

$$\frac{\mathrm{d}V_n^*(z_n)}{\mathrm{d}z_n}=2\beta_n z_n+\Theta_{V_n}^{*\mathrm{T}}\phi_{V_n}(z_n)+\varepsilon_{V_n}(z_n) \tag{7.2.71}$$

$$u^*=-\beta_n z_n-\frac{1}{2}\Theta_{V_n}^{*\mathrm{T}}\phi_{V_n}(z_n)+\frac{1}{2}\varepsilon_{V_n}(z_n) \tag{7.2.72}$$

在没有事件触发的情况下，定义基于强化学习的评判-执行网络的结构为

$$\frac{\mathrm{d}\hat{V}_n^*(z_n)}{\mathrm{d}z_n}=2\beta_n z_n+\hat{\Theta}_{cn}^{\mathrm{T}}\phi_{V_n}(z_n) \tag{7.2.73}$$

$$u=-\beta_n z_n-\frac{1}{2}\hat{\Theta}_{an}^{\mathrm{T}}\phi_{V_n}(z_n) \tag{7.2.74}$$

其中，$\mathrm{d}\hat{V}_n^*(z_n)/\mathrm{d}z_n$ 为 $\mathrm{d}V_n^*(z_n)/\mathrm{d}z_n$ 的估计值；$\hat{\Theta}_{cn}^{\mathrm{T}}$ 和 $\hat{\Theta}_{an}^{\mathrm{T}}$ 分别为评判网络和执行网络中理想权重的估计值。

设计模糊参数自适应律如下：

$$\dot{\hat{\Theta}}_{cn}=-\frac{1}{2}\phi_{V_n}(z_n)z_n-m_{cn}\phi_{V_n}(z_n)\phi_{V_n}^{\mathrm{T}}(z_n)\hat{\Theta}_{cn} \tag{7.2.75}$$

$$\dot{\hat{\Theta}}_{an} = -m_{an}\phi_{V_n}(z_n)\phi_{V_n}^{\mathrm{T}}(z_n)\left(\hat{\Theta}_{an} - \hat{\Theta}_{cn}\right) \tag{7.2.76}$$

其中，m_{an} 和 m_{cn} 为设计参数。

设计参数值为

$$\beta_n > \frac{l_n}{2} + 2, \quad m_{an} > \frac{1}{2}, \quad m_{cn} > m_{an} \tag{7.2.77}$$

设计触发机制为

$$\mathrm{ET} : \mathrm{ET}_1 \wedge \mathrm{ET}_2 \wedge \cdots \wedge \mathrm{ET}_n \tag{7.2.78}$$

其中，设计 $\mathrm{ET}_i(i = 1, 2, \cdots, n)$ 为

$$\mathrm{ET}_i : \|\bar{e}_i\| \leqslant \frac{\gamma_i}{\beta_i + \frac{1}{2}\left\|\hat{\Theta}_{ai}\right\| L_{V_i}} \tag{7.2.79}$$

其中，$\bar{e}_i = \left[e_1^{\mathrm{T}}, e_2^{\mathrm{T}}, \cdots, e_n^{\mathrm{T}}\right]^{\mathrm{T}}$；$\gamma_i$ 为已知的正常数。当式 (7.2.79) 不满足时，下一个采样瞬间为 t_{k+1} 时刻。

在发生事件触发的情况下，重构如下基于强化学习的评判-执行网络结构：

$$\frac{\mathrm{d}\hat{V}_n^*\left(\breve{z}_n\right)}{\mathrm{d}\breve{z}_n} = 2\beta_n\breve{z}_n + \dot{\hat{\Theta}}_{cn}^{\mathrm{T}}\phi_{V_n}\left(\breve{z}_n\right) \tag{7.2.80}$$

$$\breve{u} = -\beta_n\breve{z}_n - \frac{1}{2}\hat{\Theta}_{an}^{\mathrm{T}}\phi_{V_n}\left(\breve{z}_n\right) \tag{7.2.81}$$

并且

$$\breve{\alpha}_1 = -\beta_1\breve{z}_1 - \frac{1}{2}\hat{\Theta}_{a1}^{\mathrm{T}}\phi_{V_1}\left(\breve{z}_1\right) \tag{7.2.82}$$

$$\breve{\alpha}_i = -\beta_i\breve{z}_i - \frac{1}{2}\hat{\Theta}_{ai}^{\mathrm{T}}\phi_{V_i}\left(\breve{z}_i\right) \tag{7.2.83}$$

其中，$\breve{z}_1 = \breve{x}_1 - y_d$；$\breve{z}_i = \breve{\hat{x}}_i - \breve{\alpha}_{i-1}$，$i = 2, 3, \cdots, n$，$\breve{\hat{x}}_n$ 为最后一次采样状态。

引理 7.2.1 状态触发的影响有界：

$$\left|\alpha_i - \breve{\alpha}_i\right| \leqslant \lambda_{\alpha_i}, \quad \left|u - \breve{u}\right| \leqslant \lambda_u, \quad i = 1, 2, \cdots, n \tag{7.2.84}$$

其中，$\lambda_{\alpha_i} > 0$ 和 $\lambda_u > 0$ 为设计参数。

证明 由式 (7.2.82) 和假设 7.2.1，可得

$$\left|z_1 - \breve{z}_1\right| = \left|x_1 - y_d - \breve{x}_1 + y_d\right| = |e_1|$$

$$\begin{aligned}\left|\alpha_1-\breve{\alpha}_1\right|&=\left|-\beta_1 z_1-\frac{1}{2}\hat{\Theta}_{a1}^{\mathrm{T}}\phi_{V_1}\left(z_1\right)+\beta_1\breve{z}_1+\frac{1}{2}\hat{\Theta}_{a1}^{\mathrm{T}}\phi_{V_1}\left(\breve{z}_1\right)\right|\\&\leqslant\beta_1\left|e_1\right|+\frac{1}{2}\left\|\hat{\Theta}_{a1}\right\|L_{V_1}\left|e_1\right|=\left(\beta_1+\frac{1}{2}\left\|\hat{\Theta}_{a1}\right\|L_{V_1}\right)\left|e_1\right|\leqslant\gamma_1\stackrel{\text{def}}{=\!=}\lambda_{\alpha_1}\end{aligned}\tag{7.2.85}$$

则可得

$$\begin{aligned}&\left|z_i-\breve{z}_i\right|=\left|\hat{x}_i-\alpha_{i-1}-\breve{\hat{x}}_i+\breve{\alpha}_{i-1}\right|\leqslant\left|e_i\right|+\bar{\gamma}_{i-1}\\&\left|\alpha_i-\breve{\alpha}_i\right|=\left(\beta_i+\frac{1}{2}\left\|\hat{\Theta}_{ai}\right\|L_{V_i}\right)\left\|\bar{e}_i\right\|+\sum_{j=2}^{i}\beta_j\bar{\gamma}_{j-1}\leqslant\bar{\gamma}_i\stackrel{\text{def}}{=\!=}\lambda_{\alpha_i}\end{aligned}\tag{7.2.86}$$

其中，$\bar{e}_i=[e_1,e_2,\cdots,e_i]^{\mathrm{T}}$；$\bar{\gamma}_i=\gamma_i+\sum_{j=2}^{i}\beta_j\bar{\gamma}_{j-1}$ 为正常数。

7.2.3　稳定性与收敛性分析

下面的定理给出了所设计的模糊自适应控制方法具有的性质。

定理 7.2.2　针对非线性严格反馈系统 (7.2.1)，假设 7.2.1 和假设 7.2.2 成立。如果采用控制器 (7.2.74)，虚拟控制器 (7.2.29)、(7.2.54) 和 (7.2.86)，参数自适应律 (7.2.30)、(7.2.31)、(7.2.55)、(7.2.56)、(7.2.75) 和 (7.2.76)，则总体控制方案具有如下性能：

(1) 闭环系统所有信号有界；

(2) 输出 y 可以跟踪参考信号 y_d 到一个有界紧集；

(3) 能够避免 Zeno 行为。

证明　选择如下李雅普诺夫函数：

$$L_n(t)=L_{n-1}(t)+\frac{1}{2}z_n^2+\frac{1}{2}\tilde{\Theta}_{cn}^{\mathrm{T}}\tilde{\Theta}_{cn}+\frac{1}{2}\tilde{\Theta}_{an}^{\mathrm{T}}\tilde{\Theta}_{an}\tag{7.2.87}$$

其中，$\tilde{\Theta}_{cn}=\hat{\Theta}_{cn}-\Theta_{Vn}^{*}$ 和 $\tilde{\Theta}_{an}=\hat{\Theta}_{an}-\Theta_{Vn}^{*}$ 为估计误差。

对 $L_n(t)$ 求导，可得

$$\begin{aligned}\dot{L}_n(t)=&\dot{L}_{n-1}(t)+z_n(t)\left(\breve{u}-u\right)+z_n\bigg(-\beta_n z_n+l_n\tilde{x}_i-\frac{1}{2}\hat{\Theta}_{an}^{\mathrm{T}}\phi_{Vn}(z_n)\\&+\hat{\Theta}_{fn}\phi_{fn}\left(\hat{\bar{x}}_n\right)-\dot{\alpha}_{n-1}\bigg)\\&-\tilde{\Theta}_{cn}^{\mathrm{T}}\left(\frac{1}{2}\phi_{V_n}(z_n)z_n+m_{cn}\phi_{V_n}(z_n)\phi_{V_n}^{\mathrm{T}}(z_n)\hat{\Theta}_{cn}^{\mathrm{T}}\right)\end{aligned}$$

$$- m_{an}\tilde{\Theta}_{an}\phi_{V_n}(z_n)\phi_{V_n}^{\mathrm{T}}(z_n)\left(\hat{\Theta}_{an}-\hat{\Theta}_{cn}\right) \tag{7.2.88}$$

根据杨氏不等式，式 (7.2.88) 可改写为

$$\begin{aligned}\dot{L}_n(t)\leqslant&\dot{L}_{n-1}(t)+z_n\left(\breve{u}-u\right)-\left(\beta_n-\frac{l_n}{2}-2\right)z_n^2+c_n(t)\\&-\left(\frac{m_{an}}{2}-\frac{1}{4}\right)\tilde{\Theta}_{an}^{\mathrm{T}}\phi_{V_n}(z_n)\phi_{V_n}^{\mathrm{T}}(z_n)\tilde{\Theta}_{an}\\&-\left(\frac{m_{cn}}{2}-\frac{m_{an}}{2}\right)\tilde{\Theta}_{cn}\phi_{V_n}(z_n)\phi_{V_n}^{\mathrm{T}}(z_n)\tilde{\Theta}_{cn}\\&-\left(\frac{m_{cn}}{2}-\frac{1}{4}\right)\hat{\Theta}_{cn}\phi_{V_n}(z_n)\phi_{V_n}^{\mathrm{T}}(z_n)\hat{\Theta}_{cn}\end{aligned} \tag{7.2.89}$$

其中，$c_n(t)=\dfrac{l_1\tilde{x}^{\mathrm{T}}\tilde{x}}{2}+\dfrac{m_{cn}\Theta_{cn}^*\phi_{V_n}(z_n)\phi_{V_n}^{\mathrm{T}}(z_n)\Theta_{cn}^*}{2}+\dfrac{\hat{\Theta}_{fn}\phi_{fn}(\hat{\bar{x}}_n)\phi_{fn}(\hat{\bar{x}}_n)\hat{\Theta}_{fn}}{2}+\dfrac{\dot{\alpha}_{n-1}^2}{2}$ 有界，即 $|c_n(t)|\leqslant\bar{c}_n$，$\bar{c}_n>0$。

由式 (7.2.80)，可得

$$\begin{aligned}\dot{L}_n(t)\leqslant&\dot{L}_{n-1}(t)+z_n\left(\breve{u}-u\right)-\left(\beta_n-\frac{l_n}{2}-2\right)z_n^2+\bar{c}_n\\&-\left(\frac{m_{an}}{2}-\frac{1}{4}\right)\lambda_{\phi_{V_n}}^{\min}\tilde{\Theta}_{an}^{\mathrm{T}}\tilde{\Theta}_{an}-\left(\frac{m_{cn}}{2}-\frac{m_{an}}{2}\right)\lambda_{\phi_{V_n}}^{\min}\tilde{\Theta}_{cn}\tilde{\Theta}_{cn}\end{aligned} \tag{7.2.90}$$

其中，$\lambda_{\phi_{V_n}}^{\min}$ 为 $\phi_{V_n}(z_n)\phi_{V_n}^{\mathrm{T}}(z_n)$ 的最小特征值。

由杨氏不等式，式 (7.2.90) 可改写为

$$\begin{aligned}\dot{L}_n(t)\leqslant&\sum_{i=1}^{n-1}\left(-a_iL_i(t)+c_i\right)-\left(\beta_n-3\right)z_n^2+\sum_{i=1}^{n}c_i+\frac{\lambda_u^2}{2}\\&+\frac{1}{2}\lambda_{\alpha_n}^2+\frac{1}{2}z_n^2-\frac{m_{cn}}{2}\lambda_{\phi_{V_n}}^{\min}\tilde{\Theta}_{cn}^{\mathrm{T}}\tilde{\Theta}_{cn}-\frac{m_{an}}{2}\lambda_{\phi_{V_n}}^{\min}\tilde{\Theta}_{an}^{\mathrm{T}}\tilde{\Theta}_{an}+\bar{c}_n\end{aligned} \tag{7.2.91}$$

设 $a=\min\{a_1,a_2,\cdots,a_n\}$，可得

$$\dot{L}_n(t)\leqslant-aL_n(t)+d \tag{7.2.92}$$

由引理 0.3.1，式 (7.2.92) 可表示为

$$L_n(t) \leqslant \mathrm{e}^{-at} L_n(0) + \frac{d}{a}\left(1 - \mathrm{e}^{-at}\right) \tag{7.2.93}$$

因此，所有信号 z_i、$\tilde{\Theta}_{ci}$、$\tilde{\Theta}_{ai}\,(i = 1, 2, \cdots, n)$ 都是半全局一致最终有界的。

根据事件触发误差，对于 $\forall t \in [t_{i,k}\,,\, t_{i,k+1})$，有

$$\frac{\mathrm{d}}{\mathrm{d}t}|e_i| = \frac{\mathrm{d}}{\mathrm{d}t}(e_i \times e_i)^{1/2} = \operatorname{sign}\left(\hat{x}_i - \breve{\hat{x}}_i\right)\dot{\hat{x}}_i \leqslant \left|\dot{\hat{x}}_i\right| \tag{7.2.94}$$

由于 $\dot{\hat{x}}_i$ 是有界的，存在正常数 ϖ_i，使得 $\left|\dot{\hat{x}}_i\right| \leqslant \varpi_i$，可得

$$t_{i,k+1} - t_{i,k} \geqslant \frac{\rho_i}{\varpi_i} \tag{7.2.95}$$

从而避免了 Zeno 行为。

7.2.4　仿真

例 7.2.1　考虑如下倒立摆动力学模型：

$$Ml\ddot{q}(t) + Mg\sin(q(t)) + kl\dot{q}(t) = u \tag{7.2.96}$$

其中，$q(t)$ 为摆的角度位置；M、l 分别为质量和长度；k 为未知摩擦系数；g 为重力加速度。相关的参数设计为 $M = 1\mathrm{kg}$、$l = 1\mathrm{m}$、$k = 1\mathrm{N/m}$、$g = 9.8\mathrm{m/s^2}$，参考信号为 $y_d = 0.8\sin(5t)$。

定义 $x_1 = q(t)$，$x_2 = \dot{q}(t)$，式 (7.2.96) 可改写为

$$\begin{aligned} \dot{x}_1 &= x_2 \\ \dot{x}_2 &= \frac{1}{Ml}u + \frac{g}{l}\sin(x_1) - \frac{k}{M}x_2 \end{aligned} \tag{7.2.97}$$

在仿真中，选取设计参数为 $l_1 = 20$、$l_2 = 25$、$\beta_\Theta = 0.1$、$\rho_\Theta = 40$、$\beta_1 = 85$、$\beta_2 = 30$、$\sigma_1 = 2$、$\sigma_2 = 2$、$m_{c1} = 20$、$m_{c2} = 40$、$m_{a1} = 20$、$m_{a2} = 40$。选择状态变量的初始值为 $x_1 = 1.2$、$x_2 = 0.8$、$\hat{x}_1 = 0.6$、$\hat{x}_2 = 0.8$，参数的初始值均为 0.5。时间的步长取 0.002。

选择变量 x_i 的隶属度函数为

$$\begin{aligned} &\mu_{F_i^1}(x_i) = \exp\left[\frac{-(x_i+1)^2}{2}\right], \quad \mu_{F_i^2}(x_i) = \exp\left[\frac{-(x_i+3)^2}{4}\right] \\ &\mu_{F_i^3}(x_i) = \exp\left[-x_i^2\right], \quad \mu_{F_i^4}(x_i) = \exp\left[\frac{-(x_i-2)^2}{2}\right] \\ &\mu_{F_i^5}(x_i) = \exp\left[\frac{-(x_i-1)^2}{2}\right] \\ &i = 1, 2 \end{aligned}$$

仿真中使用由 15 个节点组成的高斯函数作为基函数，其中中心均匀间隔在 $[-3,3]$，宽度为 $\eta_i=0.5$。

仿真结果如图 7.2.1 ~ 图 7.2.10 所示。

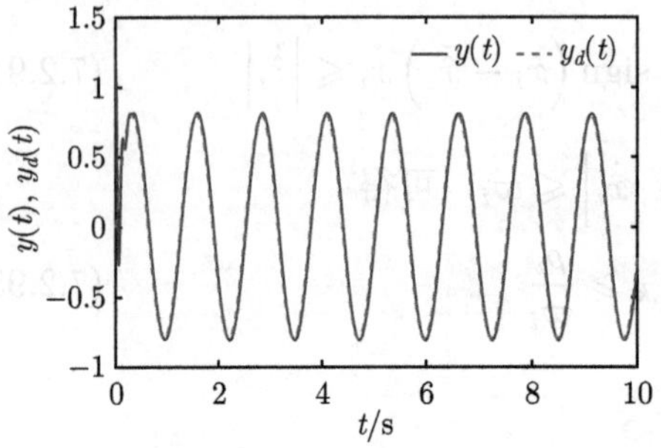

图 7.2.1　输出 $y(t)$ 和参考信号 $y_d(t)$ 的轨迹

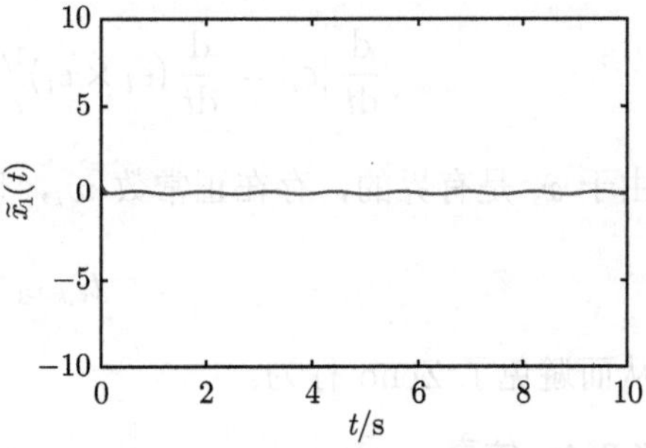

图 7.2.2　观测误差 $\tilde{x}_1(t)$ 的轨迹

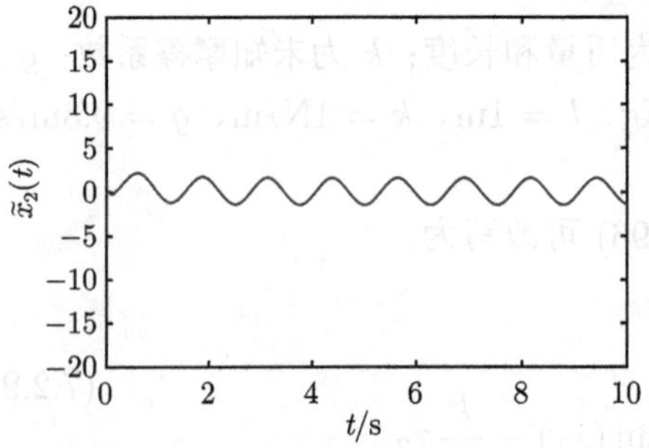

图 7.2.3　观测误差 $\tilde{x}_2(t)$ 的轨迹

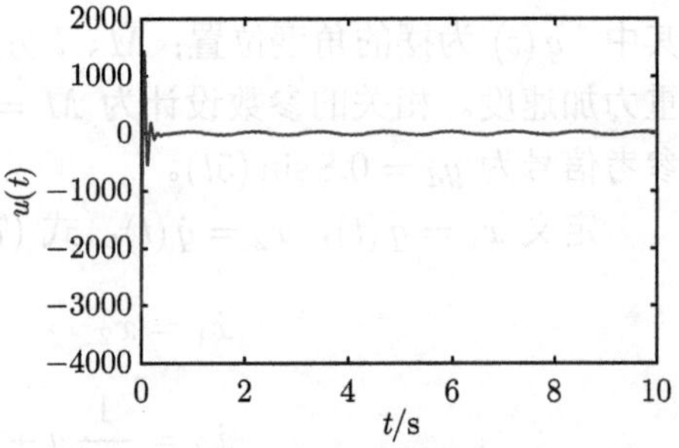

图 7.2.4　控制器 $u(t)$ 的轨迹

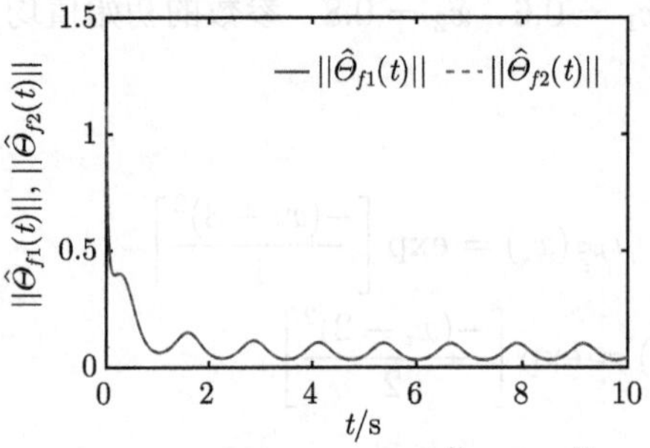

图 7.2.5　观测器自适应参数 $\left\|\hat{\Theta}_{f1}(t)\right\|$ 和 $\left\|\hat{\Theta}_{f2}(t)\right\|$ 的轨迹

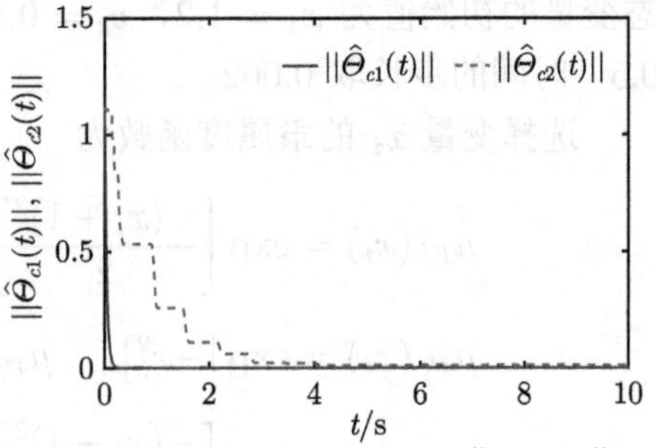

图 7.2.6　评判网络自适应参数 $\left\|\hat{\Theta}_{c1}(t)\right\|$ 和 $\left\|\hat{\Theta}_{c2}(t)\right\|$ 的轨迹

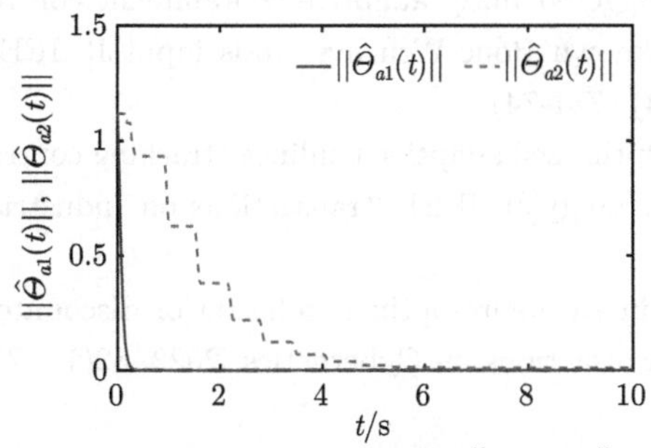

图 7.2.7　执行网络自适应参数 $\left\|\hat{\Theta}_{a1}(t)\right\|$ 和 $\left\|\hat{\Theta}_{a2}(t)\right\|$ 的轨迹

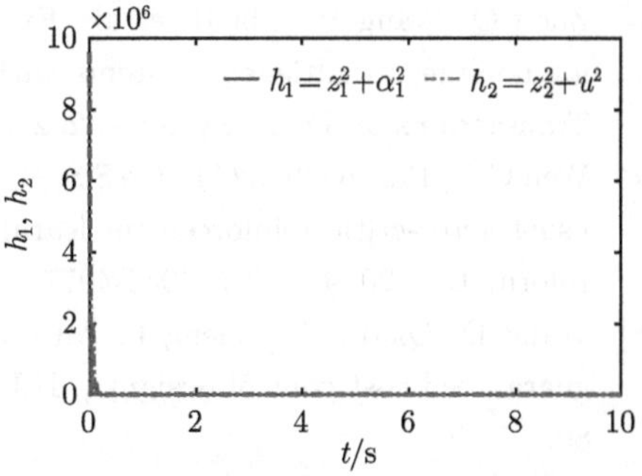

图 7.2.8　成本函数 h_1 和 h_2 的轨迹

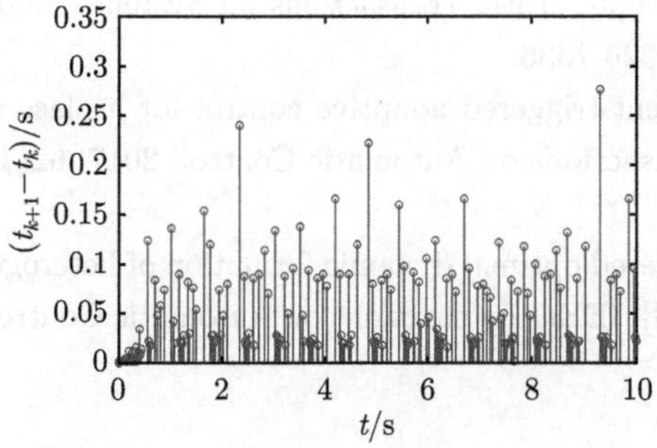

图 7.2.9　事件触发时间间隔 $t_{k+1} - t_k$

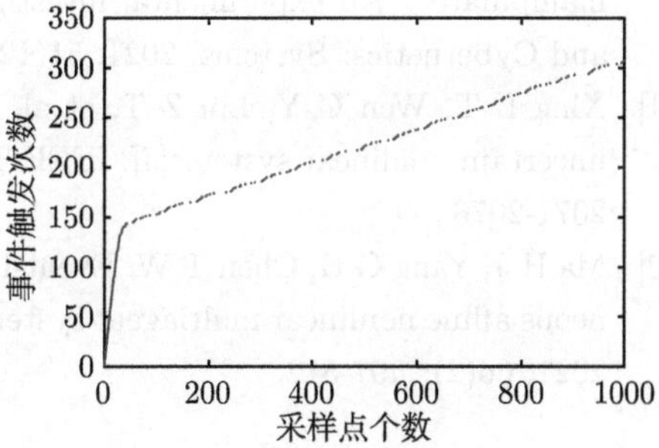

图 7.2.10　事件触发次数

参 考 文 献

[1] Zhu H Y, Li Y X, Tong S C. Dynamic event-triggered reinforcement learning control of stochastic nonlinear systems[J]. IEEE Transactions on Fuzzy Systems, 2023, 31(9): 2917-2928.

[2] Xin C, Li Y X. Reinforcement learning-based optimized output feedback control of nonlinear strict-feedback systems with event sampled states[J]. International Journal of Adaptive Control and Signal Processing, 2023, 37(1): 38-58.

[3] Li Y X, Tong S C, Yang G H. Observer-based adaptive fuzzy decentralized event-triggered control of interconnected nonlinear system[J]. IEEE Transactions on Cybernetics, 2020, 50(7): 3104-3112.

[4] Wen G X, Philip Chen C L, Ge S S. Simplified optimized backstepping control for a class of nonlinear strict-feedback systems with unknown dynamic functions[J]. IEEE Transactions on Cybernetics, 2021, 51(9): 4567-4580.

[5] Li Y M, Liu Y J, Tong S C. Observer-based neuro-adaptive optimized control of strict-feedback nonlinear systems with state constraints[J]. IEEE Transactions on Neural Networks and Learning Systems, 2022, 33(7): 3131-3145.

[6] Zhou Q, Wang W, Ma H, et al. Event-triggered fuzzy adaptive containment control for nonlinear multiagent systems with unknown Bouc-Wen hysteresis input[J]. IEEE Transactions on Fuzzy Systems, 2021, 29(4): 731-741.

[7] Wen G X, Philip Chen C L, Ge S S, et al. Optimized adaptive nonlinear tracking control using actor-critic reinforcement learning strategy[J]. IEEE Transactions on Industrial Informatics, 2019, 15(9): 4969-4977.

[8] Wang D, Qiao J F, Cheng L. An approximate neuro-optimal solution of discounted guaranteed cost control design[J]. IEEE Transactions on Cybernetics, 2022, 52(1): 77-86.

[9] Zhang Z R, Wen C Y, Xing L T, et al. Adaptive event-triggered control of uncertain nonlinear systems using intermittent output only[J]. IEEE Transactions on Automatic Control, 2022, 67(8): 4218-4225.

[10] He W, Gao H J, Zhou C, et al. Reinforcement learning control of a flexible two-link manipulator: An experimental investigation[J]. IEEE Transactions on Systems, Man, and Cybernetics: Systems, 2021, 51(12): 7326-7336.

[11] Xing L T, Wen C Y, Liu Z T, et al. Event-triggered adaptive control for a class of uncertain nonlinear systems[J]. IEEE Transactions on Automatic Control, 2017, 62(4): 2071-2076.

[12] Ma H J, Yang G H, Chen T W. Event-triggered optimal dynamic formation of heterogeneous affine nonlinear multiagent systems[J]. IEEE Transactions on Automatic Control, 2021, 66(2): 497-512.

第 8 章　分数阶非线性系统的智能自适应事件触发控制

第 7 章主要针对具有执行器故障的分数阶非线性系统，介绍了几种模糊自适应容错控制设计方法。本章在第 7 章的基础上，针对具有严格反馈形式的分数阶非线性系统，考虑时间触发机制造成控制信号频繁地更新和传输问题，介绍基于事件触发的模糊自适应控制设计方法。本章内容主要基于文献 [1]~[4]。

8.1　分数阶非线性系统的模糊自适应事件触发控制

本节主要针对分数阶非线性系统，给出模糊自适应事件触发控制设计方法，设计基于固定阈值策略的模糊自适应事件触发控制器，并证明闭环系统的稳定性和收敛性。类似的模糊自适应事件触发控制设计方法可参见文献 [5]~[8]。

8.1.1　系统模型及控制问题描述

考虑如下具有严格反馈形式的分数阶非线性系统：

$$\begin{aligned}
&\mathrm{D}^q x_i(t) = x_{i+1}(t) + f_i(\bar{x}_i), \quad i = 1, 2, \cdots, n-1 \\
&\mathrm{D}^q x_n(t) = u + f_n(\bar{x}_n) \\
&y(t) = x_1(t)
\end{aligned} \tag{8.1.1}$$

其中，$\bar{x}_i = [x_1, x_2, \cdots, x_i]^{\mathrm{T}} \in \mathbf{R}^i\,(i = 1, 2, \cdots, n)$ 为状态变量；$u \in \mathbf{R}$ 和 $y \in \mathbf{R}$ 分别为系统的输入和输出；$f_i(\bar{x}_i)\,(i = 1, 2, \cdots, n)$ 为未知的非线性光滑函数。

假设 8.1.1　参考信号 $y_d(t)$ 及其第 j 阶导数 $\mathrm{D}^q y_d^{(j)}(t)\,(j = 1, 2, \cdots, n)$ 是连续且有界的。

引理 8.1.1　定义在紧集 U 上的任意连续函数 $f(x)$，对于任意给定的正常数 ε，存在模糊逻辑系统，使得如下不等式成立：

$$\sup_{x \in U} \left| f(x) - \theta^{*\mathrm{T}} \Phi(x) \right| \leqslant \varepsilon \tag{8.1.2}$$

其中，$\Phi(x) = [\Phi_1(x), \Phi_2(x), \cdots, \Phi_N(x)]^{\mathrm{T}} \Big/ \sum_{i=1}^{N} \Phi_i(x)$ 为基函数向量，$N > 1$ 为模糊规则数；$\theta^* = [\theta_1^*,\ \theta_2^*, \cdots, \theta_N^*]^{\mathrm{T}}$ 为理想的权重向量。

引理 8.1.2 如果 $h(t), g(t) \in \mathbf{C}^n([0,\infty],\mathbf{R})$，$a$、$b$ 和 c 是三个常数，那么有 $\mathrm{D}^q(ah(t)+bg(t)) = a\mathrm{D}^q h(t) + b\mathrm{D}^q g(t)$ 和 $\mathrm{D}^q c = 0$，其中，$n-1<q\leqslant n$，$n\in\mathbf{N}$。

引理 8.1.3 如果 $f(t)\in[t_0,\infty]\to\mathbf{R}$，那么对于任意的 $t\geqslant t_0$，有

$$I^q\mathrm{D}^q f(t) \leqslant f(t) - \sum_{k=0}^{n-1}\frac{f^{(k)}(t_0)}{k!}(t-t_0)^k \tag{8.1.3}$$

其中，$n-1<q\leqslant n$，$n\in\mathbf{N}$。特别地，当 $q\in(0,1]$ 时，$I^q\mathrm{D}^q f(t) = f(t)-f(t_0)$。

引理 8.1.4 如果函数 $y(t)$ 满足 $y(t)\leqslant\int_{t_0}^t a(\tau)y(\tau)\mathrm{d}\tau + b(t)$，其中 $a(t)$ 为实函数，$b(t)$ 为可微实函数，那么有

$$y(t)\leqslant\int_{t_0}^t \dot{b}(\tau)\exp\left[\int_\tau^t a(r)\,\mathrm{d}r\right]\mathrm{d}\tau + b(t_0)\exp\left[\int_{t_0}^t a(\tau)\,\mathrm{d}\tau\right] \tag{8.1.4}$$

特别地，如果 $b(t)=b$ 是一个常数，那么有

$$y(t)\leqslant b\exp\left[\int_{t_0}^t a(\tau)\mathrm{d}\tau\right] \tag{8.1.5}$$

控制目标 针对严格反馈分数阶非线性系统 (8.1.1)，基于固定阈值策略，设计模糊自适应事件触发控制器，使得：

(1) 闭环系统内的所有信号有界；

(2) 跟踪误差收敛到包含原点的一个小邻域内。

8.1.2 模糊自适应反步递推事件触发控制设计

定义如下坐标变换：

$$\begin{aligned} z_1 &= x_1 - y_d \\ z_i &= x_i - \alpha_{i-1}, \quad i=2,3,\cdots,n \end{aligned} \tag{8.1.6}$$

其中，z_i 为误差变量；α_{i-1} 为虚拟控制器。

基于上面的坐标变换，n 步模糊自适应反步递推控制设计过程如下。

第 1 步 由式 (8.1.1) 和式 (8.1.6)，可得

$$\mathrm{D}^q z_1 = z_2 + \alpha_1 + f_1(x_1) - \mathrm{D}^q y_d \tag{8.1.7}$$

选择如下李雅普诺夫函数：

$$V_1 = \frac{1}{2}z_1^2 + \frac{1}{2\gamma_1}\tilde{\theta}_1^2 \tag{8.1.8}$$

其中，$\gamma_1>0$ 为设计参数；$\tilde{\theta}_1=\theta_1-\hat{\theta}_1$，$\hat{\theta}_1$ 为 θ_1 的估计值。

求 V_1 的 q 阶分数阶导数，可得

$$\mathrm{D}^q V_1=z_1\alpha_1-\frac{1}{\gamma_1}\tilde{\theta}_1\mathrm{D}^q\hat{\theta}_1-\frac{1}{2}z_1^2+z_1z_2+z_1H_1\left(Z_1\right) \tag{8.1.9}$$

其中，$H_1\left(Z_1\right)=f_1\left(x_1\right)-\mathrm{D}^q y_d+\dfrac{1}{2}z_1$。

由于 $H_1\left(Z_1\right)$ 是未知连续函数,所以利用模糊逻辑系统 $\hat{H}_1\left(Z_1|\hat{\theta}_1^{\mathrm{T}}\right)=\hat{\theta}_1^{\mathrm{T}}\phi_1\left(Z_1\right)$ 逼近 $H_1\left(Z_1\right)$，并假设

$$H_1\left(Z_1\right)=\theta_1^{*\mathrm{T}}\varPhi_1\left(Z_1\right)+\sigma_1\left(Z_1\right) \tag{8.1.10}$$

其中，$Z_1=x_1$；θ_1^* 为理想权重；$\sigma_1\left(Z_1\right)$ 为最小逼近误差。假设 $\sigma_1\left(Z_1\right)$ 满足 $\left|\sigma_1\left(Z_1\right)\right|\leqslant\varepsilon_1$，$\varepsilon_1$ 为正常数。

由杨氏不等式，可得

$$z_1H_1\left(Z_1\right)\leqslant\frac{1}{2a_1^2}\theta_1z_1^2\varPhi_1^{\mathrm{T}}\varPhi_1+\frac{a_1^2}{2}+\frac{1}{2}z_1^2+\frac{\varepsilon_1^2}{2} \tag{8.1.11}$$

其中，$a_1>0$ 为设计参数。

将式 (8.1.11) 代入式 (8.1.9)，可得

$$\mathrm{D}^qV_1\leqslant z_1\alpha_1-\frac{1}{\gamma_1}\tilde{\theta}_1\mathrm{D}^q\hat{\theta}_1+\frac{1}{2a_1^2}\theta_1z_1^2\varPhi_1^{\mathrm{T}}\varPhi_1+\frac{a_1^2}{2}+\frac{\varepsilon_1^2}{2}+z_1z_2 \tag{8.1.12}$$

设计虚拟控制器和参数自适应律分别如下：

$$\alpha_1=-k_1z_1-\frac{1}{2a_1^2}z_1\hat{\theta}_1\varPhi_1^{\mathrm{T}}\varPhi_1 \tag{8.1.13}$$

$$\mathrm{D}^q\hat{\theta}_1=\frac{\gamma_1}{2a_1^2}z_1^2\varPhi_1^{\mathrm{T}}\varPhi_1-\mu_1\hat{\theta}_1 \tag{8.1.14}$$

其中，$k_1>0$ 和 $\mu_1>0$ 为设计参数。

将式 (8.1.13) 和式 (8.1.14) 代入式 (8.1.12)，可得

$$\mathrm{D}^qV_1\leqslant -k_1z_1^2+z_1z_2+\frac{\mu_1}{\gamma_1}\tilde{\theta}_1\hat{\theta}_1+\frac{a_1^2}{2}+\frac{\varepsilon_1^2}{2} \tag{8.1.15}$$

第 $i(2\leqslant i\leqslant n-1)$ 步 由式 (8.1.1) 和式 (8.1.6)，可得

$$\mathrm{D}^qz_i=z_{i+1}+\alpha_i+f_i\left(\bar{x}_i\right)-\mathrm{D}^q\alpha_{i-1} \tag{8.1.16}$$

选择如下李雅普诺夫函数：

$$V_i = V_{i-1} + \frac{1}{2}z_i^2 + \frac{1}{2\gamma_i}\tilde{\theta}_i^2 \tag{8.1.17}$$

其中，$\gamma_i > 0$ 为设计参数；$\tilde{\theta}_i = \theta_i - \hat{\theta}_i$，$\hat{\theta}_i$ 为 θ_i 的估计值。

求 V_i 的 q 阶分数阶导数，可得

$$\mathrm{D}^q V_i = \mathrm{D}^q V_{i-1} + z_i\alpha_i + z_i H_i(Z_i) - \frac{1}{\gamma_i}\tilde{\theta}_i \mathrm{D}^q\hat{\theta}_i + z_i z_{i+1} - \frac{1}{2}z_i^2 - z_{i-1}z_i \tag{8.1.18}$$

其中，$H_i(Z_i) = f_i(\bar{x}_i) - \mathrm{D}^q\alpha_{i-1} + \frac{1}{2}z_i + z_{i-1}$。

由于 $H_i(Z_i)$ 是未知连续函数，所以利用模糊逻辑系统 $\hat{H}_i\left(Z_i|\hat{\theta}_i\right) = \hat{\theta}_i^{\mathrm{T}}\phi_i(Z_i)$ 逼近 $H_i(Z_i)$，并假设

$$H_i(Z_i) = \theta_i^{*\mathrm{T}}\varPhi_i(Z_i) + \sigma_i(Z_i) \tag{8.1.19}$$

其中，$Z_i = \bar{x}_i$；θ_i^* 为理想权重；$\sigma_i(Z_i)$ 为最小逼近误差。假设 $\sigma_i(Z_i)$ 满足 $|\sigma_i(Z_i)| \leqslant \varepsilon_i$，$\varepsilon_i$ 为正常数。

由杨氏不等式，可得

$$z_i H_i(Z_i) \leqslant \frac{1}{2a_i^2}\theta_i z_i^2 \varPhi_i^{\mathrm{T}}\varPhi_i + \frac{a_i^2}{2} + \frac{1}{2}z_i^2 + \frac{\varepsilon_i^2}{2} \tag{8.1.20}$$

其中，$a_i > 0$ 为设计参数。

将式 (8.1.20) 代入式 (8.1.18)，可得

$$\mathrm{D}^q V_i \leqslant \mathrm{D}^q V_{i-1} + z_i\alpha_i - \frac{1}{\gamma_i}\tilde{\theta}_i \mathrm{D}^q\hat{\theta}_i + \frac{1}{2a_i^2}\theta_i z_i^2\varPhi_i^{\mathrm{T}}\varPhi_i - z_{i-1}z_i + \frac{a_i^2}{2} + \frac{\varepsilon_i^2}{2} + z_i z_{i+1} \tag{8.1.21}$$

设计虚拟控制器和参数自适应律分别如下：

$$\alpha_i = -k_i z_i - \frac{1}{2a_i^2}z_i\hat{\theta}_i\varPhi_i^{\mathrm{T}}\varPhi_i \tag{8.1.22}$$

$$\mathrm{D}^q\hat{\theta}_i = \frac{\gamma_i}{2a_i^2}z_i^2\varPhi_i^{\mathrm{T}}\varPhi_i - \mu_i\hat{\theta}_i \tag{8.1.23}$$

其中，$k_i > 0$ 和 $\mu_i > 0$ 为设计参数。

将式 (8.1.22) 和式 (8.1.23) 代入式 (8.1.21)，可得

$$\mathrm{D}^q V_i \leqslant -\sum_{j=1}^{n-1}k_j z_j^2 + z_i z_{i+1} + \sum_{j=1}^{n-1}\frac{\mu_j}{\gamma_j}\tilde{\theta}_j\hat{\theta}_j + \sum_{j=1}^{n-1}\frac{a_j^2}{2} + \sum_{j=1}^{n-1}\frac{\varepsilon_j^2}{2} \tag{8.1.24}$$

第 $\boldsymbol{n}$ 步 与前 $n-1$ 步相同，求 z_n 的 q 阶分数阶导数，可得

$$\mathrm{D}^q z_n = u + f_n\left(\bar{x}_n\right) - \mathrm{D}^q \alpha_{n-1} \tag{8.1.25}$$

选择如下李雅普诺夫函数：

$$V_n = V_{n-1} + \frac{1}{2}z_n^2 + \frac{1}{2\gamma_n}\tilde{\theta}_n^2 \tag{8.1.26}$$

其中，$\gamma_n > 0$ 为设计参数。

求 V_n 的 q 阶分数阶导数，可得

$$\mathrm{D}^q V_n = \mathrm{D}^q V_{n-1} + z_n u + z_n H_n\left(Z_n\right) - \frac{1}{\gamma_n}\tilde{\theta}_n \mathrm{D}^q \hat{\theta}_n - \frac{1}{2}z_n^2 - z_{n-1}z_n \tag{8.1.27}$$

其中，$H_n\left(Z_n\right) = f_n\left(\bar{x}_n\right) - \mathrm{D}^q \alpha_{n-1} + \dfrac{1}{2}z_n + z_{n-1}$。

由于 $H_n\left(Z_n\right)$ 是未知连续函数，利用模糊逻辑系统 $\hat{H}_n\left(Z_n|\hat{\theta}_n\right) = \hat{\theta}_n^{\mathrm{T}}\phi_n\left(Z_n\right)$ 逼近 $H_n\left(Z_n\right)$，并假设

$$H_n\left(Z_n\right) = \theta_n^{*\mathrm{T}}\varPhi_n\left(Z_n\right) + \sigma_n\left(Z_n\right) \tag{8.1.28}$$

其中，$Z_n = \bar{x}_n$；θ_n^* 为理想权重；$\sigma_n\left(Z_n\right)$ 为最小逼近误差。假设 $\sigma_n\left(Z_n\right)$ 满足 $\left|\sigma_n\left(Z_n\right)\right| \leqslant \varepsilon_n$，$\varepsilon_n$ 为正常数。

由杨氏不等式，可得

$$z_n H_n\left(Z_n\right) \leqslant \frac{1}{2a_n^2}\theta_n z_n^2 \varPhi_n^{\mathrm{T}}\varPhi_n + \frac{a_n^2}{2} + \frac{1}{2}z_n^2 + \frac{\varepsilon_n^2}{2} \tag{8.1.29}$$

其中，$a_n > 0$ 为设计参数。

将式 (8.1.29) 代入式 (8.1.27)，可得

$$\mathrm{D}^q V_n \leqslant \mathrm{D}^q V_{n-1} + z_n u - \frac{1}{\gamma_n}\tilde{\theta}_n \mathrm{D}^q \hat{\theta}_n + \frac{1}{2a_n^2}\theta_n z_n^2 \varPhi_n^{\mathrm{T}}\varPhi_n - z_{n-1}z_n + \frac{\varepsilon_n^2}{2} + \frac{a_n^2}{2} \tag{8.1.30}$$

设计事件触发控制器和参数自适应律分别为

$$\alpha_n = -k_n z_n - \frac{1}{2a_n^2}z_n\hat{\theta}_n \varPhi_n^{\mathrm{T}}\varPhi_n \tag{8.1.31}$$

$$\mathrm{D}^q \hat{\theta}_n = \frac{\gamma_n}{2a_n^2}z_n^2 \varPhi_n^{\mathrm{T}}\varPhi_n - \mu_n \hat{\theta}_n \tag{8.1.32}$$

$$\omega(t)=\alpha_n-\bar{m}\tanh\left(\frac{z_n\bar{m}}{\varepsilon^*}\right) \tag{8.1.33}$$

$$u=\omega(t_k),\quad \forall t\in[t_k,t_{k+1}) \tag{8.1.34}$$

其中，$k_n>0$、$\mu_n>0$ 和 $\varepsilon^*>0$ 为设计参数。

令 $\xi(t)=\omega(t)-u(t)$ 为事件触发误差，定义事件触发条件如下：

$$t_{k+1}=\inf\{t\in\mathbf{R}\mid|\xi(t)|\geqslant m\} \tag{8.1.35}$$

其中，$m>0$ 和 $\bar{m}>m$ 为设计参数；$t_k(k\in\mathbf{Z}^+)$ 为事件触发时刻。

8.1.3 稳定性与收敛性分析

下面的定理给出了所设计的模糊自适应控制方法具有的性质。

定理 8.1.1 针对严格反馈分数阶非线性系统 (8.1.1)，假设 8.1.1 成立。如果采用控制器 (8.1.13)、(8.1.22) 和 (8.1.31)，参数自适应律 (8.1.14)、(8.1.23) 和 (8.1.32)，事件触发机制 (8.1.33)~(8.1.35)，则总体控制方案具有如下性能：

(1) 闭环系统内的所有信号有界；

(2) 跟踪误差收敛到包含原点的一个小邻域内。

证明 将式 (8.1.31) ~ 式 (8.1.34) 代入式 (8.1.30)，计算可得

$$\mathrm{D}^qV_n\leqslant-\sum_{j=1}^{n}k_jz_j^2+\sum_{j=1}^{n}\frac{\mu_j}{\gamma_j}\tilde{\theta}_j\hat{\theta}_j+\kappa\varepsilon^*+\sum_{j=1}^{n}\frac{\varepsilon_j^2}{2}+\sum_{j=1}^{n}\frac{a_j^2}{2} \tag{8.1.36}$$

其中，$|z_n\bar{m}|-z_n\bar{m}\tanh(z_n\bar{m}/\varepsilon^*)\leqslant\kappa\varepsilon^*$，$\kappa=0.2785$。根据杨氏不等式，有下面不等式成立：

$$\begin{aligned}\mathrm{D}^qV_n&\leqslant-\sum_{j=1}^{n}k_jz_j^2-\sum_{j=1}^{n}\frac{\mu_j}{2\gamma_j}\tilde{\theta}^2+\sum_{j=1}^{n}\frac{\mu_j}{2\gamma_j}\theta^2+\sum_{j=1}^{n}\left(\frac{\varepsilon_j^2}{2}+\frac{a_j^2}{2}\right)+\kappa\varepsilon^*\\&\leqslant-aV_n+b\end{aligned} \tag{8.1.37}$$

其中，$a=\min\{2k_j,\mu_j\}$，$j=1,2,\cdots,n$；$b=\displaystyle\sum_{j=1}^{n}\frac{\mu_j}{2\gamma_j}\theta^2+\sum_{j=1}^{n}\left(\frac{\varepsilon_j^2}{2}+\frac{a_j^2}{2}\right)+\kappa\varepsilon^*$。

令 $V_*(t)\overset{\text{def}}{=\!=}V(t)-b/a$。由式 (8.1.37) 和引理 8.1.2，可得

$$\mathrm{D}^qV_*(t)\leqslant-a\left(V_*(t)+\frac{b}{a}\right)+b=-aV_*(t) \tag{8.1.38}$$

因此，存在一个 $\eta(t)\geqslant0$ 的实函数满足：

$$\mathrm{D}^qV_*(t)=-aV_*(t)-\eta(t) \tag{8.1.39}$$

由引理 8.1.3，对式 (8.1.39) 两侧同时进行分数阶积分，可得

$$\begin{aligned} V_*(t) &= V_*(t_0) - \int_{t_0}^{t} \frac{(t-\tau)^{q-1}}{\Gamma(q)} (aV_*(\tau) + \eta(\tau))\,\mathrm{d}\tau \\ &\leqslant V_*(t_0) - \frac{a}{\Gamma(q)} \int_{t_0}^{t} (t-\tau)^{q-1} V_*(\tau)\,\mathrm{d}\tau \end{aligned} \tag{8.1.40}$$

由引理 8.1.4，可得

$$V_*(t) \leqslant V_*(t_0) \exp\left[\frac{-a(t-t_0)^q}{\Gamma(q+1)}\right] \tag{8.1.41}$$

将 $V_*(t) = V(t) - b/a$ 代入式 (8.1.41)，可得

$$V(t) \leqslant \left(V(t_0) - \frac{b}{a}\right) \exp\left[\frac{-a(t-t_0)^q}{\Gamma(q+1)}\right] + \frac{b}{a} \tag{8.1.42}$$

由式 (8.1.42) 可知误差变量 z_i 和估计误差 $\tilde{\theta}_i$ 有界。由于 $\tilde{\theta}_j$ 和 θ_j 是有界的，可得 $\hat{\theta}_j = \tilde{\theta}_j + \theta_j$ 也是有界的。由式 (8.1.13) 可知 α_1 是关于有界信号 $\hat{\theta}_1$、x_1、y_d 的函数，因此 α_1 是有界的。进行归纳总结，可知虚拟控制器 $\alpha_i(i = 2, 3, \cdots, n)$ 是有界的。u 的有界性可以根据式 (8.1.31) 得到。最终可得

$$|z_1| \leqslant \sqrt{\frac{2b}{a}} \tag{8.1.43}$$

下面通过 $\xi(t) = \omega(t) - u(t)$ 来证明能够避免 Zeno 行为。

$$\mathrm{V}^q|\xi| = \mathrm{D}^q(\xi\xi)^{1/2} = \mathrm{sign}(\xi)\,\mathrm{D}^q\xi \leqslant |\mathrm{D}^q\omega| \tag{8.1.44}$$

由式 (8.1.33) 可知，$\omega(t)$ 是可微的，$\mathrm{D}^q\omega$ 是关于闭环系统所有有界信号的函数。因此，存在一个常数 $\varrho > 0$ 满足 $|\mathrm{D}^q\omega| \leqslant \varrho$。根据 $\xi(t_k) = 0$ 和 $\lim\limits_{t \to t_{k+1}} \xi(t) = m_1$，对式 (8.1.44) 进行处理后可得 $t_{k+1} - t_k \geqslant m_1/\varrho$。因此，避免了 Zeno 行为。

8.1.4　仿真

例 8.1.1　考虑如下分数阶非线性系统：

$$\begin{cases} \mathrm{D}^q x_1 = x_2 \\ \mathrm{D}^q x_2 = u - mg\sin\left(\dfrac{x_1}{ml}\right) - \dfrac{k}{m}x_2 \\ y = x_1 \end{cases} \tag{8.1.45}$$

其中，x_1 和 x_2 为系统的状态；u 和 y 分别为系统的输入和输出；m、g、l 和 k 为已知常数。此外，$g_1(t,x)=0$，$g_2(t,x)=-mg\sin(x_1/(ml))-kx_2/m$。因此，有 $|g_2(t,x)|\leqslant c(|x_1|+|x_2|)$，其中 $c=\max\{|g/l|,|k/m|\}$ 是一个未知的正常数，参考信号 $y_d(t)=0.5\sin(t)$。

选取隶属度函数为

$$\begin{aligned}
&\mu_{F_i^1}(x_i)=\exp\left[-\frac{(x_i-5)^2}{6}\right],\quad \mu_{F_i^2}(x_i)=\exp\left[-\frac{(x_i-3)^2}{6}\right]\\
&\mu_{F_i^3}(x_i)=\exp\left[-\frac{(x_i-1)^2}{6}\right],\quad \mu_{F_i^4}(x_i)=\exp\left[-\frac{(x_i+1)^2}{6}\right]\\
&\mu_{F_i^5}(x_i)=\exp\left[-\frac{(x_i+3)^2}{6}\right],\quad \mu_{F_i^6}(x_i)=\exp\left[-\frac{(x_i+5)^2}{6}\right]\\
&i=1,2
\end{aligned}\tag{8.1.46}$$

选取模糊基函数为

$$\varphi_{i,l}(x_i)=\frac{\prod_{i=1}^{3}\exp\left[-(x_i-6+2l-1)^2/6\right]}{\sum_{l=1}^{6}\prod_{i=1}^{3}\exp\left[-(x_i-6+2l-1)^2/6\right]}\tag{8.1.47}$$

在仿真中，选取设计参数如下：$m=0.25$，$l=4$，$k=0.25$，$g=10$，$k_1=20$，$k_2=30$，$\alpha=0.95$，$\gamma_1=\gamma_2=1$，$m_1=2$，$\sigma_1=\sigma_2=2$，$\epsilon=0.2$，$a_1=a_2=1$，$d=0.5$。

选择状态变量及参数的初始值为 $x(0)=[0.1,0.2]^{\mathrm{T}}$，$\hat{\theta}_1(0)=0.3$，$\hat{\theta}_2(0)=0.8$。仿真结果如图 8.1.1 ~ 图 8.1.5 所示。

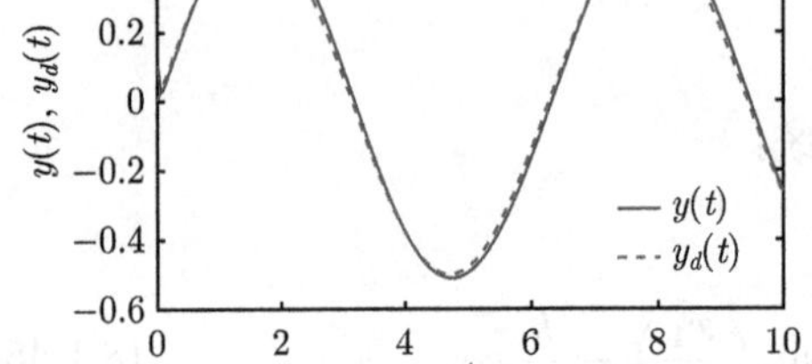

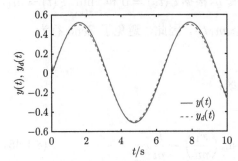

图 8.1.1　输出 $y(t)$ 和参考信号 $y_d(t)$ 的轨迹

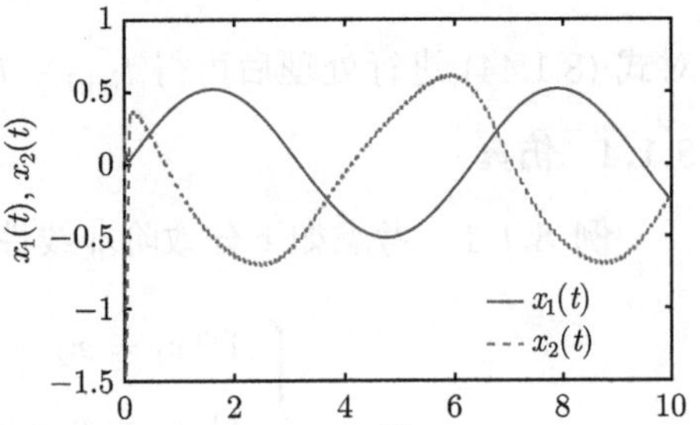

图 8.1.2　状态 $x_1(t)$ 和 $x_2(t)$ 的轨迹

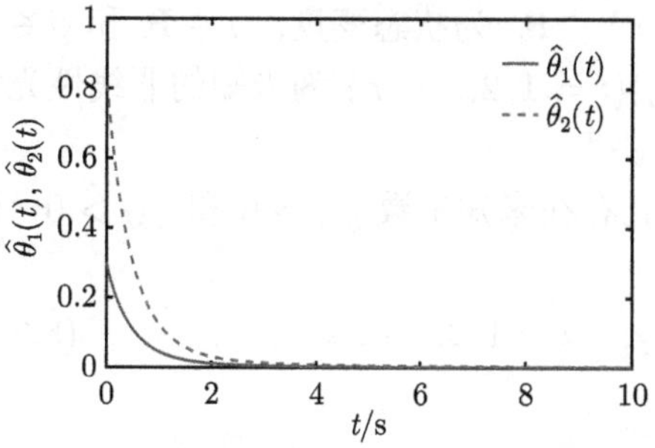

图 8.1.3 自适应参数 $\hat{\theta}_1(t)$ 和 $\hat{\theta}_2(t)$ 的轨迹

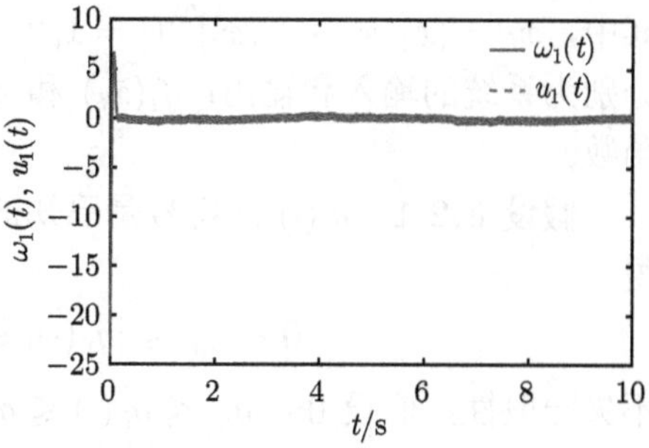

图 8.1.4 控制器 $\omega_1(t)$ 和 $u_1(t)$ 的轨迹

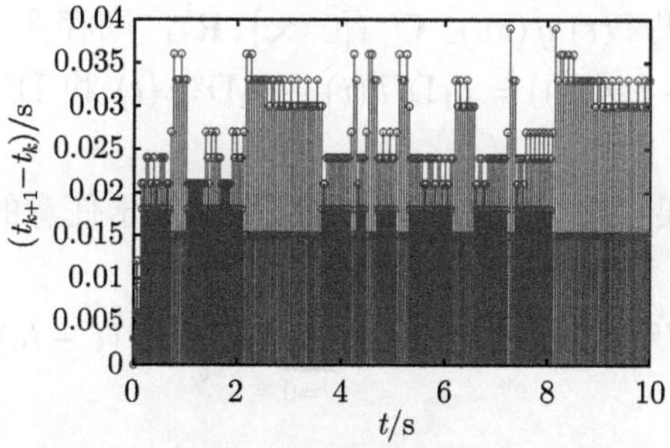

图 8.1.5 事件触发时间间隔 $t_{k+1} - t_k$

8.2 具有全状态约束的分数阶非线性系统模糊自适应事件触发控制

8.1 节给出了基于事件触发的自适应控制设计方法，本节在 8.1 节的基础上，针对具有全状态约束的严格反馈分数阶非线性系统，结合模糊自适应反步递推技术、事件触发机制以及障碍李雅普诺夫函数，给出一种基于相对阈值策略的模糊自适应事件触发控制方案，并利用分数阶李雅普诺夫稳定性理论，证明闭环系统的稳定性和收敛性。类似的基于相对阈值策略的模糊自适应事件触发控制设计方法可参见文献 [9]~[12]。

8.2.1 系统模型及控制问题描述

考虑如下具有严格反馈形式的分数阶非线性系统：

$$
\begin{aligned}
&\mathrm{D}^q x_i(t) = g_i(\bar{x}_i)\, x_{i+1} + f_i(\bar{x}_i), \quad i = 1, 2, \cdots, n-1 \\
&\mathrm{D}^q x_n(t) = g_n(\bar{x}_n)\, u + f_n(\bar{x}_n) \\
&y(t) = x_1(t)
\end{aligned}
\tag{8.2.1}
$$

其中，$\bar{x}_i = [x_1, x_2, \cdots, x_i]^{\mathrm{T}} (i = 1, 2, \cdots, n) \in \mathbf{R}^i$ 为状态变量；$u \in \mathbf{R}$ 和 $y \in \mathbf{R}$ 分别为系统的输入和输出；$f_i(\bar{x}_i)$ 和 $g_i(\bar{x}_i)(i = 1, 2, \cdots, n)$ 为未知的非线性光滑函数。

假设 8.2.1 $g_i(\cdot)$ 的符号是已知的，且存在未知常数 $g_m > 0$ 和 $g_M > 0$，使得

$$0 < g_m \leqslant |g_i(\cdot)| \leqslant g_M, \quad i = 1, 2, \cdots, n \tag{8.2.2}$$

不失一般性，假设 $0 < g_m \leqslant g_i(\cdot) \leqslant g_M$。

假设 8.2.2 参考信号 $y_d(t)$ 及其第 j 阶导数 $\mathrm{D}^q y_d^{(j)}(t)\,(j = 1, 2, \cdots, n)$ 满足 $\left|\mathrm{D}^q y_d^{(j)}(t)\right| \leqslant A_j$ 和 $|y_d(t)| \leqslant A_0 < k_{c_1}$，其中 $A_0, A_1, \cdots, A_n$ 是正的常数。

引理 8.2.1 如果 $l(t), g(t) \in \mathbf{C}^n([0, \infty], \mathbf{R})$，则存在三个常数 b_1、b_2 和 b_3 满足等式 $\mathrm{D}^q(b_1 l(t) + b_2 g(t)) = b_1 \mathrm{D}^q l(t) + b_2 \mathrm{D}^q g(t)$ 和 $\mathrm{D}^q b_3 = 0$，其中 $n - 1 < q \leqslant n$，$n \in \mathbf{N}$。

引理 8.2.2 如果 $f(t) \in [t_0, \infty] \to \mathbf{R}$，那么对于任意的 $t \geqslant t_0$，有

$$I^q \mathrm{D}^q f(t) \leqslant f(t) - \sum_{i=0}^{n-1} \frac{f^{(i)}(t_0)}{i!}(t - t_0)^i \tag{8.2.3}$$

引理 8.2.3 如果函数 $f(t)$ 满足 $f(t) \leqslant \int_{t_0}^{t} c(\tau) f(\tau)\,\mathrm{d}\tau + d(t)$，其中 $c(t)$ 为实函数，$d(t)$ 为可微实函数，那么有

$$f(t) \leqslant \int_{t_0}^{t} \dot{d}(\tau) \exp\left[\int_{\tau}^{t} c(r)\,\mathrm{d}r\right] \mathrm{d}\tau + \mathrm{d}(t_0) \exp\left[\int_{t_0}^{t} c(\tau)\,\mathrm{d}\tau\right] \tag{8.2.4}$$

特别地，如果 $d(t) = d$ 为一个常数，那么有

$$f(t) \leqslant d \exp\left[\int_{t_0}^{t} c(\tau) \mathrm{d}\tau\right] \tag{8.2.5}$$

控制目标 针对具有全状态约束的严格反馈分数阶非线性系统 (8.2.1)，基于模糊逻辑系统，设计模糊自适应事件触发控制器，使得：

(1) 闭环系统内的所有信号有界；

(2) 跟踪误差收敛到包含原点的一个小邻域内。

8.2.2 模糊自适应反步递推事件触发控制设计

定义如下坐标变换：

$$\begin{aligned} z_1 &= y - y_d \\ z_i &= x_i - \alpha_{i-1}, \quad i = 2, 3, \cdots, n \end{aligned} \tag{8.2.6}$$

其中，z_i 为误差误量；α_{i-1} 为虚拟控制器；y_d 为已知的参考信号。系统状态被约束于集合 $\Omega_z=\{|z_i|<k_{b_i},i=2,3\cdots,n\}$ 中，k_{b_i} 为设计参数。

基于上面的坐标变换，n 步模糊自适应反步递推控制设计过程如下。

第 1 步　根据式 (8.2.1) 和式 (8.2.6)，可得

$$\mathrm{D}^q z_1=g_1(\bar{x}_1)x_2+f_1(\bar{x}_1)-\mathrm{D}^q y_d \tag{8.2.7}$$

选择如下障碍李雅普诺夫函数：

$$V_1=\frac{1}{2}\log\frac{k_{b_1}^2}{k_{b_1}^2-z_1^2}+\frac{g_m}{2\gamma_1}\tilde{\theta}_1^2 \tag{8.2.8}$$

其中，$\gamma_1>0$ 为设计参数；$\tilde{\theta}_1=\theta_1-\hat{\theta}_1$，$\hat{\theta}_1$ 为 θ_1 的估计值。求 V_1 的 q 阶分数阶导数，可得

$$\mathrm{D}^q V_1=\frac{z_1(g_1(\bar{x}_1)x_2+H_1(Z_1))}{k_{b_1}^2-z_1^2}+\frac{g_m}{\gamma_1}\tilde{\theta}_1\mathrm{D}^q\tilde{\theta}_1 \tag{8.2.9}$$

其中，$H_1(Z_1)=f_1(x_1)-\mathrm{D}^q y_d$；$Z_1=[x_1,\mathrm{D}^q y_d]\in\Omega_1$；$V_1$ 在 Ω_z 是可微的。

由于 $H_1(Z_1)$ 是未知连续函数，所以利用模糊逻辑系统 $\hat{H}_1\left(Z_1|\hat{\theta}_1\right)=\hat{\theta}_1^{\mathrm{T}}\phi_1(Z_1)$ 逼近 $H_1(Z_1)$，并假设

$$H_1(Z_1)=\theta_1^{*\mathrm{T}}\varPhi_1(Z_1)+\sigma_1(Z_1) \tag{8.2.10}$$

其中，$Z_1=[x_1,\mathrm{D}^q y_d]^{\mathrm{T}}$；$\theta_1^*$ 为理想权重；$\sigma_1(Z_1)$ 为最小逼近误差。假设 $\sigma_1(Z_1)$ 满足 $|\sigma_1(Z_1)|\leqslant\varepsilon_1$，$\varepsilon_1$ 为正常数。

由杨氏不等式，可得

$$\frac{z_1}{k_{b_1}^2-z_1^2}W_1^{*\mathrm{T}}\varPhi_1(Z_1)\leqslant\frac{g_m z_1^2}{2a_1^2\left(k_{b_1}^2-z_1^2\right)^2}\theta_1^2\|\varPhi_1(Z_1)\|^2+\frac{1}{2}a_1^2 \tag{8.2.11}$$

$$\frac{z_1}{k_{b_1}^2-z_1^2}\sigma_1(Z_1)\leqslant\frac{g_m z_1^2}{2\left(k_{b_1}^2-z_1^2\right)^2}+\frac{1}{2g_m}\sigma_1^2 \tag{8.2.12}$$

其中，$a_1>0$ 为设计参数；$\theta_1=\dfrac{1}{g_m}\bar{W}_1^{*2}$。

将式 (8.2.11) 和式 (8.2.12) 代入式 (8.2.9)，可得

$$\begin{aligned}\mathrm{D}^q V_1\leqslant&\frac{z_1 g_1(\bar{x}_1)x_2}{k_{b_1}^2-z_1^2}+\frac{g_m z_1^2}{2a_1^2\left(k_{b_1}^2-z_1^2\right)^2}\theta_1\|\varPhi_1(Z_1)\|^2+\frac{1}{2}a_1^2\\&+\frac{g_m}{\gamma_1}\tilde{\theta}_1\mathrm{D}^q\tilde{\theta}_1+\frac{g_m z_1^2}{2\left(k_{b_1}^2-z_1^2\right)^2}+\frac{1}{2g_m}\sigma_1^2\end{aligned} \tag{8.2.13}$$

设计虚拟控制器和参数自适应律分别如下：

$$\alpha_1=-k_1z_1-\frac{z_1}{2\left(k_{b_1}^2-z_1^2\right)}-\frac{z_1}{2a_1^2\left(k_{b_1}^2-z_1^2\right)}\hat{\theta}_1\left\|\Phi_1\left(Z_1\right)\right\|^2 \tag{8.2.14}$$

$$\mathrm{D}^q\hat{\theta}_1=\frac{\gamma_1z_1^2}{2a_1^2\left(k_{b_1}^2-z_1^2\right)^2}\left\|\Phi_1\left(Z_1\right)\right\|^2-\delta_1\hat{\theta}_1 \tag{8.2.15}$$

其中，$k_1>0$ 和 $\delta_1>0$ 为设计参数。

将式 (8.2.14) 和式 (8.2.15) 代入式 (8.2.13)，可得

$$\mathrm{D}^qV_1\leqslant\frac{-k_1g_mz_1^2}{k_{b_1}^2-z_1^2}+\frac{z_1g_mz_2}{k_{b_1}^2-z_1^2}+\frac{1}{2}a_1^2+\frac{1}{2g_m}\varepsilon_1^2+\frac{g_m}{\gamma_1}\delta_1\tilde{\theta}_1\hat{\theta}_1 \tag{8.2.16}$$

第 $i(2\leqslant i\leqslant n-1)$ 步 由式 (8.2.1) 和式 (8.2.6)，可得

$$\mathrm{D}^qz_i=g_i\left(\bar{x}_i\right)x_{i+1}+f_i\left(\bar{x}_i\right)-\mathrm{D}^q\alpha_{i-1} \tag{8.2.17}$$

选择如下障碍李雅普诺夫函数：

$$V_i=V_{i-1}+\frac{1}{2}\log\frac{k_{b_i}^2}{k_{b_i}^2-z_i^2}+\frac{g_m}{2\gamma_i}\tilde{\theta}_i^2 \tag{8.2.18}$$

其中，$\gamma_i>0$ 为一个设计参数；$\tilde{\theta}_i=\theta_i-\hat{\theta}_i$ 为估计误差，$\hat{\theta}_i$ 为 θ_i 的估计值。

求 V_i 的 q 阶分数阶导数，可得

$$\mathrm{D}^qV_i=\frac{z_i\left(g_i\left(\bar{x}_i\right)x_{i+1}+H_i\left(Z_i\right)\right)}{k_{b_i}^2-z_i^2}+\frac{g_m}{\gamma_i}\tilde{\theta}_i\mathrm{D}^q\tilde{\theta}_i-\frac{z_{i-1}g_mz_i}{k_{b_{i-1}}^2-z_{i-1}^2} \tag{8.2.19}$$

其中，$H_i\left(Z_i\right)=f_i\left(\bar{x}_i\right)-\mathrm{D}^q\alpha_{i-1}+\dfrac{k_{b_i}^2-z_i^2}{k_{b_{i-1}}^2-z_{i-1}^2}g_mz_{i-1}$；$V_i$ 在 Ω_z 中是可微的。

由于 $H_i\left(Z_i\right)$ 是未知连续函数，所以利用模糊逻辑系统 $\hat{H}_i\left(Z_i|\hat{\theta}_i\right)=\hat{\theta}_i^{\mathrm{T}}\phi_i\left(Z_i\right)$ 逼近 $H_i\left(Z_i\right)$，并假设

$$H_i\left(Z_i\right)=\theta_i^{*\mathrm{T}}\Phi_i\left(Z_i\right)+\sigma_i\left(Z_i\right) \tag{8.2.20}$$

其中，$Z_i=\left[x_1\cdots,x_i,y_d,\cdots,\mathrm{D}^qy_d^{(i)},\hat{\theta}_1,\cdots,\hat{\theta}_{i-1}\right]^{\mathrm{T}}$；$\theta_i^*$ 为理想权重；$\sigma_i\left(Z_i\right)$ 为最小逼近误差。假设 $\sigma_i\left(Z_i\right)$ 满足 $\left|\sigma_i\left(Z_i\right)\right|\leqslant\varepsilon_i$，$\varepsilon_i$ 为正常数。

由杨氏不等式，可得

$$\frac{z_i}{k_{b_i}^2-z_i^2}W_i^{*\mathrm{T}}\Phi_i\left(Z_i\right)\leqslant\frac{g_mz_i^2}{2a_i^2\left(k_{b_i}^2-z_i^2\right)^2}\theta_i\left\|\Phi_i\left(Z_i\right)\right\|^2+\frac{1}{2}a_i^2 \tag{8.2.21}$$

$$\frac{z_i}{k_{b_i}^2 - z_i^2}\sigma_i\left(Z_i\right) \leqslant \frac{g_m z_i^2}{2\left(k_{b_i}^2 - z_i^2\right)^2} + \frac{1}{2g_m}\sigma_i^2 \tag{8.2.22}$$

其中，$a_i > 0$ 为设计参数；$\theta_i = \bar{W}_i^{*2}/g_m$。

将式 (8.2.21) 和式 (8.2.22) 代入式 (8.2.19)，可得

$$\begin{aligned}\mathrm{D}^q V_i \leqslant & \mathrm{D}^q V_{i-1} + \frac{z_i g_i\left(\bar{x}_i\right) x_{i+1}}{k_{b_i}^2 - z_i^2} + \frac{g_m z_i^2}{2a_i^2\left(k_{b_i}^2 - z_i^2\right)^2}\theta_i \left\|\Phi_i\left(Z_i\right)\right\|^2 \\ & + \frac{g_m}{\gamma_i}\tilde{\theta}_i \mathrm{D}^q \tilde{\theta}_i + \frac{g_m z_i^2}{2\left(k_{b_i}^2 - z_i^2\right)^2} + \frac{1}{2}a_i^2 + \frac{1}{2g_m}\sigma_i^2\end{aligned} \tag{8.2.23}$$

设计虚拟控制器和参数自适应律分别如下：

$$\alpha_i = -k_i z_i - \frac{z_i}{2\left(k_{b_i}^2 - z_i^2\right)} - \frac{z_i}{2a_i^2\left(k_{b_i}^2 - z_i^2\right)}\hat{\theta}_i \left\|\Phi_i\left(Z_i\right)\right\|^2 \tag{8.2.24}$$

$$\mathrm{D}^q \hat{\theta}_i = \frac{\gamma_i z_i^2}{2a_i^2\left(k_{b_i}^2 - z_i^2\right)^2}\left\|\Phi_i\left(Z_i\right)\right\|^2 - \delta_i \hat{\theta}_i \tag{8.2.25}$$

其中，$k_i > 0$ 和 $\delta_i > 0$ 为设计参数。

将式 (8.2.24) 和式 (8.2.25) 代入式 (8.2.23)，可得

$$\mathrm{D}^q V_i \leqslant \sum_{j=1}^{n-1}\frac{-k_j g_m z_j^2}{k_{b_j}^2 - z_j^2} + \frac{z_i g_m z_{i+1}}{k_{b_i}^2 - z_i^2} + \sum_{j=1}^{n-1}\left(\frac{1}{2}a_j^2 + \frac{1}{2g_m}\varepsilon_j^2\right) + \sum_{j=1}^{n-1}\frac{g_m}{\gamma_j}\delta_j \tilde{\theta}_j \hat{\theta}_j \tag{8.2.26}$$

第 n 步　与前 $n-1$ 步相同，求 z_n 的 q 阶分数阶导数，可得

$$\mathrm{D}^q z_n = g_n\left(\bar{x}_n\right) u + f_n\left(\bar{x}_n\right) - \mathrm{D}^q \alpha_{n-1} \tag{8.2.27}$$

选择如下障碍李雅普诺夫函数：

$$V_n = V_{n-1} + \frac{1}{2}\log\frac{k_{b_n}^2}{k_{b_n}^2 - z_n^2} + \frac{g_m}{2\gamma_n}\tilde{\theta}_n^2 \tag{8.2.28}$$

其中，$\gamma_n > 0$ 为一个设计参数。

求 V_n 的 q 阶分数阶导数，可得

$$\mathrm{D}^q V_n = \frac{z_n\left(g_n\left(\bar{x}_n\right) u + H_n\left(Z_n\right)\right)}{k_{b_n}^2 - z_n^2} + \frac{g_m}{\gamma_n}\tilde{\theta}_n \mathrm{D}^q \tilde{\theta}_n - \frac{z_{n-1} g_m z_n}{k_{b_{n-1}}^2 - z_{n-1}^2} \tag{8.2.29}$$

其中，$H_n\left(Z_n\right) = f_n\left(\bar{x}_n\right) - \mathrm{D}^q \alpha_{n-1} + \dfrac{k_{b_n}^2 - z_n^2}{k_{b_{n-1}}^2 - z_{n-1}^2} g_m z_{n-1}$；$V_n$ 在 Ω_z 中是可微的。

由杨氏不等式，可得

$$\frac{z_n}{k_{b_n}^2 - z_n^2} W_n^{*\mathrm{T}} \varPhi_n(Z_n) \leqslant \frac{g_m z_n^2}{2a_n^2 \left(k_{b_n}^2 - z_n^2\right)^2} \theta_n \left\|\varPhi_n(Z_n)\right\|^2 + \frac{1}{2} a_n^2 \tag{8.2.30}$$

$$\frac{z_n}{k_{b_n}^2 - z_i^2} \sigma_n(Z_n) \leqslant \frac{g_m z_n^2}{2\left(k_{b_n}^2 - z_n^2\right)^2} + \frac{1}{2g_m} \varepsilon_n^2 \tag{8.2.31}$$

其中，$a_n > 0$ 为设计参数；$\theta_n = \dfrac{1}{g_m} \bar{W}_n^{*2}$。

将式 (8.2.30) 和式 (8.2.31) 代入式 (8.2.29)，可得

$$\begin{aligned} \mathrm{D}^q V_n \leqslant & \mathrm{D}^q V_{n-1} + \frac{z_n g_n(\bar{x}_n) u}{k_{b_n}^2 - z_n^2} + \frac{g_m z_n^2}{2a_n^2 \left(k_{b_n}^2 - z_n^2\right)^2} \theta_n \left\|\varPhi_n(Z_n)\right\|^2 \\ & + \frac{g_m}{\gamma_n} \tilde{\theta}_n \mathrm{D}^q \tilde{\theta}_n + \frac{g_m z_n^2}{2\left(k_{b_n}^2 - z_n^2\right)^2} + \frac{1}{2} a_n^2 + \frac{1}{2g_m} \varepsilon_n^2 \end{aligned} \tag{8.2.32}$$

设计事件触发控制器为

$$\alpha_n = -k_n z_n - \frac{z_n}{2\left(k_{b_n}^2 - z_n^2\right)} - \frac{z_n}{2a_n^2 \left(k_{b_n}^2 - z_n^2\right)} \hat{\theta}_n \left\|\varPhi_n(Z_n)\right\|^2 \tag{8.2.33}$$

$$\mathrm{D}^q \hat{\theta}_n = \frac{\gamma_n z_n^2}{2a_n^2 \left(k_{b_n}^2 - z_n^2\right)^2} \left\|\varPhi_n(Z_n)\right\|^2 - \delta_n \hat{\theta}_n \tag{8.2.34}$$

$$\omega(t) = -(1+\delta^*) \left(\alpha_n \tanh\left(\frac{z_n \alpha_n}{\left(k_{b_n}^2 - z_n^2\right) \varepsilon^*} \right) + \bar{m} \tanh\left(\frac{z_n \bar{m}}{\left(k_{b_n}^2 - z_n^2\right) \varepsilon^*} \right) \right) \tag{8.2.35}$$

$$u(t) = \omega(t_k), \quad \forall t \in [t_k, t_{k+1}) \tag{8.2.36}$$

其中，$k_n > 0$ 和 $\varepsilon^* > 0$ 为设计参数。

事件触发条件定义如下：

$$t_{k+1} = \inf\left\{ t \in \mathbf{R} \mid |\xi(t)| \geqslant \delta^* |u(t)| + m \right\} \tag{8.2.37}$$

其中，$\xi(t) = \omega(t) - u(t)$ 为事件触发误差；$0 < \delta^* < 1$；$m > 0$ 和 $\bar{m} > \dfrac{m}{1-\delta^*}$ 为设计参数；$t_k (k \in \mathbf{Z}^+)$ 为事件触发时刻。

8.2.3　稳定性与收敛性分析

下面的定理给出了所设计的模糊自适应控制方法具有的性质。

定理 8.2.1　针对具有全状态约束的严格反馈分数阶非线性系统 (8.2.1)，假设 8.2.1 和假设 8.2.2 成立。如果采用控制器 (8.2.14)、(8.2.24) 和 (8.2.33)，参数自适应律 (8.2.15)、(8.2.25) 和 (8.2.34)，事件触发机制 (8.2.35)~(8.2.37)，则总体控制方案具有如下性能：

(1) 闭环系统内的所有信号有界；

(2) 跟踪误差收敛到包含原点的一个小邻域内。

证明　由 $\xi(t)=\omega(t)-u(t)$，结合式 (8.2.37)，可得

$$\omega(t)=(1+\lambda_1(t)\delta^*)u(t)+\lambda_2(t)m \tag{8.2.38}$$

其中，λ_1 和 λ_2 为满足 $|\lambda_1|\leqslant 1$ 和 $|\lambda_2|\leqslant 1$ 的变量。由此可得

$$u(t)=\frac{\omega(t)}{1+\lambda_1(t)\delta^*}-\frac{\lambda_2(t)m}{1+\lambda_1(t)\delta^*} \tag{8.2.39}$$

将式 (8.2.39) 代入式 (8.2.32)，可得

$$\begin{aligned}\mathrm{D}^qV_n\leqslant&\,\mathrm{D}^qV_{n-1}+\frac{z_ng_n(\bar{x}_n)}{k_{b_n}^2-z_n^2}\left(\frac{\omega(t)}{1+\lambda_1(t)\delta^*}-\frac{\lambda_2(t)m}{1+\lambda_1(t)\delta^*}\right)+\frac{g_m}{\gamma_n}\tilde{\theta}_n\mathrm{D}^q\tilde{\theta}_n\\&+\frac{g_mz_n^2}{2a_n^2\left(k_{b_n}^2-z_n^2\right)^2}\theta_n\left\|\Phi_n(Z_n)\right\|^2\frac{g_mz_n^2}{2\left(k_{b_n}^2-z_n^2\right)^2}+\frac{1}{2}a_n^2+\frac{1}{2g_m}\varepsilon_n^2\end{aligned} \tag{8.2.40}$$

由于 $\lambda_1(t)\in[-1,1]$ 和 $\lambda_2(t)\in[-1,1]$，则有

$$\frac{z_n\omega(t)}{1+\lambda_1(t)\delta^*}\leqslant\frac{z_n\omega(t)}{1+\delta^*} \tag{8.2.41}$$

$$\frac{\lambda_2(t)m_1}{1+\lambda_1(t)\delta^*}\leqslant\left|\frac{m_1}{1-\delta^*}\right| \tag{8.2.42}$$

将式 (8.2.41) 和式 (8.2.42) 代入式 (8.2.40)，计算可得

$$\begin{aligned}\mathrm{D}^qV_n\leqslant&\,\mathrm{D}^qV_{n-1}-\frac{|z_ng_n(\bar{x}_n)\alpha_n|}{k_{b_n}^2-z_n^2}+\frac{z_ng_n(\bar{x}_n)}{k_{b_n}^2-z_n^2}\left(|\alpha_n|-\alpha_n\tanh\left(\frac{z_n\alpha_n}{\left(k_{b_n}^2-z_n^2\right)\varepsilon^*}\right)\right)\\&+\frac{z_ng_n(\bar{x}_n)}{k_{b_n}^2-z_n^2}\left(|\bar{m}|-\bar{m}\tanh\left(\frac{z_n\bar{m}}{\left(k_{b_n}^2-z_n^2\right)\varepsilon^*}\right)-|\bar{m}|+\left|\frac{z_nm_1}{1-\delta^*}\right|\right)\end{aligned}$$

$$+\frac{g_m z_n^2}{2a_n^2\left(k_{b_n}^2-z_n^2\right)^2}\theta_n\left\|\varPhi_n\right\|^2+\frac{g_m}{\gamma_n}\tilde{\theta}_n\mathrm{D}^q\tilde{\theta}_n+\frac{g_m z_n^2}{2\left(k_{b_n}^2-z_n^2\right)^2}+\frac{1}{2}a_n^2+\frac{1}{2g_m}\varepsilon_n^2$$

$$\leqslant\sum_{j=1}^{n}\frac{-k_j g_m z_j^2}{k_{b_j}^2-z_j^2}+\sum_{j=1}^{n}\left(\frac{1}{2}a_j^2+\frac{1}{2g_m}\varepsilon_j^2\right)+\sum_{j=1}^{n}\frac{g_m}{\gamma_j}\delta_j\tilde{\theta}_j\hat{\theta}_j+2g_M\kappa\varepsilon^* \tag{8.2.43}$$

其中，$|z_n|-z_n\tanh\left(z_n/\varepsilon^*\right)\leqslant\kappa\varepsilon^*$，$\kappa=0.2785$。根据杨氏不等式，有下面的不等式成立：

$$\frac{g_m\sigma_i}{\gamma_i}\tilde{\theta}_i\hat{\theta}_i\leqslant-\frac{g_m\sigma_i}{2\gamma_i}\tilde{\theta}_i^2+\frac{g_m\sigma_i}{2\gamma_i}\theta_i^2 \tag{8.2.44}$$

将不等式 (8.2.44) 代入式 (8.2.43)，可得

$$\begin{aligned}\mathrm{D}^q V_n\leqslant&\sum_{j=1}^{n}\frac{-k_j g_m z_j^2}{k_{b_j}^2-z_j^2}-\sum_{j=1}^{n}\frac{g_m}{2\gamma_j}\delta_j\tilde{\theta}_j^2+\sum_{j=1}^{n}\frac{g_m}{2\gamma_j}\delta_j\theta_j^2\\&+\sum_{j=1}^{n}\left(\frac{1}{2}a_j^2+\frac{1}{2g_m}\varepsilon_j^2\right)+2g_M\kappa\varepsilon^*\end{aligned} \tag{8.2.45}$$

由 $|z_j|<k_{b_j}$ 可得 $\log\left[k_{b_j}^2\Big/\left(k_{b_j}^2-z_j^2\right)\right]<z_j^2\Big/\left(k_{b_j}^2-z_j^2\right)$。进一步可得 $-z_j^2\Big/\left(k_{b_j}^2-z_j^2\right)<-\log k_{b_j}^2\Big/\left[k_{b_j}^2-z_j^2\right]$，然后可得

$$\begin{aligned}\mathrm{D}^q V_n\leqslant&\sum_{j=1}^{n}\frac{-k_j g_m k_{b_j}^2}{k_{b_j}^2-z_j^2}-\sum_{j=1}^{n}\frac{g_m}{2\gamma_j}\delta_j\tilde{\theta}_j^2+\sum_{j=1}^{n}\frac{g_m}{2\gamma_j}\delta_j\theta_j^2\\&+\sum_{j=1}^{n}\left(\frac{1}{2}a_j^2+\frac{1}{2g_m}\varepsilon_j^2\right)+2g_M\kappa\varepsilon^*\\\leqslant&-cV_n+d\end{aligned} \tag{8.2.46}$$

其中，$c=\min\left\{2g_m k_j,\sigma_j\right\}$，$d=\sum_{j=1}^{n}\frac{g_m}{2\gamma_j}\delta_j\theta_j^2+\sum_{j=1}^{n}\left(\frac{1}{2}a_j^2+\frac{\varepsilon_j^2}{2g_m}\right)+2g_M\kappa\varepsilon^*$，$j=1,2,\cdots,n$。

令 $V_*(t)\overset{\text{def}}{=\!=}V_n(t)-d/c$，由式 (8.2.46) 和引理 8.2.1，可得

$$\mathrm{D}^q V_*(t)\leqslant-c\left(V_*(t)+\frac{d}{c}\right)+d=-cV_*(t) \tag{8.2.47}$$

因此，存在一个 $\rho(t)\geqslant 0$ 的实函数满足：

$$\mathrm{D}^q V_*(t) = -\mathrm{d}V_*(t) - \rho(t) \tag{8.2.48}$$

根据引理 8.2.2，对式 (8.2.48) 两侧同时进行分数阶积分，可得

$$\begin{aligned} V_*(t) &= V_*(t_0) - \int_{t_0}^{t} \frac{(t-\tau)^{q-1}}{\Gamma(q)}\left(cV_*(\tau)+\rho(\tau)\right)\mathrm{d}\tau \\ &\leqslant V_*(t_0) - \frac{c}{\Gamma(q)}\int_{t_0}^{t}(t-\tau)^{q-1}V_*(\tau)\,\mathrm{d}\tau \end{aligned} \tag{8.2.49}$$

由引理 8.2.3，可得

$$V_*(t) \leqslant V_*(t_0)\exp\left[\frac{-c(t-t_0)^q}{\Gamma(q+1)}\right] \tag{8.2.50}$$

将 $V_*(t) = V(t) - d/c$ 代入式 (8.2.50)，可得

$$V(t) \leqslant \left(V(t_0) - \frac{d}{c}\right)\exp\left[\frac{-c(t-t_0)^q}{\Gamma(q+1)}\right] + \frac{d}{c} \tag{8.2.51}$$

由式 (8.2.51) 可知误差变量 z_i 和估计误差 $\tilde{\theta}_i$ 有界。基于假设 8.2.2，则有 $|x_1| \leqslant |z_1| + |y_d| \leqslant k_{b_1} + A_0 \leqslant k_{c_1}$。由于 $\tilde{\theta}_j$ 和 θ_j 是有界的，可得 $\hat{\theta}_j = \tilde{\theta}_j + \theta_j$ 也是有界的。由式 (8.2.14) 可知 α_1 是关于有界信号 $\hat{\theta}_1$、x_1、y_d 的函数，因此 α_1 是有界的。假设 α_1 的上限值是 $\bar{\alpha}_1$，根据 $z_2 \leqslant k_{b_2}$ 和 $x_2 = z_2 + \alpha_1$，有 $|x_2| \leqslant k_{b_2} + \bar{\alpha}_1 \leqslant k_{c_2}$。进行归纳总结，可知虚拟控制器 $\alpha_i (i = 1, 2, \cdots, n-1)$ 是有界的，从而可得 $|x_i| \leqslant k_{c_i}$，u 的有界性可由式 (8.2.51) 解得。进而可得

$$|z_1| \leqslant \sqrt{\frac{2d}{c}}$$

通过 $\xi(t) = \omega(t) - u(t)$ 来证明避免了 Zeno 行为。求 $\xi(t)$ 的 q 阶分数阶导数，可得

$$\mathrm{D}^q|\xi(t)| = \mathrm{D}^q\left(\xi(t)\xi(t)\right)^{1/2} = \mathrm{sign}\left(\xi(t)\right)\mathrm{D}^q\xi \leqslant |\mathrm{D}^q\omega| \tag{8.2.52}$$

由式 (8.2.35) 可知，$\omega(t)$ 是可微的，$\mathrm{D}^q\omega$ 是关于闭环系统所有有界信号的函数。因此，存在一个常数 $\varrho > 0$ 满足 $|\mathrm{D}^q\omega| \leqslant \varrho$。根据 $\xi(t_k) = 0$ 和 $\lim\limits_{t\to t_{k+1}} \xi(t) = m_1$，对式 (8.2.52) 进行处理后可得 $t_{k+1} - t_k \geqslant m_1/\varrho$。因此，避免了 Zeno 行为。

8.2.4 仿真

例 8.2.1 考虑如下分数阶非线性系统：

$$\begin{aligned} D^q x_1 &= x_1 e^{0.5x_1} + \left(1 + x_1^2\right) x_2 \\ D^q x_2 &= x_1 x_2^2 + (3 + \cos x_1) u, \quad y = x_1 \end{aligned} \tag{8.2.53}$$

其中，x_1 和 x_2 为系统的状态；u 和 y 分别为系统的输入和输出；状态约束为 $|x_1| \leqslant 1$ 和 $|x_2| \leqslant 2$；参考信号 $y_d(t) = 0.5\sin(t)$。

选取隶属度函数为

$$\begin{aligned} &\mu_{F_i^1}(x_i) = \exp\left[-\frac{(x_i - 5)^2}{6}\right], \quad \mu_{F_i^2}(x_i) = \exp\left[-\frac{(x_i - 3)^2}{6}\right] \\ &\mu_{F_i^3}(x_i) = \exp\left[-\frac{(x_i - 1)^2}{6}\right], \quad \mu_{F_i^4}(x_i) = \exp\left[-\frac{(x_i + 1)^2}{6}\right] \\ &\mu_{F_i^5}(x_i) = \exp\left[-\frac{(x_i + 3)^2}{6}\right], \quad \mu_{F_i^6}(x_i) = \exp\left[-\frac{(x_i + 5)^2}{6}\right] \\ &i = 1, 2 \end{aligned} \tag{8.2.54}$$

选取模糊基函数为

$$\varphi_{i,l}(x_i) = \frac{\prod_{i=1}^{3} \exp\left[-(x_i - 6 + 2l - 1)^2 \big/ 6\right]}{\sum_{l=1}^{6} \prod_{i=1}^{3} \exp\left[-(x_i - 6 + 2l - 1)^2 \big/ 6\right]} \tag{8.2.55}$$

在仿真中，选取设计参数如下：$\delta^* = 0.01$，$\bar{m} = 2$，$m = 1$，$\varepsilon^* = 0.1$，$k_1 = 20$，$k_2 = 8$，$\delta_1 = \delta_2 = 2$，$a_1 = a_2 = 1$。

选择状态变量及参数的初始值为 $x(0) = [0.1, 0.2]^{\mathrm{T}}$，$\hat{\theta}(0) = [0.3, 0.8]^{\mathrm{T}}$。

仿真结果如图 8.2.1 ~ 图 8.2.5 所示。

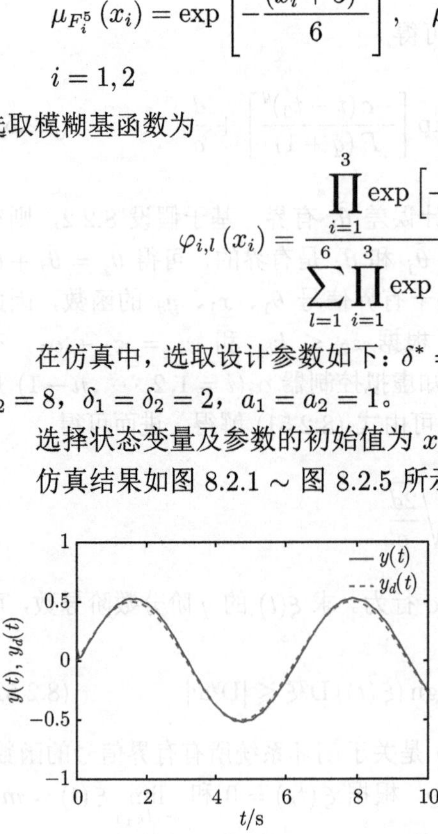

图 8.2.1 输出 $y(t)$ 和参考信号 $y_d(t)$ 的轨迹

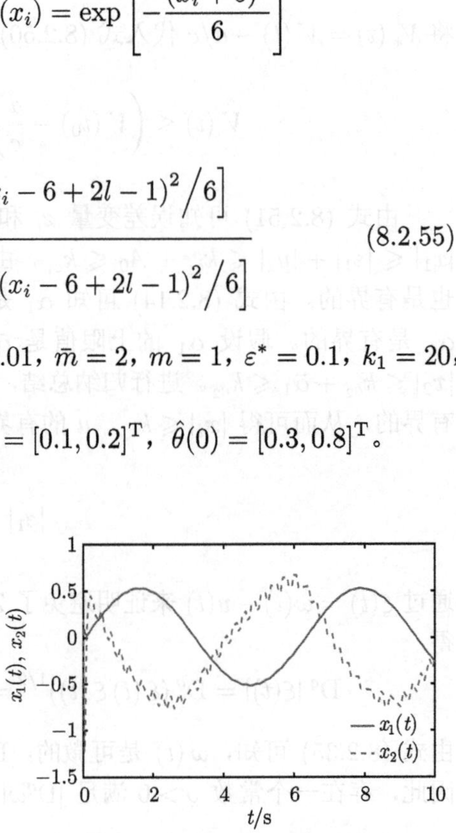

图 8.2.2 状态 $x_1(t)$ 和 $x_2(t)$ 的轨迹

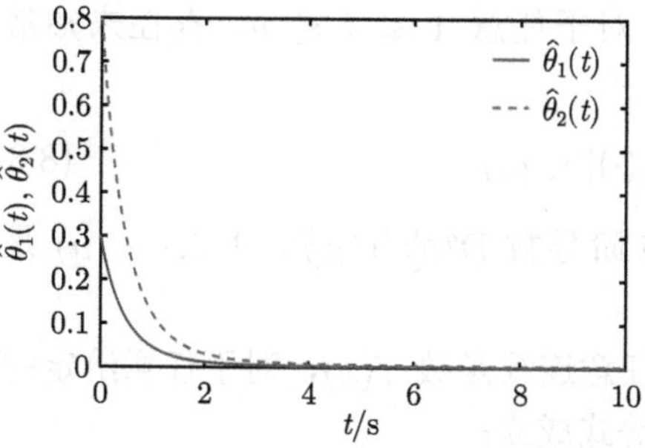

图 8.2.3　自适应参数 $\hat{\theta}_1(t)$ 和 $\hat{\theta}_2(t)$ 的轨迹

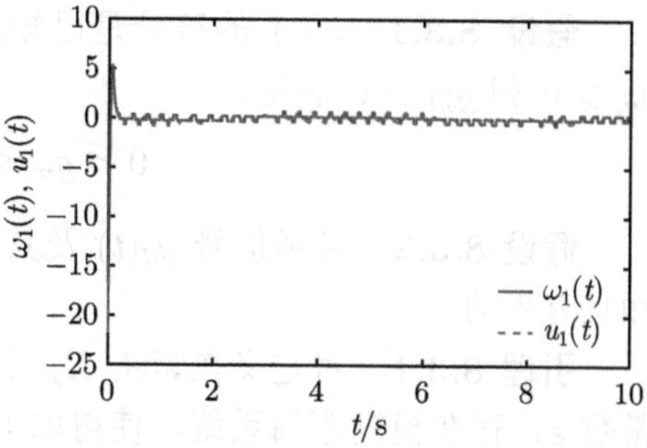

图 8.2.4　控制器 $\omega_1(t)$ 和 $u_1(t)$ 的轨迹

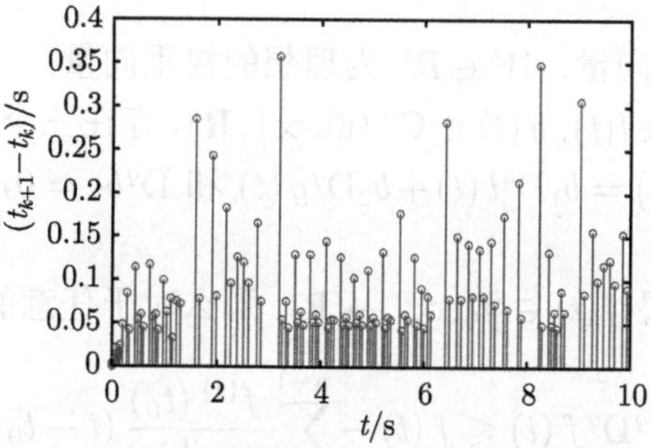

图 8.2.5　事件触发时间间隔 $t_{k+1}-t_k$

8.3　分数阶非线性系统的模糊自适应有限时间事件触发控制

本节在 8.2 节事件触发控制方法的基础上，提出一种基于相对阈值的自适应模糊有限时间事件触发控制设计方法，并证明闭环系统的稳定性和收敛性。类似的基于相对阈值的自适应模糊有限时间事件触发控制设计方法可参见文献 [13]~[15]。

8.3.1　系统模型及控制问题描述

考虑如下非线性严格反馈系统：

$$\begin{aligned}
&\mathrm{D}^q x_i(t) = f_i(\bar{x}_i) + g_i(\bar{x}_i) x_{i+1}, \quad i = 1, 2, \cdots, n-1 \\
&\mathrm{D}^q x_n(t) = f_n(\bar{x}_n) + g_n(\bar{x}_n) u \\
&y(t) = x_1(t)
\end{aligned} \tag{8.3.1}$$

其中，$\bar{x}_i = [x_1, x_2, \cdots, x_i]^{\mathrm{T}}\ (i = 1, 2, \cdots, n) \in \mathbf{R}^i$ 为状态向量；$u \in \mathbf{R}$ 和 $y \in \mathbf{R}$ 分别为系统的输入和输出；$f_i(\bar{x}_i)$ 和 $g_i(\bar{x}_i)(i = 1, 2, \cdots, n)$ 为未知的非线性光滑函数。

假设 8.3.1 $g_i(\cdot)$ 的符号是已知的，对于任意 $1 \leqslant i \leqslant n$，存在未知常数 $g_m > 0$ 和 $g_M > 0$ 满足：

$$0 < g_m \leqslant |g_i(\cdot)| \leqslant g_M \tag{8.3.2}$$

假设 8.3.2 参考信号 $y_d(t)$ 及其第 j 阶导数 $\mathrm{D}^q y_d^{(j)}(t)(j = 1, 2, \cdots, n)$ 是已知且有界的。

引理 8.3.1 对定义在紧集 Ω_x 上的任意连续函数 $f(x)$，对于任意给定的正常数 ε，存在模糊逻辑系统，使得如下不等式成立：

$$\sup_{x\in\Omega_x} \left| f(x) - W^{\mathrm{T}}\varphi(x) \right| < \varepsilon \tag{8.3.3}$$

其中，$\varphi(x)$ 为基函数向量；$W \in \mathbf{R}^r$ 为理想的权重向量。

引理 8.3.2 如果 $l(t), g(t) \in \mathbf{C}^n([0,\infty], \mathbf{R})$，存在三个常数 b_1、b_2、b_3 满足等式 $\mathrm{D}^q(b_1 l(t) + b_2 g(t)) = b_1 \mathrm{D}^q l(t) + b_2 \mathrm{D}^q g(t)$ 和 $\mathrm{D}^q b_3 = 0$，其中，$n-1 < q \leqslant n$，$n \in \mathbf{N}$。

引理 8.3.3 如果 $f(t) \in [t_0, \infty] \to \mathbf{R}$，那么对于任意的 $t \geqslant t_0$，有

$$I^q \mathrm{D}^q f(t) \leqslant f(t) - \sum_{k=0}^{n-1} \frac{f^{(j)}(t_0)}{j!}(t - t_0)^j \tag{8.3.4}$$

引理 8.3.4 如果函数 $f(t)$ 满足 $f(t) \leqslant \int_{t_0}^{t} r^*(\tau) f(\tau)\,\mathrm{d}\tau + s^*(t)$，其中 $r^*(t)$ 为实函数，$s^*(t)$ 为可微实函数，那么对任何 $t \geqslant t_0$ 有

$$f(t) \leqslant \int_{t_0}^{t} s^*(\tau) \exp\left[\int_{\tau}^{t} r^*(r)\,\mathrm{d}r\right] \mathrm{d}\tau + s^*(t_0) \exp\left[\int_{t_0}^{t} r^*(\tau)\,\mathrm{d}\tau\right] \tag{8.3.5}$$

特别地，如果 $s^*(t) = s^*$ 是一个常数，那么有

$$f(t) \leqslant s^* \exp\left[\int_{t_0}^{t} r^*(\tau)\mathrm{d}\tau\right] \tag{8.3.6}$$

引理 8.3.5 假设 $v \in \mathbf{R}$，$f(t) \in \mathbf{C}^1([0, b])$，那么对于 $0 < q < 1$，有

$$\mathrm{D}^q f^v(t) = \frac{\Gamma(1+v)}{\Gamma(1+v-q)} f^{v-q}(t)\, \mathrm{D}^q f(t) \tag{8.3.7}$$

控制目标 针对严格反馈分数阶非线性系统 (8.3.1)，基于模糊逻辑系统，设计模糊自适应有限时间事件触发控制器，使得：

(1) 跟踪误差在有限时间内收敛到包含原点的一个小邻域内；

(2) 所有的闭环信号都有界，且能够避免 Zeno 行为。

8.3.2 模糊自适应反步递推有限时间事件触发控制设计

定义如下坐标变换：

$$\begin{aligned} z_1 &= y - y_d \\ z_i &= x_i - \alpha_{i-1}, \quad i = 2, 3, \cdots, n \end{aligned} \tag{8.3.8}$$

其中，z_i 为误差变量；α_{i-1} 为虚拟控制器。

基于上面的坐标变换，n 步模糊自适应反步递推控制设计过程如下。

第 1 步　根据式 (8.3.1) 和式 (8.3.8)，求 z_1 的 q 阶分数阶导数，可得

$$\mathrm{D}^q z_1 = g_1(\bar{x}_1)\, x_2 + f_1(\bar{x}_1) - \mathrm{D}^q y_d \tag{8.3.9}$$

选择如下李雅普诺夫函数：

$$V_1 = \frac{1}{2} z_1^2 + \frac{g_m}{2\gamma_1} \tilde{\theta}_1^2 \tag{8.3.10}$$

其中，$\gamma_1 > 0$ 为设计参数；$\tilde{\theta}_1 = \theta_1 - \hat{\theta}_1$ 为 θ_1 的估计误差，$\hat{\theta}_1(0) > 0$。

求 V_1 的 q 阶分数阶导数，可得

$$\mathrm{D}^q V_1 = z_1 g_1(\bar{x}_1)\, x_2 + z_1 H_1(Z_1) - \frac{g_m}{\gamma_1} \tilde{\theta}_1 \mathrm{D}^q \hat{\theta}_1 - \frac{1}{2} z_1^2 \tag{8.3.11}$$

其中，$H_1(Z_1) = f_1(\bar{x}_1) - \mathrm{D}^q y_d + \dfrac{1}{2} z_1$，$Z_1 = [x_1, \mathrm{D}^q y_d]$。

由于 $H_1(Z_1)$ 是未知连续函数，所以利用模糊逻辑系统 $\hat{H}_1\left(Z_1|\hat{\theta}_1\right) = \hat{\theta}_1^{\mathrm{T}} \phi_1(Z_1)$ 逼近 $H_1(Z_1)$，并假设

$$H_1(Z_1) = \theta_1^{*\mathrm{T}} \varPhi_1(Z_1) + \sigma_1(Z_1) \tag{8.3.12}$$

其中，$Z_1 = [x_1, \mathrm{D}^q y_d]^{\mathrm{T}}$；$\theta_1^*$ 为理想权重；$\sigma_1(Z_1)$ 为最小逼近误差。假设 $\sigma_1(Z_1)$ 满足 $|\sigma_1(Z_1)| \leqslant \varepsilon_1$，$\varepsilon_1$ 为正常数。

由杨氏不等式，可得

$$z_1 H_1(Z_1) \leqslant \frac{g_m}{2a_1^2} z_1^2 \theta_1 \left\|\varPhi_1(Z_1)\right\|^2 + \frac{1}{2}\left(a_1^2 + z_1^2 + \varepsilon_1^2\right) \tag{8.3.13}$$

其中，$a_1 > 0$ 为设计参数；$\theta_1 = \dfrac{\|W_1^*\|^2}{g_m}$。

将式 (8.3.13) 代入式 (8.3.11)，可得

$$\mathrm{D}^q V_1 \leqslant z_1 g_1(\bar{x}_1)\, \alpha_1 - \frac{g_m}{\gamma_1} \tilde{\theta}_1 \mathrm{D}^q \hat{\theta}_1 + \frac{g_m}{2a_1^2} z_1^2 \theta_1 \left\|\varPhi_1(Z_1)\right\|^2$$

$$+ z_1 g_1(\bar{x}_1) z_2 + \frac{1}{2}\varepsilon_1^2 + \frac{1}{2}a_1^2 \tag{8.3.14}$$

设计虚拟控制器和参数自适应律分别如下：

$$\alpha_1 = -c_1 z_1 - k_1 z_1^{2\beta-1} - \frac{1}{2a_1^2} z_1 \hat{\theta}_1 \left\| \varPhi_1(Z_1) \right\|^2 \tag{8.3.15}$$

$$\mathrm{D}^q \hat{\theta}_1 = \frac{\gamma_1}{2a_1^2} z_1^2 \left\| \varPhi_1(Z_1) \right\|^2 - \mu_{11}\hat{\theta}_1 - \mu_{12}\hat{\theta}_1^{2\beta-1} \tag{8.3.16}$$

其中，$c_1 > 0$、$k_1 > 0$、$0 < \beta < 1$、$\mu_{11} > 0$ 和 $\mu_{12} > 0$ 为设计参数。

结合式 (8.3.14) ~ 式 (8.3.16)，可得

$$\begin{aligned} \mathrm{D}^q V_1 \leqslant & - c_1 g_m z_1^2 - k_1 g_m z_1^{2\beta} + z_1 g_1 z_2 + \frac{g_m}{\gamma_1}\mu_{11}\tilde{\theta}_1\hat{\theta}_1 \\ & + \frac{g_m}{\gamma_1}\mu_{12}\tilde{\theta}_1\hat{\theta}_1^{2\beta-1} + \frac{1}{2}a_1^2 + \frac{1}{2}\varepsilon_1^2 \end{aligned} \tag{8.3.17}$$

第 $i(2 \leqslant i \leqslant n-1)$ 步 根据式 (8.3.1) 和式 (8.3.8)，求 z_i 的 q 阶分数阶导数，可得

$$\mathrm{D}^q z_i = f_i(\bar{x}_i) + g_i(\bar{x}_i) x_{i+1} - \mathrm{D}^q \alpha_{i-1} \tag{8.3.18}$$

选择如下李雅普诺夫函数：

$$V_i = V_{i-1} + \frac{1}{2}z_i^2 + \frac{g_m}{2\gamma_i}\tilde{\theta}_i^2 \tag{8.3.19}$$

其中，$\gamma_i > 0$ 为设计参数；$\tilde{\theta}_i = \theta_i - \hat{\theta}_i$，$\hat{\theta}_i$ 为 θ_i 的估计。

求 V_i 的 q 阶分数阶导数，可得

$$\mathrm{D}^q V_i = \mathrm{D}^q V_{i-1} + z_i g_i(\bar{x}_i) x_{i+1} + z_i H_i(Z_i) - \frac{g_m}{\gamma_i}\tilde{\theta}_i \mathrm{D}^q \hat{\theta}_i - \frac{1}{2}z_i^2 - z_{i-1} g_{i-1} z_i \tag{8.3.20}$$

其中，$H_i(Z_i) = f_i(\bar{x}_i) - \mathrm{D}^q \alpha_{i-1} + \dfrac{1}{2}z_i + z_{i-1} g_{i-1}$。

由于 $H_i(Z_i)$ 是未知连续函数，所以利用模糊逻辑系统 $\hat{H}_i\left(Z_i|\hat{\theta}_i\right) = \hat{\theta}_i^{\mathrm{T}} \phi_i(Z_i)$ 逼近 $H_i(Z_i)$，并假设

$$H_i(Z_i) = \theta_i^{*\mathrm{T}} \varPhi_i(Z_i) + \sigma_i(Z_i) \tag{8.3.21}$$

其中，$Z_i = \left[x_1 \cdots, x_i, y_d, \cdots, \mathrm{D}^q y_d^{(i)}, \hat{\theta}_1, \cdots, \hat{\theta}_{i-1}\right]^{\mathrm{T}}$；$\theta_i^*$ 为理想权重；$\sigma_i(Z_i)$ 为最小逼近误差。假设 $\sigma_i(Z_i)$ 满足 $|\sigma_i(Z_i)| \leqslant \varepsilon_i$，$\varepsilon_i$ 为正常数。

由杨氏不等式，可得

$$z_i H_i(Z_i) \leqslant \frac{g_m}{2a_i^2} z_i^2 \theta_i \|\varPhi_i(Z_i)\|^2 + \frac{1}{2}\left(a_i^2 + z_i^2 + \varepsilon_i^2\right) \tag{8.3.22}$$

将式 (8.3.22) 代入式 (8.3.20)，可得

$$\begin{aligned} \mathrm{D}^q V_i \leqslant & \mathrm{D}^q V_{i-1} + z_i g_i(\bar{x}_i) x_{i+1} - \frac{g_m}{\gamma_i}\tilde{\theta}_i \mathrm{D}^q \hat{\theta}_i \\ & + \frac{g_m}{2a_i^2} z_i^2 \theta_i \|\varPhi_i(Z_i)\|^2 - z_{i-1} g_{i-1} z_i + \frac{1}{2}a_i^2 + \frac{1}{2}\varepsilon_i^2 \end{aligned} \tag{8.3.23}$$

其中，$a_i > 0$ 为设计参数；$\theta_i = \|W_i^*\|^2 \big/ g_m$。

设计虚拟控制器和参数自适应律分别如下：

$$\alpha_i = -c_i z_i - k_i z_i^{2\beta-1} - \frac{1}{2a_i^2} z_i \hat{\theta}_i \|\varPhi_i(Z_i)\|^2 \tag{8.3.24}$$

$$\mathrm{D}^q \hat{\theta}_i = \frac{\gamma_i}{2a_i^2} z_i^2 \|\varPhi_i(Z_i)\|^2 - \mu_{i1}\hat{\theta}_i - \mu_{i2}\hat{\theta}_i^{2\beta-1} \tag{8.3.25}$$

其中，$c_i > 0$、$k_i > 0$、$\mu_{i1} > 0$ 和 $\mu_{i2} > 0$ 为设计参数。

将式 (8.3.24) 和式 (8.3.25) 代入式 (8.3.23)，可得

$$\begin{aligned} \mathrm{D}^q V_i \leqslant & -\sum_{j=1}^{n-1} c_j g_m z_j^2 - \sum_{j=1}^{n-1} k_j g_m z_j^{2\beta} + \sum_{j=1}^{n-1} \frac{g_m}{\gamma_j}\mu_{j1}\tilde{\theta}_j\hat{\theta}_j \\ & + \sum_{j=1}^{n-1} \frac{g_m}{\gamma_j}\mu_{j2}\tilde{\theta}_j\hat{\theta}_j^{2\beta-1} + z_i g_i z_{i+1} + \sum_{j=1}^{n-1}\left(\frac{1}{2}a_j^2 + \frac{1}{2}\varepsilon_j^2\right) \end{aligned} \tag{8.3.26}$$

第 n 步　和前 $n-1$ 步相同，求 z_n 的 q 阶分数阶导数，可得

$$\mathrm{D}^q z_n = f_n(\bar{x}_n) + g_n(\bar{x}_n) u - \mathrm{D}^q \alpha_{n-1} \tag{8.3.27}$$

选择如下李雅普诺夫函数：

$$V_n = V_{n-1} + \frac{1}{2}z_n^2 + \frac{g_m}{2\gamma_n}\tilde{\theta}_n^2 \tag{8.3.28}$$

其中，$\gamma_n > 0$ 为设计参数；$\tilde{\theta}_n = \theta_n - \hat{\theta}_n$。求 V_n 的 q 阶分数阶导数为

$$\mathrm{D}^q V_n = \mathrm{D}^q V_{n-1} + z_n g_n(\bar{x}_n) u + z_n H_n(Z_n)$$

$$-\frac{g_m}{\gamma_n}\tilde{\theta}_n\mathrm{D}^q\hat{\theta}_n-\frac{1}{2}z_n^2-z_{n-1}g_{n-1}z_n \tag{8.3.29}$$

其中，$H_n(Z_n)=f_n(\bar{x}_n)-\mathrm{D}^q\alpha_{n-1}+\dfrac{1}{2}z_n+z_{n-1}g_{n-1}$。

由于 $H_n(Z_n)$ 是未知连续函数,所以利用模糊逻辑系统 $\hat{H}_n\left(Z_n|\hat{\theta}_n\right)=\hat{\theta}_n^{\mathrm{T}}\phi_n(Z_n)$ 逼近 $H_n(Z_n)$，并假设

$$H_n(Z_n)=\theta_n^{*\mathrm{T}}\varPhi_n(Z_n)+\sigma_n(Z_n) \tag{8.3.30}$$

其中，$Z_n=\left[x_1\cdots,x_n,y_d,\cdots,\mathrm{D}^q y_d^{(n)},\hat{\theta}_1,\cdots,\hat{\theta}_{n-1}\right]^{\mathrm{T}}$；$\theta_n^*$ 为理想权重；$\sigma_n(Z_n)$ 为最小逼近误差。假设 $\sigma_n(Z_n)$ 满足 $|\sigma_n(Z_n)|\leqslant\varepsilon_n$，$\varepsilon_n$ 为正常数。

由杨氏不等式，可得

$$z_nH_n(Z_n)\leqslant\frac{g_m}{2a_n^2}z_n^2\theta_n\|\varPhi_n(Z_n)\|^2+\frac{1}{2}\left(a_n^2+z_n^2+\varepsilon_n^2\right) \tag{8.3.31}$$

其中，$a_n>0$ 为设计参数；$\theta_n=\|W_n^*\|^2\big/g_m$。将式 (8.3.31) 代入式 (8.3.29)，可得

$$\begin{aligned}\mathrm{D}^qV_n\leqslant&\mathrm{D}^qV_{n-1}+z_ng_n(\bar{x}_n)u-\frac{g_m}{\gamma_n}\tilde{\theta}_n\mathrm{D}^q\hat{\theta}_n-z_{n-1}g_{n-1}z_n\\&+\frac{g_m}{2a_n^2}z_n^2\theta_n\|\varPhi_n(Z_n)\|^2+\frac{1}{2}a_n^2+\frac{1}{2}\varepsilon_n^2\end{aligned} \tag{8.3.32}$$

设计事件触发控制器为

$$\alpha_n=-c_nz_n-k_nz_n^{2\beta-1}-\frac{1}{2a_n^2}z_n\hat{\theta}_n\|\varPhi_n(Z_n)\|^2 \tag{8.3.33}$$

$$\mathrm{D}^q\hat{\theta}_n=\frac{\gamma_n}{2a_n^2}z_n^2\|\varPhi_n(Z_n)\|^2-\mu_{n1}\hat{\theta}_n-\mu_{n2}\hat{\theta}_n^{2\beta-1} \tag{8.3.34}$$

$$\omega(t)=-\left(1+\bar{\delta}\right)\left(\alpha_n\tanh\left(\frac{z_n\alpha_n}{\varepsilon^*}\right)+\bar{m}\tanh\left(\frac{z_n\bar{m}}{\varepsilon^*}\right)\right) \tag{8.3.35}$$

$$u(t)=\omega(t_k),\quad\forall t\in[t_k,t_{k+1}) \tag{8.3.36}$$

其中，$c_n>0$、$k_n>0$、$\mu_{n1}>0$、$\mu_{n2}>0$ 和 $\varepsilon^*>0$ 为设计参数；$t_k(k\in\mathbf{Z}^+)$ 为事件触发时刻。

设 $\xi(t)=\omega(t)-u(t)$ 为事件触发误差，定义事件触发条件如下：

$$t_{k+1}=\inf\left\{t\in\mathbf{R}\mid|\xi(t)|\geqslant\bar{\delta}|u(t)|+m^*\right\} \tag{8.3.37}$$

其中，$0<\bar{\delta}<1$；$m^*>0$ 和 $\bar{m}>m^*/(1-\bar{\delta})$ 为设计参数。

8.3.3 稳定性与收敛性分析

下面的定理给出了所设计的模糊自适应控制方法具有的性质。

定理 8.3.1 针对严格反馈分数阶非线性系统 (8.3.1)，假设 8.3.1 和假设 8.3.2 成立。如果采用控制器 (8.3.15)、(8.3.24) 和 (8.3.33)，参数自适应律 (8.3.16)、(8.3.25) 和 (8.3.34)，事件触发方法 (8.3.35)~(8.3.37)，则总体控制方案具有如下性能:

(1) 跟踪误差在有限时间内收敛到包含原点的一个小邻域内；

(2) 所有闭环信号都有界，且能够避免 Zeno 行为。

证明 根据 $\xi(t)=\omega(t)-u(t)$ 和式 (8.3.37)，可得

$$\omega(t)=u(t)+\bar{\delta}\lambda_1(t)u(t)+\lambda_2(t)m^* \tag{8.3.38}$$

其中，变量 $\lambda_i(i=1,2)$ 满足 $|\lambda_i|\leqslant 1$。通过计算可得

$$u(t)=\frac{\omega(t)}{1+\lambda_1(t)\bar{\delta}}-\frac{\lambda_2(t)m^*}{1+\lambda_1(t)\bar{\delta}} \tag{8.3.39}$$

将式 (8.3.39) 代入式 (8.3.32)，可得

$$\begin{aligned}\mathrm{D}^qV_n\leqslant&\,\mathrm{D}^qV_{n-1}+\frac{z_ng_n\omega(t)}{1+\lambda_1(t)\bar{\delta}}-\frac{z_ng_n\lambda_2(t)m^*}{1+\lambda_1(t)\bar{\delta}}-\frac{g_m}{\gamma_n}\tilde{\theta}_n\mathrm{D}^q\tilde{\theta}_n\\&+\frac{1}{2}a_n^2+\frac{1}{2}\varepsilon_n^2-z_{n-1}g_{n-1}z_n+\frac{g_m}{2a_n^2}z_n^2\theta_n\left\|\varPhi_n(Z_n)\right\|^2\end{aligned} \tag{8.3.40}$$

考虑 $\lambda_1(t)\in[-1,1]$ 和 $\lambda_2(t)\in[-1,1]$，可得

$$\frac{z_n\omega(t)}{1+\lambda_1(t)\bar{\delta}}\leqslant\frac{z_n\omega(t)}{1+\bar{\delta}} \tag{8.3.41}$$

$$\frac{\lambda_2(t)m^*}{1+\lambda_1(t)\bar{\delta}}\leqslant\left|\frac{m^*}{1-\bar{\delta}}\right| \tag{8.3.42}$$

将式 (8.3.33) ~ 式 (8.3.35) 和式 (8.3.42) 代入式 (8.3.40)，可得

$$\begin{aligned}\mathrm{D}^qV_n\leqslant&\,\mathrm{D}^qV_{n-1}-|z_ng_n(\bar{x}_n)\alpha_n|+\frac{1}{2}a_n^2+\frac{1}{2}\varepsilon_n^2+|z_ng_n\alpha_n|-z_ng_n\alpha_n\tanh\left(\frac{z_n\alpha_n}{\varepsilon^*}\right)\\&-z_{n-1}g_{n-1}z_n+|z_ng_n\bar{m}|-\bar{m}\tanh\left(\frac{z_n\bar{m}}{\varepsilon^*}\right)+z_ng_n\left|\frac{m^*}{1-\bar{\delta}}\right|n\\&-\|z_ng_n\bar{m}\|-\frac{g_m}{\gamma_n}\tilde{\theta}_n\mathrm{D}^q\hat{\theta}_n+\frac{g_m}{2a_n^2}z_n^2\theta_n\left\|\varPhi_n(Z_n)\right\|^2\end{aligned}$$

$$
\begin{aligned}
&\leqslant -\sum_{j=1}^{n} c_j g_m z_j^2 - \sum_{j=1}^{n} k_j g_m z_j^{2\beta} + \sum_{j=1}^{n} \frac{g_m}{\gamma_j}\mu_{j1}\tilde{\theta}_j\hat{\theta}_j \\
&\quad + \sum_{j=1}^{n} \frac{g_m}{\gamma_j}\mu_{j2}\tilde{\theta}_j\hat{\theta}_j^{2\beta-1} + 2g_M\kappa\varepsilon^* + \sum_{j=1}^{n}\left(\frac{1}{2}a_j^2 + \frac{1}{2}\varepsilon_j^2\right)
\end{aligned} \tag{8.3.43}
$$

其中，$|z_n| - z_n \tanh(z_n/\varepsilon^*) \leqslant \kappa\varepsilon^*$，$\kappa = 0.2785$。然后，通过杨氏不等式，可得下列不等式成立：

$$
\frac{g_m}{\gamma_j}\mu_{j1}\tilde{\theta}_j\hat{\theta}_j \leqslant -\frac{3g_m}{4\gamma_i}\mu_{j1}\tilde{\theta}_j^2 + \frac{g_m}{\gamma_j}\mu_{j1}\theta_j^2 \tag{8.3.44}
$$

$$
\frac{g_m}{\gamma_j}\mu_{j2}\tilde{\theta}_j\hat{\theta}_j^{2\beta-1} \leqslant \frac{cg_m}{\gamma_j}\mu_{j2}\theta_j^{2\beta} - \frac{dg_m}{\gamma_j}\mu_{j2}\tilde{\theta}_j^{2\beta} \tag{8.3.45}
$$

其中，$c = \dfrac{1}{2\beta} - \dfrac{2^{2\beta-2}}{2\beta} + \dfrac{2^{8\beta-4\beta^2-4}}{4\beta^2} + \dfrac{2\beta-1}{4\beta^2}$；$d = \dfrac{2^{2\beta-2} - 2^{2\beta(2\beta-2)}}{2\beta}$。

将式 (8.3.44) 和式 (8.3.45) 代入式 (8.3.43)，可得

$$
\begin{aligned}
\mathrm{D}^q V_n &\leqslant -\sum_{j=1}^{n} c_j g_m z_j^2 - \sum_{j=1}^{n} k_j g_m z_j^{2\beta} - \sum_{j=1}^{n} \frac{3g_m}{4\gamma_i}\mu_{j1}\tilde{\theta}_j^2 - \sum_{j=1}^{n} \frac{dg_m}{\gamma_j}\mu_{j2}\tilde{\theta}_j^{2\beta} \\
&\quad + \sum_{j=1}^{n} \frac{g_m}{\gamma_j}\mu_{j1}\theta_j^2 + \sum_{j=1}^{n} \frac{cg_m}{\gamma_j}\mu_{j2}\theta_j^{2\beta} + \sum_{j=1}^{n}\left(\frac{1}{2}a_j^2 + \frac{1}{2}\varepsilon_j^2\right) + 2g_M\kappa\varepsilon^*
\end{aligned} \tag{8.3.46}
$$

由此可得

$$
\mathrm{D}^q V_n \leqslant -\bar{a}V_n - \bar{b}V_n^{\beta} + \bar{c} \tag{8.3.47}
$$

其中

$$
\bar{a} = \min\{2g_m c_j, 3/2\mu_{j1}\}, \quad \bar{b} = \min\left\{2^{\beta} g_m k_j, 2^{\beta} d\mu_{j2}\gamma_j^{\beta-1} g_m^{1-\beta}\right\}
$$

$$
\bar{c} = \sum_{j=1}^{n} \frac{g_m}{\gamma_j}\mu_{j1}\theta_j^2 + \sum_{j=1}^{n} \frac{cg_m}{\gamma_j}\mu_{j2}\theta_j^{2\beta} + \sum_{j=1}^{n}\left(\frac{1}{2}a_j^2 + \frac{1}{2}\varepsilon_j^2\right) + 2g_M\kappa\varepsilon^*
$$

$$
j = 1, 2, \cdots, n
$$

现在将从两部分考虑式 (8.3.47)。第一部分证明闭环系统的有界性。

令 $V_*(t) \overset{\text{def}}{=\!=} V_n(t) - \bar{c}/\bar{a}$，应用引理 8.3.2，取 $\mathrm{D}^q V_n \leqslant -\bar{a}V_n + \bar{c}$，可得

$$
\mathrm{D}^q V_*(t) \leqslant -\bar{a}\left(V_*(t) + \frac{\bar{c}}{\bar{a}}\right) + \bar{c} = -\bar{a}V_*(t) \tag{8.3.48}
$$

存在实函数 $\rho(t) \geqslant 0$ 满足以下方程：

$$
\mathrm{D}^q V_*(t) = -\bar{c}V_*(t) - \rho(t) \tag{8.3.49}
$$

对式 (8.3.49) 两边求 t_0 到 t 的分数阶积分，结合引理 8.3.3 可得

$$\begin{aligned} V_*(t) &= V_*(t_0) - \int_{t_0}^{t} \frac{(t-\tau)^{q-1}}{\Gamma(q)} \left(\bar{a}V_*(\tau) + \rho(\tau)\right) \mathrm{d}\tau \\ &\leqslant V_*(t_0) - \frac{\bar{a}}{\Gamma(q)} \int_{t_0}^{t} (t-\tau)^{q-1} V_*(\tau)\, \mathrm{d}\tau \end{aligned} \tag{8.3.50}$$

另外，由引理 8.3.4，可得

$$V_*(t) \leqslant V_*(t_0) \exp\left[\frac{-\bar{a}(t-t_0)^q}{\Gamma(q+1)}\right] \tag{8.3.51}$$

然后可得下列不等式：

$$V(t) \leqslant \left(V(t_0) - \frac{\bar{c}}{\bar{a}}\right) \exp\left[\frac{-\bar{a}(t-t_0)^q}{\Gamma(q+1)}\right] + \frac{\bar{c}}{\bar{a}} \tag{8.3.52}$$

由式 (8.3.52) 可知 z_i 和 $\tilde{\theta}_i$ 有界。根据 $\tilde{\theta}_j = \theta_j - \hat{\theta}_j$ 的定义，可知 $\hat{\theta}_j$ 在 $[0,\infty)$ 范围内总是有界的。根据 $z_1 = x_1 - y_d$ 可知 x_1 是有界的。虚拟控制器 α_1 是关于 x_1、x_r、$\mathrm{D}^q y_d$ 和 $\hat{\theta}_1$ 的函数，因此 α_1 是有界的。根据等式 $z_2 = x_2 - \alpha_1$ 可知 x_2 有界。进行归纳总结，可以得出 $x_i(i=2,3,\cdots,n)$ 是有界的。考虑到式 (8.3.35) 和式 (8.3.36)，实际输入 u 也是有界的。最终，系统的所有信号都是有界的。此外，还有

$$|z_1| \leqslant \sqrt{\frac{2\bar{c}}{\bar{a}}} \tag{8.3.53}$$

第二部分证明跟踪误差在有限时间内收敛到包含原点的一个小邻域内。与式 (8.3.48) 同理，可得

$$\mathrm{D}^q V_n \leqslant -\bar{b} V_n^{\beta} \tag{8.3.54}$$

其中，$\beta = 2p - 1$。然后利用引理 8.3.5，可得

$$V_n \mathrm{D}^q V_n = \frac{\Gamma(2)}{\Gamma(2+q)} \mathrm{D}^q V_n^{1+q} \leqslant -\bar{b} V_n^{2p} \tag{8.3.55}$$

令 $\bar{V}_n = V_n^{1+q}$，$\bar{V}_n^{\frac{2p}{1+q}} = V_n^{2p}$，进一步可得

$$\mathrm{D}^q \bar{V}_n^{q-\frac{2p}{1+q}} \leqslant -\bar{b} \frac{\Gamma(2+q)}{\Gamma(2)} \frac{\Gamma\left(1+q-\dfrac{2p}{1+q}\right)}{\Gamma\left(1-\dfrac{2p}{1+q}\right)} \tag{8.3.56}$$

对式 (8.3.56) 从 0 到 t 进行分数阶积分得

$$\left(\bar{V}_n(t)\right)^{q-\frac{2p}{1+q}}-\left(\bar{V}_n(0)\right)^{q-\frac{2p}{1+q}}\leqslant-\bar{b}\frac{\Gamma(2+q)}{\Gamma(2)}\frac{\Gamma\left(1+q-\dfrac{2p}{1+q}\right)}{\Gamma\left(1-\dfrac{2p}{1+q}\right)}\frac{t^q}{\Gamma(1+q)}\tag{8.3.57}$$

那么，有限时间 T 表示如下：

$$T=\left[\frac{V_1^{q(1+q)-2p}(0)\,\Gamma(2)\,\Gamma\left(1-\dfrac{2p}{1+q}\right)\Gamma(1+q)}{\bar{b}\Gamma(2+q)\,\Gamma\left(1+q-\dfrac{2q}{1+q}\right)}\right]^{1/q}\tag{8.3.58}$$

最后证明能够避免 Zeno 行为。结合事件触发误差的定义，可得

$$\mathrm{D}^q\left|\xi(t)\right|=\mathrm{D}^q\left(\xi(t)\,\xi(t)\right)^{1/2}=\operatorname{sign}\left(\xi(t)\right)\mathrm{D}^q\xi\leqslant\left|\mathrm{D}^q\omega\right|\tag{8.3.59}$$

由式 (8.3.35) 可知，$\omega(t)$ 是连续可导信号，$\dot{\omega}(t)$ 是关于闭环系统所有有界信号的函数。因此，存在 $\varrho>0$ 使 $|\mathrm{D}^q\omega|\leqslant\varrho$ 成立。根据 $\xi(t_k)=0$ 和 $\lim\limits_{t\to t_{k+1}}\xi(t)=m_1$ 可得 $t_{k+1}-t_k\geqslant m_1/\varrho$。由此避免了 Zeno 行为。

8.3.4 仿真

例 8.3.1 为了说明所提控制方法的有效性，本节以分数阶 Chua-Hartley 系统为例进行研究：

$$\begin{aligned}\mathrm{D}^qx_1&=x_2+\frac{10}{7}\left(x_1-x_1^3\right)\\\mathrm{D}^qx_2&=x_3+10x_1-x_2\\\mathrm{D}^qx_3&=-\frac{100}{7}x_2+u_2\end{aligned}\tag{8.3.60}$$

其中，$q=0.95$。参考信号 $y_d(t)=0.5\sin(t)+\sin(0.5t)$。

根据定理 8.3.1，虚拟控制器设计为

$$\alpha_i=-c_iz_i-k_iz_i^{2\beta-1}-\frac{1}{2a_i^2}z_i\hat{\theta}_i\left\|\varPhi_i(Z_i)\right\|^2,\quad i=1,2,3\tag{8.3.61}$$

参数自适应律和事件触发控制器设计分别如下：

$$\mathrm{D}^q\hat{\theta}_i=\frac{\gamma_i}{2a_i^2}z_i^2\left\|\varPhi_i(Z_i)\right\|^2-\mu_{i1}\hat{\theta}_i-\mu_{i2}\hat{\theta}_i^{2\beta-1},\quad i=1,2,3\tag{8.3.62}$$

$$\omega(t) = -\left(1+\bar{\delta}\right)\left(\alpha_3 \tanh\left(\frac{z_3\alpha_3}{\varepsilon^*}\right) + \bar{m}\tanh\left(\frac{z_3\bar{m}}{\varepsilon^*}\right)\right) \tag{8.3.63}$$

$$u(t) = \omega(t_k), \quad \forall t \in [t_k, t_{k+1}) \tag{8.3.64}$$

$$t_{k+1} = \inf\left\{t \in \mathbf{R} \mid |\xi(t)| \geqslant \bar{\delta}\,|u(t)| + m^*\right\} \tag{8.3.65}$$

选取隶属度函数为

$$\begin{aligned}
&\mu_{F_i^1}(x_i) = \exp\left[-\frac{(x_i-5)^2}{6}\right], \quad \mu_{F_i^2}(x_i) = \exp\left[-\frac{(x_i-3)^2}{6}\right]\\
&\mu_{F_i^3}(x_i) = \exp\left[-\frac{(x_i-1)^2}{6}\right], \quad \mu_{F_i^4}(x_i) = \exp\left[-\frac{(x_i+1)^2}{6}\right]\\
&\mu_{F_i^5}(x_i) = \exp\left[-\frac{(x_i+3)^2}{6}\right], \quad \mu_{F_i^6}(x_i) = \exp\left[-\frac{(x_i+5)^2}{6}\right]\\
&i = 1, 2
\end{aligned} \tag{8.3.66}$$

模糊基函数为

$$\varphi_{i,l}(x_i) = \frac{\prod_{i=1}^{3} \exp\left[-(x_i - 6 + 2l - 1)^2/6\right]}{\sum_{l=1}^{6}\prod_{i=1}^{3} \exp\left[-(x_i - 6 + 2l - 1)^2/6\right]} \tag{8.3.67}$$

在仿真中，选取设计参数为 $\bar{\delta} = 0.5$，$\bar{m} = 2$，$m^* = 0.5$，$\varepsilon^* = 0.1$，$c_1 = 10$，$c_2 = 10$，$c_3 = 20$，$k_1 = 0.1$，$k_2 = 0.1$，$k_3 = 0.1$，$a_1 = a_2 = a_3 = 1$，$\mu_{11} = \mu_{21} = \mu_{31} = 2$，$\mu_{12} = \mu_{22} = \mu_{32} = 3$，$\beta = 99/101$。

选择状态变量及参数的初始值为 $x(0) = [0.1, 0.2, 0.3]^{\mathrm{T}}$，$\hat{\theta}(0) = [0.8, 0.8, 0.8]^{\mathrm{T}}$。

仿真结果如图 8.3.1 ～图 8.3.5 所示。

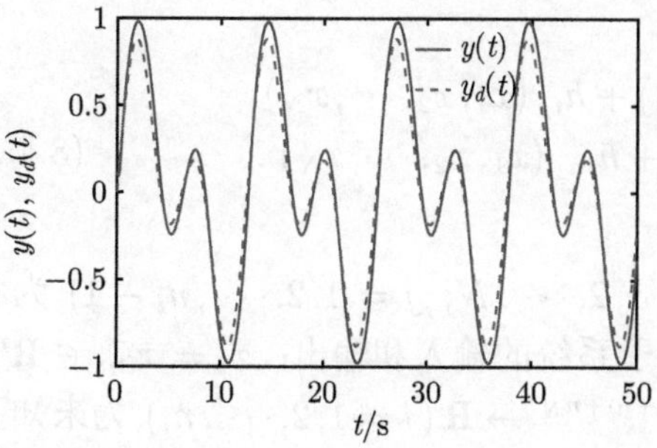

图 8.3.1　输入 $y(t)$ 和参考信号 $y_d(t)$ 的轨迹

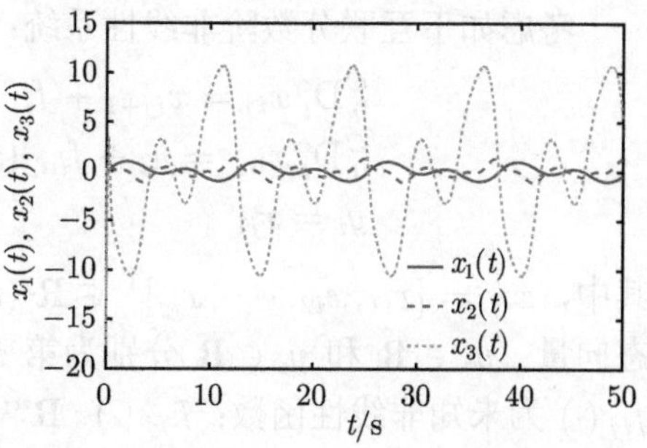

图 8.3.2　状态 $x_1(t)$、$x_2(t)$ 和 $x_3(t)$ 的轨迹

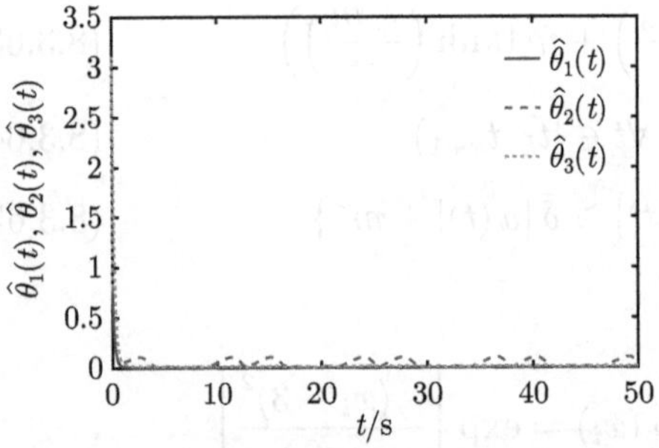

图 8.3.3 自适应参数 $\hat{\theta}_1(t)$、$\hat{\theta}_2(t)$ 和 $\hat{\theta}_3(t)$ 的轨迹

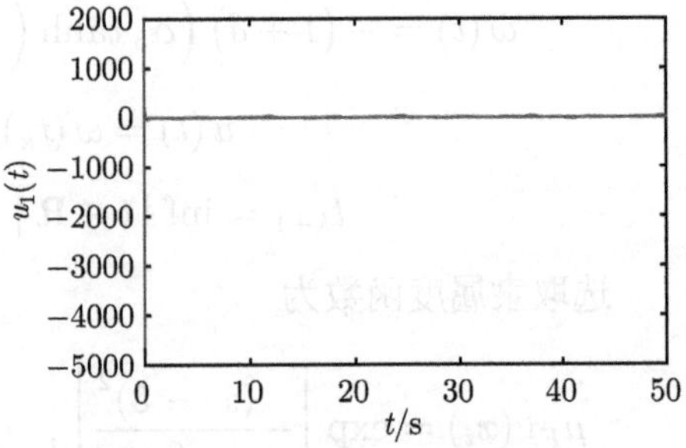

图 8.3.4 控制器 $u_1(t)$ 的轨迹

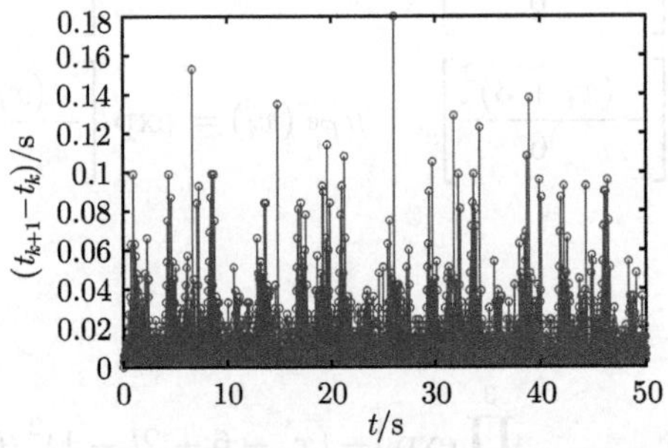

图 8.3.5 事件触发时间间隔 $t_{k+1}-t_k$

8.4 互联分数阶系统的自适应事件触发分散控制

本节针对一类具有未知强互联项的大型分数阶非线性系统，提出一种自适应模糊事件触发渐近跟踪控制方案，并基于李雅普诺夫理论给出模糊闭环系统的稳定性和收敛性分析。类似的自适应模糊事件触发渐近跟踪控制设计方法可参见文献 [15]~[18]。

8.4.1 系统模型及控制问题描述

考虑如下互联分数阶非线性系统：

$$\begin{aligned}&{}_0^C\mathrm{D}_t^{\alpha}x_{ij}=x_{ij+1}+f_{ij}\left(\bar{x}_{ij}\right)+\hbar_{ij}\left(x_1,x_2,\cdots,x_N\right)\\&{}_0^C\mathrm{D}_t^{\alpha}x_{in_i}=u_i+f_{in_i}\left(x_i\right)+\hbar_{in_i}\left(x_1,x_2,\cdots,x_N\right)\\&y_i=x_{i1}\end{aligned}\tag{8.4.1}$$

其中，$\bar{x}_{ij}=[x_{i1},x_{i2},\cdots,x_{ij}]^{\mathrm{T}}\in\mathbf{R}^j(i=1,2,\cdots,N;\ j=1,2,\cdots,n_i-1)$ 为状态向量；$u_i\in\mathbf{R}$ 和 $y_i\in\mathbf{R}$ 分别为第 i 个子系统的输入和输出；$x_i=\bar{x}_{in_i}\in\mathbf{R}^{n_i}$；$f_{ij}(\cdot)$ 为未知非线性函数；$\hbar_{ij}(\cdot):\mathbf{R}^{n_1+n_2+\cdots+n_N}\to\mathbf{R}\,(j=1,2,\cdots,n_i)$ 为未知互联项，且 $\hbar_{ij}(0)=0$。

假设 8.4.1　参考信号 $y_{di}(t)\,(i=1,2,\cdots,N)$ 为光滑的有界函数，其导数 ${}_0^C\mathrm{D}_t^{\alpha}y_{di}$ 和 ${}_0^C\mathrm{D}_t^{\alpha}\left({}_0^C\mathrm{D}_t^{\alpha}y_{di}\right)$ 是有界和存在的。

引理 8.4.1　如果 $0<\alpha<2$，γ 表示一个任意的复数，一个实数 π 满足 $(\beta\alpha/2)<\pi<\min\{\beta,\beta\alpha\}$，那么对于任何整数 $m\geqslant 1$，有

$$E_{\alpha,\gamma}(z)=-\sum_{i=1}^{m}\frac{z^{-i}}{\Gamma(\gamma-\alpha_i)}+o\left(|z|^{-1-m}\right)\tag{8.4.2}$$

其中，$\pi\leqslant|\arg(z)|\leqslant\beta$ 和 $|z|\to\infty$。$E_{\alpha,\gamma}(z)$ 为 Mittag-Leffler 函数，可以表示为

$$E_{\alpha,\gamma}(z)=\sum_{j=0}^{\infty}\frac{z^j}{\Gamma(\alpha_j+\gamma)},\quad \alpha>0,\ \gamma>0\tag{8.4.3}$$

引理 8.4.2　如果 $f(t):\mathbf{R}^+\to\mathbf{R}^+$ 是一致连续的，且 $\lim\limits_{t\to\infty}I_t^{\alpha}f(t)=0$，$0<\alpha<1$，$\forall t>t_0>0$，那么可得 $\lim\limits_{t\to\infty}x(t)=0$。

引理 8.4.3　如果 $x(t):[t_0,\infty)\times\mathbf{R}^n\to\mathbf{R}^n$ 是连续的，${}_{t_0}I_t^{\alpha}|x(t)|^p\leqslant T$，$\forall t>t_0>0$，其中 $0<\alpha<1$，$p,T>0$，那么可得 $\lim\limits_{t\to\infty}x(t)=0$。

在此结合反步递推设计方法，介绍一种新的模糊自适应事件触发控制方法。简单起见，首先定义未知参数向量 ξ_{ij}、W_{ij} 和未知参数 ε_{ij} 如下：

$$\begin{aligned}\theta_i&=\max\{\|\xi_{ij}\|,j=1,2,\cdots,n_{i-1}\}\\ \vartheta_i&=\max\left\{\|W_{i1}\|^2,\|W_{i2}\|^2,\cdots,\|W_{in_i}\|^2\right\}\\ \varepsilon_i&=\max\{\varepsilon_{i1},\varepsilon_{i2},\cdots,\varepsilon_{in_i}\}\end{aligned}\tag{8.4.4}$$

控制目标　针对互联分数阶非线性系统 (8.4.1)，基于模糊逻辑系统，设计模糊自适应事件触发控制器，使得：

(1) 闭环系统中的所有信号都有界；

(2) 系统输出 $y_i(t)$ 可以渐近地跟踪参考信号 $y_{di}(t)$，且能够避免 Zeno 行为。

8.4.2　模糊自适应反步递推事件触发分散控制设计

1. 互联项的模糊处理方法

令 $\bar{A}_{i1}=\hbar_{i1}(x_1,x_2,\cdots,x_N)$，利用模糊逻辑系统可以逼近未知函数 $\bar{A}_{i1}$，模糊逻辑系统写成如下形式：

$$\bar{A}_{i1}=W_{i1}^{\mathrm{T}}S_{i1}(H_{i1})+\epsilon_{i1}(H_{i1})\tag{8.4.5}$$

其中，$H_{i1}=[x_1,x_2,\cdots,x_N]^{\mathrm{T}}$；$\epsilon_{i1}$ 为估计误差，且满足 $|\epsilon_{i1}|\leqslant\varepsilon_{i1}$，$\varepsilon_{i1}>0$。

然后，可得

$$z_{i1}\bar{A}_{i1}=z_{i1}\left(W_{i1}^{\mathrm{T}}S_{i1}(H_{i1})+\epsilon_{i1}(H_{i1})\right)\leqslant|z_{i1}|\left(\|W_{i1}\|\,\|S_{i1}(X_{i1})\|+\varepsilon_{i1}\right)\tag{8.4.6}$$

通过杨氏不等式和引理 0.4.1，可得

$$
\begin{aligned}
&|z_{i1}|\,\|W_{i1}\|\,\|S_{i1}(X_{i1})\| \\
\leqslant &|z_{i1}|\,\frac{1}{2B_{i1}}\vartheta_i\,\|S_{i1}(X_{i1})\|^2+B_{i1}\,|z_{i1}| \\
\leqslant &z_{i1}\tanh\left(\frac{z_{i1}}{\varpi_i}\right)\frac{1}{2B_{i1}}\vartheta_i\,\|S_{i1}(X_{i1})\|^2 \\
&+B_{i1}z_{i1}\tanh\left(\frac{z_{i1}}{\varpi_i}\right)+\left(\frac{1}{2B_{i1}}\vartheta_i\|S_{i1}(X_{i1})\|^2+B_{i1}\right)p\varpi_i
\end{aligned}
\tag{8.4.7}
$$

$$
|z_{i1}|\,\varepsilon_{i1}\leqslant|z_{i1}|\,\varepsilon_i\leqslant z_{i1}\tanh\left(\frac{z_{i1}}{\varpi_i}\right)\varepsilon_i+p\varpi_i\varepsilon_i \tag{8.4.8}
$$

其中，ϖ_i 为一个可微函数，满足 $\lim\limits_{t\to\infty}\int_0^t\varpi_i(s)\mathrm{d}s<+\infty$；$B_{i1}$ 为一个已知常数。

2. 事件触发机制设计

设计事件触发机制为

$$
u_i(t)=\omega_i(t_{i,k}),\quad \forall t\in[t_{i,k},t_{i,k+1}) \tag{8.4.9}
$$

其中，$t_{i,k}(k\in\mathbf{Z}^+)$ 为事件触发时刻，在满足以下触发条件时对控制信号进行采样：

$$
t_{i,k+1}=\inf\{t\in\mathbf{R}\,|\,|e_i^*(t)|\geqslant\delta_i^*\,|u_i(t)|+m_i^*\} \tag{8.4.10}
$$

其中，$0<\delta_i^*<1$；$m_i^*>0$；$\bar{m}_i>[m_i^*/(1-\delta_i^*)]$ 为设计参数；$e_i^*(t)=\omega_i(t)-u_i(t)$ 为事件触发误差。

对于式 (8.4.10)，存在两个时变参数 λ_{i1} 和 λ_{i2}，满足 $|\lambda_{i1}|\leqslant1$ 和 $|\lambda_{i2}|\leqslant1$，可得

$$
\omega_i(t)=[1+\delta_i^*\lambda_{i1}(t)]u_i(t)+\lambda_{i2}m_i^* \tag{8.4.11}
$$

这意味着：

$$
u_i(t)=\frac{\omega_i(t)-\lambda_{i2}(t)m_i^*}{1+\lambda_{i1}(t)\delta_i^*} \tag{8.4.12}
$$

3. 控制器设计

基于上述讨论，将控制器和参数自适应律设计为

$$
\begin{aligned}
\alpha_{in_i}=&-k_{in_i}z_{in_i}-z_{in_{i-1}}-\hat{\theta}_i\eta_{in_i}-B_{in_i}\tanh\left(\frac{z_{in_i}}{\varpi_i}\right) \\
&-\tanh\left(\frac{z_{in_i}}{\varpi_i}\right)\frac{1}{2B_{in_i}}\hat{\vartheta}_i\|S_{in_i}(X_{in_i})\|^2-\tanh\left(\frac{z_{in_i}}{\varpi_i}\right)\hat{\varepsilon}_i
\end{aligned}
\tag{8.4.13}
$$

$$ {}_0^C\mathrm{D}_t^{\alpha}\hat{\varLambda}_{in_{i-1}} = \varsigma_{in_{i-1}} e_{in_{i-1}} \tanh\left(\frac{e_{in_{i-1}}}{q_i}\right) \tag{8.4.14} $$

$$ {}_0^C\mathrm{D}_t^{\alpha}\hat{\varepsilon}_i = \varPhi_{in_i}^{\varepsilon} - \mu_{i2}\varpi_i\hat{\varepsilon}_i \tag{8.4.15} $$

$$ {}_0^C\mathrm{D}_t^{\alpha}\hat{\vartheta}_i = \varPhi_{in_i}^{\vartheta} - \mu_{i3}\varpi_i\hat{\vartheta}_i \tag{8.4.16} $$

$$ {}_0^C\mathrm{D}_t^{\alpha}\hat{\theta}_i = \sum_{l=1}^{n_i} \mu_{il} z_{il}\eta_{il} - \mu_{il}\sigma_{il}\hat{\theta}_i \tag{8.4.17} $$

其中，$k_{in_i} > 0$ 为设计参数。

此外，还可得以下不等式：

$$ \left|\frac{z_{in_i} m_i^*}{1-\delta_i^*}\right| - |z_{in_i}\bar{m}_i| < 0 \tag{8.4.18} $$

由杨氏不等式，存在以下不等式：

$$ \tilde{\theta}_i\hat{\theta}_i = \tilde{\theta}_i\left(\theta_i - \tilde{\theta}_i\right) \leqslant \theta_i^2/4 \tag{8.4.19} $$

$$ \tilde{\vartheta}_i\hat{\vartheta}_i = \tilde{\vartheta}_i\left(\vartheta_i - \tilde{\vartheta}_i\right) \leqslant \vartheta_i^2/4 \tag{8.4.20} $$

$$ \tilde{\varepsilon}_i\hat{\varepsilon}_i = \tilde{\varepsilon}_i(\varepsilon_i - \tilde{\varepsilon}_i) \leqslant \varepsilon_i^2/4 \tag{8.4.21} $$

最后，定义

$$ g_i = \sum_{l=1}^{n_{i-1}} 0.2875\varLambda_{il} \tag{8.4.22} $$

$$ \kappa_i = \sum_{l=1}^{n_i}\left(\frac{1}{2B_{il}}\vartheta_i\left\|S_{il}(X_{il})\right\|^2 + B_{il} + \varepsilon_i\right)p + \frac{\theta_i^2+\vartheta_i^2+\varepsilon_i^2}{4} \tag{8.4.23} $$

可得

$$ {}_0^C\mathrm{D}_t^{\alpha}V_{in_i} \leqslant -\sum_{l=1}^{n_i} k_{il}z_{il}^2 - \sum_{l=1}^{n_{i-1}}\frac{e_{il}^2}{\tau_{il}} + \sum_{l=1}^{n_i}\theta_i\sigma_{il} + \varpi_i\kappa_i + g_iq_i + 0.557w_i \tag{8.4.24} $$

8.4.3 稳定性与收敛性分析

下面的定理给出了所设计的模糊自适应控制方法具有的性质。

定理 8.4.1　针对互联分数阶非线性系统 (8.4.1)，假设 8.4.1 成立。如果采用控制器 (8.4.12)，虚拟控制器 (8.4.13)，参数自适应律 (8.4.14)~(8.4.17)，事件触发条件 (8.4.10)，则总体控制方案具有如下性能：

(1) 闭环系统中的所有信号都有界；

(2) 系统输出可以渐近地跟踪参考信号，且能够避免 Zeno 行为。

证明　定义一个紧集 $\varOmega_i = \varOmega_{i1}\times\cdots\times\varOmega_{in_i} = \{V_i(t)\leqslant\gamma\}$，存在正常数 $\varLambda_{ij}$，使得 $\varXi_{ij}(\cdot)\leqslant\varLambda_{ij}$。

选择李雅普诺夫函数如下：

$$V(t)=\sum_{i=1}^{N}\left(\sum_{l=1}^{n_i}\frac{1}{2}z_{il}^2+\frac{1}{2\mu_{i1}}\tilde{\theta}_i^2+\frac{1}{2\mu_{i2}}\tilde{\varepsilon}_i^2+\frac{1}{2\mu_{i3}}\tilde{\vartheta}_i^2+\sum_{l=2}^{n_i}\frac{1}{2}e_{il-1}^2+\sum_{l=2}^{n_i}\frac{1}{2\varsigma_{il-1}}\tilde{\Lambda}_{il-1}^2\right) \tag{8.4.25}$$

求 $V(t)$ 的第 α 阶导数，可得

$${}_0^C\mathrm{D}_t^\alpha V(t)\leqslant\sum_{i=1}^{N}\left(-\sum_{l=1}^{n_i}k_{il}z_{il}^2-\sum_{l=1}^{n_{i-1}}\frac{e_{il}^2}{\tau_{il}}+\sum_{l=1}^{n_i}\theta_i\sigma_{il}+\varpi_i\kappa_i+g_iq_i+0.557w_i\right) \tag{8.4.26}$$

对不等式 (8.4.25) 的两边进行分数积分，可得

$$\begin{aligned}V_n(t)\leqslant&\sum_{i=1}^{N}{}_{t_0}^CI_t^\alpha\left(-\sum_{l=1}^{n_i}k_{il}z_{il}^2-\sum_{l=1}^{n_{i-1}}\frac{e_{il}^2}{\tau_{il}}\right)+\sum_{i=1}^{N}\sum_{l=1}^{n_i}{}_{t_0}^CI_t^\alpha\left(\theta_i\sigma_{il}\right)\\&+\sum_{i=1}^{N}{}_{t_0}^CI_t^\alpha\left(\varpi_i\kappa_i\right)+\sum_{i=1}^{N}{}_{t_0}^CI_t^\alpha\left(g_iq_i\right)+\sum_{i=1}^{N}{}_{t_0}^CI_t^\alpha\left(0.557w_i\right)+V_n\left(0\right)\end{aligned} \tag{8.4.27}$$

然后，选择函数 $\sigma_{il}(t)=\mathrm{e}^{-a_1t}>0$、$\varpi_i(t)=\mathrm{e}^{-a_2t}>0$、$q_i(t)=\mathrm{e}^{-a_3t}>0$ 和 $w_i(t)=\mathrm{e}^{-a_4t}>0$，$a_i>0\ (i=1,2,3,4)$，可得

$$\begin{aligned}\sum_{i=1}^{N}\sum_{l=1}^{n_i}{}_{t_0}^CI_t^\alpha\left(\theta_i\sigma_{il}\right)&=\sum_{i=1}^{N}\sum_{l=1}^{n_i}\frac{\theta_i}{\Gamma\left(\alpha\right)}\int_0^t\frac{\sigma_{il}\left(s\right)}{\left(t-s\right)^{1-\alpha}}\mathrm{d}s\\&=\sum_{i=1}^{N}\sum_{l=1}^{n_i}\frac{\theta_i}{\Gamma\left(\alpha\right)}\int_0^t\frac{\mathrm{e}^{-a_1s}}{\left(t-s\right)^{1-\alpha}}\mathrm{d}s\\&=\sum_{i=1}^{N}\sum_{l=1}^{n_i}\theta_it^\alpha E_{1,\alpha+1}\left(-a_1t\right)\end{aligned} \tag{8.4.28}$$

与式 (8.4.28) 相似，同样可得

$$\begin{aligned}&\sum_{i=1}^{N}{}_{t_0}^CI_t^\alpha\left(\varpi_i\kappa_i\right)=\sum_{i=1}^{N}\kappa_it^\alpha E_{1,\alpha+1}\left(-a_2t\right)\\&\sum_{i=1}^{N}{}_{t_0}^CI_t^\alpha\left(g_iq_i\right)=\sum_{i=1}^{N}g_it^\alpha E_{1,\alpha+1}\left(-a_3t\right)\\&\sum_{i=1}^{N}{}_{t_0}^CI_t^\alpha\left(0.557w_i\right)=\sum_{i=1}^{N}0.557t^\alpha E_{1,\alpha+1}\left(-a_4t\right)\end{aligned} \tag{8.4.29}$$

根据引理 8.4.1，因为 $|\arg(-a_i t)| = \pi$ 和 $|-a_i t| \to \infty$，$t \to \infty$，$i = 1, 2, 3, 4$，通过选择 $m = 1$，可得

$$E_{1,\alpha+1}(-a_i t) = -\frac{(-a_i t)^{-1}}{\Gamma(\alpha+1-1)} + o\left(|-a_i t|^{-2}\right) = \frac{a_i^{-1}}{\Gamma(\alpha)t} + o\left(\frac{1}{|-a_i t|^2}\right) \tag{8.4.30}$$

因此，根据式 (8.4.30)，可得

$$t^\alpha E_{1,\alpha+1}(-a_i t) = \frac{a_i^{-1}}{\Gamma(\alpha)\, t^{1-\alpha}} + t^\alpha o\left(\frac{1}{|-a_i t|^2}\right) \tag{8.4.31}$$

因为 $t \to \infty$，式 (8.4.31) 的右侧趋于零，则可得 $\sum\limits_{i=1}^{N}\sum\limits_{l=1}^{n_i} \lim\limits_{t\to\infty} {}_{t_0}^{C}I_t^\alpha(\theta_i \sigma_{il}) = 0$、$\sum\limits_{i=1}^{N} \lim\limits_{t\to\infty} {}_{t_0}^{C}I_t^\alpha(\varpi_i \kappa_i) = 0$、$\sum\limits_{i=1}^{N} \lim\limits_{t\to\infty} {}_{t_0}^{C}I_t^\alpha(g_i q_i) = 0$ 和 $\sum\limits_{i=1}^{N} \lim\limits_{t\to\infty} {}_{t_0}^{C}I_t^\alpha(0.557 w_i) = 0$。

根据引理 8.4.1,可知 $\sum\limits_{i=1}^{N}\sum\limits_{l=1}^{n_i} \lim\limits_{t\to\infty}(\theta_i \sigma_{il}) = 0$、$\sum\limits_{i=1}^{N} \lim\limits_{t\to\infty}(\varpi_i \kappa_i) = 0$、$\sum\limits_{i=1}^{N} \lim\limits_{t\to\infty}(g_i q_i) = 0$ 和 $\sum\limits_{i=1}^{N} \lim\limits_{t\to\infty}(0.557 w_i) = 0$。

最后,已知 $V(t)$ 是有界的,则 $V(t)$ 中的每一个信号都是有界的。由式 (8.4.29) 可知 $\sum\limits_{i=1}^{N} {}_{t_0}^{C}I_t^\alpha\left(-\sum\limits_{l=1}^{n_i} k_{il} z_{il}^2\right)$ 是有界的。根据引理 8.4.3，可得 $\lim\limits_{t\to\infty} z_{i1} = 0$，这意味着实现了渐近跟踪。

下面证明该方法能够避免 Zeno 行为。

由等式 $e_i^*(t) = \omega_i(t) - u_i(t)$，可得

$$\frac{\mathrm{d}}{\mathrm{d}t}|e_i^*| = \frac{\mathrm{d}}{\mathrm{d}t}\sqrt{e_i^* e_i^*} = \operatorname{sign}(e_i^*)\dot{e}_i^* \leqslant |\dot{\omega}_i| \tag{8.4.32}$$

其中，ω_i 为一个连续可微的函数；$\dot{\omega}_i$ 为一个有界函数。假设存在一个正的常数 φ_i 满足 $|\dot{\omega}_i| \leqslant \varphi_i$。

基于 $e_i^*(t_k) = 0$ 和 $\lim\limits_{t\to t_k} e_i^*(t) = \delta_i^* |u_i(t)| + m_i^*$,可得 $t_{k+1} - t_k \geqslant (\delta_i^* |u_i(t)| + m_i^*)/\varphi_i$，因此避免了 Zeno 行为。

8.4.4 仿真

例 8.4.1 考虑以下互联分数阶非线性系统：

$$\begin{aligned} {}_0^C\mathrm{D}_t^\alpha x_{i1} &= x_{i2} + f_{i1}(x_{i1}) + \hbar_{i1}(x_1, x_2) \\ {}_0^C\mathrm{D}_t^\alpha x_{i2} &= u_i + f_{i2}(x_i) + \hbar_{i2}(x_1, x_2) \end{aligned} \tag{8.4.33}$$

其中，$f_{11}(x_{11}) = 0.5x_{11}$，$f_{12}(x_1) = 0.5x_{11} + 0.1x_{12}$，$f_{21}(x_{21}) = 0.001x_{21}$，$f_{22}(x_2) = 0.03x_{21} + x_{22}$，$\hbar_{11} = 0.1x_{11}\sin(x_{22})\cos(x_{21})$，$\hbar_{12} = 0.1x_{22}\sin(2x_{21})\cos(2x_{11})$，$\hbar_{21} = 0.01x_{21}\sin(2x_{12})\cos(2x_{11})$，$\hbar_{22} = 0.2x_{22}\sin(2x_{11})\mathrm{e}^{-3x_{21}}$，参考信号被设置为 $y_{d1} = 0.5\sin(t)$，$y_{d2} = 0.3\cos(3t)$。

另外，有

$$\begin{aligned} &{}_0^C\mathrm{D}_t^\alpha \hat{\varepsilon}_i = \varPhi_{i2}^\varepsilon - \mu_{i2}\varpi_i\hat{\varepsilon}_i, \quad {}_0^C\mathrm{D}_t^\alpha \hat{\vartheta}_i = \varPhi_{i2}^\vartheta - \mu_{i3}\varpi_i\hat{\vartheta}_i \\ &{}_0^C\mathrm{D}_t^\alpha \hat{\theta}_i = \sum_{l=1}^{n_i}\mu_{i1}z_{il}\eta_{il} - \sum_{l=1}^{n_i}\mu_{i1}\sigma_{il}\hat{\theta}_i, \quad {}_0^C\mathrm{D}_t^\alpha \hat{\varLambda}_{il} = \varsigma_{il}e_{il}\tanh\left(\frac{e_{il}}{q_i}\right), \quad l = 1, 2 \end{aligned} \tag{8.4.34}$$

$$\begin{aligned} &\omega_i(t) = -(1+\delta_i^*)\left(\alpha_{in_i}\tanh\left(\frac{z_{in_i}\alpha_{in_i}}{w_i}\right)\right) = -(1+\delta_i^*)\left(\bar{m}_{in_i}\tanh\left(\frac{z_{in_i}\bar{m}_i}{w_i}\right)\right) \\ &u_i(t) = \omega_i(t_{i,k}), \quad \forall t \in [t_{i,k}, t_{i,k+1}) \end{aligned} \tag{8.4.35}$$

其中，$\varPhi_{i2}^\varepsilon = \mu_{i2}\sum\limits_{l=1}^{2} z_{il}\tanh\left(\dfrac{z_{il}}{\varpi_i}\right)$，$\varPhi_{i2}^\vartheta = \mu_{i3}\sum\limits_{l=1}^{2} z_{il}\tanh\left(\dfrac{z_{il}}{\varpi_i}\right)\dfrac{1}{2B_{il}}\|S_{il}(X_{il})\|^2$，$i = 1, 2$。

在仿真中，选择设计参数为 $k_{11} = 5, k_{12} = 4, k_{21} = 5, k_{22} = 4, B_{11} = B_{21} = 8$，$B_{12} = B_{22} = 15$，$\mu_{11} = \mu_{22} = \mu_{13} = 6$，$\mu_{12} = \mu_{21} = \mu_{23} = 2$，$\tau_{11} = \tau_{21} = 0.5$，$\tau_{12} = \tau_{22} = 1$，$\varsigma_{11} = \varsigma_{21} = \varsigma_{12} = \varsigma_{22} = 0.3$。

仿真结果如图 8.4.1 ~ 图 8.4.8 所示。

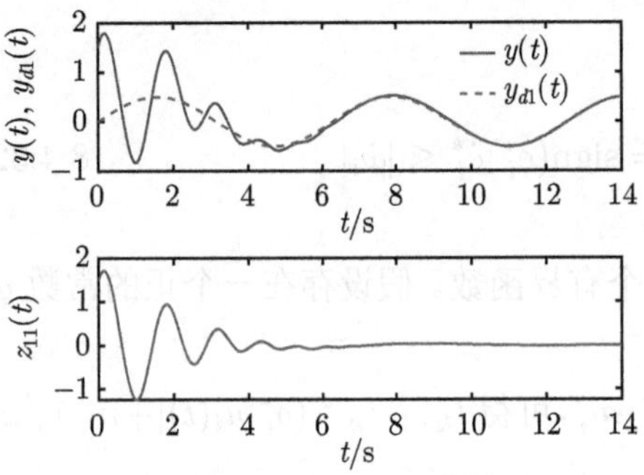

图 8.4.1　子系统 1 的跟踪性能

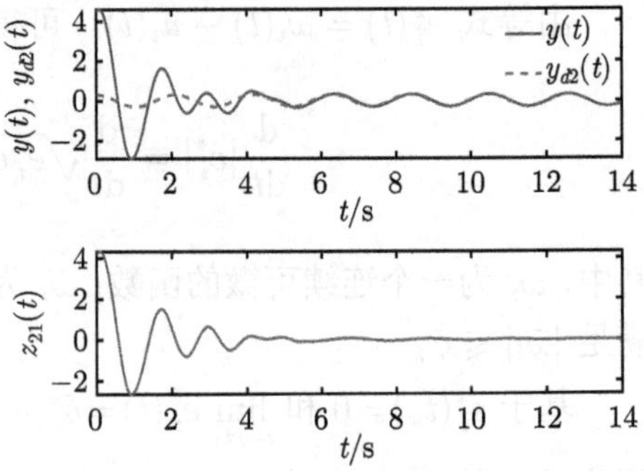

图 8.4.2　子系统 2 的跟踪性能

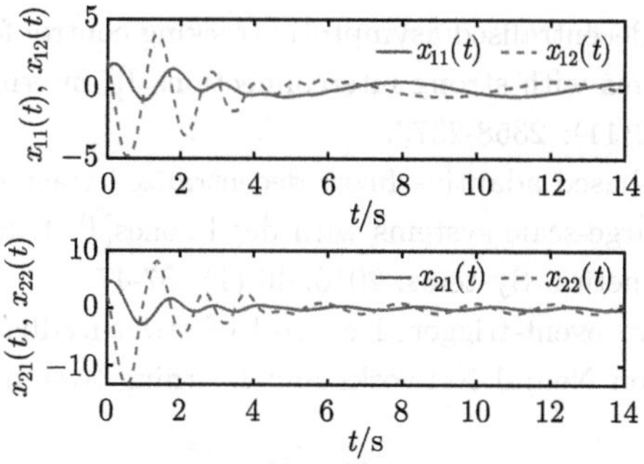

图 8.4.3　子系统 1 和子系统 2 的状态轨迹

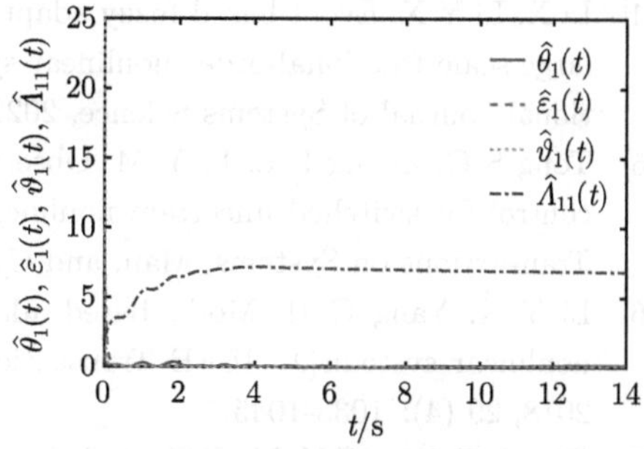

图 8.4.4　子系统 1 的自适应参数

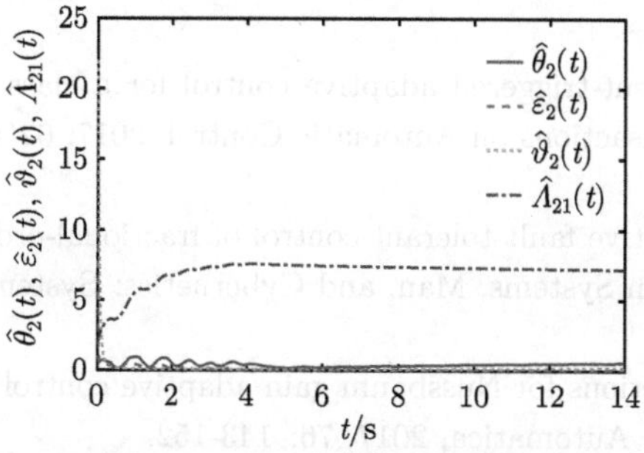

图 8.4.5　子系统 2 的自适应参数

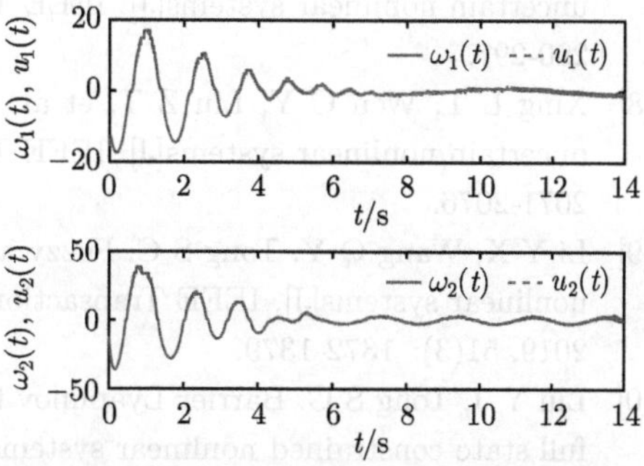

图 8.4.6　子系统 1 和子系统 2 的控制输入

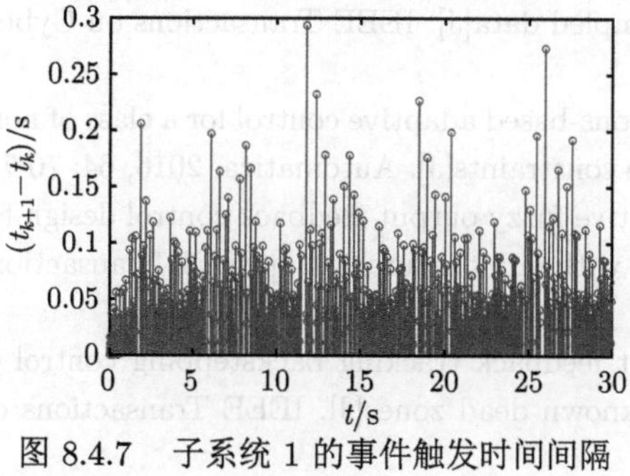

图 8.4.7　子系统 1 的事件触发时间间隔

$t_{k+1}-t_k$

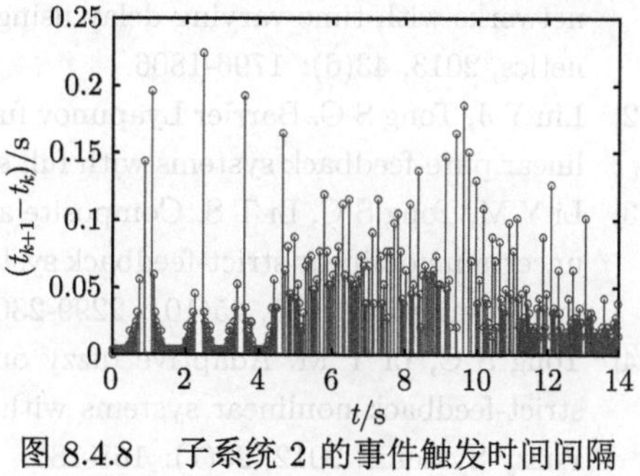

图 8.4.8　子系统 2 的事件触发时间间隔

$t_{k+1}-t_k$

参 考 文 献

[1] Wei M, Li Y X. Event-triggered adaptive fuzzy control for a class of fractional-order nonlinear systems[C]. The 39th Chinese Control Conference, 2020: 2227-2232.

[2] Wei M, Li Y X, Tong S C. Event-triggered adaptive neural control of fractional-order nonlinear systems with full-state constraints[J]. Neurocomputing, 2020, 412: 320-326.

[3] Li Y X, Wei M, Tong S C. Event-triggered adaptive neural control for fractional-order nonlinear systems based on finite-time scheme[J]. IEEE Transactions on Cybernetics, 2022, 52(9): 9481-9489.

[4] Li X, Li Y X. Event-based fuzzy adaptive decentralised asymptotic tracking control for large-scale fractional-order nonlinear systems with strong interconnections[J]. International Journal of Systems Science, 2022, 53(11): 2358-2373.

[5] Tong S C, Zhang L L, Li Y M. Observed-based adaptive fuzzy decentralized tracking control for switched uncertain nonlinear large-scale systems with dead zones[J]. IEEE Transactions on Systems, Man, and Cybernetics: Systems, 2016, 46 (1): 37-47.

[6] Li Y X, Yang G H. Model-based adaptive event-triggered control of strict-feedback nonlinear systems[J]. IEEE Transactions on Neural Networks and Learning Systems, 2018, 29 (4): 1033-1045.

[7] Xing L T, Wen C Y, Liu Z T, et al. Event-triggered output feedback control for a class of uncertain nonlinear systems[J]. IEEE Transactions on Automatic Control, 2019, 64(1): 290-297.

[8] Xing L T, Wen C Y, Liu Z T, et al. Event-triggered adaptive control for a class of uncertain nonlinear systems[J]. IEEE Transactions on Automatic Control, 2017, 62(4): 2071-2076.

[9] Li Y X, Wang Q Y, Tong S C. Fuzzy adaptive fault-tolerant control of fractional-order nonlinear systems[J]. IEEE Transactions on Systems, Man, and Cybernetics: Systems, 2019, 51(3): 1372-1379.

[10] Liu Y J, Tong S C. Barrier Lyapunov functions for Nussbaum gain adaptive control of full state constrained nonlinear systems[J]. Automatica, 2017, 76: 143-152.

[11] Wu Z G, Shi P, Su H Y, et al. Stochastic synchronization of Markovian jump neural networks with time-varying delay using sampled data[J]. IEEE Transactions on Cybernetics, 2013, 43(6): 1796-1806.

[12] Liu Y J, Tong S C. Barrier Lyapunov functions-based adaptive control for a class of nonlinear pure-feedback systems with full state constraints[J]. Automatica, 2016, 64: 70-75.

[13] Li Y M, Tong S C, Li T S. Composite adaptive fuzzy output feedback control design for uncertain nonlinear strict-feedback systems with input saturation[J]. IEEE Transactions on Cybernetics, 2015, 45(10): 2299-2308.

[14] Tong S C, Li Y M. Adaptive fuzzy output feedback tracking backstepping control of strict-feedback nonlinear systems with unknown dead zones[J]. IEEE Transactions on Fuzzy Systems, 2012, 20(1): 168-180.

[15] Yu J P, Shi P, Zhao L. Finite-time command filtered backstepping control for a class of nonlinear systems[J]. Automatica, 2018, 92: 173-180.

[16] Li Y X. Command filter adaptive asymptotic tracking of uncertain nonlinear systems with time-varying parameters and disturbances[J]. IEEE Transactions on Automatic Control, 2022, 67(6): 2973-2980.

[17] Li Y X, Hu X Y, Che W W, et al. Event-based adaptive fuzzy asymptotic tracking control of uncertain nonlinear systems[J]. IEEE Transactions on Fuzzy Systems, 2021, 29(10): 3003-3013.

[18] Li Y M, Liu Y J, Tong S C. Observer-based neuro-adaptive optimized control of strict-feedback nonlinear systems with state constraints[J]. IEEE Transactions on Neural Networks and Learning Systems, 2022, 33(7): 3131-3145.